城市基础设施规划方法创新与实践系列丛书

非常规水资源规划方法创新与实践

深圳市城市规划设计研究院
胡爱兵　杨　晨　丁　年　编著

中国建筑工业出版社

图书在版编目(CIP)数据

非常规水资源规划方法创新与实践/深圳市城市规划设计研究院等编著. —北京：中国建筑工业出版社，2020.3

（城市基础设施规划方法创新与实践系列丛书）

ISBN 978-7-112-24802-5

Ⅰ.①非… Ⅱ.①深… Ⅲ.①城市用水-水资源管理-研究 Ⅳ.①TU991.31

中国版本图书馆CIP数据核字(2020)第017935号

本书是作者团队多年来从事非常规水资源利用规划、设计、研究工作的经验总结。分析了非常规水资源利用规划产生的背景与发展历程；在充分借鉴国内外相关经验的基础上，阐述了非常规水资源利用规划的编制方法；同时剖析了多个不同规划范围、不同规划深度的非常规水资源利用规划的典型案例。通过理论方法与实践相结合，为非常规水资源利用规划的编制提供了权威、专业、全面的指导。

本书资料翔实，内容丰富，涉及知识面广，案例丰富且极具针对性，是一部集系统性、先进性、实用性和可读性于一体的专业书籍。本书可供城市基础设施规划建设领域的科研人员、规划设计人员、施工管理人员以及相关行政管理部门和公司企业人员参考，也可作为相关专业大专院校的教学参考用书和城乡规划建设领域的培训参考书。

责任编辑：朱晓瑜

责任校对：李美娜

城市基础设施规划方法创新与实践系列丛书

非常规水资源规划方法创新与实践

深圳市城市规划设计研究院
胡爱兵 杨 晨 丁 年 编著

*

中国建筑工业出版社出版、发行（北京海淀三里河路9号）

各地新华书店、建筑书店经销

北京红光制版公司制版

北京京华铭诚工贸有限公司印刷

*

开本：787×1092毫米 1/16 印张：22 字数：520字

2020年4月第一版 2020年4月第一次印刷

定价：**95.00**元

ISBN 978-7-112-24802-5

(35010)

编　写　组

主　　编：司马晓

执行主编：胡爱兵　杨　晨　丁　年

编撰人员：刘超洋　任心欣　杨少平　汤伟真　汤茵琪　颜映怡
　　　　　刘应明　张　亮　吴亚男　王爽爽　孔露霆　黄　婷
　　　　　尹玉磊　王文倩　李柯佳　曾　翰　丁淑芳　赵松兹
　　　　　陈世杰　蔡志文　高　飞　张　本　张菲菲　吴海春
　　　　　夏帼颖　蔡志颖

丛书序言

生态环境关乎民族未来、百姓福祉。十九大报告不仅对生态文明建设提出了一系列新思想、新目标、新要求和新部署，更是首次把美丽中国作为建设社会主义现代化强国的重要目标。在美丽中国目标的指引下，美丽城市已成为推进我国新型城镇化、现代化建设的内在要求。基础设施作为城市生态文明的重要载体，是建设美丽城市坚实的物质基础。

基础设施建设是城镇化进程中提供公共服务的重要组成部分，也是社会进步、财富增值、城市竞争力提升的重要驱动。改革开放40年来，我国的基础设施建设取得了十分显著的成就，覆盖比例、服务能力和现代化程度大幅度提高，新技术、新手段得到广泛应用，功能日益丰富完善，并通过引入市场机制、改革投资体制，实现了跨越式建设和发展，其承载力、系统性和效率都有了长足的进步，极大地推动了美丽城市建设和居民生活条件改善。

高速的发展为城市奠定了坚实的基础，但也积累了诸多问题，在资源环境和社会转型的双重压力之下，城镇化模式面临重大的变革，只有推动城镇化的健康发展，保障城市的“筋骨”雄壮、“体魄”强健，才能让改革开放的红利最大化。随着城镇化转型的步伐加快，基础设施建设如何与城市发展均衡协调是当前我们面临的一个重大课题。无论是基于城市未来规模、功能和空间的均衡，还是在新的标准、技术、系统下与旧有体系的协调，抑或是在不同发展阶段、不同外部环境下的适应能力和弹性，都是保障城市基础设施规划科学性、有效性和前瞻性的重要方法。

2016年12月～2018年8月不到两年时间内，深圳市城市规划设计研究院（以下简称“深规院”）出版了《新型市政基础设施规划与管理丛书》（共包括5个分册），我有幸受深规院司马晓院长的邀请，为该丛书作序。该丛书出版后，受到行业的广泛关注和欢迎，并被评为中国建筑工业出版社优秀图书。本套丛书内容涉及领域较《新型市政基础设施规划与管理丛书》更广，其中有涉及综合专业领域，如市政工程详细规划；有涉及独立专业领域，如城市通信基础设施规划、非常规水资源规划及城市综合环卫设施规划；同时还涉及现阶段国内研究较少的专业领域，如城市内涝防治设施规划、城市物理环境规划及城市雨水径流污染治理规划等。

城，所以盛民也；民，乃城之本也。衡量城市现代化程度的一个关键指标，就在于基础设施的质量有多过硬，能否让市民因之而生活得更方便、更舒心、更美好。新时代的城市规划师理应有这样的胸怀和大局观，立足百年大计、千年大计，注重城市发展的宽度、厚度和“暖”度，将高水平的市政基础设施发展理念融入城市规划建设中，努力在共建共享中，不断提升人民群众的幸福感和获得感。

本套丛书集成式地研究了当下重要的城市基础设施规划方法和实践案例，是作者们多年工作实践和研究成果的总结和提升。希望深规院用新发展理念引领，不断探索和努力，为我国新形势下城市规划提质与革新奉献智慧和经验，在美丽中国的画卷上留下浓墨重彩！

原建设部部长、第十一届全国人民代表大会环境与资源保护委员会主任委员

汪光焘

2019年6月

丛书前言

改革开放以来，我国城市化进程不断加快，2017年末，我国城镇化率达到58.52%；根据中共中央和国务院印发的《国家新型城镇化规划（2014—2020年）》，到2020年，要实现常住人口城镇化率达到60%左右，到2030年，中国常住人口城镇化率要达到70%。快速城市化伴随着城市用地不断向郊区扩展以及城市人口规模的不断扩张。道路、给水、排水、电力、通信、燃气、环卫等基础设施是一个城市发展的必要基础和支撑。完善的城市基础设施是体现一个城市现代化的重要标志。与扎实推进新型城镇化进程的发展需求相比，城市基础设施存在规划技术方法陈旧、建设标准偏低、区域发展不均衡、管理体制不健全等诸多问题，这将是今后一段时期影响我国城市健康发展的短板。

为了适应我国城市化快速发展，市政基础设施呈现出多样化与复杂化态势，非常规水资源利用、综合管廊、海绵城市、智慧城市、内涝模型、环境园等技术或理念的应用和发展，对市政基础设施建设提出了新的发展要求。同时在新形势下，市政工程规划面临由单一规划向多规融合演变，由单专业单系统向多专业多系统集成演变，由常规市政工程向新型市政工程延伸演变，由常规分析手段向大数据人工智能多手段演变，由多头管理向统一平台统筹协调演变。因此传统市政工程规划方法已越来越不能适应新的发展要求。

2016年6月，深规院受中国建筑工业出版社邀请，组织编写了《新型市政基础设施规划与管理丛书》。该丛书共五册，包括《城市地下综合管廊工程规划与管理》《海绵城市建设规划与管理》《电动汽车充电基础设施规划与管理》《新型能源基础设施规划与管理》和《低碳生态市政基础设施规划与管理》。该套丛书率先在国内提出新型市政基础设施的概念，对新型市政基础设施规划方法进行了重点研究，建立了较为系统和清晰的技术路线或思路。同时对新型市政基础设施的投融资模式、建设模式、运营模式等管理体制进行了深入研究，搭建了一个从理念到实施的全过程体系。该套丛书出版后，受到业界人士的一致好评，部分书籍出版后马上销售一空，短短半年之内，进行了三次重印出版。

深规院是一个与深圳共同成长的规划设计机构，1990年成立至今，在深圳以及国内外200多个城市或地区完成了3800多个项目，有幸完整地跟踪了中国快速城镇化过程中的典型实践。市政工程规划研究院作为其下属最大的专业技术部门，拥有近120名市政专业技术人员，是国内实力雄厚的城市基础设施规划研究专业团队之一，一直深耕于城市基础设施规划和研究领域，在国内率先对新型市政基础设施规划和管理进行了专门研究和探讨，对传统市政工程的规划方法也进行了积极探索，积累了丰富的规划实践经验，取得了明显的成绩和效果。

在市政工程详细规划方面，早在1994年就参与编制了《深圳市宝安区市政工程详细规划》，率先在国内编制市政工程详细规划项目，其后陆续编制了深圳前海合作区、大空港片区以及深汕特别合作区等多个重要片区的市政工程详细规划。主持编制的《前海合作区市政工程详细规划》，2015 年获得深圳市第十六届优秀城乡规划设计奖二等奖。主持编制的《南山区市政设施及管网升级改造规划》和《深汕特别合作区市政工程详细规划》，2017 年均获得深圳市第十七届优秀城乡规划设计奖三等奖。在通信基础设施规划方面，2013 年主持编制了国家标准《城市通信工程规划规范》，主持编制的《深圳市信息管道和机楼“十一五”发展规划》获得 2007 年度全国优秀城乡规划设计表扬奖，主持编制的《深圳市公众移动通信基站站址专项规划》获得 2015 年度华夏建设科学技术奖三等奖。在非常规水资源规划方面，编制了多项再生水、雨水等非常规水资源综合利用规划、政策及运营管理研究。主持编制的《光明新区再生水及雨洪利用详细规划》获得 2011 年度华夏建设科学技术奖三等奖；主持编制的《深圳市再生水规划与研究项目群》（含《深圳市再生水布局规划》《深圳市再生水政策研究》等四个项目）获得 2014 年度华夏建设科学技术奖三等奖。在城市内涝防治设施规划方面，2014 年主持编制的《深圳市排水（雨水）防涝综合规划》，是深圳市第一个全面采用模型技术完成的规划，是国内第一个覆盖全市域的排水防涝详细规划，也是国内成果最丰富、内容最全面的排水防涝综合规划，获得了 2016 年度华夏建设科学技术奖三等奖和深圳市第十六届优秀城市规划设计项目一等奖。在消防工程规划方面，主持编制的《深圳市消防规划》获得了 2003 年度广东省优秀城乡规划设计项目表扬奖，在国内率先将森林消防纳入城市消防规划体系。主持编制的《深圳市沙井街道消防专项规划》，2011 年获深圳市第十四届优秀城市规划二等奖。在综合环卫设施规划方面，主持编制的《深圳市环境卫生设施系统布局规划（2006—2020）》获得了 2009 年度广东省优秀城乡规划设计项目一等奖及全国优秀城乡规划设计项目表扬奖，在国内率先提出“环境园”规划理念。在城市物理环境规划方面，近年来，编制完成了 10 余项城市物理环境专题研究项目，在《滕州高铁新区生态城规划》中对城市物理环境进行了专题研究，该项目获得了 2016 年度华夏建设科学技术奖三等奖。在城市雨水径流污染治理规划方面，近年来承担了《深圳市初期雨水收集及处置系统专项研究》《河道截污工程初雨水（面源污染）精细收集与调度研究及示范》等重要课题，在国内率先对雨水径流污染治理进行了系统研究。特别在诸多海绵城市规划研究项目中，对雨水径流污染治理进行了重点研究，其中主持编制完成的《深圳市海绵城市建设专项规划及实施方案》获得了 2017 年度全国优秀城乡规划设计二等奖。

鉴于以上的成绩和实践，2018 年 6 月，在中国建筑工业出版社邀请和支持下，由司马晓、丁年、刘应明整体策划和统筹协调，组织了深规院具有丰富经验的专家和工程师编著了《城市基础设施规划方法创新与实践系列丛书》。该丛书共八册，包括《市政工程详细规划方法创新与实践》《城市通信基础设施规划方法创新与实践》《非常规水资源规划方法创新与实践》《城市内涝防治设施规划方法创新与实践》《城市消防工程规划方法创新与实践》《城市综合环卫设施规划方法创新与实践》《城市物理环境规划方法创新与实践》以及《城市雨水径流污染治理规划方法创新与实践》。本套丛书力求结合规划实践，在总结经验的基础上，突出各类市政工程规划的特点和要求，同时紧跟城市发展新趋势和新要求，系统介绍了各类市政工程规划的规划方法，期望对现行的市政工程规划体系以及技术标准进行有益补充和必要创新，为从事城市基础设施规划、设计、建设以及管理人员提供亟待解决问题的技术方法和具有实践意义的规划案例。

本套丛书在编写过程中，得到了住房城乡建设部、广东省住房和城乡建设厅、深圳市规划和自然资源局、深圳市水务局等相关部门领导的大力支持和关心，得到了各有关方面专家、学者和同行的热心指导和无私奉献，在此一并表示感谢。

本套丛书的出版凝聚了中国建筑工业出版社朱晓瑜编辑的辛勤工作，在此表示由衷敬意和万分感谢！

《城市基础设施规划方法创新与实践系列丛书》编委会

2019 年 6 月

本书前言

非常规水资源，是区别于常规水资源的各种水资源的统称，包括再生水、雨水、海水、矿井水、苦咸水等，其中又以再生水、雨水和海水最为常见。水资源短缺已成为制约我国城市发展的重要瓶颈。长期以来，我国城市供水以常规水资源为主，非常规水资源未得到有效利用。我国于20世纪70年代开始探索非常规水资源的处理及利用技术；1985年，北京市环保所建成了我国最早的再生水利用设施。这期间的非常规水资源利用主要以示范工程为主。到2000年，《国务院关于加强城市供水节水和水污染防治工作的通知》（国发〔2000〕36号）提出："大力提倡城市污水回用等非传统水资源的开发利用，并纳入水资源的统一管理和调配。干旱缺水地区的城市要重视雨水、洪水和微咸水的开发利用，沿海城市要重视海水淡化处理和直接利用；缺水地区在规划建设城市污水处理设施时，还要同时安排污水回用设施的建设；要加强对城市污水处理设施和回用设施运营的监督管理。"该通知首次提出要将非常规水资源纳入水资源统一管理和调配。其后，《国务院关于实行最严格水资源管理制度的意见》（国发〔2012〕3号）等多个文件均提出要加强非常规水资源利用，并将非常规水资源开发利用纳入水资源统一配置的要求。

虽然我国自20世纪70年代开始推动非常规水资源的利用工作，然而，我国城市区域非常规水资源的利用始终没有明显的突破，即使在严重缺水的华北地区，以及经济发达又严重缺水的深圳市，再生水也主要用于河道补水，未有效发挥替代自来水的作用。

非常规水资源的利用是一项复杂的系统工程。总体来讲，保障非常规水资源有效利用的手段包括技术手段和管理手段。技术层面，从非常规水资源的收集、处理、输送、利用等各环节均已形成相对成熟的技术，即使是技术难度较大的海水淡化处理，国内外也有很多成熟的应用案例；如今我国非常规水资源利用的瓶颈，主要还是制度瓶颈，即国家和地方层面均未建立保障非常规水资源有效利用的制度机制。具体来讲，主要有三个方面：一是缺乏扶持政策。非常规水资源利用具有较强的公益性特征，相比常规水资源，非常规水资源处理成本较高，在行业发展初期尤其需要政府大力扶持。然而目前国家在价格、财政、税收、投融资等方面，尚未出台实质性的扶持政策，经营单位多处于维持或亏损状态，造成非常规水资源开发利用难以快速发展；二是缺乏统一规划。我国大部分城市尚未编制非常规水资源利用的专项规划。各职能部门编制的其他涉水专项规划，有时虽不同程度地涵盖非常规水资源利用的内容，但多头管理造成各类规划不衔接、不协调，且未将非常规水资源真正纳入水资源统一配置体系。另外，很多地方的非常规水资源规划没有纳入城乡建设规划，造成配套设施建设滞后，生产出的水送不出去、有需求的用户无水可用的尴尬局面；三是水价与成本倒挂。再生水和淡化海水的制水成本分别在1.0～4.0元/m^3

和 5.0～8.0 元/m^3。目前，我国再生水价格多在 1.0 元/m^3 左右，进入市政管网的淡化海水一般也不高于当地自来水价格。非常规水资源价格普遍低于制水成本，造成非常规水资源运营企业多处于亏损运营状态。

2017 年 11 月，水利部发布《关于非常规水源纳入水资源统一配置的指导意见》（水资源〔2017〕274 号），再次强调非常规水资源纳入水资源统一配置，提出到 2020 年全国非常规水资源配置量力争超过 100 亿 m^3（不含海水直接利用量）。随着我国水生态文明和节水型社会建设的持续推进，今后我国非常规水资源必将与常规水资源统筹配置，在城市区域将形成多水源供水的格局。一直以来，指导各地供水设施建设的规划主要是水资源规划和给水工程规划。当非常规水资源纳入水资源统一配置后，将面临非常规水资源的水源选择、用户筛选、空间分配等问题。因此，非常规水资源的规划刻不容缓。近年来，北京、天津、深圳等城市陆续编制了再生水等非常规水资源利用专项规划，对指导当地非常规水资源的利用起到积极的推动作用。然而，很多城市由于各种原因，尚未开展此项工作。

深圳市城市规划设计研究院市政规划研究院是国内较早关注城市非常规水资源规划和建设实践的专业技术团队之一，早在 2008 年就编制了《深圳市再生水布局规划》《深圳市雨洪利用系统布局规划》和《深圳市海水利用研究》；此后陆续编制了深圳市横岗片区、蛇口-前海片区、坪山片区、龙华片区、光明片区等工业集中区域的再生水利用详细规划，以指导再生水利用设施的建设。除规划外，在非常规水资源政策、投融资模式、价格、水质标准等方面也开展了诸多研究。

本书是深圳市城市规划设计研究院非常规水资源工作团队多年来工作思路和方法的总结，希望能助力我国非常规水资源的规划与实践迈向新台阶。编写团队长期跟踪和参与各地非常规水资源的建设与实践，曾赴美国、新加坡、中国香港等地开展学习和交流。项目组编制的非常规水资源各类项目先后获得七项优秀城乡规划设计奖；《深圳市光明新区再生水及雨洪利用详细规划》和《深圳市再生水规划与研究项目群》分别荣获 2011 年和 2014 年华夏建设科学技术奖。这些荣誉将鼓舞我们团队不断提升技术能力，为广大业主提供更优质的服务。

本书内容分为基础研究篇、规划方法篇和规划实践篇三部分，由司马晓、丁年、刘应明负责总体策划和统筹安排等工作。胡爱兵、杨晨、丁年共同担任执行主编，丁年、胡爱兵负责大纲编写、组织协调和文稿校对等工作，杨晨负责格式制定和文稿汇总等工作。基础研究篇由丁年、胡爱兵、杨晨统筹，主要由胡爱兵、杨晨、王爽爽、颜映怡、汤茵琪、曾翰等负责编写。规划方法篇由胡爱兵、杨晨、刘超洋（其单位为：深圳市特区建设发展集团有限公司）统筹，主要由胡爱兵、杨晨、杨少平、刘超洋负责编写。基本按专业内容进行分工，其中非常规水资源规划方法总论和非常规水资源可利用量分析方法等内容由杨晨、丁年、汤伟真、胡爱兵负责编写；用户调查与确定、非常规水资源定位以及再生水利用专项规划等内容由杨少平、胡爱兵、刘超洋、曾翰负责编写；雨水利用专项规划内容主要由吴亚男、刘超洋、蔡志文负责编写；海水利用专项规划内容由丁年、杨少平、黄婷负责编写；其他非常规水资源利用概述等内容主要由陈世杰负责编写。规划实践篇由杨晨、胡爱兵、刘超洋统筹，规划实践篇是对经典案例的整理和总结，其中非常规水资源利用专项规划四个案例主要由刘超洋、汤茵琪、胡爱兵、尹玉磊负责；非常规水资源利用详细规划三个案例主要由杨晨、汤茵琪、刘超洋、李柯佳负责；非常规水资源利用建设项目前期阶段内容主要由丁年、汤伟真、孔露霆负责。本书附录主要由孔露霆、杨少平、颜映怡、汤茵琪负责编写。在本书成稿过程中，颜映怡、孔露霆、黄婷、蔡志文等负责完善和美化全书图表制作工作，颜映怡负责全书格式的调整，黄婷负责参考文献的编排，刘应明对全书内容框架以及格式提出了许多宝贵意见。汤茵琪、王文倩、王爽爽、尹玉磊、赵松兹、蔡志文、张亮、李柯佳、张本、蔡志颖等多位同志结合自己的专业特长完成了全书的文字校对工作。刘应明、任心欣负责整个文稿的审核工作。本书由司马晓审阅定稿。

本书是编写团队十余年工作的总结和凝练。希望通过本书与各位读者分享我们的规划理念、技术方法和实践案例。虽然编写团队尽了最大努力，但限于作者水平和非常规水资源领域的快速发展和技术更迭，书中疏漏乃至错误在所难免，在此敬请读者批评指正。

最后，谨向所有帮助、支持和鼓励我们完成本书编写的专家、领导、同事、家人、朋友致以诚挚的感谢！

《非常规水资源规划方法创新与实践》编写组

2019 年 9 月

目　录

第1篇

基础研究篇

随着城市化进程的加速，水资源已成为制约我国社会经济发展的重要因素。非常规水资源已成为国际公认的城市第二水源，主要包括再生水、雨水、海水、矿井水、苦咸水等。非常规水资源的开发利用可以在一定程度上替代常规水资源。发达国家较早开展了非常规水资源的开发利用研究和实践，取得了良好的成效。我国也已将非常规水资源利用上升至国家战略。2014 年 3 月，习近平总书记在中央财经领导小组第五次会议上提出了“节水优先、空间均衡、系统治理、两手发力”的新时代治水兴水战略。

本篇为基础研究篇，以常规水资源入手，论述了我国常规水资源所面临的困境，进而引出非常规水资源利用的必要性及重要性。非常规水资源的利用需规划先行，第 3 章论述了非常规水资源利用的规划原理，作为本书的总纲。另外，梳理了发达国家和国内部分城市非常规水资源利用的经验，以及我国非常规水资源利用的政策法规与标准规范。

第1章　非常规水资源概念与内涵

水是生命之源，是自然界一切生命赖以生存的根本，也是人类社会和经济发展的重要组成部分。随着经济的发展和人口的增加，人类对水资源的需求不断增加，但水资源受气候影响，在时间、空间上分布不均匀，再加上对水资源的不合理开采和利用，很多国家和地区出现不同程度的缺水问题。我国水资源总量居世界第6，但人均水资源量仅为世界平均水平的1/4，接近中度缺水水平，尤其在东北、华北和西北地区，水资源供应更为匮乏。如果不对现有水资源进行合理管理和利用，随着中国人口在21世纪中叶达到16亿的上限，中国人均水资源量将跌至1700m^3的缺水警戒线，水资源短缺形势将更为严峻。

同时，我国水环境面临着污染严重的问题，90%以上的城市水域污染严重[1]。据水利部曾对全国700余条河流约10万km的河段开展的水资源质量评价结果，46.5%的河长均不同程度地受到污染，其水质仅达到《地表水环境质量标准》GB 3838 Ⅳ类、Ⅴ类标准；10.6%的河长污染严重，其水质劣于《地表水环境质量标准》GB 3838Ⅴ类标准，这些水体已丧失作为饮用水源水的使用价值。

为解决水资源短缺、水环境污染的问题，一方面应合理开发利用常规水资源，节约用水，控制用水总量；另一方面，应加强非常规水资源的利用。非常规水资源的开发利用具有增加水资源、减少排污、提高用水效率等重要作用。

1.1　水资源与城市水资源

1.1.1　水资源的涵义及特性

水资源是自然资源的一种，根据世界气象组织（WMO）和联合国教科文组织（UNESCO）的 *International Glossary of Hydrology*（国际水文学名词术语，第三版，2012年）中有关水资源的定义，水资源是指可资利用或有可能被利用的水源，这个水源应具有足够的数量和合适的质量，并满足某一地方在一段时间内具体利用的需求。根据全国科学技术名词审定委员会公布的水利科技名词（科学出版社，1997）中有关水资源的定义，水资源是指地球上具有一定数量和可用质量，能从自然界获得补充并可资利用的水。

一般来说，水资源可分为广义水资源和狭义水资源。广义的水资源指的是地球上水的总体，包括大气中的降水、河湖中的地表水、浅层和深层的地下水、冰川、海水等。狭义的水资源指的是与生态系统保护和人类生存与发展密切相关的、可以利用的而又逐年能够得到恢复和更新的淡水，其补给来源为大气降水。对某一特定区域而言，大气降水是地表水资源、土壤水资源和地下水资源的总补给来源，因此可将大气降水作为特定区域的总水资源。

水资源是一种特殊的自然资源，它不仅是人类及其他一切生物赖以生存的自然资源，也是人类经济、社会发展必需的生产资料，是具有自然属性和社会属性的综合体。水资源的自然属性包括流动性、可再生性、有限性、时空分布不均匀性、多态性、不可替代性及环境资源属性。水资源已成为稀缺资源，水资源短缺对人类社会的发展乃至生存构成直接威胁，说明水资源的社会属性日益突出，即水资源已不仅是一种自然资源，更是一种社会资源，已成为人类社会的一个重要组成部分。水资源的社会属性主要包括社会共享性、利与害的两重性、多用途性及商品性[2]。

水资源按存在形式可分为地表水和地下水；按形成条件可分为当地水资源和入境水资源；按利用方式可分为河内用水（发电、航运、旅游、养殖用水）、河外用水（生产生活用水）和生态环境用水；按量算方法分为实测河川径流量、天然径流量、可利用水资源量和可供水量等。在水资源紧缺和水污染日趋严重的形势下，一些过去认为不能直接使用的水资源（如微污染水、高含盐水、含硫化氢水、高硫酸盐水、污水等）也被考虑通过处理后使用，因此就产生了非常规水资源。

1.1.2 城市水资源的涵义及构成

城市水资源，是在当前技术条件下可供城市工业、城市居民生活和郊区农业使用的那一部分水。其通常是指可供城市用水的地表水体和地下水体中每年可得到补给恢复的淡水量。随着污水处理技术的发展，处理后的城市工业污水和生活污水回用于工业、农业和生活杂用水，也被视为城市水资源的组成部分。

城市水资源一般要求水质良好、水量充沛且能满足城市当前和进一步发展的需要。然而，城市水资源已成为制约城市发展的重要因素，因而需要对城市生产和生活用水加强管理，以合理利用城市水资源。城市水资源从属性方面考虑，可分为常规水资源和非常规水资源两类，其中常规水资源包括地下水和地表水，非常规水资源包括再生水、雨水、海水、矿井水、苦咸水等。

1. 常规水资源

（1）地下水

地下水是储存并运动于岩层空隙中的水。根据埋藏条件可将其分为上层滞水、潜水和承压水三种类型；根据含水层的岩性不同，可将其分为松散岩类孔隙水、基层裂隙水和岩溶水三种类型；根据其所在含水层的深度，可分为浅层水、中层水和深层水[2]。

地下水主要由降水入渗、灌溉水入渗、地表水入渗补给、越流补给和人工补给。在一定条件下，还有侧向补给。地下水的排泄方式主要有泉、潜水蒸发、向地表水体排泄、越流排泄和人工排泄。泉是地下水天然排泄的主要方式。

地下水与人类的关系十分密切，井水和泉水是我们日常使用最多的地下水。地下水可被开发利用，作为居民生活用水、工业用水和农田灌溉用水的水源，具有给水量稳定、污染少的优点。含有特殊化学成分或水温较高的地下水，还可用作医疗、热源、饮料和提取有用元素的原料。但是地下水也存在一定不利影响，如在地下水位较浅的平原、盆地中，潜水蒸发可能引起土壤盐渍化；在地下水位高、土壤长期过湿、地表滞水地段，可能产生沼泽化，给农作物造成危害；在矿坑和隧道掘进中，可能发生大量涌水，给工程造成危害。尤其需要注意的是，地下水利用存在一个总体平衡问题，不能盲目和过度开发，否则容易形成地下空洞、地层下陷等问题。

此外，受过度开采、地面沉降、岩溶塌陷、海水入侵、土壤盐渍化及水质污染等因素的影响，很多城市地下水资源面临着诸多的问题，如地下水位下降、地下水污染等。

(2) 地表水

地表水是指存在于地壳表面，暴露于大气的水，是河流、冰川、湖泊、沼泽四种水体的总称，亦称“陆地水”。地表水是人类生活用水的重要来源之一，也是各国水资源的主要组成部分。

地表水的动态水量为河流径流和冰川径流，静态水量则用各种水体的储水量表示。全世界地表水储量为 24254 万亿m^3，只占全球水总储量的 1.75%；但地表水体不断得到大气降水的补给，经过产流、汇流，每年有 43.5 万亿 m^3河流径流和 2.3 万亿 m^3冰川径流流入海洋，占入海总量 47 万亿 m^3的 94.7%，在全球水循环中起相当重要的作用。另外，每年约有 1.0 万亿 m^3河流径流产生于内流区域，汇入内陆湖泊而蒸发消耗。地表水的形态与气候有密切关系，全世界 14900 万 km^2陆地，约有 62%的面积包含河流、湖泊和沼泽，约有 12%的面积被冰川所覆盖，其余 26%的面积则为沙漠和半沙漠[3]。与地下水相比，地表水水量较为丰沛，分布较为广泛，因此，许多城市利用地表水作为供水水源。

2. 非常规水资源

区别于传统意义上的地表水、地下水等常规水资源的水，称为非常规水资源，主要有再生水、雨水、海水、矿井水、苦咸水等。这些水资源各具特点和优势，经过处理后均可以再生利用，在一定程度上替代常规水资源，加速和改善天然水资源的循环过程，使有限的水资源发挥更大的效用。非常规水资源利用量是一个城市水资源开发利用先进水平的重要标志，充分利用非常规水资源是解决城市缺水问题的重要手段。各类非常规水资源的定义和特点详见 1.6 节。

1.2 水的自然循环

水循环是指地球上不同地方的水，通过吸收太阳的能量，改变状态到地球上另外一个地方，例如地面的水分被太阳蒸发成为空气中的水蒸气。水在地球的状态包括固态、液态和气态，地球中的水多数存在于大气层、地面、地底、湖泊、河流及海洋中。水会通过蒸发、降水、渗透、表面的流动和地底流动等一些物理作用，由一个地方移动到另一个地方，如水由河川流动至海洋（图 1-1）。

水循环是多环节的自然过程，全球性的水循环包括蒸发、大气水分输送、地表水和地下水循环以及多种形式的水量贮蓄。其中，降水、蒸发和径流是水循环过程中三个最主要环节，这三者构成的水循环途径决定着全球的水量平衡，也决定着一个地区的水资源总量。

蒸发是水循环中最重要的环节之一，由蒸发产生的水汽进入大气并随大气活动而运

图 1-1　水循环示意图

动。大气中的水汽主要来自海洋，部分还来自陆地表面的蒸发，其循环是蒸发—凝结—降水—蒸发周而复始的过程。海洋上空的水汽可被输送到陆地上空凝结降水，称为外来水汽降水；大陆上空的水汽直接凝结降水，称为内部水汽降水。据计算，大气中总含水量约 $1.29\times10^{13}m^3$，而全球年降水量总量约 $5.77\times10^{14}m^3$，大气中的水汽平均每年转化成降水 44 次，即大气中的水汽平均每 8 天多循环更新一次[2]。

水分循环系数是一个地方的总降水量与外来水汽降水量的比值。中国的大气水分循环路径有太平洋、印度洋、南海、鄂霍茨克海及内陆等 5 个水分循环系统，它们是中国东南、西南、华南、东北及西北内陆的水汽来源，其中西北内陆地区还有盛行西风和气旋东移带来的少量大西洋水汽。

径流是一个地区（流域）的降水量与蒸发量的差值。多年平均的大洋水量平衡方程为：蒸发量＝降水量－径流量；多年平均的陆地水量平衡方程为：降水量＝径流量＋蒸发量。但是，无论海洋还是陆地，降水量和蒸发量的地理分布都是不均匀的，这种差异最明显的就是不同纬度的差异。

陆地上（或一个流域内）发生的水循环是降水—地表和地下径流—蒸发的复杂过程。陆地上的大气降水、地表径流及地下径流之间的交换又称三水转化。流域径流是陆地水循环中最重要的现象之一。据统计，全球陆地上单位面积多年平均蒸发量及降水量分别为 485mm 和 800mm，蒸发量小于降水量，说明多余的水分以径流的形式回归大海[4]。

地下水的运动主要与分子力、热力、重力及空隙性质有关，其运动是多维的。地下水通过土壤和植被的蒸发、蒸腾向上运动成为大气水分；通过入渗向下运动可补给地下水；通过水平方向运动又可成为河湖水的一部分。地下水储量虽然很大，但却是经过长年累月甚至上千年蓄积而成的，水量交换周期很长，循环极其缓慢。地下水和地表水的相互转换是研究水量关系的主要内容之一，也是现代水资源计算的重要问题。

人类活动不断改变着自然环境，越来越强烈地影响着水循环的过程。人类构筑水库，开凿运河、渠道、河网，以及大量开发利用地下水的活动，改变了水的原有径流路线，引起水的分布和运动状况发生变化。农业的发展、森林的破坏等因素也导致蒸发、径流、下渗等过程发生变化。此外，城市和工矿区的大气污染和热岛效应也可改变本地区的水循环状况。

人类活动对水循环的影响反映在两方面。一方面是由于人类生产生活和社会经济发展使大气的化学成分发生变化，如二氧化碳、甲烷、氯氟烃等温室气体浓度的显著增加改变了地球大气系统辐射平衡而引起气温升高，导致全球性降水增加，蒸发加大，水循环加快，以及区域水循环发生变化，这种变化的时间尺度可持续几十年到几百年。另一方面是人类活动作用于流域下垫面，如土地利用的变化、农田灌溉、农林垦殖、森林砍伐、城市化不透水层面积的扩大、水资源开发利用和生态环境变化等，这可能引起陆地水循环变化，这种人类活动的影响虽然是局部的，但往往强度很大，有时对水循环的影响可扩展至较大的区域范围。

1.3　水的社会循环

水的社会循环是指在水的自然循环当中，人类不断利用其中的地下径流或地表径流满足生活与生产之需而产生的人为水循环。在国外，英国学者 Stephen Merrett 在 1997 年提出“Hydrosocial Cycle”，即社会水循环的概念，并给出了简要的社会水循环模型，该模型基于城市水循环的概念框架，提出了社会水循环之供水—用水—排水过程的基本雏形[5]。

人类为了满足生活和生产的需要从各种天然水体中取用大量的水。这些生活和生产用水经使用后，混入了生活和生产过程中产生的各种污染物质，成为生活污水和生产废水。它们被排放出来后，经过一定的处理以去除污染物质，最终又被排入天然水体或重复利用。在这过程中，水在人类社会中构成了局部的循环体系，被称为水的社会循环（图 1-2）。

社会水循环是自然水循环的一个附加组成部分，与自然水循环产生强烈的相互交流作用，不同程度地改变着地球上水的循环运动。水的社会循环主要改变的是地下径流或地表径流，有时会加速水的自然循环，有时也会制约水的自然循环，因此对陆地水的更新有时起促进作用，有时起延缓作用。由于水的社会循环是为了满足生活与生产之需，因此其对水的自然循环会造成负面影响，如水污染、水的浪费现象等。开发利用水资源是人类对水资源时空分布进行干预的直接方式，在人类大兴水利带来巨大生产效益和能源效益的同时，社会水循环对自然水循环带来的负面影响也日益显现出来，主要表现在以下几个方面：

（1）水循环的途径被改变（时空变化）。人工水库、人工运河、大坝、长距离跨流域引水等水利工程都大规模地截流水量，改变水循环的途径，使下游河段过水量减少甚至干涸，导致河流对地下水补给量锐减。而且，跨流域的调水会加大地表水分支流域，导致水

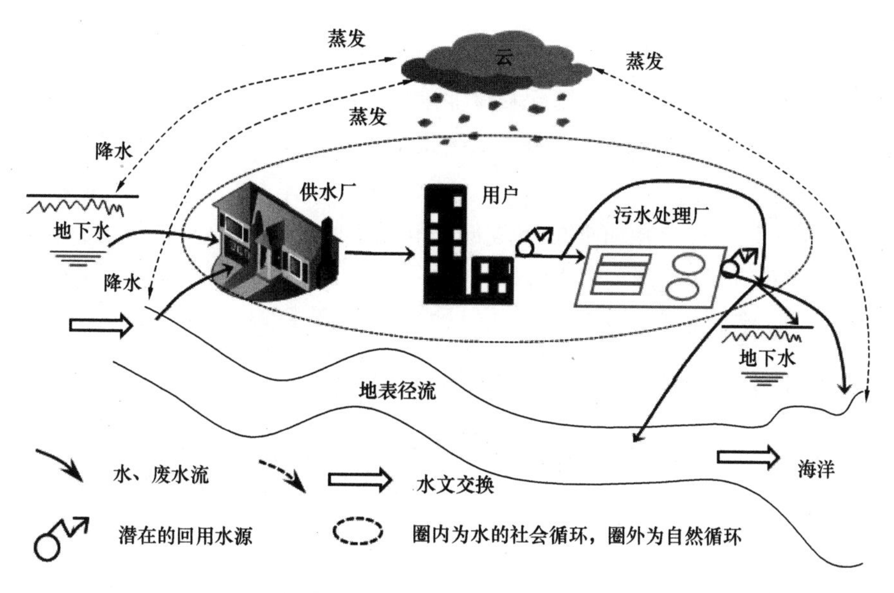

图 1-2　水的自然循环和社会循环

流的分散性增强，有可能影响地表水的更新周期和运动节律。

（2）水循环量发生变化。人类提取的径流量每年达到全球可更新水资源量的 10%左右，显著地改变了地表河流的入海量，使得不同层次区域水循环量发生了显著的变化。

（3）水质的变化。水体经过人类用水的干扰后，水中化学物质的种类和数量都有了极大的增加。污染源包括未处理的污水、化学排放物以及农田中冲刷的和渗入地下的农用化学品等。

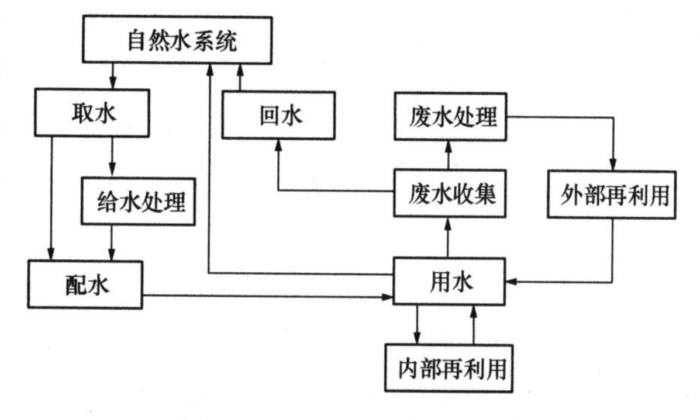

图 1-3　水的社会循环流程图
笔者自绘，资料来源：《中学政史地（高中文综）》（2016 年 9 期）

水的社会循环包含取水—输水—用水—排水—回归等 5 个基本环节（图 1-3）。社会水循环系统包括或可概化成供（取）水、用（耗）水、排水（处理）与回用四个子系统，其中，供（取）水系统是社会水循环的始端，用（耗）水是社会水循环的核心，污水处理与回用系统如同社会水循环系统的“静脉”和“肝脏”，也成为构建健康良性的社会水循环系统的关键，排水系统是社会水循环与自然水循环的联结节点，发挥“肾”的功能[6]。

1.4　城市给水与排水系统

在水的社会循环中，城市给水与排水系统是最重要的基础设施。

1. 给水系统

常规的给水系统是由取水、输水、水质处理和配水等各关联设施所组成的总体，一般由原水取集、输送、处理、成品水输配和排泥水处理的给水工程中各个构筑物和输配水管渠系统组成。因此，大到跨区域的城市给水引水工程，小到居民楼房的给水设施，都可以纳入给水系统的范畴[7]。

城市给水系统是城市公用事业的组成部分（图 1-4）。城市给水系统通常由水源、输水管渠、水厂和配水管网组成。从水源取水后，经输水管渠送入水厂进行水质处理，处理后的水经加压后通过配水管网送至用户。

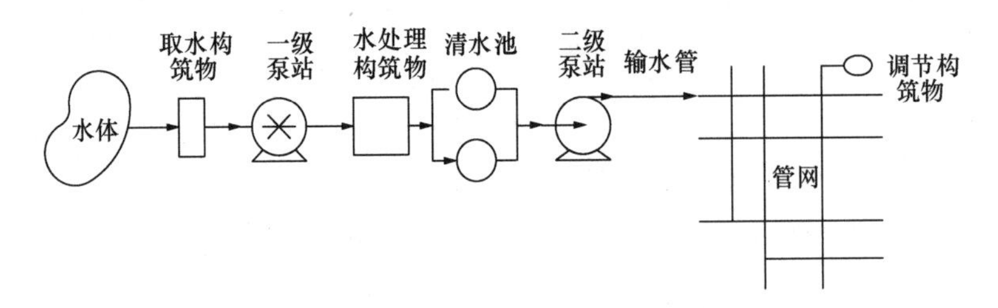

图 1-4　城市给水系统示意图

为了满足用户对水质、水量和水压的要求，给水系统一般由以下几部分组成：

（1）取水构筑物

取水构筑物是为从水源取集原水而设置的各种构筑物的总称，分为地下水取水构筑物和地表水取水构筑物。

（2）水质处理构筑物

水质处理构筑物是对不满足用户水质要求的水，进行净化处理而设置的各种构筑物的总称，这些构筑物及其后面的二级泵站和清水池通常均布置在水厂内。

（3）泵站

泵站是为提升和输送水而设置的构筑物及其配套设施的总称，主要由水泵机组、管道和闸阀等组成，这些设备一般均可设置在泵房内。泵站主要分为一级（取水）泵站、二级（供水）泵站、增压（中途）泵站和循环泵站等。

（4）输水管（渠）和配水管网

输水管（渠）通常是指将原水输送到水厂或将清水送到用水区的管（渠）设施，一般沿线不向两侧供水。配水管网是指在用水区将水配送到各用水户的管道设施，城市配水管网大多呈网络状布置。

（5）调节构筑物

调节构筑物是为了调节水量和水压而设置的构筑物，分清水池和高地水池（或水塔）等。清水池一般设置在水厂内，位于二级泵站之前，用于贮存和调节水量；高地水池（或水塔）属于管网调节构筑物，用于贮存和调节水量，保证水压，通常设在管网内或附近的地形最高处，以降低工程造价或动力费用。

给水系统的选择在给水工程设计中具有重要意义。系统选择的合理与否将对整个工程的造价、运行费用、供水安全性、施工难易程度和管理工作量产生重大影响。给水系统的选择内容包括水源和取水方式的选择、水厂规模和建造位置、输水路线和增压泵站的位置、管网定线和调蓄构筑物的布置等。在给水系统的布置工作中要综合考虑城市总体规划、水源条件、地形地质条件、已有供水设施、用水需求、环境影响、施工技术、管理水平、工程数量、建设速度、资金筹措情况等多方面的因素，一般要求进行详细的技术经济比较后才能确定适应近期、远期发展且相对合理的给水系统选择方案。

对于非常规水资源，其供水设施与传统水资源的给水设施有所区别。例如对于再生水利用，再生水水源直接来自于生产、生活污水，其取水构筑物即为污水处理厂，不同于自来水从河道取水的构筑物。传统污水处理厂出水因达不到再生水水质标准，需经过水质处理后才能达标。由于过去粗放式发展给水环境带来了严重影响，2015 年《水污染防治行动计划》提出要因地制宜地对现有城镇污水处理设施进行改造。同年，时隔 13 年重新修订的《城镇污水处理厂污染物排放标准》DB 12/599，新增了水污染物基本控制项目，对污泥处理处置提出了新要求，对污水处理厂要求限期先后实行一级 A 标准。依据新的排放标准对污水处理厂进行提标改造后，出水水质可满足再生水利用的要求，可以直接排放，所以不再需要水质处理构筑物（图 1-15）。

图 1-5 横岭水质净化厂（深圳）

资料来源：笔者实地调研拍摄

2. 排水系统

人类的生产和生活消耗着大量的水资源。水在使用过程中受到不同程度的污染，改变了原有的化学成分和物理性质，这些水称作污水或废水。按照来源的不同，污水可分为生活污水、工业废水和降水三类。在城市和工业企业中，应当有组织地、及时地排走和处理废水和雨水，否则可能污染环境。排水的收集、输送、处理和排放等设施以一定方式组合成的总体，称为排水系统。

排水系统一般可分为城镇生活污水、雨水和工业废水排水系统。其中，城镇生活污水排水系统，主要由以下几个部分组成（图 1-6）：

（1）室内污水管道系统及设备。其作用是收集室内生活污水，并排送至室外居住小区污水管道中。

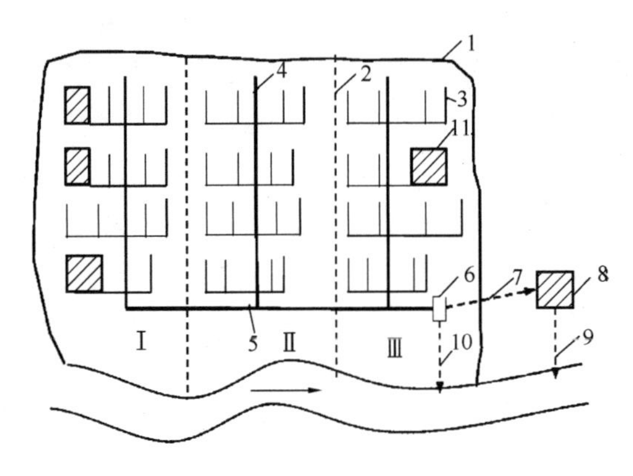

图 1-6 城市污水排水系统示意图

1—城市边界；2—排水流域分界线；3—直管；4—干管；5—主干管；6—总泵站；7—压力管道；8—城市污水处理厂；9—出水口；10—事故排出口；11—工厂

笔者自绘，资料来源：《排水工程》上册（中国建筑工业出版社，图 1-9）

（2）室外污水管道系统。其为建筑外埋于地面下输送污水至泵站、污水处理厂或水体的管道系统，又可分为居住小区管道系统及街道管道系统。

（3）污水泵站及压力管道。用于输送受地形条件限制不能以重力流形式排除的污水。

（4）污水处理厂。其为处理和利用污水、污泥的一系列构筑物及附属构筑物的总和。城市污水处理厂一般设置在城市河流的下游地段，并与居民点或公共建筑保持一定的卫生防护距离。

（5）出水口和事故排出口。即污水排入水体的渠道和出口，是整个城市污水排水系统的重要设施之一。

在城市和工业企业中产生的生活污水、工业废水和雨水，是采用一个管渠系统来排除，或是采用两个或两个以上各自独立的管渠系统来排除。污水的这种不同排除方式所形成的排水系统，称作排水体制。

排水体制一般分为合流制和分流制两种类型。合流制排水系统是将生活污水、工业废水和雨水混合在同一个管渠系统内排除的系统；分流制排水系统是将生活污水、工业废水和雨水分别在两个或两个以上各自独立的管渠系统内排除的系统。由于排除雨水方式的不同，分流制排水系统又分为完全分流制和不完全分流制两种排水系统。在城市中，完全分流制排水系统包括污水排水系统和雨水排水系统；而不完全分流制只具有污水排水系统，未建雨水排水系统，雨水沿天然地面、街道边沟、水渠等原有渠道系统排泄，或者为了补充原有渠道系统输水能力的不足而修建部分雨水管道，待城市进一步发展再修建雨水排水系统转变成完全分流制排水系统[8]。

实际情况下，对某一城市来说，并没有完全的合流制、分流制排水系统，大多是混合制排水系统，即既有分流制也有合流制的排水系统。混合制排水系统一般是在具有合流制的城市需要扩建排水系统时出现的。在大城市中，因各区域的自然条件及修建情况可能相差较大，因地制宜地在各区域采用不同的排水体制也是合理的。

排水系统是社会水循环的末端，但同时也是再生水系统的收集系统，即再生水利用的始端。

1.5 城市水资源面临的问题

城市最易出现水资源匮乏的问题，同时也最易对水资源系统与生态环境造成严重的，甚至是灾难性的破坏。一方面，水资源匮乏严重地制约着城市社会经济的发展，从而影响区域、国家的发展；另一方面，水资源的不合理开发利用所带来的水资源匮乏、水质恶化、生态环境破坏等问题，不仅对城市发展及城市居民卫生健康带来较大的冲击，也对区域和国家的经济、生态环境以及人类的长远发展带来严重的影响。

目前，全世界约一半的人口生活在不到全球面积4%的城市区域，城市水资源系统与生态环境面临着巨大的压力，世界各国的大城市普遍缺水。随着全球城市化的发展，到2030年，世界城市人口将超过总人口的60%，全球新增的用水需求将主要集中在城市，如何以有限的城市水资源支撑急剧增加的城市人口，满足城市居民对清洁水的需求以及经济发展的需求，保证生态环境的良性发展，已成为世界各国关注的重点。在2000年举行的“21世纪初期大城市可持续发展的水资源保障”国际研讨会闭幕式上，与会专家、学者就水资源保障问题达成一定共识，发布了《天津宣言》。宣言指出，水资源是人类生存与发展最宝贵的自然资源，进入21世纪后，人口的增长、经济社会的迅速发展给水资源的合理开发和利用带来了巨大的压力，水资源的短缺已成为世界各国最为突出的社会问题之一，许多大城市面临水资源短缺问题的严重威胁，缺乏安全的、足够的水资源为城市持续发展提供支撑和保障，在有些国家水资源短缺已直接威胁到城市的兴衰[9]。

我国是一个水资源缺乏的国家，城市水资源缺乏问题尤为严重。到20世纪末，全国600多个城市中，有400多个存在缺水问题，其中比较严重的缺水城市有110个[2]。三个重要城市京、沪、津的人均水资源量分别为137.2m^3、83.4m^3、140.6m^3[10]，远低于国际公认的水资源紧缺下限值1700m^3。我国城市的水资源问题主要表现在五个方面：

1. 城市水源单一，非常规水资源尚未得到有效利用

我国城市非常规水资源占供水总量的比例极低，据《2017年中国水资源公报》，2017年全国供水总量6043.4亿m^3，其中地表水源供水量和地下水源供水量共5962.2亿m^3，占供水总量的98.6%；其他水源供水量为81.2亿m^3，仅占供水总量的1.4%。目前中国大概有一半以上的城市是单一水源，基本依赖于河湖等地表水或开采地下水，当水源衰竭或遭污染，城市将陷入瘫痪。

对于再生水的利用，目前仅在少数城市有较高的利用率，大部分城市未开展利用或利用率极低。即便是在再生水利用率（再生水利用量与污水处理量的占比）超过60%的深圳，大部分再生水利用的途径仍是作为景观生态补水，其他途径的利用量很少，用途单一。根据对2005～2015年京津冀等七大城市群再生水利用状况的分析（图1-7），污水利用总量最多的三个城市群——京津冀、呼包鄂城市群和长三角的再生水利用率分别是32.6%、10.5%和9%，利用率也并不高。2005～2015年，七大城市群88个城市中，再生水利用率超过25%的城市仅有3个，占比为3.4%；利用率达到20%～25%的城市占比为6%；利用率在10%～20%和5%～10%的城市占比为15%和9%；而利用率在50%以下和完全没有再生水利用的城市分别占比为31%和36%[11]。很多城市没有建设再生水厂，再生水生产能力基本为零。至于雨水、海水等其他类型的非常规水资源利用更为罕见。

2. 水资源浪费现象严重，工业用水效率非常低

据不完全统计，目前城市使用的大量用水器具，其中约25%严重漏水，每年因此漏

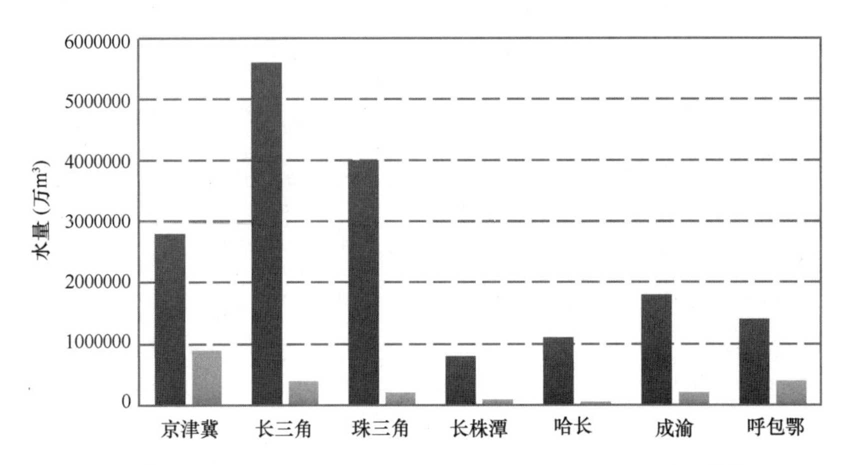

图 1-7 2005～2015 年各城市群污水处理和再生水利用情况[11]

失水量约 4 亿 m^3，相当于 7 个供水能力达 20 万 m^3/d 的大型水厂一年供水量的总和[12]。工业生产耗水量大，万元工业产值用水量是发达国家的 5～10 倍。城市是工业、商业和人口比较集中的地方，产生大量的工业废水和城镇生活污水，没有得到有效的循环利用，城市内部水循环系统不完善。

3. 过度开发水资源，导致生态环境的破坏

过度开发地表水导致河道断流、自然水体自净能力下降、生态系统退化。超采地下水会导致地下水位下降，如我国华北地区地下水位平均每年下降 12cm；北京由于多年来大规模超采地下水，严重时地下水以年均近 1m 的速度急速下降，地下水位最深处现已达 40m 以下。地下水位下降将导致地面污染下渗，还造成海水入侵，使地下水的矿化度增高，含盐量增加，如我国山东省一些沿海地区地下水矿化度已由 0.45mg/L 增至 5.5mg/L，含盐量高达 46mg/L。地下水位大幅度下降还会引起地面陷落，如天津市已有 7300km^2 的地面发生沉降，占全市总面积的 64%左右。

4. 城市水污染严重

城市废水未经妥善处理排入河流、湖泊等，造成地表水体、地下水体的污染，破坏了自然水系统的良性循环，加剧了水资源的匮乏。水污染是造成我国城市缺水的主要原因之一。据统计，我国有监测数据的 1200 多条河流中，已有 850 多条受到未经处理的生活污水和工业废水的严重污染。城市内及其附近河段、湖泊污染严重，如南京玄武湖、武汉东湖和济南大明湖水质均劣于《地表水环境质量标准》GB 3838 Ⅴ类标准。在全国缺水城市中，有 19 个城市是水源污染引起的，另有 76 个城市的缺水原因虽然极其复杂，但都与水源污染有很大关系。目前 90%以上的城市水域受到污染，约 50%的重点城镇集中饮用水水源不符合取水标准，其中水源受到严重污染的城市达 98 个。

5. 城市防洪能力低下

我国约 2/3 的城市受到暴雨洪涝灾害威胁，一方面由于大部分城市分布在东部季风气候区，降水集中在夏季，常常形成暴雨；另一方面由于城市具有大面积不透水的下垫面，使雨水迅速汇聚形成径流，城市排水设施不足，雨水排泄不畅，易造成低洼地区内涝积水、水浸街现象[9]。

1.6　非常规水资源的构成与特点

1.6.1　再生水

再生水，是指污水经适当处理后，达到一定的水质标准，满足某种使用要求，可以进行有益使用的水。市政层面一般称之为再生水，建筑与小区的回用污水一般称之为中水。

再生水的水源主要来自于城市排水系统收集的污水，包括生活污水、工业废水和一部分城市地表径流（雨水、雪水）。其中，生活污水主要来自家庭（粪便污水，洗浴、洗涤、厨用等污水）、公共建筑场所（商业、机关、学校等产生的污水）和医院经消毒等预处理后的污水。工业污水来自于工矿企业的生产过程，可分为生产污水、厂区生活污水和露天设备厂区初期雨水，其中生产污水是工业污水的重要组成部分，包括工艺外排水、设备冲洗水、地坪冲洗水等。城市地表径流是由雨、雪降至地面所形成的，其中含有淋洗大气及冲洗构筑物、地面、废渣、垃圾所携带的各种污染物[13]。污水处理厂即再生水水源地。

在我国，再生水回用对象主要分为工业用水、城市杂用水、环境用水、农林牧渔业用水、补充水源水等5类。由于行业特点和需求的差异，各行业在使用再生水作为水源时，对再生水水质需求不同（表1-1）。为配合我国城市开展城市污水再生利用工作，住房城乡建设部和国家标准化管理委员会编制了《城镇污水处理厂污染物排放标准》GB 18918、《城市污水处理厂工程质量验收规范》GB 50334、《污水再生利用工程设计规范》GB 50335、《建筑中水设计标准》GB 50336、《城市污水再生利用 城市杂用水水质》GB/T 18920等污水再生利用系列标准。

再生水主要利用对象及重点关注的水质指标[2]　　**表1-1**

再生水利用对象		重点关注的水质指标
工业	冷却和洗涤用水	氨氮、氯离子、溶解性总固体（TDS）、总硬度、悬浮物（SS）、色度等指标
	锅炉补给水	TDS、化学需氧量（COD_{Cr}）、总硬度、SS等指标
	工艺与产品用水	COD_{Cr}、SS、色度、嗅味等指标
景观环境	观赏性景观环境用水	营养盐及色度、嗅味等指标
	娱乐性景观环境用水	营养盐、病原微生物、有毒有害有机物、色度、嗅味等指标
绿地灌溉	非限制性绿地	病原微生物、浊度、有毒有害有机物及色度、嗅味等指标
	限制性绿地	浊度、嗅味等感官指标
农田灌溉	直接食用作物	重金属、病原微生物、有毒有害有机物、色度、嗅味、TDS等指标
	间接食用作物	重金属、病原微生物、有毒有害有机物、TDS等指标
	非食用作物	病原微生物、TDS等指标

续表

再生水利用对象		重点关注的水质指标
城市杂用		病原微生物、有毒有害有机物、浊度、色度、嗅味等指标
地下水回灌	地表回灌	重金属、病原微生物、SS、TDS等指标
	井灌	重金属、病原微生物、SS、TDS、有毒有害有机物等指标

笔者自制。

城市污水规模大，受气候条件和其他自然条件的影响较小，水量水质相对比较稳定。因此，只要城市产生污水，就有稳定的再生水水源，即污水处理厂就是再生水水源地。污水的再生利用规模灵活可控，既可集中在城市边缘建设大型再生水厂，也可在居民小区、公共建筑内建设小型中水回用设施。

再生水利用相比于其他类型水资源，在经济上有一定的优势。由于节省了水资源费和远距离输送费，以污水处理厂出水为水源的再生水制水成本一般低于自来水的制水成本。与远距离调水和海水淡化相比，再生水制水成本也比较低，经济效益显著[14]。同时，城市污水再生利用也具有显著的环境效益和社会效益。

1.6.2 雨水

雨水来源于大气降水，在降水过程中，雨水首先与大气接触，雨水降落过程会携带一些大气中的物质。雨水降落至地面后，由于地面含有较多的污染物，雨水因此会受到污染，尤其是初期雨水中，含有较多的污染物[15,16]。

雨水水量受气候及天气影响较大，水量不稳定，且地域分布不均。雨水利用需综合考虑雨水径流的污染控制、城市防洪以及生态环境的改善等需求，建立包括屋面雨水集蓄系统、雨水截污与渗透系统、生态小区雨水利用系统等。将雨水用作喷洒路面、灌溉绿地、蓄水冲厕等城市杂用水的雨水收集利用技术是城市水资源可持续利用的重要措施之一[17,18]。

2013年以来，我国大力推行的“海绵城市”建设，有力推动了城市雨水利用的发展。住房城乡建设部于2015年发布了《海绵城市建设技术指南——低影响开发雨水系统构建（试行）》，提出要通过“渗、滞、蓄、净、用、排”等多种技术，在确保城市排水防涝安全的前提下，最大限度地实现雨水在城市区域的自然积存、自然渗透和自然净化，促进雨水资源的利用和生态环境保护。

1.6.3 海水

地球圈内97.3%的水资源量都分布在广阔的海洋中，在淡水资源极度匮乏的现实局面下，拓宽水资源的内涵，将数量巨大但开发程度低的海水资源进行综合利用，将是解决城市淡水资源紧缺的重要途径。

海水的化学成分十分复杂，主要离子含量远高于淡水，海水中的盐分主要是氯化钠，其次是氯化镁和少量的硫酸镁、硫酸钙等[2]。在我国管辖的所有海域中，各类使用功能的水质应遵循《海水水质标准》GB 3097 的相关规定。

海水的利用可分为直接利用与淡化利用。直接利用可以作为工业冷却水、离子交换再生剂、化盐溶剂、冲洗及消防用水、除尘及传递压力等。海水淡化则可根据不同水质要求，提炼出不同纯度的水。目前海水淡化利用的成本较高，尚未得到普及。

1.6.4 矿井水

矿井水是伴随煤炭开采产生的地下涌水。在煤炭开采过程中，地下水与煤层、岩层接触，加上人类活动的影响，发生了一系列的物理、化学和生化反应，因而水质具有显著的煤炭行业特征。矿井水中悬浮物含量远远高于地表水，其感官性状差；所含悬浮物的粒度小、比重轻、沉降速度慢、混凝效果差；矿井水中还含有乳化油、废机油等有机物污染物；矿井水中含有的总离子含量比一般地表水高得多，而且很大一部分是硫酸根离子；矿井水往往 pH 值特别低，常伴有大量的亚铁离子，这也增加了处理的难度。

一般来说，不同煤矿对出水的要求差异较大，应根据我国环保部门的要求确定处理程度，以确保出水水质。由于生活污水中的氮和磷对水体有富营养化的影响，污水处理要求有脱氮除磷的效果。煤矿污水水质与一般城市污水性质类似，但不同于城市污水（城市污水中常包括部分工业废水）。其特征可概括为水质水量变化较大、污染物浓度偏低、污水可生化性好、处理难度小。

1.6.5 苦咸水

苦咸水是指碱度大于硬度的水，并含大量中性盐，pH 值大于 7。我国苦咸水主要分布在北方和东部沿海地区。苦咸水的淡化实际上就是盐水淡化，使盐水脱盐淡化或者经处理后达到饮用水标准。苦咸水淡化方法主要有蒸馏法、电渗析法、反渗透法。

1.7 非常规水资源利用的基本问题

开发利用非常规水资源，需解决非常规水资源的用户问题、水源问题、水量水质问题、供水设施、政策保障等基本问题。

1. 用水对象（用户）问题

非常规水资源的利用，首先要明确非常规水资源利用的对象，即用户。对非常规水资源的需求，归根结底是用户的需求，应根据非常规水资源的类型及用途，确定潜在的用户群体，了解用户对非常规水资源的水量和水质需求。

例如再生水，根据《城市污水再生利用　分类》GB/T 18921，城市污水回用对象分为五类：工业用水，城市杂用水，环境用水，农、林、牧、渔业用水和补充水源水。因此，可以看出再生水用户广泛存在于城市建设、水利、环保、工业、农业等各个领域（表 1-2）。

2. 水源、水量和水质问题

非常规水资源利用的第二个基本问题是了解不同用户的水量和水质需求，以及如何满足水量和水质需求。非常规水资源的可供水量、水质与其来源有直接的关系。如再生水来源于城市污水，城市污水水质、水量相对稳定，不易受气候等自然条件的影响，又不需要长距离引水，其可供水量与城市污水处理厂规模及处理率等相关。

城市污水再生利用对象分类[19] 表 1-2

序号	分类	范围	示例
1	工业用水	冷却用水	直流式、循环式
		洗涤用水	冲渣、冲灰、消烟除尘、清洗
		锅炉用水	中压、低压锅炉
		工艺用水	溶料、水浴、蒸煮、漂洗、水力开采、水力输送、增湿、稀释、搅拌、选矿、油田回注
		产品用水	浆料、化工制剂、涂料
2	城市杂用水	城市绿化	公共绿地、住宅小区绿化
		冲厕	厕所便器冲洗
		街道清扫	城市道路的冲洗及浇洒
		车辆冲洗	各种车辆的冲洗
		建筑施工	施工场地清扫、浇洒、灰尘抑制、混凝土制备和养护、施工中的混凝土构件和建筑物冲洗
		消防	消火栓、消防水泡
3	环境用水	娱乐性景观环境用水	娱乐性景观河道、景观湖泊及水景
		观赏性景观环境用水	观赏性景观河道、景观湖泊及水景
		湿地环境用水	恢复自然湿地、营造人工湿地
4	农、林、牧、渔业用水	农田灌溉	种子与育种、粮食与饲料作物、经济作物
		造林育苗	种子、苗木、苗圃、观赏植物
		畜牧养殖	畜牧、家畜、家禽
		水产养殖	淡水养殖
5	补充水源水	补充地表水	河流、湖泊
		补充地下水	水源补给、防止海水入侵、防止地面沉降

笔者自制。

城市雨水资源受气候和人类活动影响大，初期雨水水质较差，需经适当处理后才能进行利用。城市建设区雨水资源通常通过小型雨水设施进行收集回用，其贮蓄能力有限，仅能在雨季进行利用，具有较强的季节性，且水质易受设施设计、管理的影响，稳定性差。海水资源丰富，可利用量巨大，但由于其利用工程布局受限及海水水质的特殊性，实际利用量并不大。

非常规水资源水质目标应根据用户的水质需求确定，应确保满足相应的水质标准，目前我国已经出台了《再生水水质标准》SL 368、《城市污水再生利用 城市杂用水水质》GB/T 18920 等系列标准，部分城市也出台了地方水质标准。

3. 供水设施的规划与建设

供水设施是将非常规水资源输送至用户的工具。非常规水资源的供水设施主要包括水质处理设施及管道（网）系统。再生水处理设施布局应兼顾城市规划、给水系统布局规划及污水系统布局规划等，做到再生水系统供需平衡；雨水设施布局则可结合流域划分及用户需求，灵活布置，其设施规模也可灵活多变；海水设施由于受到取水、排水的限制，其利用设施一般布设在滨海地区，尽可能就地利用，减少远距离输送成本。

4. 政策保障措施

与常规水资源类似，非常规水资源的收集、储存、处理、输送、利用等各环节均需要相应的政策保障措施，且考虑到非常规水资源自身的水质风险以及与常规水资源发生混接的风险，非常规水资源利用的政策保障措施往往更加多样和严格。非常规水资源政策保障措施的制定是非常规水资源利用的基本问题之一。

1.8　非常规水资源开发利用面临的挑战与任务

目前我国非常规水资源的利用处于起步和发展阶段，尚存在诸多问题和挑战。这些问题概括起来主要包括两个方面，即管理方面和技术方面。

1. 管理方面

（1）缺乏扶持政策

非常规水资源利用具有较强的公益性特点，相比常规水资源，非常规水资源的收集、储存、处理、输送需要新建基础设施，其建设需要投入大量的资金，而且非常规水资源处理成本较高，在行业发展初期尤其需要政府大力扶持。然而，目前国家在财政、税收、投融资、价格等方面，尚没有实质性的扶持政策，经营单位多处于维持或亏损状态，企业投资经营积极性不高，用户用量增长缓慢，造成非常规水资源开发利用难以快速发展。

（2）缺乏统一规划

由于非常规水资源开发利用涉及发展改革、水利、住房城乡建设、海洋等多个职能部门，各部门编制的专项规划虽不同程度地涉及非常规水资源利用，但多头管理造成各类规划不衔接、不协调，且未将非常规水资源真正纳入水资源规划配置体系。目前我国大部分城市尚未编制专门针对非常规水资源的专项规划，只有少数城市编制了再生水专项规划或其他非常规水资源专项规划。很多地方的非常规水资源规划没有纳入城乡建设规划体系，以至于配套设施建设严重滞后，造成生产出的水送不出去、有需求的用户用不上水的尴尬局面。

（3）水价与成本倒挂

再生水、海淡水等非常规水资源由于处理技术和工艺不同，其制水成本也不同，再生水一般在1.0～4.5元/m^3，海淡水在6.5～9.0元/m^3。目前，全国再生水价格一般在1.0元/m^3左右，进入市政管网的海淡水一般不高于当地自来水价格。因此，非常规水资源价格普遍偏离制水成本，再加上财政补贴不到位，非常规水资源生产企业多处于亏损状态。

2. 技术方面

（1）技术标准不完善

标准体系的等级应包括国标、行标、地标，内容应涵盖勘察设计、施工验收、装置设备、水质标准、检测方法等。目前，涉及再生水、雨水、海水等非常规水资源的标准有60多项，主要集中在勘察设计、施工验收、装置设备等方面，缺少水质检测方法相关标准。水质标准方面，较多关注出水水质，较少考虑水源水质。在现行水质标准中，其指标和阈值多参考国外标准或饮用水指标，针对性不强，且现行标准中某些指标存在矛盾，标准与标准之间某些指标阈值差异较大。

（2）技术驱动力不足

非常规水资源在处理技术和工艺上与国外差距不大，但由于国内设备种类不全、结构不合理、产品质量不稳定等问题，其关键设备、关键部件主要依靠进口。市场需求弱、国家重视程度低、发展机制和扶持政策尚未完善，这些都是造成设备国产化发展源动力不足的主要原因。

（3）科研与市场脱节

由于非常规水资源开发利用在我国尚处于起步阶段，相关科研成果缺乏充分的市场调研，难以满足市场需求。主要表现在以下三方面：①有些科研成果成熟度低，大部分成果仍然停留在小试、中试规模，尚未推广；②有些科研成果超前，生产成本高，市场需求不旺盛，企业不愿意转化；③有些科研成果偏重于单一技术的研发，对集成化、规模化技术缺乏研究，不能满足企业兼备工艺、装备、技术等工程研发可行性的要求。

（4）供水管网建设滞后

非常规水资源管道（网）是非常规水资源利用的重要基础设施，但目前我国非常规水资源管网建设规模总体水平较低，大部分集中在点对点的管道或主干管道建设上，不能满足水源对管网建设的要求和用户对管网建设的需求[20]。

面临城市需水量增长与生态环境保护的双重压力，城市水资源必须走可持续开发利用的道路，以可持续发展观与循环经济理念重新认识城市水资源、指导城市水资源开发利用。可持续的城市水资源开发利用目标不再是单纯满足城市经济发展的需求，而是实现社会、经济、生态环境、资源的综合效益最大化，使城市经济、生态环境资源协调发展，未来城市水资源开发利用必将由单水源向多水源供水转变。非常规水资源利用虽然面临着诸多挑战，但也面临着机遇。城市水资源利用的现状要求我们要正确处理常规和非常规水资源的关系，以常规水资源为主，非常规水资源作为有效补充，出台和完善非常规水资源相关政策，合理开展非常规水资源利用规划的编制，提高非常规水资源利用技术工艺水平，同时加强非常规水资源利用基础设施建设，提高利用量和利用效率，实现城市内部水循环的高效运转。

第2章　非常规水资源利用经验借鉴

2.1　国外经验

在发达国家，非常规水资源的开发利用被视为水资源综合管理和可持续发展的重要内容，非常规水资源的利用起步较早，已经形成了较为成熟的管理和技术体系。本节将对新加坡、美国、日本、以色列、德国五个国家的非常规水资源利用概况进行介绍。

2.1.1　新加坡

新加坡属热带海洋性气候，年平均气温24～27℃，全年高温多雨。虽然新加坡降雨量充沛（多年平均降雨量约为2400mm），却属于水源性缺水国家，原因是海拔太低，土地面积太小，仅有新加坡河和加冷河两条细流，缺乏天然的蓄水层，水资源调蓄能力较差，天然水资源十分有限，人均水资源量仅为211m^3，世界排名倒数第二。在有效的水资源管理体系下，新加坡的新生水（再生水）、雨水、海水等非常规水资源的开发利用取得了卓越成效。

1. 总体发展概况

（1）管理制度和组织

为保护和利用好有限的水资源，新加坡注重加强水资源管理立法，完善法律法规保障，实施了《公共事业供水管理条例》《水源污染管理及排水法令》《制造业排放污水条例》《公共环境卫生法令》《畜牧法令》《毒药法令》等法律法规。同时，新加坡建立了一套严格的执法机制和执法程序，以强硬的执法主体、高效的政府律师队伍和多样化的执法手段为特色，有效制止了水污染事件的发生，保障水资源的健康发展[21]。

新加坡负责水资源管理的主要行政管理部门是公用事业局（Public Utility Board，PUB），成立于1963年。2001年4月1日起，公用事业局又从环境部门接管了废水和排水系统的管理任务。由此，公用事业局已成为新加坡综合性水管理机构，整体统筹并实行全盘政策，全方位管理水资源，即对水源、供水、排水、河流水系等一切涉水事务进行规划和综合管理，包括水资源保护、雨水管理、集水区管理、海水淡化、公共教育和宣传活动等。

（2）管理战略和规划

为实现水资源的供需平衡和可持续利用，新加坡制定了水资源可持续管理战略和对策，主要包括国家“四大水喉”供水规划、ABC水计划、节约用水规划等（图2-1）。

国家“四大水喉”供水规划是指按照“收集每一滴雨水、收集每一滴污水、多次回收每一滴水”的持续供水原则，实施长期供水策略——国家“四大水喉”，即外购水、新生水、本地雨水及淡化海水。这项规划强调加强新生水的利用，规划 2020 年新生水利用占用水总需求的 40%，2060 年将达到 50%；其次是加大淡化海水的利用，2020 年海水利用占用水需求的 25%，2060 年将达到 30%[22]。

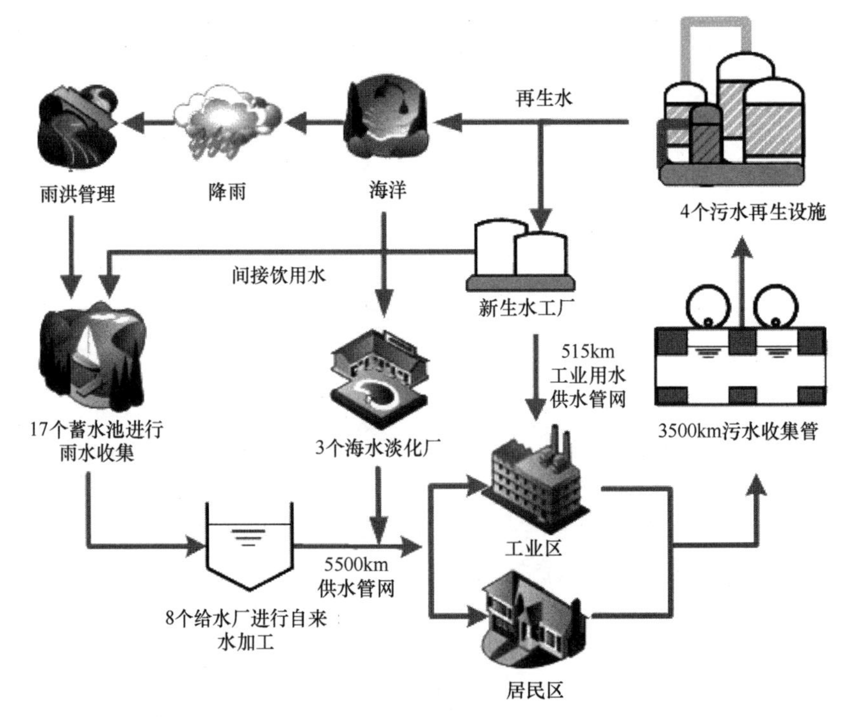

图 2-1　新加坡水资源综合利用体系

笔者自绘，资料来源：新加坡 PUB 网站 http：//www. pub. gov. sg/

2006 年，新加坡公用事业局推出了 ABC 水计划，目的在于建设可持续发展城市，其目标是建立“活跃（Active）、优美（Beautiful）、清洁（Clean）”的水环境。主要内容包括：①优化河流、水库的功能，新加坡 17 座水库、32 条主要河道和 7000km 排水渠道发挥防洪及收集雨水等功能，通过美化河道两岸环境及建立休闲娱乐配套设施等措施，为居民提供亲水乐园；②全民共享水源设计，通过雨水花园、人工湿地、生态水源净化系统等设计，将净化雨水的元素融入建筑设计中，使建筑既能为社会公众提供活动场所，又具有净化雨水、改善生态环境的功能[22]。ABC 水计划已实施 10 年，成效卓越，不仅改善水质，创造优美滨水公共空间，同时向公众展示了清洁水的价值，提高公众保护水资源的意识。

在节约用水规划方面，新加坡政府重视日常用水的管理，这项规划包括四方面的举措：商业节水 10%挑战计划、家庭节水 10L 挑战计划、水配件节水产品解决方案和节水激励机制，如新加坡推行强制水效率标识计划（Mandatory Water Efficiency Labelling Scheme）、水效率奖（Water Efficiency Awards）、节水基金等，以提高用水效率。通过综合性措施，新加坡家庭用水量从 2003 年的 165L/（人・d）下降到 2017 年的 143L/（人・d）。

而且，新加坡结合国情制定了科学而权威的发展规划，包括长期规划和短期规划[23]。

长期规划主要针对国家长期可持续发展的需水量问题，制定了相应的对策，大力推行新生水和海水淡化技术。短期规划包括年度计划和十年滚动计划，每一年度计划完成后，修订出新十年计划，充分体现水资源与人口、经济和环境的发展关系，反映水资源开发管理的进步程度。

(3) 技术创新机制

新加坡政府注重水领域的技术开发和创新，不断探索和完善水源管理模式。2006 年新加坡政府把水领域指定为政府重点发展的三大领域之一，并成立了新加坡环境与水业发展局和国立研究基金会，在 2006～2010 年 5 年间投资 3.3 亿新元，用于水科技领域的研发工作。目前新加坡已拥有全球领先的水资源中心，聚集了 180 多家水处理企业以及 20 多个水处理研究中心。

(4) 多领域合作模式

为提升水源开发与水资源管理水平，新加坡政府采用官、学、商三方整合的运作方式，加强与国内外高校、水处理企业的合作和交流。国家投入大量科研经费用于研究水资源开发的深层次问题；公用事业局下设高级水资源技术中心，由 50 个专家成员组成，提供必要的研究和发展支持；大力资助大型企业，开展水处理技术难题攻关，在污水收集和处理、新生水深度净化、海水淡化及设备研发等方面取得了良好的效果。一旦实验室取得研究成果，政府则进行全球招标，选取最有竞争力的企业与原有研发团队合作，开发应用最新技术，不断修正改进后将技术和产品推向市场。

2. 新生水

新生水（NEWater）是指将污水处理厂尾水，采用先进的反渗透膜与紫外线消毒等技术进一步净化而生产的回用水。新加坡对于工业和商业新生水的使用没有强制性规定，然而用户对新生水的使用热情很高，主要归因于先进的生产工艺、严格的监测制度、合理的水价、多途径的宣传、完善的规划布局等因素。

(1) 技术研发历程

20 世纪 70 年代，新加坡政府开展相关研究探究污水回用的可行性，尽管研究表明技术上存在可行性，但是技术成本过高、可靠性差等问题限制了污水回用的发展。到 90 年代，膜技术的成本大幅降低，同时性能大幅提高，美国等国家开始广泛将膜技术用于污水处理和回用。1998 年，公用事业局设立研究小组开展最新的膜技术用于污水回用的研究和测试。2000 年，该项目成功实施 10000m^3/d 规模的示范工程。2003 年，随着两座新生水厂（Bedok 新生水厂和 Kranji 新生水厂）的落成，新加坡政府正式向公众推广新生水。

(2) 监测保障制度

每两年，新生水需接受第三方专业检查小组的严格检测，该小组由工程、水化学、毒理学、微生物学等领域的国际专家组成，以保障新生水的安全性和高品质，提高公众对新生水使用的信任度。通过 15 万次以上的检测，证明其超越了世界卫生组织（World Health Organization，WHO）的饮用水标准（资料来源于新加坡 PUB 官网 https：//www. pub. gov. sg/watersupply/fournati onaltaps/newater）。过去两年超过 2 万次的对比试验表明，新生水的水质比PUB自来水水质更优（PUB自来水是满足世界卫生组织标准的饮用水，无须再过滤即可直接饮用，见表2-1与图2-2）。

新加坡新生水水质情况 **表2-1**

指标	单位	世界卫生组织饮用水标准	新生水检测值
微生物指标			
大肠杆菌（E. coli）	cfu/100mL	<1	<1
异养细菌（HPC）	cfu/mL	—	<1
物理指标			
颜色	色度	—	<5
电导率	uS/cm	—	<250
氯	mg/L	5	<2
pH值	Units	—	7.0～8.5
总溶解固体（TDS）	mg/L	—	<150
浊度	NTU	5	<5
化学指标			
氨氮（以氮计算）	mg/L	—	<1.0
硝酸盐氮（以氮计算）	mg/L	11	<11
铝	mg/L	—	<0.1
钡	mg/L	1.3	<0.1
硼	mg/L	2.4	<0.5
钙	mg/L	—	4～20
氯化物	mg/L	—	<20
铜	mg/L	2	<0.05
氟化物	mg/L	1.5	<0.5
铁	mg/L	—	<0.04
锰	mg/L	—	<0.05
钠	mg/L	—	<20
硫酸盐	mg/L	—	<5
硅（以二氧化硅计算）	mg/L	—	<3
锶	mg/L	—	<0.1
总三卤甲烷比		<1	<0.04
总有机碳（TOC）	mg/L	—	<0.5
总硬度（以碳酸钙计算）	mg/L	—	<50
锌	mg/L	—	<0.1

资料来源：新加坡PUB网站http：//www.pub.gov.sg/.

新加坡政府注重利用价格杠杆推广新生水的使用和引导全民节水。政府通过逐次调高自来水水价的方法进行需求管理，设立梯级水费制度以鼓励公众节约用水，家庭用水量每月不超过40m^{3}的水价为1.82新元/m^3，超过40m^{3}的水价为2.33新元/m^3。同时，下调

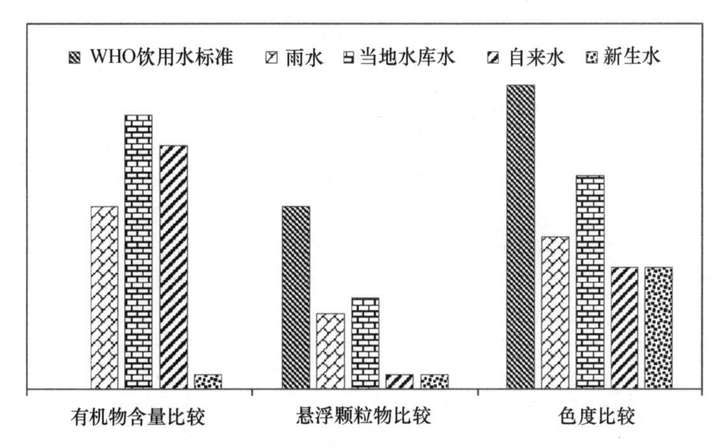

图 2-2　新生水与 WHO 饮用水标准、各类水的水质比较

笔者自绘，资料来源：新加坡 PUB 网站 http：//www. pub. gov. sg/价格调控机制

非常规水资源的价格，新生水的水价最初为 1.30 新元/m^3，后调低至 1.15 新元/m^3，目前已下调至 1 新元/m^3。新生水的生产成本是海水淡化的一半，而且不断下降。据统计，新加坡有超过 300 家工商业用户使用新生水，大幅度节省了用户的用水费用。

（3）公众宣传途径

新加坡政府大力宣传新生水的水质标准，以消除公众的心理障碍。此外，新加坡 Bedok 新生水厂设立了新生水展览馆，民众可观赏到有关新生水的多媒体介绍和电脑互动片，能生动地了解到新生水的生产过程，以此增强人们对新生水的使用信心。

（4）工程建设情况

现阶段新加坡有新生水厂五座。截至 2018 年，新生水已能满足 40%的总需水量，预计到 2060 年这一比例将提高至 55%。新生水厂主要采用微滤、反渗透、紫外线消毒等工艺，去除水中污染物。新生水在水质方面虽然可以保证安全饮用，但主要还是作为工商用途，大部分新生水通过市政管网输送至晶片制造厂、工业园区、商业建筑（用于集中式空调冷却水）等。部分新生水注入水库，与水库中的原水混合，作为水源水使用。

3. 雨水

（1）相关规划

新加坡雨水规划包括总体规划、雨水质量管理规划、集水区规划等。

总体规划，从全域层面规划 100 余个水敏性设计项目的布点和内容，并完成了实施评估，计划于 2030 年前全部实施。雨水质量管理规划借鉴澳大利亚饮用水标准[24]和澳大利亚与新西兰的淡水与海水准则[25]，从本底条件出发，分析问题产生的原因，明确年径流总量控制率等控制目标，选择水质管理途径，制定实施策略、原则，并规划布局重点实施区域。集水区规划是基于当地基础条件的分析，确定水敏性城市设计的布点和水敏性规划的理念和策略。如西部集水区的规划理念为：一是水道从山脊到水库自然连续，构建健康完整的自然水生态系统；二是以水道连接人与城市的自然空间；三是将河流和水道设计成供人娱乐、活动和学习的场所，打造人与自然和谐相处的生态系统[26]。

(2) 管理标准

新加坡推出一系列雨水管理标准和准则，如ABC城市设计导则、ABC工程规范、绿色标准(Green Mark)、区域绿色建筑标准(BCA Green Mark for Districts)、非住宅类绿色建筑标准(BCA Green Mark for New Non-Residential Buildings)等[27]，以规范雨水管理设施的规划和设计。

新加坡雨水管理相关标准与准则[26]　表2-2

名称	内容
ABC城市设计导则	作为城市长期发展策略的环境指导，目的在于转变新加坡的水体结构，使其具备防洪、排水和供水的功能，形成可持续的城市发展空间
ABC工程规范	该规范为ABC城市设计导则在工程设计方面的补充，包括了ABC设计要素在尺寸、选型、选材、施工和维护等方面的具体做法
地表排水实施准则	详细规定了建设开发项目的地表水排水系统最低要求
排水系统手册	解释了PUB应对洪水威胁的雨水管理策略
Green Mark	推荐通过植被、土壤对雨水进行收集和处理来提高雨水水质，采用的绿色措施被称为“ABC水设计措施”
区域绿色建筑标准	鼓励在场地内设计生物滞留洼地、雨水花园、人工湿地等来增加雨水入渗。在宏观层面上，规定公共蓝绿空间、生物栖息地保护和修复、最小化场地干扰等为雨水入渗及收集提供条件；要求提供充足的绿地或水体，蓝绿空间进行连通，公共设施采用绿色屋顶等
非住宅类绿色建筑标准	鼓励采用生态滞留洼地、雨水花园、人工湿地等措施降低雨水径流系数，改善室外雨水环境，并将雨水作为景观灌溉水源，降低对饮用水的需求

笔者自制。

2014年1月，新加坡公共事务局实施强制性指标，要求所有的新建和重建地区必须设立原位调蓄和滞留设施削减雨水径流量；规定排入市政管网的雨水流量不得超过该地区峰值流量的65%～75%。

(3) 信息化监测制度

新加坡采用智慧信息化技术，对集水区和水库的水质和水量进行监控、预测和管理，确保水库的水质满足饮用水源的要求[28,29]。

新加坡雨水管理信息化平台[29]　表2-3

信息化模块	功　能
智慧集水区管理(数据挖掘和分析)	可预测性排水和洪水管理；水文气象预测；用于排水基础设施的战略规划和维护的数据分析；强化水质模型工具和全自动实时预测平台
集水区水质和水生态管理与模型	蓝藻控制和早期预警系统；集水区营养类污染物去除系统；植物修复和生物操纵措施；水质管理系统；蓝藻及代谢物水平预测系统；高效蓝藻控制系统
气候变化模型	不确定性和极端气候条件下的预测；洪水风险评估和决策成本效益分析；水敏性城市设计和适宜设施

笔者自制。

（4）项目认证制度

自2010年1月开始，融入水敏性设计理念的项目可以申请ABC水计划资格认证，公共机构和私人开发商的项目均可申请，认证有效期为3年，过期后须重新申请[26]。通过审核获得认证的项目可获得一定的奖励和奖金，还可使用ABC的标志扩大宣传。

（5）专业人员注册制度

公共事务局同新加坡工程师学会联合发起专业人才项目，于2013年正式启动专业人才注册制度。这项资格认证包括四门核心模块课程和两门选修课程，其中，四项核心课程为：①ABC水计划的设计导则和项目认证体系；②雨水质量管理；③洼地和缓冲带的设计、施工和维护要点；④生态滞留地、生态调节池的设计、施工和维护要点[26]。

（6）工程建设情况

新加坡政府一直致力于高效利用雨水资源，充分利用一切河道、水塘等水体，耗巨资建立现代化、高标准的雨水收集系统和雨污分流系统，可将80%～90%的降雨量转化为饮用水，目前全岛2/3的国土已建成为城市集水区[30]。新加坡集水区大致可以分成三类：受保护集水区、河道水库、城市骤雨收集系统。新加坡的许多街道，大大小小的明渠沟壑星罗棋布，形成了城市排水、蓄水的网络，这些沟渠将雨水分别排向境内的17个大水库，成为水资源的源头（图2-3）。新加坡雨水收集和输送系统多样且完善，形成以明渠输水和城市内部水库蓄水为主的供水模式，既解决洪涝问题又可充分利用雨水资源，目前新加坡每天耗水的50%水源都来自收集的雨水。

图2-3　由小至大逐级相连的雨水沟渠收集系统

资料来源：笔者实地调研收集

4. 海水

（1）相关政策

新加坡从1998年开始实施“向海水要淡水”计划。由于海水淡化厂建设成本高，政府为支持海水淡化厂的建设而动用国家储备金，大力推动海水淡化产业的发展。2002年，新加坡政府拟定国家长期供水策略，即“四大水喉”，把淡化海水列入重点发展的供水途径。

（2）海水淡化厂运营模式

新加坡海水淡化产业采用政府和社会资本合作运营模式（Public-Private Partnership，PPP）。新加坡大士新泉海水淡化厂项目是新加坡第一个PPP项目，这个项目以“建造-持有-运营”（Build-Own-Operate，BOO）合同授予“新泉集团”（SingSping，一个由新加坡凯发集团和法国昂帝欧公司投资参股成立的融资平台），特许经营期限为20年，项目海水淡化工艺采用反渗透膜。

新加坡政府对该项目的贷款和投资没有提供担保，但通过《购水协议》（Water Purchase Agreement）提供了其他形式的担保，包括基于保底水量的保底运营收入、商业自由性、水费定价灵活性、协助许可证和同意书的及时授予。“保底水量”条款规定了只要生产的水达到水质要求，公用事业局必须付费的最小水量。即使实际需要的水量小于这个标准，也必须按这个保底水量来付费，这意味着需求风险由政府承担。

（3）工程建设情况

2005年9月，新加坡大士新泉海水淡化厂建成并启用。该厂是新加坡第一座国家级海水淡化厂，每天可生产13.6万m^3的淡化水，是全世界规模最大的膜法海水淡化厂之一，所生产的淡水通过管道输送至新加坡公用事业局所拥有的水库。在第一年的运行中，淡化海水的成本是0.78新元/m^3，当时水价为1.1新元/m^3，据此推算，该厂第一年盈利可达2000万新元[31]。新加坡现有三座海水淡化厂，以反渗透膜技术为主，截至2018年，海水淡化利用已满足30%的总需水量。此外，两座新的海水淡化厂将于2020年建成，此举将进一步提高海水利用量。如图2-4所示。

图2-4　新加坡吉宝滨海东海水淡化厂

（KEPPEL MARINA EAST DESALINATION PLANT）

资料来源：中国风景园林网［Online Image］. http：//www. chla. com. cn/

5. 小结

新加坡地域较小，天然水资源短缺，国家坚持可持续的水资源循环利用模式，从国家战略层面明确将新生水、雨水、海水等非常规水资源发展放在突出位置，以引导相关法律法规的制定，广泛开展相关工程建设。公用事业局实现了真正意义上的水资源全方位管理，对水资源进行整体统筹和规划发展，在水资源开发方面进行了一系列大胆又有创意的尝试，如膜技术研发带动新生水的发展、雨水的资源化利用和海水淡化产业的发展等。新加坡虽然没有强制要求用户使用非常规水资源，但通过水资源的全方位管理、技术的持续创新、制度政策的良性引导、规划布局的不断完善、水价的合理调控、宣传的多途径推广，非常规水资源用户积极性高涨。此外，新加坡在进行非常规水资源规划和市政基础设施建设时，注重融合工程性、生态性和娱乐性等多种功能，体现“人水和谐”“全民水源”的理念。

2.1.2 美国

美国水资源总量及人均水资源量丰富，但分布不均，东多西少，成为美国水资源的突出问题。美国东部年降水量为800～1000mm，东北部五大淡水湖总面积约24.3km^2，为美国东部提供了丰富的淡水资源；西部年降水量在500mm以下，淡水资源不足。20世纪40年代起，美国政府逐渐意识到水资源危机的紧迫性，经过70多年的努力，现今美国水资源利用率已得到极大的提高。

1. 总体发展概况

美国各州在水的管理体制上存在差异，州政府的权力很大。联邦政府设有专门的资源再利用管理机构，联邦政府和地方政府都有水回用的专项贷款和基金，各个管理水资源的机构各负其责。美国建立了基于“水区”的管理体系，以水的涵盖范围及有利于水的大循环和优化管理而划分水区，将供水、排水、污水处理及再生作为完整的水循环过程，设立专门的供排水管理机构，由选举产生的委员与地方政府指派的委员共同组成董事会对水资源进行统筹管理和整体规划，对供排水运作主体进行综合管理[32]。

2. 再生水

（1）再生水管理立法

20世纪美国出现了一些有关废水回用于农业灌溉的法律规定和限制性措施，加利福尼亚州早在1918年就颁布了关于农业灌溉用再生水的标准，并随着公共卫生要求、污水处理技术的发展不断完善再生水标准，最终成为《加州水法》的重要组成部分，加州也因此成为世界上再生水系统最为先进、立法最为完善的地区之一。随着水资源短缺问题日益突出，美国各州，尤其是西部各州纷纷效仿加州，制定了再生水标准和管理规定，逐步建立和完善再生水法律体系。真正对再生水起到促进作用的是美国1972年颁布的《清洁水法》，该法大幅提高了污水排放的标准，促进了以污水处理厂为核心的污水收集和排放系统的形成，与个人或企业独立的再生水利用设备相比，这一系统有效降低再生水利用成本，提高区域再生水利用的可能性。1974年，美国国会通过《安全饮用水法》，再生水直接或间接应用于饮用水时，必须满足联邦《安全饮用水法》的规定，否则即为违法。因此，主要的州都以《安全饮用水法》的水质标准为基础，制定不同用途的再生水利用标准和指南。

20 世纪末，美国水领域的总体发展战略发生调整，由单纯的水污染控制转向全方位的水环境可持续发展。1992 年，美国环保署（United States Environmental Protection Agency，US EPA）与美国国际开发署联合行动，首次发布了《再生水利用指南》，主要目的是为美国的再生水使用和管理机构、州提供技术指南，尤其为缺乏相关标准的州提供技术指引。EPA 也发布了再生水回用建议指导书，内容包括水质要求、回用处理工艺、监测频率等。2004 年，美国国家环保局发布《污水再生利用指南》，汇总和分析各州颁布的再生水相关法规或指南，在此基础上，针对不同用途推荐了再生水水质、处理方法、监测项目等内容。2012 年，EPA 发布了《2012 再生水指南》，内容涉及污水再生和利用等各个方面。该指南已成为各州再生水利用和管理的基础性技术标准，各州均在此基础之上构建起了具有地方特色的再生水管理体系。

美国联邦、各州和地方法律共同构成再生水利用的法律体系。美国联邦层面立法仅就再生水的基本管理框架和最低水质标准进行了规定；在联邦管理框架下，各州根据当地实际情况制定具体的再生水处理措施、利用对象、水源标准、水质标准等。缺水的中西部各州再生水立法较为系统和完善，以最大限度利用水资源为导向；而水资源相对丰富的东部各州，较少有再生水的专门立法，主要以促进更加经济的排污管理为导向。目前美国已有 31 个州和地区颁布了再生水相关的法律法规，15 个州和地区颁布了再生水设计标准或指南，而在其他没有相关法律或指南的州和地区，再生水项目需单独审批，以确保满足再生水回用要求[33]。

（2）运营管理模式

再生水涉及城市排水、供水等多方面，故其参与主体及运作模式呈现多样化。美国主要有三种模式：模式一是由供水主体和排水主体联合作为一个独立的自负盈亏的经济实体，统一负责城市供排水与污水回用的运作，如加利福尼亚州欧文、兰切供水区采用此模式；模式二是排水主体不承担污水回用的责任，而是由供水主体将从排水主体购买的二级污水经深度处理达到相应标准后再分配给用户，如加利福尼亚州康特拉、科斯塔县采用此模式；模式三是由排水主体承担污水深度回用的责任，并直接将再生水出售给用户或较大的售水商（包括供水部门），后者再将再生水分配给用户，如洛杉矶波莫纳市废水回收厂采用此模式[34]。

（3）资金保障制度

为保障再生水项目拥有稳定的资金来源，联邦政府和地方政府都设有污水再生专项贷款和基金计划。一是各部门建立某些融资支持计划或项目，对规划、建设项目提供大量拨款和低于市场利率（甚至零利率）的长期贷款（一般为 20 年）；二是通过规范再生水用户收费、返还税收等举措，以保障项目获取一定运营收入；三是通过具体融资标准来引导和筛选再生水项目，提高项目合理性。

（4）水质管理标准

美国《再生水利用指南》建议先明确再生水用途，然后针对不同用途制定不同水质标准。在一定程度上，污水达标排放的同时已满足特定的再生水用途，如特定农作物的灌溉及下水道清理等用途。以水质标准为核心的水资源管理体系将污水管理与再生水管理有机结合在一起，提高了水资源综合管理效率，又降低了管理成本。

美国各州的再生水回用管理准则和水质标准各有不同，但都很严格。如加州执行的是22号条例，克罗拉多州执行的是84号规范，这些文件都详细地规定了不同回用对象的水质标准，如用于市政景观、农业灌溉、工业冷却等[35]。以美国加利福尼亚州杂用水为例，再生水水质标准如表2-4所示。

加利福尼亚2001年紫皮书城市杂用水标准[36]　　表2-4

指标	冲厕及消防	城市绿化用水	建筑施工	道路清扫	洗车
浊度（NTU）	日均值≤2 最大值≤10	日均值≤2 最大值≤10	—	—	日均值≤2 最大值≤10
溶解氧（mg/L）	保有溶解氧	保有溶解氧	≤30	保有溶解氧	保有溶解氧
余氯（mg/L）	接触30min≥1.0	接触30min≥1.0	—	接触30min≥1.0	接触30min≥1.0
总大肠菌群（MPN/100mL）	30日50%≤2.2 最大值≤23	30日50%≤2.2 最大值≤23	30日50%≤23 最大值≤240	30日50%≤23 最大值≤240	30日50%≤2.2 最大值≤23

（5）工程建设情况

自20世纪60年代，美国开始大规模建设污水处理厂。多个缺水城市建立了城市污水回用系统，主要分布于水资源短缺、地下水严重超采的亚利桑那、加利福尼亚和佛罗里达等州。佛罗里达州根据当地城市用水集中的特点，大规模建设双管供水系统，以自来水40%左右的价格将再生水用于城市绿化、高尔夫球场、建筑与小区的中水系统；德克萨斯州根据自身的传统和水文地质特点，采取“间接回用”模式，再生水大规模用于地下回灌[37]。据美国水回用协会2005年的调查统计，美国当年的污水再生利用量为9.8×10^6 m^3/d，并且预计以每年15%的增长率增加[38]。

3. 雨水

美国城市雨水管理理念随社会发展不断变化，经历了“管渠排水→防涝与水质控制→多目标控制以恢复自然水文循环”的过程[39]。1972年颁布的《联邦清洁水法》要求所有新开发区强制实行“就地滞洪蓄水”，即改建或新建开发区的雨水排放量不得超过开发前的水平；建立国家污染物排放清除系统（National Pollutant Discharge Elimination System，NPDES），对点源污染实行“排放许可证制度”。1987年又通过修正案，将NPDES扩大到非点源的水污染控制，要求各州制定管理方案和标准以改善受污染水体，进一步明确提出了最佳管理措施（Best Management Practices，BMPs）[40]。自2007年，EPA先后发布了“绿色基础设施（Green Infrastructure，GI）意向声明”“2008GI行动策略”“2011GI战略议程”等文件，将GI概念引入城市雨洪管理体系，对于建成区的雨水系统改造逐步由单一的依赖传统灰色设施转变为更注重绿色方式的改造以及“灰绿结合”的改造方式[41]。

4. 海水

（1）管理法律制度

美国政府制定并逐步完善了一系列涉及海水淡化的法律和法规，已形成了联邦、州和地方三个层面，囊括海水淡化项目的立项、实施、环境影响评价以及淡化水的安全饮用要求等各个方面。

在淡化水产业发展中，浓盐水对海洋生物的影响、淡化水的安全饮用等问题逐渐凸显。为了促进淡化产业发展和减少环境污染，美国多次修订了《安全饮用水法》《濒危物种法》等法律，并制定了《淡化水法》以支持淡化技术的研发及示范。根据不同区域特点，美国还有部分政策是针对某些特殊地区专门制定的。例如，2010 年美国国家海洋和大气管理局颁布了《蒙特雷湾国家海洋保护区内淡化工厂导则》，对保护区及毗邻区域内淡化厂的选址、设计、施工和运营做出详细规定[42]。

（2）资助激励机制

1952 年，美国通过了《1952 年盐水转化法》，对海水淡化开展了早期资助。在政府的资助下，20 世纪 50 年代末，美国发明了世界上第一张具有实际应用价值的淡化膜。随后得益于美国对海水淡化技术的持续支持，大量商用反渗透复合膜技术不断被开发应用。80 年代开始，美国公司充分利用政府资助的研究成果进行产业化，从而开拓了巨大的反渗透膜市场。1996 年，美国国会通过了《1996 年水脱盐法案》PL104—298，通过补助、合作协议、内部研发等方式重新开始在淡化领域的研发资助。2004 年以来，美国在 10 年内提供 2 亿美元资助脱盐设备的建造，并且每生产和销售 1t 淡水补贴 0.16 美元。

（3）运行管理制度

除加强淡化工程的审批、建设过程管理外，政府部门在淡化厂建成后还会根据实际情况开展相关环境监测，以确保淡化项目不会对周围海洋环境和生物产生不良影响。如坦帕湾海水淡化项目在建设之初已取得由佛罗里达州环境保护管理部门颁发的海水淡化浓盐水排放许可证，但在项目建成后，坦帕湾水务的管理部门仍对其排放的浓盐水进行了长期跟踪监测[43]。根据 2002～2010 年的监测结果，淡化厂对坦帕湾的水质和排放口附近的生物多样性无显著影响，这些监测数据为保证坦帕湾淡化厂的长期稳定运行提供了良好支撑。

（4）工程建设情况

截至 2013 年 7 月，全美共有 1227 座海水淡化装置在运行，总产水能力约 655 万 m^3/d。在美国，约 66％的淡化产水用于市政供水，22％用于工业，2％用于农业[33]。由于美国地下苦咸水分布较多，且苦咸水、河水淡化成本远低于海水淡化，因此美国的淡化产能中超过 80％的原水为苦咸水、河水等低盐度水质。随着近年来用水需求不断增加以及地下水开采量的限制，未来海水淡化的比例会逐渐上升。在美国，海水淡化反渗透技术所占市场份额最高，占总装机规模的 88％，其余部分则采用多效蒸馏、电渗析和纳滤等。

5. 小结

美国地域辽阔，不同地区对再生水、雨水、海水的利用采用了不同的模式。美国非常规水资源利用和管理的特点是既有国家制定的统一政策法规和管理制度，又有各州各地区根据当地情况制定的制度和标准，并形成了不同的非常规水资源开发模式，具有显著的地域特色。美国联邦政府和地方政府在再生水、雨水利用和海水淡化方面均出台系列法律法规和标准，设立专项资助资金对非常规水资源的技术开发和利用予以资金支持，鼓励社会公众参与。

2.1.3　日本

日本位于亚洲季风区，降雨量充沛，年均降水量高达1730mm，约为世界平均值的2倍，但由于地形、地貌及气象特征，可重复利用的淡水资源非常少，日本的人均水资源量不到美国的1/2。为减轻水资源危机，日本大力推动非常规水资源的发展，取得良好成效。

1. 总体发展概况

日本早在明治维新后就制定了《河川法》，规定河川为公共物，国家有权调度用水。20世纪50年代以来，日本政府陆续发布了《上水道法》《下水道法》《水资源开发促进法》《工业用水法》《水污染防治法》《公害对策基本法》等法律法规，并通过不断修订相应法律法规，逐步完善管理体系。

2000年，日本政府制定新的《全国综合水资源计划》，简称“21世纪水计划”，以2010～2015年为计划期限，明确水资源的发展重点是构建可持续的水资源利用体系，以适应循环型社会的需求[44]。

日本的水资源管理体制，属于“多龙治水，协同管理”模式，分别由国土厅、建设省、农林水产省、通商产业省、厚生省、环境省、科学技术省等部门管理，按照中央政府赋予的职能各负其责，衔接配合。日本把水资源用途分为生活用水、工业用水、农业用水、水力发电用水、公益事业用水及环境用水等方面，针对不同用途和特征分别制定不同的水质标准，由不同的部门进行建设，协同管理[45]。除官方机构外，还有许多半官方、半民间和民间组织积极参与水资源管理的相关工作。

2. 再生水

（1）政策标准体系

为推动再生水事业的发展，日本已形成一套完整的政策标准体系（表2-5）。

日本再生水相关政策措施[46]　　**表2-5**

制定时间	政策名称	制定方
1980年3月	《污水处理水循环利用技术方针》	国土交通省
1981年9月	《冲厕用水、绿化用水、污水处理水循环利用技术指南》	下水道协会
1990年3月	《污水处理水的景观、戏水利用水质研讨指南》	国土交通省
1995年3月	《再生水利用事业实施纲要》	东京都
2003年7月	《再生水利用下水道事业条例》	福冈市
2005年4月	《污水处理水的再利用水质标准》	国土交通省

（2）管理组织体制

日本政府大力推行节水和水循环利用措施，污水再生利用从20世纪80年代开始进入高速发展阶段，日本通产省下设财团法人造水促进中心，专门从事再生水利用技术开发和推广。目前，日本环境省下设水质保护局，负责统一领导和协调水环境管理；国土交通省的水资源部，是水资源日常管理的最高协调机构，主要负责水资源的规划、开发和利用，再生水的利用也属于该部门的职责范围。日本对再生水的管理采用地方行政首长负责制，把落实各项措施及其完成情况作为行政首长本年度业绩考核的主要指标。

（3）水质标准

日本虽没有全国统一的强制性污水再生利用水质标准，但相关部门制定了具体的水质标准。1981年，日本下水道协会制定了针对冲厕用水、绿化用水的《污水处理水循环利用技术指南》，目前仍在广泛采用。1991年，日本建设省召开“深度处理会议”，制定了《污水处理水中景观、亲水用水水质指南》，水质指标如表2-6所示。2005年，日本国土交通省颁布了污水处理水的再利用水质标准等相关指南[47]。在再生水安全性方面，日本重视对再生水水质的监测，并积极公开再生水相关信息，以获取用户的理解和信任。

日本《污水处理水中景观、亲水用水水质指南》水质指标[48] **表2-6**

指南或手册	污水处理水循环利用技术指南		污水处理水中景观、亲水用水水质指南	
指标＼用途	冲厕用水	道路喷洒	景观用水	亲水用水
大肠菌群总数	＜10个/mL	不能检出	＜1000个/100mL	＜50个/100mL
BOD_5	—	—	10mg/L以下	3mg/L以下
pH	5.8～8.6	5.8～8.6	5.8～8.6	5.8～8.6
浊度	—	—	＜10度	＜5度
臭气	无不适	无不适	无不适	无不适
外观	无不适	无不适	—	—
色度	—	—	＜40度	＜10度
余氯	微量余氯	＞0.4mg/L	—	—
备注			不可与人体接触	可与人体接触

（4）收费及补贴激励机制

日本政府综合考虑再生水生产、管网建设及运维管理等费用，针对不同使用对象设定不同收费标准。当用户为特定对象且再生水利用的公共性、公益性较低时（如工业企业），通常由使用再生水的企业付费；相反，当用户为非特定对象且再生水利用的公共性、公益性较高时（如再生水用作景观用水和冲厕用水）[46]，规定由利用方、下水道管理机构以及相关公共部门协商决定。一般情况下，再生水的生产、输配费用由下水道管理部门负担，用户管道等费用则由用户负担，而连接双方的配水管等费用由双方共同协商确定。

为推广再生水的利用，日本中央、地方政府实行了一系列经济政策，例如实行再生水利用的税收优惠、低利率融资等政策。实施污水再生利用的工程一般可得到政府有关部门的补贴，例如对于大规模污水再生利用系统，政府补贴可达项目总投资的50%。

（5）工程建设情况

日本再生水的用途主要包括工业用水或农业灌溉用水、写字楼或酒店等的冲厕用水、市政浇洒和绿化用水、缺水城市中的河流补水、喷泉等景观用水。日本污水再生利用模式主要分为3种：广域循环模式、地区循环模式和单独循环模式。日本城市大规模存在污水集中处理回用系统和分散处理回用系统，突出特点是：一是分散处理并回用于城市生活杂用的中水占比很大；二是建成独特的工业水道，即在各大城市创建并使用至今的“工业用水道”与自来水管道并存纵穿全市[49]。此外，还有一种开放式循环模式，即将再生水输送至河道上游，然后从河流取水加以利用。

3. 雨水

（1）相关规划和政策

1980年，日本提出“综合治水对策特定河川计划”，提出“雨水蓄流”的概念，日本建设省开始推行雨水贮留渗透计划，提倡小区自行消纳雨水；规定开发面积超过1hm^2时（近年来标准改为0.5hm^2），应按500m^3/km^2的标准修建雨水调节池，减轻汛期时的外排压力[50]；1988年，日本雨水贮留渗透技术协会成立。在协会的推动下，各种雨水入渗设施如渗井、渗沟等得到广泛建设和实施[51]。1992年，日本颁布了《第二代城市下水总体规划》，正式将雨水渗沟、渗塘及透水地面作为城市总体规划的组成部分，要求新建和改建的大型公共建筑群必须设置雨水就地下渗设施。2003年，日本颁布《特定城市河川洪水灾害防治法》，规定在指定区域内需设置雨水渗透储存装置，增强雨水下渗功能[50]。

（2）补贴激励机制

为促进和鼓励雨水的收集与利用，日本政府出台多种补贴政策（表2-7）。如日本首都东京都23区之一的墨田区推行补助政策，奖励实施雨水回用的单位和居民。

日本部分城市的雨水利用补助办法[52]　　表2-7

城市	补助对象	蓄水设施	补助金的种类和内容
高松市	个人及单位	小型蓄水设施（0.1m^3以上1m^3以下的水箱）	指定蓄水设施补助最高金额10万日元
		中型、大型蓄水设施（1m^3以上）	与1m^3以上设施相关的水管水泵等设备的完备补助金最高金额100万日元
川口市	家庭与街道委员会或自治会	雨水蓄水设施（最多2座）将净化槽改造后转用的设施	工程所需费用的1/2以内，最高8万日元
		地下渗透设施	
墨田市	设置积攒雨水的水箱	基础梁式水箱（5m^3以上）	4万日元/m^3，最高100万日元
		中型水箱（0.5m^3以上）	FRP等12万日元/m^3
			聚乙烯4.5万日元/m^3
			最高金额30万日元
		小型水箱（不足0.5m^3）	工程所需费用的1/2以内，最高2.5万日元
筑紫野市	市内居民	建简易蓄水箱	工程所需费用的1/2以内，最高3.4万日元
		节水型净化装置	工程所需费用的1/2以内，最高16万日元
		简易水泵	限定3000日元
		节水型洗衣机	限定5000日元

（3）工程建设情况

日本于1963年开始兴建蓄洪池用以滞洪和储蓄雨水，这些设施大多建在地下，而地上的空间也尽可能充分利用，如在调洪池内修建运动场，平时用作运动场，雨季可用来蓄洪[53]。过去日本对雨水的利用多在沿海岛屿，20 世纪 90 年代以来，许多城市也开始推广雨水利用设施。现在凡是新建筑物，包括住宅楼，都要求设置雨水贮留设施（图 2-5、图 2-6）。日本的综合治水对策以流域为基础，在全流域范围内兴建渗、滞、蓄、排的措施，以恢复流域原有的渗透滞留调蓄能力。日本的雨水利用技术包括：降低操场、绿地、公园、花坛、楼间空地的地面高程；在广场、停车场铺设碎石路面或透水路面，并建设渗水井，加速雨水下渗；在运动场下修建大型蓄洪池，并利用高层建筑的地下室作为水库调蓄雨洪等；在东京、大阪等特大城市建设地下河，将低洼地区雨水导入地下河等[44]。

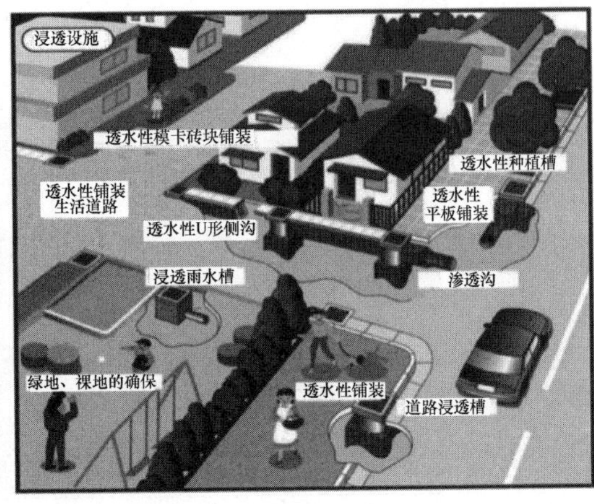

图 2-5　日本雨水贮留设施和渗透设施示意图

资料来源：忌部正博于 2013 年雨水综合利用学术交流会关于

《日本雨水贮留渗透技术的进程与展望》的主题汇报 PPT

图 2-6　日本某校园用于雨水调蓄作用的运动场

图片来源：忌部正博于 2013 年雨水综合利用学术交流会关于

《日本雨水贮留渗透技术的进程与展望》的主题汇报 PPT

4. 海水

1968 年，日本将海水淡化技术列入首批六大国家重点扶持技术之一。政府主要采用委托与联合研发的模式，对具有一定产业条件与技术基础的企业进行资助，鼓励开展海水淡化技术的研发。21 世纪，日本政府提出将水务产业发展作为经济复兴的重要支撑产业，其中海水淡化是最具成长性的产业。

日本海水淡化产水能力约占全世界正在运行的海水淡化厂产水能力的20%，海水淡化技术处于世界前沿地位[47]。1968年，日本建造了第一座民用海水淡化厂；到2001年，国内日产量500t以上的海水淡化厂共计369座，但总的供水能力只有78万t/d。新建的海水淡化工厂中，仅有1998年建成的冲绳海水淡化厂与2005年建成的福冈海水淡化厂是作为市政供水设施，规模分别为4万m^3/d与5万m^3/d[54]，其他绝大部分海水淡化厂（占海水淡化厂总数的94%）均是规模较小、主要用于工业用水的淡化厂。

5. 小结

由于地域狭小，水资源短缺的日本一直把再生水、雨水和海水的利用放在重要地位。日本健全的法律法规、合理的运作模式能提高多部门合作的办事效率，而且允许民间组织参与水资源的开发、利用和管理工作中，有利于提高公众对保护水资源的认识和参与度。日本政府善用经济手段引导非常规水资源的推广，对再生水、雨水设立多种补贴激励制度，提高社会公众使用非常规水资源的热情。

2.1.4　以色列

以色列地处地中海的东海岸，降水量少，年均降雨量约350mm，多年平均天然水资源总量只有18亿m^3，人均水资源量不足370m^3，属于严重缺水国家。而且，降雨时空分布不均，北部地区约占80%，南部仅为20%，而全国65%耕地面积却在南部；降雨集中在11月至次年4月，其余月份均为干旱季节。为解决水资源短缺问题，以色列政府注重非常规水资源的开发利用。

1. 总体发展概况

（1）管理法律政策

以色列的水资源法律体系以《水法》为核心，辅助以《水井控制法》《水计量法》《量水法》《河流和泉水管理机构法》《水污染防治条例》等一系列法规。《水法》规定：各类水资源隶属于国家公共财产，由国家完全掌控，服务于全体人民和国家的发展；国家对全国水资源进行统一管理，对各项事业的用水权、用水额度等进行安排；人民拥有水权利，也有保护水资源的责任与义务，不得以任何形式破坏本国的水资源；供水成本在全国各地存在差异，由国家设立基金进行均衡处理[55]。

（2）管理组织机构

以色列国家水务局是政府负责水经济的机构，职责包括水经济的管理、运行和发展，新水资源的开发和水行业监督。此外，以色列还有两家参与水资源管理的国有公司：一是水规划公司，其主要任务是负责全国和地区性主要水利工程和水利设施的规划设计；二是国家水务公司（Mekorot），负责全国输水系统正常运行和管理，保证按季节和月份配额将水及时输送至用户，以及开发新的水资源[56]。Mekorot提供了全国约70%的用水，承担了全国40%以上的污水处理和60%的污水再生利用任务[57]。

（3）价格机制

以色列将水源分为多种类别，如天然淡水、再生水、淡化海水、地下咸水和拦截雨水等，对不同类别的水设立不同价格。以色列通过水价调整机制以优化水资源配置，实行有偿用水制，实施用水许可证和配额制，政府对农民用水和城镇居民用水实行阶梯价格，对超定额用水实行大幅度加价。同时，政府向城镇居民收取污水处理费，推行回用水价格优惠政策[56]。

2. 再生水

（1）相关政策

20 世纪 60 年代，以色列把回用所有污水列为一项国家政策，规定城市的每一滴水至少应回用一次；废水如果没有用尽，不可采用海水淡化。1971 年，以色列议会通过了对水法的修正案，提出将污水作为国家水资源的一部分加强管理和利用，对污水处理回用项目提供资金支持，开始建设大规模的污水处理工程，回用水质量得到显著提高，污水灌溉得到广泛推广。1972 年，以色列政府制订了“国家污水再利用工程”计划，取得了巨大的成就。目前，以色列大部分城市已建成较为完善的污水回用系统。以色列将全国按自然流域划分为 7 大区域，每个区域内按污水产生量均制订了利用计划，并稳步实施[58]。

以色列政府对再生水设立了统一价格，大力支持水资源的回收和再利用。政府积极实施“替换工程”，即鼓励农业灌溉大量使用再生水，再生水生产价格和出售价格之差由政府补贴支付。再生水厂向农田提供再生水的成本约为 0.21 美元/m^3，农民为再生水支付大约 0.13～0.19 美元/m^{3}的费用，差额部分由政府补贴[59]。

（2）水质标准

针对再生水回用于农业的安全性问题，以色列政府严格控制城市污水处理厂的进水。根据地区条件和社会经济结构，采取不同的回用原则，由于农业灌溉用水的水质要求较低，故再生水优先回用于农业灌溉。如表 2-8 所示。

以色列灌溉再生水水质标准一览表[60] **表 2-8**

灌溉项目	BOD_5 (mg/L)	SS (mg/L)	溶解氧 (mg/L)	大肠杆菌值 (个/100mL)	余氯 (mg/L)	其他要求
干饲料、纤维、甜菜、谷物、森林	60	50	0.5	—	—	限制喷灌
青饲料、干果果园、熟食蔬菜、高尔夫球场	45	40	0.5	—	—	—
	35	30	0.5	100	0.15	—
其他农作物、公园、草地	15	15	0.5	12	0.5	需过滤处理
直接食用作物	再生水不能用于灌溉					

（3）工程建设情况

以色列再生水利用率全球最高，比例高达 75%。目前，几乎所有的家庭都建设了自来水和再生水的双管供水系统。以色列的再生水利用方式包括小型社区的就地回用、中等规模城镇和大城市的区域级回用。再生水约 42% 回用于农业灌溉，30% 回灌地下，其余回用于生态环境等方面。在以色列，优质自来水几乎只供应居民生活，农业及工业生产用水大多采用再生水。

以色列对污水的再生利用采用土体净化法或水库储存法。Shafdan 工程采用土体净化法（图 2-7），日均处理污水 27 万 m^3，占全国污水处理量的 1/3 左右。该工程将经过二级处理后的污水采用土壤净化法进一步处理，在土壤中保存 400 余天后抽出入渗的处理水，将其输送到南部缺水的 Negev 地区，每年可供应约 1 亿 m^3 的灌溉水[61]。另一方法是将二级处理后的污水储存于水库中，储存时间一般在 2 个月以上。至今，以色列已建成大小不同的这类水库 200 余座，容纳了约 1.5 亿 m^3的处理污水。

图 2-7　以色列 Shafdan 工程

资料来源：中华人民共和国驻以色列国大使馆经济商务参赞处 [Online Image]. http://il.mofcom.gov.cn/article/jmxw/201307/20130700185742.shtml

3. 雨水

以色列于 1948 年颁布了《排水与雨水控制法》，同时制定了长达 30 年的雨水利用和“沙漠公园”计划，利用挡水墙、蓄水池、径流农场、微集水区等建立了沙漠绿洲，实施有效的雨水利用[62]。

以色列对雨水的收集利用包括分散式的屋顶雨水收集和利用地形进行区域性雨水收集。区域性雨水收集，即通过建设区域性的截流体系，利用地形进行区域性雨水收集，通过沟渠系统将收集的暴雨径流从河流引到水库，并泵入供水系统或回灌地下。通过这种方法，以色列每年可截流暴雨径流约 4000 万 m^3[59]。此外，以色列通过人工降雨的方式增加雨水资源。人工降雨在以色列已经实施了 30 年，采取的方法是飞机播撒云种，据统计在北部地区人工降雨法已增加了 10%～15%的降水，成本仅为 0.04～0.05 美元/m^3，远低于常规水的开采成本，每年能为农业节省 1200 万～2000 万美元。

4. 海水

（1）国家战略

1999 年，以色列政府制定了“大规模海水淡化计划”。该计划提出，截至 2025 年，海水淡化水量要占国家淡水总需求量的 28.5%，占生活总用水的 70%；截至 2050 年，海水淡化水量要占淡水总需求量的 41%，生活用水将全部来自海水淡化水，多余的淡化水将用于生态用水[63]。2000 年，以色列发布了《海水淡化总体规划》，提出要建造阿克隆海水淡化工程，并在地中海沿岸建造数个海水淡化工程，到 2020 年，实现海水淡化年产水能力 7.5 亿 m^3。2008 年，以色列发布了一项全新的国家水资源长期总体规划，规划到 2020 年实现年均淡化水总量达到 7.5 亿 m^3的目标。为促进海水淡化产业的发展，以色列政府推行“兴建—营运—拥有—移转”(Build-Operate-Own-Transfer，BOOT）模式或

BOO模式，对本国企业给予资金支持。对于私有海水淡化厂，由国有供水公司与中标公司签订购水合同，成品水进入国家输水管网，由国家统一支配[64]。

（2）工程建设情况

自20世纪60年代起，以色列就致力于海水淡化技术的研究。40多年来技术进步使海水淡化的成本不断降低，以色列阿什克伦海水淡化厂的海水淡化价格仅为0.527美元/m^3[56]。索瑞克海水淡化厂是以色列迄今为止最大的海水反渗透淡化厂。截至2016年，以色列已建成34座微咸水和海水淡化厂，现有处理能力已达3.5亿m^3/a以上。

图2-8　以色列索瑞克海水淡化厂

（*a*）海水淡化预处理（杀菌和初级过滤）；（*b*）海水淡化预处理（第二级过滤）

（*c*）海水加压反渗透淡化；（*d*）后处理（在淡化的纯净水中加入人体所需的微量元素）

资料来源：以色列索瑞克海水淡化厂［Online Image］. http：//www.membranes.com.cn

5. 小结

以色列对水资源管理的显著特点是国家对水资源实行统一管理，《水法》规定了国家对水资源的完全掌控，国家水务局和国家水务公司Mekorot是以色列最重要的两个水资源管理机构，对污水处理回用、雨水收集回用、海水淡化等方面起到重要推动作用。以色列政府通过各种手段，建立以《水法》为核心的法律体系，建立用水和污水处理收费体系、财政支持体系、回用水价格优惠体系等，通过多途径鼓励公众参与，大力发展非常规水资源利用。近年来，以色列政府鼓励市场竞争，大量私人资本参与非常规水资源的产业发展，加速了新技术的开发和利用，巩固了其在非常规水资源开发领域的世界领先地位。

2.1.5　德国

德国位于欧洲的中部，国土面积35.7万km^2，人口约8220万。德国属于温带气候，降水量年内和年际间分配均匀，但空间分布差异较大，呈现南多北少的特点。德国河流众多，主要河流有莱茵河、易北河、多瑙河等，而且湖泊星罗棋布。由于德国地势南高北低，大多数河流由南流向北，弥补了降水量南多北少的差异。因此，德国是一个水资源时空分配均匀且较为充沛的国家。但为了维持良好的水环境，德国制定了严格的法律法规，要求对雨水、再生水进行收集利用。

1. 总体发展概况

德国水资源管理和水体保护体系深受欧盟法的影响。2000年，欧盟颁布《水框架指令》，成为德国供水保障和污水处理的重要基础。1957年，德国颁布了《水平衡管理法》，作为德国水资源管理的基本法，明确规定国家在水资源领域的管理职能，原则上要求水的使用均须经行政许可审批。自1976年起，《水平衡管理法》受到现代环境政策的影响，先后经过多次修订[65]。此外，德国还通过实行《污水条例》《污水收费法》《污泥条例》《地下水保护条例》等法律法规，加强对水资源的全方位管理。

德国实行水资源统一管理制度，即由水务局统一管理与统筹安排，涉及地表水、地下水、雨水、供水和污水处理等水循环的各个方面，并以市场经济的运作模式，接受社会监督。这既保证了水务管理者对水资源的统一调配，又促进用户合理、有效地使用水资源。

德国联邦政府在实施相关政策措施的同时，注重利用经济手段，包括收取污水排放费、雨水排放费、提高自来水价格以及对私营污水处理企业减税等，促进非常规水资源的利用。以自来水价格为例，2008年德国自来水价格平均为1.91欧元/m^3，成为全球水价最贵的国家，以此来调整用水结构。

2. 再生水

在德国，污水处理厂尾水有三种利用途径：一是直接排入河道作为河道补水；二是回用于冲厕和绿地浇洒等；三是直接用于农田灌溉。利用方式不同，处理程度与工艺也不同。对于直接排入河道的污水，必须满足国家规定的排放标准才允许排放；对于冲厕和绿化用水，需满足相关的再生水水质标准；对于用于农田灌溉的污水，只进行初净化，有效成分P、N不降解。如德国布伦瑞克市的污水处理厂就是直接回用于农田灌溉，该市每天产生的4万m^3污水都被污水处理厂通过初级处理后回用于农田灌溉，无需给作物单独施用P、N肥料，试验发现，在不施肥的情况下，用再生水灌溉的作物产量要比用地下水灌溉的提高30%左右，而且作物品质较优[66]。

3. 雨水

(1) 相关管理政策

德国长期致力于雨水利用技术的研发，从规划、设计到应用，已形成了完善的技术体系，并制定了配套的法规和管理规定。1988年，汉堡最早推行对建筑雨水回用系统的资助政策。1989年，德国发布了《雨水利用设施标准（DIN1989）》，针对商业、住宅等项目的雨水收集利用的各个环节制定了标准，包括雨水回用设施的设计、施工和运行管理，以及雨水的过滤、储存、控制和监测等方面。20世纪90年代，巴登州、黑森州、萨尔州等其他各州也相继颁布了关于雨水回用的法律法规，强制推行雨水收集利用；有些地区征收地下水税以资助包括雨水回用在内的节水项目。1995年，德国成立了非盈利性的雨水利用专业协会，大力推广雨水收集利用。目前德国已成为世界上雨水利用最为先进的国家之一。

（2）经济引导机制

德国要求所有的商业区和居住区都要根据屋顶和硬质铺地的面积缴纳相应的雨水排放费，而雨水排放费和污水排放费相当，通常约为自来水费的1.5倍；对于已建设雨水回用设施的商业区和居住区，根据设施规模免收相应的雨水排放费[67]。因此，开发商积极采用雨水收集利用措施，在进行开发区规划建设时，都将雨水收集利用作为重要内容考虑。如在比勒菲尔德城市的普通家庭，每户占地1000m²，其中300m²用于建筑，300m²用于绿地，硬化路面和屋面均需付雨水费用，每10m²付8.64欧元，则700m²的硬化面需要每年支付604欧元，每个月约50欧元。如果房屋建设一套雨水收集系统，建有绿色屋顶，则无须支付房屋部分的雨水费用，以此提高公众对雨水回用的积极性。

图2-9　波茨坦广场雨水收集回用系统
资料来源：笔者实地调研收集

（3）工程建设情况

德国的城市雨水利用方式有三种：一是屋面雨水集蓄系统，收集的雨水采用简单的处理后，用于厕所冲洗、庭院浇洒、工业冷却等；二是雨水截污与渗透系统，将道路雨水通过下水道排入沿途大型蓄水池或通过渗透补充地下水；三是生态小区雨水利用系统，在小区沿排水道修建渗透浅沟，供雨水径流流过时下渗[51]。德国的雨水收集回用系统应用广泛，如德国波茨坦广场（图2-9），占地面积约100hm²，其中屋面面积约10hm²，屋面雨水经收集、调蓄、净化后用于冲厕或景观水体补水。

4. 小结

德国水资源充沛且时空分配较均匀，水资源短缺问题不突出，水资源管理的重点在于提升水环境品质。德国以欧盟法律为基础，以《水框架指令》《水平衡管理法》作为全国水资源管理法律的框架，州政府拥有一定权力制定法律法规，以更好地引导当地再生水、雨水资源的开发和利用。德国政府通过设立污水排放费、雨水排放费、调高自来水费等多途径的经济手段，引导非常规水资源的广泛应用。德国政府注重引入私人企业和资本参与非常规水资源的管理和推广，激发市场活力；通过搭建专业的团队，引导非常规水资源的高效化利用。

2.1.6　国外经验总结

新加坡、美国、日本、以色列和德国在非常规水资源的开发和利用方面都处于世界领先水平，具有政府牵头、法规严明、规划到位、管理有效、技术创新等显著特点。

在政策规划方面，这些国家都将非常规水资源的开发利用列入国家发展战略的重要地位，如新加坡的“四大水喉”供水规划和ABC水计划、以色列的“城市的每一滴水至少应回用一次”的国家政策等。

在管理体制方面，新加坡和以色列都有专门的管理机构（新加坡为公用事业局，以色列为国家水务局和国家水务公司），全方位统筹全国水资源的管理，侧重发挥国家宏观调控的作用。美国和德国为国家总体把控，地方政府拥有一定的独立权限进行立法和制定管理措施，因地制宜探索适合当地的非常规水资源发展路径。日本的管理体制为“多龙治水，协同管理”模式，多个部门分管不同事项，相互配合完成水资源管理的相关事务，此外还有民间组织积极参与到水资源管理中。

在运营模式方面，新加坡、美国和德国在非常规水资源开发和管理过程中重视引入私人资本，采用PPP运营模式，发挥市场活力，提高市场竞争力，如新加坡的新泉海水淡化厂项目、德国的水业公司、美国大型海水淡化厂佛罗里达州坦帕湾供水PPP项目。以色列政府近年来将强化竞争列为国家水政策的目标以后，私人资本不断引入，打破了国家水务公司的长期垄断。日本的水务企业主要以政府为主导，民营企业占有的份额较少。

在标准体系方面，这些国家都形成了一套成熟的标准化设计体系，并随着技术的发展和工程的广泛实践，不断完善标准内容。有的国家采用国际标准来规范非常规水资源的开发和利用，如新加坡的新生水要求达到世界卫生组织饮用水标准，德国的再生水利用执行的是欧盟条例。以色列、美国、日本则针对不同回用对象制定不同的标准规范。

在经济手段方面，这些国家充分利用经济手段，引导民众使用再生水、雨水和海水。新加坡和德国注重利用价格杠杆调动公众使用非常规水资源的积极性。新加坡调高自来水水价和下调非常规水资源的价格；德国则调高自来水价格，并收取雨水排放费。以色列、美国和日本则主要通过补贴鼓励公众使用非常规水资源。以色列设置较低的再生水价格，根据再生水使用量补贴生产成本和再生水价格的差价；美国联邦政府和地方政府都设有污水再生专项贷款和基金计划支持污水回用；日本实行利用再生水的税收优惠、低利率融资等政策，对再生水和雨水利用都设立种类多样的补贴制度。

在技术实践方面，政府重视对技术研发的支持，设立专项资金用于非常规水资源利用技术的研究。技术的成熟使非常规水资源利用工程得以大范围推广。同时，先进的技术为当地企业带来了较强的国际竞争力，如新加坡的凯发集团以先进的膜技术在全球取得了良好的商业发展；以色列国家水务公司Mekorot在污水回用、海水淡化、人工降雨、雨水收集等方面始终走在水技术研发的前沿，目前已成为世界十大水技术公司。

2.2　国内经验

我国非常规水资源的开发利用尚处于起步阶段，开发利用量占总用水量的比例较低，发展潜力巨大[68]。目前我国北京、天津、深圳、昆明、西安、香港地区等地在非常规水资源利用方面相对走在全国前列，下面逐一介绍。

2.2.1 北京市

北京市地处水资源匮乏的海河流域，多年平均降水量 595mm，人均水资源量仅为世界均值的 1/5，属资源型缺水和水质型缺水城市。随着南水北调工程的实施，从长江流域向北京调水后，北京水资源紧缺程度有所缓解。随着天然径流的减少或遇连续枯水年，水资源状况仍不容乐观。北京市自 2000 年左右就开始非常规水资源利用的实践，取得了较好的成效。

1. 再生水

（1）相关政策

1987 年，为推动城市污水的综合利用，北京市颁布了我国有关污水再生利用的第一个地方性规范——《北京市中水设施建设管理试行办法》（京政发 60 号），鼓励中水设施建设。1991 年颁布了《北京市水资源管理条例》及《北京市城市节约用水条例》。

随着高碑店水质净化厂再生水回用项目的建成，北京市再生水利用工作进入了高速发展阶段，相继出台并不断完善再生水利用的政策和法规。2001 年，北京市颁布《关于加强中水设施建设管理的通告》，明确要求建筑面积 5 万 m^2 以上，或可回收水量大于 $150m^3/d$ 的居住区和集中建筑区必须建设中水设施。2003 年，北京市出台了《北京市区水质净化厂再生水回用总体规划纲要》，总体规划纲要规定 2008 年前，北京市区将依托城市水质净化厂建设 11 座再生水厂，合计处理能力 87.5 万 m^3/d，配套建设再生水干线管网 400～500km，城市污水再生利用率将达到 50%。2010 年出台了《北京市排水和再生水管理办法》（北京市人民政府令第 215 号），确定“本市将再生水纳入水资源统一配置，实行地表水、地下水、再生水等联合调度、总量控制”。

（2）相关规划

《北京市“十三五”时期水务发展规划》（京政发〔2016〕26 号）中提及，实施《北京市进一步加快推进污水治理和再生水利用工作三年行动方案（2016 年 7 月—2019 年 6 月）》（京政发〔2016〕17 号），扩大再生水管网覆盖范围，全市新建再生水管线 472km。对北京市再生水进行统一调度，逐步增加城乡结合部地区河湖、湿地的再生水补水量，进一步扩大全市生态环境、市政市容、工业生产、居民生活等领域的再生水利用量。规划 2020 年全市再生水利用量 12.0 亿 m^3，按区域分，城六区利用 7.5 亿 m^3，郊区利用 4.5 亿 m^3；按行业分，工业利用 1.7 亿 m^3，生态环境用水 9.7 亿 m^3，市政杂用 0.6 亿 m^3。

（3）价格机制、投融资及运营模式

1）价格机制

2003 年，北京市确定再生水价格为 1.0 元/m^3。2014 年，根据《北京市发展和改革委员会于调整北京市再生水价格的通知》（京发改〔2014〕885 号），再生水价格由政府定价管理调整为政府最高指导价管理，价格不超过 3.5 元/m^3。与自来水价格相比，再生水在非居民用途及特种行业具有价格优势，最高仅为非居民自来水价格的 36.8%、特种行业的 2.2%（表 2-9）。

北京市自来水价格和再生水价格对比表　　表 2-9

自来水价格			再生水价格
居民	非居民	特殊行业	
5.0 元/m^3（第一阶梯）	9.5 元/m^3	160 元/m^3	再生水价格按政府最高指导价管理，价格不超过 3.5 元/m^3

注：上表自来水价格为综合价格，含污水处理费；再生水价格不含污水处理费。

笔者自制，数据来源：中国水网 http：//www.h2o-china.com，《北京市发展和改革委员会关于调整北京市再生水价格的通知》（京发改〔2014〕885 号）.

2）投融资及运营模式

中心城区投融资模式目前沿用《北京市加快污水处理和再生水利用设施建设三年行动方案（2013—2015 年）》（京政发〔2013〕14 号）的方案，即由市政府固定资产投资和特许经营主体筹资共同解决项目征地、工程建设资金及 50％的拆迁资金，其余 50％的拆迁资金由项目所在地区政府承担。在运营方面，2013 年北京市水务局与北京排水集团签署了《北京市中心城区污水处理和再生水利用特许经营服务协议》，根据协议，排水集团获得北京市中心城区污水处理和再生水利用服务为期 30 年的特许经营权。北京市政府将根据排水集团的成本测算，每年给予一定的服务费，作为排水集团的主要收入。

其他城区采用的是“政府建网、企业建厂、特许经营”模式。“政府建网、企业建厂”，即政府负责再生水管网建设，特许经营主体负责再生水厂站的建设。经营采用的是授权的特许经营模式，即各有关区政府按照流域和区域相结合的原则，将区划分为若干个区域，通过公开招标、竞争性谈判等方式确定各区域特许经营的主体，采用 PPP 等模式开展污水处理和再生水利用设施的建设和运营。

3）再生水设施运营经费补贴政策

《北京市进一步加快推进污水治理和再生水利用工作三年行动方案（2016 年 7 月—2019 年 6 月）》（京政发〔2016〕17 号）要求北京市有关部门和各区政府研究制定自建污水处理和再生水利用设施运营经费补贴政策，保障设施运营需求。按照保本微利的原则，鼓励自建污水处理和再生水利用设施运营单位在再生水利用指导价格范围内，与用户协商确定再生水价格。

目前已有大兴区、顺义区分别出台了《大兴区污水处理和再生水设施项目建设和运营管理办法》（2016 年版）、《顺义区污水处理和再生水利用设施运营管理暂行办法》（2017 年版），对辖区内各级再生水厂站运行费用补贴的具体内容进行规定。

（4）水质标准及回用对象

1）水质标准

北京市于 2012 年 5 月发布了地方标准《城镇水质净化厂水污染物排放标准》DB 11/890，规定出水排入Ⅱ、Ⅲ类水体的城镇水质净化厂执行 A 标准；出水排入Ⅳ、Ⅴ类水体的城镇水质净化厂执行 B 标准。

上述水质净化厂排放指标中，除 TN 以外，A 标准与地表水Ⅲ类标准（相同项）几乎一致，B 标准与地表水Ⅳ类标准（相同项）几乎一致。

北京市水质净化厂排放标准与地表水环境质量标准（共有指标）对比　（单位：mg/L）

表 2-10

序号	基本控制项目	北京市《城镇水质净化厂水污染物排放标准》DB 11/890（高允许排放浓度-日均值）		《地表水环境质量标准》GB 3838	
		A 标准	B 标准	Ⅲ类	Ⅳ类
1	pH/无量纲	6～9	6～9	6～9	6～9
2	COD_{Cr}	20	30	20	30
3	BOD_5	4	6	4	6
4	SS	5	5	—	
5	动植物油	0.1	0.5	—	
6	石油类	0.05	0.5	0.05	0.5
7	阴离子表面活性剂	0.2	0.3	0.2	0.3
8	总氮（以 N 计）	10	15	1.0	1.5
9	氨氮（以 N 计）	1.0（1.5）	1.5（2.5）	1.0	1.5
10	总磷（以 P 计）	0.2	0.3	0.2	0.3
11	色度/稀释倍数	10	15	—	
12	粪大肠杆菌数	500（MPN/L）	1000（MPN/L）	10000（个/L）	20000（个/L）
13	总汞	0.001		汞（0.0001）	汞（0.001）
14	烷基汞	不得检出		—	
15	总镉	0.005		镉（0.005）	镉（0.005）
16	总铬	0.1		—	
17	六价铬	0.05		0.05	0.05
18	总砷	0.05		砷（0.05）	砷（0.1）
19	总铅	0.05		铅（0.05）	铅（0.05）

注：括号外数值为水温＞12℃时的控制指标，括号内数值为水温≤12℃时的控制指标。

笔者自制，数据来源：《城镇水质净化厂水污染物排放标准》DB11/890、《地表水环境质量标准》GB 3838。

2）回用对象

北京市再生水利用对象主要为工业用水、市政杂用及河湖景观补水三类。

工业利用以热电厂冷却用水为主。2006 年，国华、华能 2 座热电厂再生水总用量为 8500 万 m^3；2007 年，高井、石景山、郑常庄 3 座热电厂也开始使用再生水；2010 年，太阳宫热电厂、高安屯垃圾焚烧厂等工业用户使用再生水作为工业冷却用水，年用水量达 1.4 亿 m^3。

绿化用水主要用于公共绿地的浇洒，再生水主要以罐车运输为主。市政杂用水主要包括建筑冲厕用水、道路冲洗与降尘用水、洗车用水及空调冷却设备补充用水等。道路冲洗与降尘用水主要以专用车装载再生水进行作业。城市河湖环境用水一般通过管道输送进行补水。

（5）工程建设情况

图 2-10　高碑店再生水厂膜处理车间

北京市于2000年建设高碑店污水处理厂再生水利用工程，为第一热电厂、高碑店热电厂和南护城河供应再生水，工程规模为47万m^3/d（图2-10）。2003年以来，北京市将再生水纳入全市年度水资源配置计划，利用量逐年加大，利用范围不断拓展，再生水利用进入快速发展阶段。截至2015年底，北京市已建成万吨以上的再生水厂55座，污水处理能力达447万m^3/d；城区9座热电厂冷却循环用水全部利用再生水；在用自建中水设施达194座，设计处理能力达21万m^3/d，年利用中水总量为2099万m^3；已铺设再生水管道1450km[69]。2015年，再生水利用量突破9.5亿m^3，占全市用水总量的25%，主要回用于河湖补水、园林绿化、道路冲洗等市政杂用方面，成为不可或缺的“第二水源”。

2. 雨水

（1）相关政策

早在2000年，北京市政府颁布了《北京市节约用水若干规定》（市政府令66号），明确规定：“住宅小区、单位内部的景观环境和其他市政杂用水，必须使用雨水或者再生水。”2003年4月起北京市施行《关于加强建设工程用地内雨水资源利用的暂行规定》（市规发〔2003〕258号），要求凡在北京市行政区域内，新建、改建、扩建工程均应进行雨水利用工程设计和建设，雨水利用工程应与主体建设工程同时设计、同时施工、同时投入使用。2005年5月，北京市政府实施了《北京市节约用水办法》（北京市人民政府令第155号），规定“住宅小区、单位内部的景观环境用水应当使用雨水或再生水，不得使用自来水，违者将处以最高3万元的罚款”。2005年12月，北京市规划委、建委和水务局联合颁发了《关于加强建设项目节约用水设施管理的通知》（京水务节〔2005〕29号）指出，“各类建设项目均应采取雨水利用措施，工程一般采用就地渗入和储存利用等方式”。2006年12月，北京市水务局、发展改革委、规划委、建委、交通委员会、园林绿化局、国土资源局、环保局联合发出《关于加强建设项目雨水利用工作的通知》（京水务节〔2006〕42号），规定北京市行政区域内所有新建、改建、扩建工程（含各类建筑物、广场、停车场、道路、桥梁和其他构筑物等建设工程设施），均应建设雨水利用设施。2012年5月，北京市规划委员会发布《关于加强雨水利用工程规划管理有关事项的通知（试行）》（市规发〔2012〕791号）和《新建建设工程雨水控制与利用技术要点（暂行）》（市规发〔2012〕1316号），将雨水利用工程相关内容的审查纳入规划审批流程。

（2）工程建设情况

2000年北京市启动中德合作“北京城区雨洪控制与利用”项目，工程建设总面积

60hm^2，建设蓄水池 2228m^3，年节水 18.49 万 m^3，项目研究成果已广泛应用于温泉环保园、奥运公园中心区、亦庄新城、黄村工业园区等项目。截至 2010 年底，北京地区已建成的雨水收集池及景观水体的蓄水能力已达 303 万 m^3[70]。

3. 小结

为缓解水资源短缺问题，北京市积极开展污水资源化、城市雨水利用等工作。再生水利用方面，北京市自 2000 年起就大力发展再生水产业，并出台一系列配套政策、规划、标准，创新运营模式，引入私人企业共同经营，逐步建立和完善再生水利用体系，并且设置较低的再生水价格，鼓励企业、居民积极使用再生水。目前，北京市再生水利用已初具规模，再生水处理技术发展较为成熟，已实现再生水在工业、农业、城市杂用、河道补水等领域的利用。雨水利用方面，北京市出台一系列文件要求雨水利用，并建成了一批典型的示范工程，具备一定的理论基础和工程经验。近年来，结合海绵城市建设，北京市的雨水利用得到了进一步推广。

2.2.2 天津市

天津地处华北平原北部，海河穿城而过，属于中温带至南温带季风气候区，多年平均降水量为 590mm，时空分布极不均匀，大部分降水集中在 6～9 月，从东北到西南逐渐递减，人均水资源量仅为 160m^3，属于极度缺水地区。为缓解用水危机，天津市大力开展各业节水和实施引滦入津、引黄济津等外流域引水工程，同时积极发展再生水利用、海水淡化和雨水收集利用，取得显著成效。

1. 再生水

（1）相关政策

2002 年，《天津市节约用水条例》发布，规定“新建宾馆、饭店、公寓、大型文化体育场所和机关、学校用房、民用住宅楼等建筑物在本市利用再生水规划范围内的，应当按规定建设中水管道设施，利用再生水和符合民用标准的生活杂用水”。2003 年，《天津市城市排水和再生水利用管理条例》发布，规定天津市排水和再生水利用实行统一规划、配套建设、养护、管理并重的原则，并对再生水利用的规划、建设、管理和经营等作出了规定。2007 年，天津市住房城乡建设委员会发布了《天津市住宅及公建再生水供水系统建设管理规定》(建房〔2009〕370 号)，对规范住宅区和公建再生水设施的建设、管理作出了规定。

（2）相关规划

2004 年 9 月，天津市人民政府正式批复《天津市中心城区再生水资源利用规划》，明确了再生水主要回用于农业、工业、景观水体补充水、城市杂用水等。2009 年，天津市重新规划再生水系统，规划近期（2012 年）城市污水再生利用率达到 30%以上；远期（2020 年）城市污水再生利用率达到 35%以上，其中，中心城区达到 40%以上，环城四区（东丽区、津南区、西青区、北辰区）达到 45%以上，滨海新区达到 35%以上。

（3）价格机制、投融资及运营模式

2003 年，天津市物价主管部门首次核准了再生水销售价格。2012 年 3 月，天津市物价局颁布《关于调整再生水销售价格的通知》(津价管〔2012〕24号),对2009年制定的再生水销售价格进行了调整,确定再生水实行分类水价:居民用水由1.10元/m^{3}调整为2.20元/m^3;发电企业用水由1.50元/m^{3}调整为2.50元/m^3;其他用水(包括工业、行政事业、经营服务业、洗车、临时用水等)调整为4.0元/m^3。天津当地再生水的价格在发电企业用水及特种行业用途上较自来水具有较大优势,再生水价格分别为同期自来水价格的31.6%和17.9%(表2-11)。

2018年天津市自来水价格和再生水价格对比表 **表2-11**

自来水价(元/m^3)			再生水价(元/m^3)		
居民	非居民	特种行业	居民	发电企业	其他用水
4.9(第一阶梯)	7.9	22.3	2.2	2.5	4.0

注:上表自来水价格为综合价格,含污水处理费;再生水价格不含污水处理费。
笔者自制,数据来源:中国水网 http://www.h2o-china.com,《关于调整再生水销售价格的通知》(津价管〔2012〕24号)。

天津市采用供水企业投资建厂、政府配套建设干网、开发商投资建设区内管网、工厂自行管网配套为主的再生水设施投资模式。2001年,天津中水有限公司成立,其为天津市再生水经营企业,形成了专业化运作机制,负责再生水厂的融资、建设和再生水产、供、销的专业化运营管理。

(4)水质标准及回用对象

天津市于2012年9月发布了地方标准《城镇水质净化厂水污染物排放标准》DB 12/599,规定城镇水质净化厂出水排入水环境,当设计规模大于等于10000m^3/d时执行A标准;当设计规模小于10000m^3/d且大于等于1000m^3/d时执行B标准;当设计规模小于1000m^3/d时执行C标准。如表2-12所示。

天津市水质净化厂排放标准中,A标准除了TN以外,其他指标与地表水Ⅳ类标准一致;B标准中除了TN以外,其他指标与地表水Ⅴ类标准一致;C标准除COD_{Cr}、氨氮、TN以外,其他指标与地表水Ⅴ类标准一致。河道生态补水可直接利用污水处理厂出水,城市杂用和工业用水需将出水经过再生水厂深度处理后方可使用。

目前,天津市中心城区、环城四区、滨海新区的再生水主要回用于工业、生活杂用、市政杂用和景观河道补水。工业用水主要用于电力、化工等行业生产用水。2009年11月实现了给陈塘庄热电厂、东北郊热电厂供水,使再生水用水结构由以城市杂用为主转变为以大工业用户(热电厂、钢管公司等大型工业企业)为主。城市杂用包括生活杂用和市政杂用。城市景观用水主要用于城市景观河道的补水。

(5)工程建设情况

天津市再生水资源开发利用已基本完成资源规划配置工作,处于全面推广阶段。为推动农业、生态环境利用,天津注重打造示范工程,已建成蓟县5000亩再生水灌溉农业示范工程,市水务局已布局中心城区三大污水处理厂再生水用于农业等示范工程(图2-11)。在城市回用方面,天津市中心城区再生水利用规划遵循“以建设城市公共再生水集

天津市水质净化厂排放标准与地表水环境质量标准（共有指标）对比（单位：mg/L）

表 2-12

序号	项目		天津市《城镇水质净化厂水污染物排放标准》DB 12/599（高允许排放浓度-日均值）			《地表水环境质量标准》GB 3838	
			A 标准	B 标准	C 标准	Ⅳ类	Ⅴ类
1	基本控制项目	pH	6～9	6～9	6～9	6～9	6～9
2		COD_{Cr}	30	40	50	30	40
3		BOD_5	6	10	10	6	10
4		SS	5	5	10	—	
5		动植物油	1.0	1.0	1.0	—	
6		石油类	0.5	1.0	1.0	0.5	1.0
7		阴离子表面活性剂	0.3	0.3	0.5	0.3	0.3
8		总氮（以 N 计）	10	15	15	1.5	2.0
9		氨氮（以 N 计）	1.5（3.0）	2.0（3.5）	5（8）	1.5	2.0
10		总磷（以 P 计）	0.3	0.4	0.5	0.3（湖、库 0.1）	0.4（湖、库 0.2）
11		色度/稀释倍数	15	20	30	—	
12		粪大肠杆菌数	1000（个/L）	20000（个/L）	1000（个/L）	20000（个/L）	40000（个/L）
13	部分一类污染物	总汞	0.001			汞（0.001）	汞（0.001）
14		烷基汞	不得检出			—	
15		总镉	0.005			镉（0.005）	镉（0.01）
16		总铬	0.1			—	
17		六价铬	0.05			0.05	0.1
18		总砷	0.05			砷（0.1）	砷（0.1）
19		总铅	0.05			铅（0.05）	铅（0.1）

注：括号外数值为水温>12℃时的控制指标，括号内数值为水温≤12℃时的控制指标。

笔者自制，数据来源：《城镇水质净化厂水污染物排放标准》DB 12/599—2015、《地表水环境质量标准》GB 3838—2002。

图 2-11　天津市塘沽再生水厂膜处理装置（左）及景观补水（右）

中处理，铺设公共输、配水管网供水利用为主，分散处理就地回用为辅”的原则，已建成再生水厂 2 座，深度处理再生水供水能力达到 10 万 m^3/d，年深度处理再生水利用量 300 万 m^3左右，利用率达到 10%左右[71]。截至 2018 年，天津市高品质再生水厂共有 14 座，总处理能力 41.58 万 m^3/d。根据天津市可供水量预测分析，2020 年再生水供水量将达到 9.7 亿 m^3，占总供水量的 20%。

2. 雨水

天津市近些年已成功建成一批雨水利用示范工程，虽然规模不大，但仍具有一定的推广意义。如梅江国际会展中心在屋面设置了虹吸雨水收集系统，利用输水管将雨水汇集到会展中心旁的梅江湖，经过处理后用作生态景观用水和绿地浇洒用水，每年收集雨水达 3000 多立方米，屋面雨水回收率达 100%[72]。目前，天津利用雨水的用户局限于水价敏感度较低的机关事业单位，缺少大范围的区域性雨水利用工程。各单位用户对雨水利用的意义和价值了解不够，而且由于自来水价相对低廉，政府也缺乏大规模宣传推广的动力，致使雨水收集利用没有得到大规模的推广和普及。

3. 海水

（1）相关政策

2005 年，国家正式颁布《海水利用专项规划》，其中确定天津市的发展目标为创建国家级海水淡化与综合利用示范城市。2013 年，国家发展和改革委员会将天津市滨海新区列为海水淡化产业发展试点园区，为天津市大力推进海水淡化产业发展提供了良好契机。2014 年，财政部、国家海洋局将天津市列为“海洋经济创新发展区域示范城市”，设立中央财政专项资金对天津市海洋经济发展给予大力支持，天津市将海水淡化与综合利用产业作为海洋战略性新兴产业的支持重点，通过该专项资金对海水淡化与综合利用产业给予支持[73]。2015 年，天津市发展改革、财政、金融、海洋等 8 个部门，联合印发了关于促进海洋经济发展的支持政策，在财政、金融、产业、科技等 7 个方面，对海水淡化与综合利用等产业给予大力支持。为全面支持海水淡化工程建设，天津市政府为海水淡化工程建设提供优先安排用地、减免税收、金融支持等优惠政策，引导海水淡化产业快速发展。

（2）相关规划

天津市在推进发展海水淡化产业过程中，制定系列规划，指导海水淡化产业的发展方向。2011 年，天津市出台了《天津市海洋经济和海洋事业发展“十二五”规划》，将海水淡化和综合利用产业置于海洋经济发展的突出位置，在宏观层面指导海水淡化产业的发展。2012 年，天津市审议通过《天津市“十二五”水资源开发利用规划》，提出适度发展海水淡化，作为城市补充水源，主要用于工业直用，部分进入城市管网。2013 年，国务院和国家发展改革委出台并实施《天津海洋经济科学发展示范区规划》和《天津海洋经济发展试点工作方案》，明确海水淡化和综合利用循环经济产业链为天津市发展海洋经济的亮点，确定天津市滨海新区为全国海水淡化试点园区。2015 年，天津市出台《天津市海水资源和综合利用循环经济发展专项规划》，进一步引导海水淡化和综合利用产业的发展，是全国首个出台海水淡化专项规划的省市[73]。2016 年，天津市印发《天津海洋经济与海洋事业“十三五”规划》，对“十三五”期间海水淡化和综合利用工程建设进行规划和指导。

(3) 产学研合作机制

天津市注重加强产学研多方合作，发挥多方优势，共同促进产业发展。国家海洋局、天津海水淡化与综合利用研究所、中盐总公司制盐研究院、天津大学、天津膜天膜科技股份有限公司等科研院所、高校和企业，长期从事海水淡化研究、应用与装备制造，已拥有丰富的自主设计、制造、出口海水淡化装置的实践经验，近年来先后荣获数项国家科技进步二、三等奖和数十项省部级科技进步奖。反渗透海水淡化关键设备和处理技术、能量回收技术、膜技术等多种技术均处于全国领先地位，为天津市海水淡化产业发展提供坚实的技术力量[74]。

(4) 工程建设情况

天津市已具备产业化发展海水淡化的技术条件和产业基础，是全国海水淡化最具发展潜力的地区之一。截至 2013 年底，全市已建成海水淡化工程规模达到 31.7 万 m^3/d，占全国总规模的 35%，居全国首位。天津市已建的海水淡化工程分布在滨海新区内的汉沽区、大港区和开发区，主要为新区内电力、钢铁、石化等高耗水行业提供锅炉用水以及满足高纯水用户的用水需求，部分淡化水进入市政管网与自来水混合后供沿海居民饮用。北疆电厂海水淡化工程除满足本厂生产生活用水外，还为汉沽自来水厂和中心生态城供水，是国内首个大规模进入市政管网的海水淡化项目[75]（图 2-12）。

图 2-12　北疆电厂海水淡化工程

资料来源：北疆电厂海水淡化工程 [Online image]. 第一财经网 https://www.yicai.com

4. 小结

天津市高度注重非常规水资源的研究与应用，已建立起一定规模的再生水、海水利用体系。再生水利用方面，天津出台了系列政策，引导和鼓励再生水回用。同时，天津采用多方投资运营的模式，促进再生水专业化运营管理，并设立具有竞争力的再生水销售价格，推动再生水的利用。海水利用方面，天津市建成的海水淡化工程规模较大，覆盖面较广，居全国首位。天津市出台的配套政策和优惠政策有力推动全市海水淡化产业发展，海水淡化技术水平处于全国领先地位。雨水利用方面，天津市对雨水利用工程的建设主要以示范工程为主，目前结合海绵城市的建设，正在大力推广雨水利用技术。

2.2.3　深圳市

深圳本地水资源短缺，80%供水来自境外引水。随着经济社会的发展，全市水资源的供需矛盾在很长一段时期内都将存在，且会越来越突出，加强节约用水是深圳市解决水资源短缺问题的必经之路。深圳市从20世纪90年代初便开始重视非常规水资源的利用，经过多年的探索和实践，现已出台了一系列非常规水资源利用的政策和标准，构建了较为完善的非常规水资源利用体系。

1. 再生水

（1）相关政策

深圳市在再生水利用方面出台了较为系统的政策、法规和标准，对再生水设施的建设、管理、使用等做出了明确的规定，引导和鼓励再生水利用。深圳市主要的再生水利用政策见表2-13。

深圳市再生水利用相关政策　　表2-13

年份	名　称	关键内容
1992	《深圳经济特区中水设施建设管理暂行办法》（深圳市人民政府第3号令）	要求根据地区性质及建筑规模配套或逐步配套建筑中水设施
2005	《深圳市节约用水条例》（2005年）	要求学校、宾馆、饭店、公共浴室、大型文化体育设施、洗车行等用水量大的单位及居住小区，配套建设中水回用设施。规定园林绿化、建筑施工等行业优先使用符合标准的再生水和其他非传统水资源
2007	《深圳市计划用水办法》（深圳市人民政府令第166号）	鼓励开展污水资源化和中水设施的研究和开发，并提出："单位用户使用的中水，经处理的污水、雨水、海水或者从其他非城市饮用地表水水源中取的水，不纳入用水计划管理，免收该部分污水处理费"
2008	《深圳市建设项目用水节水管理办法》（深圳市人民政府令第183号）	要求新建、改建、扩建建设项目除建设城市自来水供应管道系统外，还应当按节水规划配套建设中水、海水和雨水利用管道系统
2010	《关于加强雨水和再生水资源开发利用工作的意见》（深府〔2010〕171号）	将雨水和再生水系统纳入城市基础设施总体规划，统筹开展。确保符合规划的再生水利用设施与污水处理设施同步建设，雨水和再生水利用管网与城市道路、供水管网的新改扩建工程要同步建设，相关的雨水利用工程和再生水利用工程要同步建设
2012	《深圳经济特区第四轮市区政府投资事权划分实施方案》（2012年）	对再生水建设机制做出了规定，明确了再生水厂的建设由市级政府投资或社会投资
2014	《深圳市再生水管理办法》（深圳市人民政府，2014年）	鼓励单位和个人在工业生产、城市绿化、车辆冲洗、建筑施工、生态景观等方面优先使用再生水。使用再生水的经营者可以根据处理的生活污水量向市水务部门申请退还污水处理费或免交污水处理费

笔者自制。

(2) 相关规划

深圳市已建立了从总体规划到详细规划的再生水利用规划体系，目前已编制一项市级层面再生水总体规划和九项片区级再生水详细规划。

2010年，全市层面的《深圳市再生水布局规划》编制完成。规划期限至2020年，其主要内容包括再生水厂的布局、规模、用地、管网、建设时序等。规划提出，到2020年，规划建设再生水厂28座，设施规划规模337～347万m^3/d。规划提出深圳市再生水利用的方向为“集中为主，分散为辅”以及“近期以生态补水为主，试点回用于工业用水、城市杂用水，局部形成分质供水系统”。

基于《深圳市再生水布局规划》，市相关主管部门重点推进全市工业集中片区和商业集中片区的再生水详细规划编制工作。2011～2014年，深圳市蛇口工业区、盐田区、宝安区、横岗片区、南山及前海片区、坪山片区、光明片区、龙华片区等相继编制了片区级的再生水详细规划。

(3) 价格机制、投融资及运营模式

《深圳市再生水利用管理办法》明确了再生水定价的原则：一是不能超过自来水价格(含污水处理费)；二是用于城市绿化、环卫、河道生态补水等市政用途的再生水价格按照保本微利原则，由市发展改革部门核定；三是一般用途再生水价格，由经营者与用户协商确定，再生水费由经营者直接向再生水用户收取。据统计，深圳市再生水价格与再生水水质标准及规模有关，出水水质标准越高、规模越小，则再生水价格越高。以横岗再生水厂为例，对比横岗再生水厂再生水价格与深圳市现状自来水价格，现状再生水价格约为非居民生活用水价格的22.4%～43.1%(表2-14)。

2018年深圳市自来水价格和横岗再生水厂再生水价格对比表　　表2-14

自来水价（元/t）					再生水价格（横岗再生水厂）
居民生活用水			非居民生活用水	特种用水	
家庭户	集体户	合表用户			
2.67	2.67	3.16	3.77	16.17	按照每个运营月中再生水日均处理量(t)付费，当$t \leqslant$9000t时，再生水单价1.624元/t；当9000t$< t \leqslant$15000t时，再生水单价1.481元/t；当15000t$< t \leqslant$25000t时，再生水单价1.138元/t；当$t >$25000t时，再生水单价0.843元/t

笔者自制。

2017年2月市政府印发的《深圳市第五轮市区政府投资事权划分实施方案》明确：“与道路同步建设的再生水厂配套管网按道路投资主体进行投资。再生水厂及独立建设的再生水厂配套管网由市政府投资。”深圳市现状再生水管网均由政府投资建设，再生水厂则由深圳市政府及深圳市水务集团投资建设。

再生水运营机制方面，《深圳市再生水利用管理办法》规定，分散式再生水利用项目由其产权人自行管理和维护，政府投资建设的集中式再生水利用项目通过招标投标、委托等方式确定符合条件的经营者。现状深圳市仅横岗再生水厂和固戍再生水厂是独立运营，其余再生水回用设施均作为水质净化厂的一部分进行运营。独立运营的横岗再生水厂和固戍再生水厂根据处理量进行收费，而不是根据再生水利用量收费。目前，深圳市尚无完全市场化运营的再生水厂。

（4）水质标准及回用对象

1）水质标准

深圳市于 2010 年发布了地方标准《再生水、雨水利用水质规范》SZJG 32。该规范对所有利用对象均采用同一水质标准，与《城市污水再生利用　城市杂用水水质》GB/T 18920、《城市污水再生利用　工业用水水质》GB/T 19923、《城市污水再生利用 景观环境用水水质》GB/T 18921 等标准相比，相同检测项目的要求均更为严格，部分控制性指标限值与《生活饮用水卫生标准》GB 5749 保持一致。

2）回用对象

深圳市现状再生水利用对象主要包括生态补水、工业用水和城市杂用水。

生态补水方面，现状达到《城镇污水处理厂污染物排放标准》DB 12/599 一级 A 及以上排放标准的水质净化厂出水，除排海及用作其他用途外，均排入河道作为河道生态补水。2017 年深圳市河道生态补水规模超过 10 亿 m^3，生态补水量约占水质净化厂日均处理量的 65.0%。工业用水方面，目前深圳市尚无集中式再生水用于工业的案例，部分工业企业内部建有分散式再生水利用系统，据不完全统计，年用水量约 250 万 m^3。城市杂用方面，集中回用的厂站主要有横岗再生水厂、南山水质净化厂和盐田水质净化厂，主要用于周边市政道路冲洗、绿地浇洒等，年用水量约 1314 万 m^3。

（5）工程建设情况

截至 2018 年，深圳市已有六座水质净化厂开展污水再生利用工作，分别为横岗再生水厂、固戍再生水厂、南山水质净化厂、滨河水质净化厂、罗芳水质净化厂和盐田水质净化厂。再生水利用总规模达到 52.3 万 m^3/d，主要用于河道补水，少量用于城市杂用水。2018 年，深圳市水务局出台《深圳市水质净化厂提标改造实施方案》，提出“污水处理标准进入 IV 类水时代”的目标，制定了全市 28 座水质净化厂的提标改造（即由现状《城镇污水处理厂污染物排放标准》GB 18918 一级 A 排放标准提高至地表水准Ⅳ类排放标准）计划。将来深圳市水质净化厂出水将基本满足生态补水、城市杂用水的需求。

分散式再生水回用设施建设方面，深圳市自 1993 年推广建筑中水利用以来，陆续建成 300 多处中水回用设施，但由于布局分散、管理难度大、投资运行成本高、水质难以保障等问题，绝大多数已停止使用。据不完全统计，目前在运行的中水回用设施共计十余处，总规模达 1 万 m^3/d 以上[76]。

再生水管网建设方面，深圳市目前已在前海合作区、光明区和龙岗中心城等区域随道路敷设了再生水管网。据不完全统计，深圳市已建再生水管网总计约 297km。

2. 雨水

（1）政策管理体系

《深圳市节约用水条例》（2005 年）、《深圳市计划用水办法》（深圳市人民政府令第

166号)、《深圳市建设项目用水节水管理办法》《关于加强雨水和再生水资源开发利用工作的意见》等文件均提出了雨水利用的要求。为保障回用雨水的水质，深圳市于2010年出台地方标准《再生水、雨水利用水质规范》SZJG 32，明确雨水集蓄利用的水质标准。

深圳市自2004年引入低影响开发理念，于2015年发布《低影响开发雨水综合利用技术规范》SZDB/Z 145，系统规范了低影响开发设施的规划、设计、使用和维护等内容。2016年，深圳市成功入选国家第二批海绵城市试点城市，此后市政府出台了一系列推进海绵城市建设的政策和技术标准，如《深圳市海绵城市规划要点和审查细则》《深圳市海绵型道路建设技术指引》《深圳市海绵型公园绿地建设指引》《深圳市房屋建筑工程海绵设施设计规程》等。2018年12月，深圳市人民政府印发《深圳市海绵城市建设管理暂行办法（暂行）》[77]。

（2）工程建设情况

自2004年起，深圳市开始雨水利用工作的探索与实践，在坪地国际低碳城、大运中心、前海合作区、水土保持科技示范园、侨香村住宅区、万科中心、南海意库招商地产总部、光明区市政道路等示范项目中，因地制宜地采用了绿色屋顶、可渗透路面、生物滞留池、植被草沟及自然排水系统等低影响开发雨水综合利用设施，取得了良好的环境、生态、节水效益[78~80]。

2011年10月，住房城乡建设部正式批复光明区为国家低影响开发雨水综合利用示范区（图2-13)。经过八年多的发展，光明区克服从“无”到“有”的困境，努力破解各项难题，形成了“政府引导、示范工程、科技支撑”的有利局面，低影响开发理念在政府投资项目得到全面落实，部分项目如光明新城公园、群众体育中心、公明实验中学初中部等采用了地下蓄水池、雨水收集池等设施，取得了较好的节水效果[81~83]。

(a)

(b)

(c)

图2-13　光明区群众体育中心低影响开发设施实景图

（a）绿色屋顶；（b）透水铺装；（c）生态停车场

资料来源：笔者实地调研收集

3. 海水

与再生水、雨水利用相比，深圳市在海水利用方面的政策相对较少。除在《深圳市节约用水条例》(2005年)、《深圳市计划用水办法》《深圳市建设项目用水节水管理办法》中有所提及之外，目前尚未出台专门针对海水利用的文件、规范和标准。

海水直接利用方面，深圳市海水多直接用于沿海电厂和工业企业的冷却用水。近年来，深圳海水直接利用量稳步上升，2010年全市海水利用量达89亿m^3；2014年达到118.67亿m^3，利用总量在全国首屈一指。目前，深圳市有5个海水资源利用功能区，即大亚湾核电取水区、岭澳核电站取水区、大铲电厂取水区、妈湾电厂取水区、东部电厂取水区，主要集中于南山和大鹏片区。

海水淡化利用方面，深圳市尚未建成海水淡化设施。2014年，市发展改革委批准开展海水淡化试点工程前期工作，要求深圳市能源集团根据其在深圳火力发电厂的分布，在深圳东部、西部同时开展海水淡化试点工程方案的研究，实现冷、热、电、水联产，达到循环经济、节能降耗的运营模式。经多次论证，方案确定首期妈湾片区和东部片区海水淡化规模分别为2万m^3/d和1万m^3/d，以电厂自用为依托，同时向周边市政系统试点供水。

4. 小结

深圳市注重非常规水资源利用规划、规范及政策文件的制定，目前已建立较为完善的非常规水资源利用管理体系，建成了一批污水再生利用、雨水利用以及海水利用工程，取得了较好的运行效果。再生水利用方面，深圳市已有十余年的实践经验，目前再生水主要用于河道补水，少量用于市政杂用，尚无工业用水案例。雨水利用方面，近年来深圳市结合海绵城市建设，在全市范围大力推广低影响开发雨水综合利用设施，形成一批特色鲜明的雨水利用工程项目。深圳市海水利用以战略技术储备为目标，目前以海水直接用作沿海工业冷却用水为主，正在积极开展海水淡化工作的探索。

2.2.4 昆明市

昆明地处云贵高原中部，地势较高，多年平均降水量为980mm，主城区人均水资源量不足300m^3，低于全国人均水资源量。为解决水资源短缺和水环境污染问题，昆明市在开展外流域引水和调水工程的同时，以创建国家节水型城市为目标，全面开展城市节水工作，积极发展再生水和雨水的资源化利用，取得了较好的效果。

1. 再生水

（1）相关政策

1997年，昆明市出台了《昆明市城市节约用水管理条例》（以下简称“节水条例”），并于2006年修订。该节水条例明确制定了节水“三同时”制度，即新建、改建、扩建建设项目应当制定节约用水方案，配套建设节水设施，并与主体工程同时设计、同时施工、同时投入使用。2009年，昆明市出台《昆明市城市再生水利用专项资金补助实施办法》，明确了补建及配套建设分散式中水回用设施的鼓励政策，对水质达到回用要求的中水回用设施管理单位给予0.7元/m^3的资金补助。

2010年，昆明市出台《昆明市城市节约用水管理处罚办法》，对昆明市再生水利用的惩罚制度作出了具体的规定。2012年，昆明市政府发布了《昆明市人民政府关于进一步加强城市节约用水工作的实施意见》，提出应切实加强再生水利用设施的运行监管，加大执法力度，并提出应进一步扩大再生水的使用范围，对未自建中水回用设施且集中式再生水供水管网已通达区域的单位和住宅小区的市政园林及绿地浇灌、生态景观、环境卫生、车辆清洗、道路清洁等杂用水和景观补水，应当通过工程措施接入并使用再生水，替代自来水。

（2）相关规划

2006年，昆明市编制了《昆明市城市节约用水专业规划（2006—2020）》，明确了节水规划的总体目标、节水的基本对策及近期节水工作实施内容。2013年编制了《昆明市城镇再生水利用专业规划》，明确了昆明市城市杂用水和工业用水的再生水利用率近期达到15%以上，中心城区达到20%以上；远期达到25%以上，中心城区达到30%以上。

（3）工程建设情况

昆明市再生水利用采用“集中与分散相结合”的模式，以分散式利用为主。

分散式中水回用方面，截至2017年底，昆明市已建成519座分散式中水回用设施，总设计规模15.9万m^3/d，广泛分布于住宅小区、学校、机关单位、公交停车场、工业企业等，主要用于各自单位的绿化、冲厕等。此外，昆明市将污水处理再生利用作为滇池流域水环境综合治理的一项重要措施，在实施河道治理过程中，主城区入湖河道周边共建成40座分散式中水回用设施。

集中式再生水利用设施主要分布在中心城区，以道路等市政工程建设为依托开展再生水站及配套管网的建设。集中式再生水利用设施将污水处理厂尾水深度处理和消毒，水质达标后，作为周边建筑与小区、市政绿化浇洒用水等。目前，昆明市主城区已启用九座再生水处理厂的运行，设计规模13.9万m^3/d。主城区建成再生水供水主干管约350km，再生水用户达343户[84]。

2. 雨水

2009年9月，昆明市出台《昆明市城市雨水收集利用的规定》，将雨水综合利用设施建设纳入节水“三同时”制度，要求新建项目主体工程要同期配套建设雨水综合利用设施等节水设施。2011年市政府出台了《昆明市人民政府关于加快推进雨水污水和城乡垃圾资源化利用工作的实施意见》，将实施范围覆盖至全市，进一步强化了城市雨水综合利用设施的建设。

截至2017年底，昆明已配套建成了266个雨水综合利用设施，设计规模达18.83万m^3/d[84]；在51个已建成的公园中补建了雨水收集利用设施；在主城三环路以内建成17座雨污调蓄池，总容积为21.24万m^3，配套管网17.7km[85]。

3. 小结

昆明市在建设节水型城市的过程中，注重制度建设，先后制定了《昆明市城市节约用水管理条例》《昆明市再生水管理办法》《昆明市城市雨水收集利用的规定》等一系列法规文件。昆明市再生水利用以分散式利用为主，集中式再生水供水服务范围也已涵盖居民小区、学校、市政园林绿化、工业企业等，“集中与分散相结合”的模式有效推动全市再生水利用工作。近年来，昆明市结合海绵城市建设，已建成一批雨水综合利用项目，起到良好的示范作用。

2.2.5　西安市

西安地处内陆，水资源总量23.47亿m^3，人均占有量234 m^3，为全国平均水平的十分之一，属西部极度缺水城市。西安市降水时空分布不均，降水量年际变化大，年内分布不均，降水主要集中在6～9月，四个月降水量占全年降水量的57%。2016～2018年，西安市再生水利用量分别为1.25亿m^3、1.42亿m^3和1.54亿m^3，三年节水总量4.21亿m^3。近年来，西安市不断强化推广再生水洗车，群众从不理解、抵制到习惯使用，受到社会的认可，自觉养成节约用水的习惯。

西安市于2012年发布《西安市城市污水处理和再生水利用条例》，从规划与建设、污水处理、再生水利用、设施维护、法律责任等方面对再生水做了规定，标志着全市再生水利用工作步入法制化轨道，由被动管理转化为主动作为。按照条例要求，相继编制了《西安市再生水处理设施建设"十二五"规划》《西安市再生水利用"十二五"规划》《西安市城市污水处理和再生水利用"十三五"规划》等规划，明确了全市城镇污水、再生水处理设施的建设规模、期限及资金筹措等内容，再生水工程建设迈入快速发展轨道。《西安市城市供水用水条例》于2014年3月实施，该条例明确要求，在市容环境卫生、园林绿化等公共事业用水和环境用水，应当优先使用再生水；一般工业用水、冷却用水和洗车行业用水等，应当使用再生水。

截至2018年底，全市建设再生水处理设施9座，设计规模38.5万m^3/d。从2014年开始，每年从专项资金内补助再生水管网建设3000万～5000万元，2014年以来共投入基础设施建设资金1.4亿元，完成管网建设37km。以再生水处理设施为中心，管网建设形成东郊浐灞区、西郊、高新区、北郊北客站为辐射区域，总长达158km（含支管）。

西安市再生水利用对象主要为景观湖池补水，采取连通市内景观湖池，建设再生水管网主干网络，依托管网拓展沿线再生水用户。目前已形成重要湖池补水、重点工业用水、市政杂用的利用体系。2015年以来，西安开创了再生水洗车新模式，在公园、道路两旁等地方设置再生水自助洗车站，由于价格便宜、支付方便，受到许多车主的欢迎，解决了周边过往车辆和附近居民洗车难、洗车贵的问题。

2.2.6　香港地区

香港位于我国南海之滨，珠江口东侧，属于亚热带气候，年均降雨量2224.7mm。虽然香港降雨量充沛，但由于缺少天然湖泊、河流及地下水源，境内可利用的水资源十分有限。面对人口及经济增长带来的用水需求，以及珠三角地区水资源争夺等挑战，香港积极推进非常规水资源的开发利用。香港于2008年推行"全面水资源管理策略"，强调在现有供水来源的基础上，开拓新的水资源，通过海水淡化、再生水利用等增加供水量。目前，香港主要有三大供水来源，分别为本地集水区收集的雨水、从广东输入的东江水以及冲厕用海水。

1. 海水

（1）管理法规条例

海水资源在香港地区的水资源管理中占有重要地位。香港最早于1950年后期设立海水供应系统，为政府投资建设的高密度住宅区供应海水作冲厕用途，从20世纪70年代开始扩展至整个市区及多个新市镇。为推广和保障海水冲厕技术的有效利用，香港地区以法规形式对其做了严格的规定。《水务设施条例》和《水务设施规例》是香港管制水务设施的法例。《水务设施条例》对淡水和咸水冲厕、冲厕器具进行了详细的规定。《水务设施条例》规定，未经许可，任何使用水务设施的淡水冲厕行为，均为违法；在有海水供应的地区，必须用海水冲厕；冲厕用海水不做计量，免费供应。此外，香港地区还出台了《香港水务标准规格》，明确规定了凡冲厕用水须另设独立贮水箱，所有建筑物在建造时必须建有地下海水贮槽以及将海水供至建筑物顶部贮槽的供水系统，建筑物内应设有独立的耐海水腐蚀的冲厕管道系统。

(2) 工程建设情况

香港海水供水系统先以隔网筛除海水中较大的杂质，再以氯气或次氯酸盐进行消毒，确保水质符合水务署规定的水质要求。迄今，香港已发展成为世界上广泛使用海水冲厕的少数地区之一，2015年海水冲厕的覆盖率达到85%，每年可节省超过2.7亿m^3的饮用水。除海水冲厕外，香港还积极开发海水淡化技术，计划在将军澳新建海水淡化厂，采用反渗透技术生产饮用水，预计供水规模达13.4万m^3/d。

2. 雨水

为有效利用丰沛的雨水资源，香港约三分之一的土地被规划为集水区，构建出庞大的雨水收集及贮存系统，本地集水量占总用水量的20%～30%。为确保用水安全，水务署采取额外措施，包括进行定期巡查、检查水质及对集水区进行必要维护和清除泥石等，切实保障集水区收集的雨水不受污染。

3. 再生水

香港地方政府于2006年开始推行再造水（再生水）试验计划，首项试验在昂坪地区，将收集的污水经处理再生后，用作非饮用用途。目前，水务署正在推进新界东北片区分阶段供应再生水作非饮用水的工作，并致力于2022年开始向上水、粉岭提供经石湖墟污水处理厂三级处理的再生水。再生水的供应预计每年可为香港地区节省2100万m^3的饮用水。此外，水务署也同步开展了再生水供应的配套财务政策、法律文件等制定工作。

4. 小结

香港由于淡水资源短缺，对非常规水资源的开发和利用较早，已形成片区级的海水、雨水利用系统，其技术成熟度和推广度走在全国前列。海水利用方面，香港的海水冲厕覆盖面广，配套的法规条例完善。近年来香港积极发展海水淡化技术，以进一步提高海水资源的利用。香港通过构建集水区集水系统充分利用雨水资源。近十多年来，香港不断推广再生水的利用，完善相关政策，以期形成新的供水来源。

2.2.7 国内经验总结

国内城市已陆续开展非常规水资源的开发利用，沿海发达城市对非常规水资源的探索起步较早，走在全国前列；其他城市近年来也陆续开展相关研究和实践工作，通过完善法律法规，制定相关标准，加强宣传引导，提高居民对非常规水资源的认知度和接受度。

再生水利用方面，北京、天津、深圳、昆明、西安均已开展了十多年的探索与实践。北京、天津、深圳的再生水利用体系相对成熟，已出台了系列配套政策，制定了相关技术标准，指导污水再生利用工程的建设。为鼓励再生水的利用，这些城市秉承“保本微利”的原则，设立具有竞争力的再生水价格以吸引用户。在投资运营上，北京和天津均为政府、企业联合投资，主要为政府建网、企业建厂、特许经营的模式；深圳市再生水利用工程主要为政府投资建设、运营。这些城市的再生水均主要用于河道补水、市政杂用等方面，工程建设整体从分散式中水回用向片区系统性污水再生利用发展。内陆城市的昆明、西安也出台了一些配套政策，并开展了再生水利用工程建设，但尚未大面积推广。

雨水利用方面，国内城市雨水利用主要以示范项目为主，出台相关政策鼓励雨水收集回用。近年来各地结合海绵城市的建设，促进雨水综合利用。香港已构建了区域性的集水区集水系统，雨水资源利用率较高。

海水利用方面，香港、天津的海水利用研究与实践工作已超过 20 多年，处于全国领先水平。天津和香港均出台了一系列海水利用相关政策，天津侧重海水淡化回用于工业园区，香港则主要以海水冲厕为主，目前已形成大规模、覆盖面广的海水冲厕系统，同时也在积极发展海水淡化技术。深圳市尚未出台专门的海水利用政策文件与技术标准，目前主要以海水直接利用为主，正积极推进海水淡化利用工作。

第 3 章　非常规水资源利用规划原理概述

对于宏观尺度的城市区域而言，非常规水资源应与常规水资源统筹考虑，在空间上相互补充，各有侧重，形成多水源供水的格局。对于某一城市未来多水源供水的格局，需要加强规划统筹，明确各类非常规水资源的定位，合理布局各类市政供水厂站、管网等设施，以保障各类水资源合理分配利用，提高供水的协调性和安全性。

3.1　非常规水资源利用规划产生的背景与发展历程

为解决非常规水资源利用的基本问题，在城市宏观尺度上，需规划统筹。从水资源安全和可持续发展战略的高度认识非常规水资源的重要地位，将再生水、雨水、海水等非常规水资源与地表水、地下水等常规水资源一并纳入区域水资源进行统一配置。在编制水资源规划时，要考虑将非常规水资源纳入水资源配置体系中，并注意与其他相关规划进行衔接。

在非常规水资源中，再生水利用是开展较早而且最有效的利用方式。美国、日本、以色列等国家很早就开展了再生水利用的研究，目前再生水利用在这些国家已非常普及。我国于 20 世纪 70 年代开始探索再生水利用及处理技术。1985 年，北京市环保所建成了我国最早的再生水利用设施。1992 年，中国工程建设标准化协会颁布了《再生水设施规范》。1996 年，建设部发布了《城市中水回用设施管理暂行办法》，对再生水利用设施的建设和管理提出了明确的要求[86]。由于再生水利用系统独立于自来水系统和污水管网系统，再生水利用系统需要建设另一套给水系统，因此，再生水利用系统在城市开发建设之前就应和自来水系统及污水管网系统同步规划、同步建设。我国早期的城市规划中很少涉及再生水利用设施的规划内容，到 2010 年部分城市才着手开展再生水利用的规划编制工作。

20 世纪 60 年代初发达国家着手雨水综合利用的研究，并已逐步进入标准化和产业化阶段。相比国外发达国家成熟的雨水收集利用技术，我国起步较晚、发展相对滞后。我国城市雨水利用研究始于 20 世纪 90 年代，具有标志意义的事件是 1996 年在兰州召开的第一届全国雨水利用学术讨论会[87]。近年来，大中城市的雨水利用发展较快，北京、天津、深圳、南京、哈尔滨、西安、郑州等多个城市结合自身具体情况陆续开展了雨水利用的研究和应用，编制雨水利用规划，并开展相关工程建设。北京较早开展了城市雨水利用及其相关规划的研究及应用，在《21 世纪初期首都水资源可持续利用规划》和《北京城市总体规划（2004—2020 年）》中，要求雨水利用结合城市建设、绿化和生态建设，广泛采用透水铺装、绿地渗蓄、修建蓄水池等措施，在满足防洪要求的前提下，最大限度地将雨水就地截流利用或补给地下水。2010 年，深圳市编制了《深圳市雨洪利用系统布局规划》，该规划包括工程和管理两部分内容，其中城区雨水资源利用体系主要是对深圳新建城区、旧城改造区以及绿地公园进行雨水资源利用规划研究，通过雨水的集蓄、渗透及处理技术，将收集的雨水用作市政杂用水和景观补水，实现利用雨水资源及缓解防洪压力的目标[88]。

海水淡化技术作为一种解决淡水资源匮乏的有效手段，逐渐受到沿海地区地方政府和以电力、钢铁、石化为代表的用水企业的广泛关注。为应对我国沿海地区淡水资源匮乏问题，国家发展改革委、财政部、国家海洋局于 2005 年 8 月联合发布了《海水利用专项规划》。国务院《国家中长期科学和技术发展规划纲要（2006—2020）》、国家发展改革委《高技术产业发展“十一五”规划》、国家海洋局《国家“十一五”海洋科学和技术发展规划纲要》等规划文件，都将海水淡化技术列入了国家发展战略计划之中。随着各种规划的颁布和实施，海水淡化产业得到快速发展，许多较大规模的海水淡化工程纷纷建成，对国内自主知识产权海水淡化技术需求日益迫切[89]。

2017 年，水利部印发了《关于非常规水源纳入水资源统一配置的指导意见》（水资源〔2017〕274 号），要求加强规划引导，县级以上水务行政主管部门在制订涉水规划时，要遵循“能用尽用”的原则，将非常规水资源纳入水资源供需平衡分析和水资源配置体系，明确非常规水资源用水需求和配置量。在缺水地区、地下水超采区和京津冀地区，县级以上水行政主管部门应当编制本辖区非常规水资源利用专项规划，或在水资源规划中专门列出非常规水资源利用篇章，明确非常规水资源用水需求、配置领域、配置量、供水能力和设施布局。

综上，编制非常规水资源利用规划，是我国在快速城市化背景下，城市、地区合理高效利用非常规水资源、缓解水资源供需矛盾的必要手段。

以深圳为例，作为改革开放的窗口和试验田，深圳市城市规模急剧扩大，1997km^2的土地上承载了超 2.4 万亿元的 GDP 及超过 2000 万的人口（2018 年数据），资源需求远超承载力。深圳境内河流短小，且多为雨源性河流，水资源严重短缺，80%以上的城市用水需要依靠东江水源工程远距离调水。为解决城市水危机，缓解水资源供需矛盾，早在 2007 年《深圳水战略》就提出要加强雨水利用、污水再生利用及海水的综合利用。在《深圳市给水系统布局规划修编（2006—2020）》提出建设“优水优用、分质供水”两套给水系统的基础上，深圳市于 2010 年编制并印发了《深圳市再生水布局规划》，从用地、规模、时序各方面指导深圳市再生水系统有序建设，推进城市污水再生利用事业的发展。随后又根据实际需要，深圳市先后编制了《横岗片区再生水供水管网详细规划》等多个片区的再生水供水管网详细规划，以指导再生水供水设施的建设。

3.2　非常规水资源利用规划的任务与作用

3.2.1　非常规水资源利用规划的基本任务

非常规水资源利用规划的基本任务主要有以下三点：

（1）根据城市水资源供应紧缺状况，结合城市各类非常规水资源的规模、布局，在满足不同用水水质标准条件下将各类非常规水资源加以利用。

（2）确定非常规水资源处理设施的规模和布局。

（3）布置非常规水资源供水设施，满足用户对水质、水量、水压的要求。

非常规水资源利用规划应明确非常规水资源与常规水资源的空间关系。目前我国各城市水资源仍以常规水资源为主，以非常规水资源为补充。在开展规划时，非常规水资源应在空间上与常规水资源互补，实现综合效益最大化。

非常规水资源利用规划应明确非常规水资源与城市建设的空间关系。非常规水资源利用规划应结合社会经济发展和城市规划，结合城市规划确定的用地布局，调查非常规水资源用户分布和预测利用规模，供水设施应与市政基础设施统筹建设。

3.2.2 非常规水资源利用规划的作用

非常规水资源利用规划的基本作用是将城市非常规水资源进行有效配置和利用，形成多水源供水的格局，实现节约优质水资源的作用。

传统的城市供水水源主要来自于河湖等地表水和地下水，产生的污水直接排放到天然水体，或经污水处理厂处理后排入天然水体，巨大的排放量超过天然水体的水环境容量，加剧了水环境的污染（图 3-1）。同时，由于缺乏替代水源，许多城市对地下水和地表水这两类传统水源的开发利用均处于虽不可持续但却不得不持续超采的状态，对区域水生态和水环境造成了极大破坏。如北京市由于地表水资源量有限，很大部分的供水来自于地下水的高强度开采，造成全市范围内的地下水位下降、储量下降以及地下水漏斗面积扩大等生态环境和城市建设问题[90]。

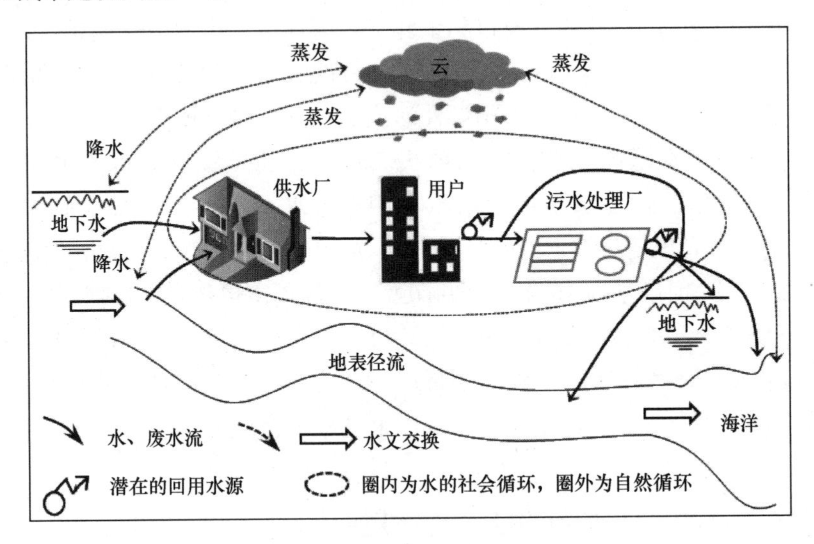

图 3-1 传统供水格局

笔者自绘

相较于传统的单一水源供应形式，城市区域开发利用再生水、雨水、海水等非常规水资源，辅之以配套供排水管网的建设，使城市水源呈现多元化发展，将逐步形成多水源供水的格局。以北京市为例，根据《北京市水资源公报》，从2003年开始，北京市对雨水、再生水等非常规水资源的开发利用强度大幅度增加，供水量从2003年的2.1亿m^3上升至2012年的13.2亿m^3，在2006年超过地表水的供水量，所占比重从2003年的5.7%上升至2012年的36.7%，如图3-2所示。

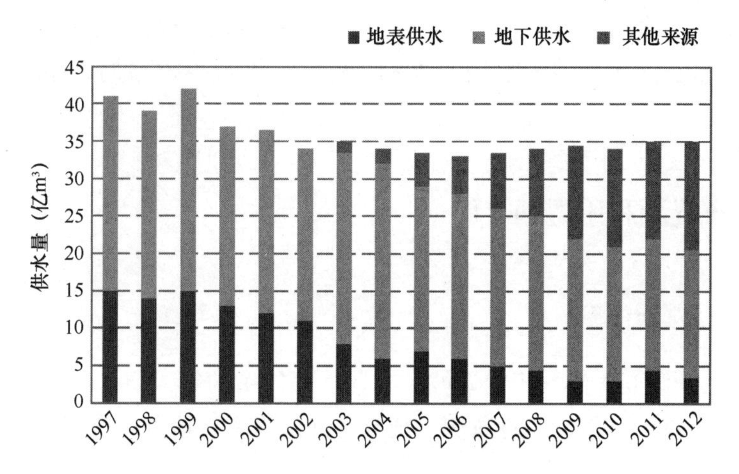

图3-2　1997～2012年北京市供水结构变化

笔者自绘，资料来源：《北京市水资源公报》

多水源供水对于水资源利用是有效的“开源”措施，将在很大程度上减小传统水源的供水压力，并且可以实现与常规水资源的协同供水。多水源供水格局主要体现在以下方面：

（1）针对不同的用户需求进行差异化供水。常规水资源供给常规生活用水、高质量用水，非常规水资源则可用于市政杂用、低品质工业用水及河道补水等。

（2）在空间上，可以实现就近供水。根据污水处理厂、雨水调蓄池、海水淡化设施等非常规水资源供水水源的分布，结合用户需求及位置，合理铺设供排水管道，以实现经济和供水效率的最大化。另外，非常规水资源是常规水资源的有效补充，可在一定程度上弥补常规水资源的缺口。

（3）在时间上，由于雨水资源具有较强的季节性，可在雨季充分利用雨水资源，以减少其他水资源的使用量，或在雨季蓄存雨水，以供旱季使用。

以深圳市为例，深圳市通过全面的开源节流，部分工业集中区域构建了分质供水的供水管网系统，实现水资源的综合保障。深圳市远景规划水资源配置如下：

（1）境外饮水、本地水库蓄水等优质水资源主要供给生活性用水（居民、行政、商业、服务业）、高品质工业用水等，全力保障市民饮用水安全和社会发展需要；

（2）雨水资源用于优质水资源的补给，并提供农业用水和部分环境用水；

（3）再生水主要供给低品质工业用水、城市杂用水、环境用水等，以优化城市供水结构，节约优质水资源；

（4）地下水资源主要作为优质饮用水资源的备用水源和应急水源；

（5）海水可直接利用作电厂等企业冷却用水、港口冲洗用水；海水淡化主要进行技术储备，作为城市应急备用水源。

在城市用水形势呈现出需水量增速快、用水结构新、用水时效强等特点的情况下，单一水源、独立管网的供水模式已不适应城市发展对水量、水质的需求。为此，城市的供水应以多源配置、集中建厂、分区供水、分质供水为方向，注重提升居民用水品质，降低企业用水成本，提高综合用水效率和效益，引进新机制，制定新措施，提高供水水质，改进供水服务，解决重点区域经济发展用水难题，建立多水源供水格局，保障城市的可持续发展。

3.3 非常规水资源利用规划管理

3.3.1 城乡规划法律体系

《中华人民共和国立法法》规定，城乡规划法规体系的等级层次应包括法律、行政法规、地方性法规、自治条例和单行条例、规章（部门规章、地方政府规章）等，以构成完整的法规体系[91]。

《城乡规划法》（2008 年）是我国城乡规划法律法规体系中的主干法和基本法，对各级城乡规划法规与规章的制定具有不容违背的规范性和约束性。除作为主干法的《城乡规划法》外，还有大量与城市规划相关的行政法规、规章、地方性法规和章程，这些法律法规共同组成我国城市规划的法律法规体系。我国的城乡规划法律法规体系在中央与地方两个层级上，分别沿横向和纵向展开。国家层级的《中华人民共和国土地管理法》（1986 年)、《中华人民共和国文物保护法》（1982 年)、《中华人民共和国行政许可法》（2003 年)、《中华人民共和国行政复议法》（1999 年)、《中华人民共和国行政诉讼法》（1989 年)、《城市绿化条例》(1992 年)、《基本农田保护条例》(1998 年)、《历史文化名城名镇名村保护条例》(2008 年）等均与《城乡规划法》有所涉及，可以看作《城乡规划法》在横向上的联系和延伸。

在纵向上，《城乡规划法》也逐步建立起相应的法规、规章以及技术规范体系，如《城市规划编制办法》(2005 年)、《村镇规划编制办法（试行)》(2000 年）等。此外，为城市规划编制与管理的规范化提供依据，国家相关部门制定了一系列国家标准和行业标准，也可以看作是《城市规划法》在纵向上的延伸，如作为国家标准的《城市用地分类与规划建设用地标准》GB 50137，作为行业标准的《城市规划制图标准》CJJ/T 97、《城市道路工程设计规范》CJJ 37 等。

在国家层面法律法规体系的基础上，部分地方组织也建立了相应的法律法规体系。例如，深圳市颁布了《深圳市规划条例》（2001 年)、《深圳经济特区规划土地监察条例》(2005 年)、《深圳地下空间开发利用暂行办法》(2008 年）和《深圳市城市规划标准与准则》(2014 年）等规章和标准。

我国城乡规划法律法规（不含省、自治区、直辖市和较大市的地方性法规、地方政府规章）构成的法律体系框架如表 3-1 所示[52]。

我国城乡规划主要法律法规　　**表 3-1**

类别		名称
法律		《中华人民共和国城乡规划法》
行政法规		《村庄和集镇规划建设管理条例》
		《风景名胜区条例》
		《历史文化名城名镇名村条例》
部门规章与规范性文件	城乡规划编制与审批	《城市规划编制办法》
		《省域城镇体系规划编制审批办法》
		《城市总体规划实施评估办法（试行）》
		《城市总体规划审查工作原则》
		《城市、镇总体规划编制审批办法》
		《城市、镇控制详细规划编制审批办法》
		《历史文化名城保护规划编制要求》
		《城市绿化规划建设指标的规定》
		《城市综合交通体系规划编制导则》
		《村镇规划编制办法（试行）》
		《城市规划强制性内容暂行规定》
	城乡规划实施管理与监督检查	《建设项目选址规划管理办法》
		《城市国有土地使用权出让转让规划管理办法》
		《开发区规划管理办法》
		《城市地下空间开发利用管理规定》
		《城市抗震防灾规划管理规定》
		《近期建设规划工作暂行办法》
		《城市绿线管理办法》
		《城市紫线管理办法》
		《城市黄线管理办法》
		《城市蓝线管理办法》
		《建制镇规划建设管理办法》
		《市政公用设施抗灾设防管理规定》
		《停车场建设和管理暂行规定》
		《城建监察规定》
	城市规划行业管理	《城市规划编制单位资质管理规定》
		《注册城市规划执业资格制度暂行规定》

笔者自制，数据来源：《海绵城市建设规划与管理》第 207 页。

专项规划是以国民经济和社会发展特定领域为对象编制的规划，是总体规划在特定领域的细化，是总体规划的若干主要方面、重点领域的深化和具体化，也是政府指导该领域发展以及审批、核准重大项目，安排政府投资和财政支出预算，制定特定领域相关政策的依据。专项规划必须符合总体规划的总体要求，并与总体规划相衔接。

非常规水资源利用规划属于专项规划，应依据城镇总体规划、国民经济和社会发展规划、水资源综合规划等编制，并与城镇排水、污水处理、土地利用、环境保护等其他相关规划进行衔接。

3.3.2 非常规水资源利用规划管理

1. 非常规水资源利用规划编制主体

非常规水资源利用规划一般由水务部门组织编制。根据实际情况，也可以由其他部门组织编制，或者两个及以上部门联合编制，如《深圳市再生水布局规划》由深圳市规划国土部门和市水务局联合编制。表 3-2 为国内主要城市专项规划编制及审批情况一览表。

承担非常规水资源利用规划编制的单位，应具有乙级及以上的城乡规划编制资质，并在资质等级许可的范围内从事规划编制工作。此外，相关职能部门或规划审查的业务主管处室，应在规划审查过程中加强对非常规水资源相关内容的审查。

2. 非常规水资源利用规划审批管理

城市规划的审批管理，就是在城市规划编制完成后，城市规划组织编制单位按照法定程序向法定的规划审批机关提出报批申请，法定的审批机关按照法定的程序审核并批准城市规划的行政管理工作。编制完成的城市规划，只有按照法定程序报批后，方才具有法定约束力。

根据《中华人民共和国城乡规划法》第二十一条的规定，我国城市规划的审批主体是国务院和省、自治区、直辖市和其他城市规划行政主管部门。按照法定的审批权限，城市的专项规划一般是纳入城市总体规划一并报批。由于专项规划与城市总体规划关系密切，单独编制的非常规水资源利用专项（总体）规划一般由当地的城市规划行政主管部门会同专业主管部门，根据城市总体规划要求进行编制，报城市人民政府审批[92]。非常规水资源利用详细规划建议由规划管理部门审批。

非常规水资源利用规划的组织编制单位，应将规划成果充分征求相关部门、专家和社会公众的意见，修改完善后报同级人民政府或规划管理部门批准。

国内主要城市专项规划编制及审批情况一览表 **表 3-2**

序号	城市	编制主体	审批程序	依据	年份
1	北京	相关行政主管部门或者市规划行政主管部门	由市规划行政主管部门组织编制的，报市人民政府审批；由相关行政主管部门组织编制的，经市规划行政主管部门组织审查后报市人民政府审批	《北京城乡规划条例》	2009
2	上海	市有关专业管理部门会同市规划行政管理部门组织编制	由市人民政府审批	《上海市城乡规划条例》	2010
3	广州	市规划行政主管部门组织编制	城乡规划主管部门审查后，由各行政管理部门报市人民政府审批	《广州市城乡规划条例》	2014

续表

序号	城市	编制主体	审批程序	依据	年份
4	深圳	由城市规划管理部门单独组织编制或有关专业主管部门会同市规划主管部门组织编制	由有关专业主管部门编制的各专项规划，应经市规划主管部门综合协调后报市规划委员会审批	《深圳市城市规划条例》	2001
5	武汉	由有关部门会同市城乡规划主管部门组织编制	市人民政府或区人民政府审批	《武汉市城乡规划条例》	2013

第 4 章 国内现有政策法规及标准规范

4.1 政策法规

建立健全非常规水资源政策法规体系，是推动非常规水资源利用的有效保障。我国从国家到地方层面出台了系列政策法规促进非常规水资源利用，具体包括法律法规和相关规划。

4.1.1 国家层面

近年来，国家层面出台的针对非常规水资源利用的文件如表 4-1 所示。

国家层面关于非常规水资源利用的重要政策文件（部分） 表 4-1

文件类型	颁布年份	颁布机构	名 称
法律文件	1988 年通过，2016 年第二次修正	全国人民代表大会常务委员会	《中华人民共和国水法》（2016 修正）
	2009	全国人民代表大会常务委员会	《中华人民共和国循环经济促进法》
法规文件	2000	国务院	《国务院关于加强城市供水节水和水污染防治工作的通知》（国发〔2000〕36 号）
	2012	国务院办公厅	《国务院办公厅关于加快发展海水淡化产业的意见》（国办发〔2012〕13 号）
	2012	国务院	《国务院关于实行最严格水资源管理制度的意见》（国发〔2012〕3 号）
	2015	国务院	《水污染防治行动计划》（国发〔2015〕17 号）
规划	2016	国家发展改革委、住房和城乡建设部	《“十三五”全国城镇污水处理及再生利用设施建设规划》（发改环资〔2016〕2849 号）
	2017	国家发展改革委、水利部、住房和城乡建设部	《节水型社会建设“十三五”规划》（发改环资〔2017〕128 号）

表 4-2 中各文件针对非常规水资源利用均有所表述，相关解读如下。

非常规水资源利用重要政策文件解读一览表 表 4-2

序号	文件名称	文件解读
1	《中华人民共和国水法》	在水资源短缺的地区，国家鼓励对雨水和微咸水的收集、开发、利用和对海水的利用、淡化

续表

序号	文件名称	文件解读
2	《中华人民共和国循环经济促进法》	国家鼓励和支持使用再生水。在有条件使用再生水的地区，限制或者禁止将自来水作为城市道路清扫、城市绿化和景观用水使用
3	《国务院关于加强城市供水节水和水污染防治工作的通知》（国发〔2000〕36号）	"大力提倡城市污水回用等非传统水资源的开发利用，并纳入水资源的统一管理和调配。干旱缺水地区的城市要重视雨水、洪水和微咸水的开发利用，沿海城市要重视海水淡化处理和直接利用；缺水地区在规划建设城市污水处理设施时，还要同时安排污水回用设施的建设；要加强对城市污水处理设施和回用设施运营的监督管理。"该通知首次提出将非常规水资源纳入水资源统一管理和调配
4	《国务院关于实行最严格水资源管理制度的意见》（国发〔2012〕3号）	鼓励并积极发展污水处理回用、雨水和微咸水开发利用、海水淡化和直接利用等非常规水源开发利用。加快城市污水处理回用管网建设，逐步提高城市污水处理回用比例。非常规水源开发利用纳入水资源统一配置
5	《国务院办公厅关于加快发展海水淡化产业的意见》（国办发〔2012〕13号）	意见较为系统地提出了为促进海水淡化产业，实行加大财税政策支持力度、实施金融和价格支持政策、完善法规标准、加强监督管理、强化宣传培训等五个方面的政策措施，以及开展加强关键技术和装备研发、提高工程技术水平、培育海水淡化产业基地、组建海水淡化产业联盟、实施海水淡化示范工程、建设海水淡化示范城市、推动使用海水淡化等七个方面的重点工作
6	《水污染防治行动计划》（国发〔2015〕17号）	促进再生水利用。以缺水及水污染严重地区城市为重点，完善再生水利用设施，工业生产、城市绿化、道路清扫、车辆冲洗、建筑施工以及生态景观等用水，要优先使用再生水。推进高速公路服务区污水处理和利用。具备使用再生水条件但未充分利用的钢铁、火电、化工、制浆造纸、印染等项目，不得批准其新增取水许可。自2018年起，单体建筑面积超过2万m^2的新建公共建筑，北京市2万m^2、天津市5万m^2、河北省10万m^2以上集中新建的保障性住房，应安装建筑中水设施。积极推动其他新建住房安装建筑中水设施。到2020年，缺水城市再生水利用率达到20%以上，京津冀区域达到30%以上。 推动海水利用。在沿海地区电力、化工、石化等行业，推行直接利用海水作为循环冷却等工业用水。在有条件的城市，加快推进淡化海水作为生活用水补充水源
7	《"十三五"全国城镇污水处理及再生利用设施建设规划》（发改环资〔2016〕2849号）	到2020年底，城市和县城再生水利用率进一步提高。京津冀地区不低于30%，缺水城市再生水利用率不低于20%，其他城市和县城力争达到15%。规划根据全国各地的实际情况，分地区给出再生水利用率目标
8	《节水型社会建设"十三五"规划》（发改环资〔2017〕128号）	该规划明确了再生水、雨水、海水利用的发展方向，提出到2020年，全国非常规水源利用量超过100亿m^3，占总供水量的比重由2015年的1.0%提高到2020年的1.6%。 促进再生水利用。以缺水及水污染严重地区城市为重点，加大污水处理力度，完善再生水利用设施，逐步提高再生水利用率。工业生产、农业灌溉、城市绿化、道路清扫、车辆冲洗、建筑施工及生态景观等领域

续表

序号	文件名称	文件解读
8	《节水型社会建设“十三五”规划》(发改环资〔2017〕128号)	优先使用再生水。具备使用再生水条件但未充分利用的钢铁、火电、化工、造纸、印染等高耗水项目，不得批准其新增取水许可。 推动雨水集蓄与利用。结合海绵城市建设，新建小区、城市道路、公共绿地要完善雨洪资源利用设施，增加对雨洪径流的滞蓄能力，推进雨洪资源化利用。在有条件的山丘区，大力推广雨水集蓄利用，发展集雨节灌。 大力发展海水直接利用和海水淡化。推动沿海地区的高耗水行业开展海水直接利用，支持高耗水工业项目利用海水淡化水作锅炉补给水和工艺用水，大力推进以海水直接利用和采取热电联合淡化海水的方式解决大规模工业用水水源。鼓励有条件的沿海缺水城市，将海水淡化水作为市政新增供水以及应急备用水源的来源之一。推广海水淡化在海岛地区供水保障的应用，鼓励太阳能、风能、潮汐能等非并网新能源耦合海水淡化装置建设

4.1.2 地方层面

在国家相关文件的指导下，我国部分城市陆续出台了地方层面的非常规水资源利用政策法规，如北京、天津、深圳、昆明、长沙和西安等。地方层面的政策法规是对国家相关政策的细化与延伸。

1. 北京市

北京市自20世纪90年代初开展再生水、雨水利用研究，相继出台了多项非常规水资源政策法规。详见表4-3。

北京市非常规水资源利用相关政策法规与管理办法（部分）　　表4-3

文件类型	颁布年份	颁布机构	名　称
法规文件	1987	北京市人民政府	《北京市中水设施建设管理试行办法》(京政发60号)
	2000	北京市人民政府	《北京市节约用水若干规定》(市政府令66号)
	2001	北京市市政管理委员会、北京市规划委员会、北京市建设委员会	《关于加强中水设施建设管理的通告》
	2003	北京市规划委员会、北京市水利局	《关于加强建设工程用地内雨水资源利用的暂行规定》(市规发〔2003〕258号)
	2004	北京市人大常委	《北京市实施〈中华人民共和国水法〉办法》
	2006	北京市水务局、北京市发展和改革委员会、北京市规划委员会	《关于加强建设项目雨水利用工作的通知》(京水务节〔2006〕42号)
	2009	北京市人民政府	《北京市排水和再生水管理办法》
	2012	北京市人民政府	《北京市节约用水办法》(北京市人民政府令第244号)
规划	2016	北京市人民政府	《北京市“十三五”时期水务发展规划》(2016年版)

《北京市中水设施建设管理试行办法》（京政发60号）是我国有关污水再生利用的第一个地方性规范，对中水和中水设施给出了明确定义，界定了中水的使用范围并首次提出了中水设施设计、施工、使用的“三同时”制度[35]。

《北京市节约用水若干规定》（市政府令66号）是北京市首次以政府令的形式对雨水、再生水利用进行的明确规定，要求“住宅小区、单位内部的景观环境和其他市政杂用水，必须使用雨水或者再生水，否则将处以1000元以上5000元以下的罚款，同时鼓励绿化用水使用雨水和符合用水水质要求的再生水，逐步减少使用自来水”。

《关于加强中水设施建设管理的通告》补充了需建设中水设施的新建工程范围，重点强调了多项对于中水设施未按要求设计、建设的处罚措施。通告发出的若干规定，标志着政府对于再生水设施的设计、建设由建议性转变为强制性实施，以及推行实质性的处罚措施，加强了政策执行力度。

《关于加强建设工程用地内雨水资源利用的暂行规定》（市规发〔2003〕258号）明确指出：“凡在本行政区内，新建、改建、扩建工程（含各类建筑物、广场、停车场、道路、桥梁和其他构筑物等建设工程设施）均应进行雨水利用工程设计和建设”，并提出雨水利用项目“三同时”政策，即新建、扩建、改建建设项目的节水设施应当与主体工程同时设计、同时施工、同时投入使用；建设中水利用设施的新建、扩建工程时，必须同时考虑建设雨水利用设施。规定还根据不同的情况因地制宜地推荐了不同的雨水利用方式。

《北京市实施〈中华人民共和国水法〉办法》提出“鼓励、支持单位和个人因地制宜地采取雨水收集、入渗、储存等措施开发、利用雨水资源”。

《北京市排水和再生水管理办法》提出“北京市将再生水纳入水资源统一配置，实行地表水、地下水、再生水等联合调度、总量控制”。自此，北京市再生水利用量增长了5倍，再生水利用工作走上了快车道。

《北京市“十三五”时期水务发展规划》（2016年）关于非常规水资源提出：“对北京市再生水进行统一调度，逐步增加城乡结合部地区河湖、湿地的再生水补水量，进一步扩大全市生态环境、市政市容、工业生产、居民生活等领域的再生水利用量；扩大再生水管网覆盖范围，全市新建再生水管线472km；规划2020年全市再生水利用量12.0亿m^3，按行业分，工业利用量1.7亿m^3，生态环境利用量9.7亿m^3，市政杂用利用量0.6亿m^3。”

2. 天津市

天津市非常规水资源政策文件与规划，如表4-4所示。

天津市非常规水资源利用相关政策法规与规划（部分）　　**表4-4**

文件类型	颁布年份	颁布机构	名　称
法规文件	2003	天津市住房和城乡建设委员会	《天津市住宅建设中水供水系统技术规定》
	2003	天津市人民代表大会	《天津市城市排水和再生水利用管理条例》
	2004	天津市人民政府	《天津市中心城区再生水资源利用规划》
	2007	天津市住房和城乡建设委员会	《天津市住宅及公建再生水供水系统建设管理规定》（建房〔2009〕370号）
	2015	天津市海洋局	《天津市海水资源综合利用循环经济发展专项规划（2015—2020年）》

《天津市住宅建设中水供水系统技术规定》规定："在天津市内范围的住宅小区必须配套建设中水管网工程，并提出了'两同时'的要求，即中水管网必须与主体工程同时设计，同时施工。"该文件还对中水水源及水质标准、中水供水系统以及施工质量验收等方面做了规定，要求中水管道外壁颜色为浅绿色，但文件未对中水系统的使用安全性作出明确要求。

《天津市城市排水和再生水利用管理条例》在全国率先以地方法规形式对再生水利用的规划、建设、管理、推广使用全过程作出了规定[35]。

《天津市中心城区再生水资源利用规划》明确了天津市中心城区的再生水资源利用方向：主要回用于农业用水、工业用水、景观水体补充水、城市杂用水等。

在海水利用方面，《天津市海水资源综合利用循环经济发展专项规划（2015—2020年）》提出："到2020年，滨海新区直接利用海水量每年20亿t，其中海水淡化规模将达到每日60万t。"规划将海水淡化水纳入天津城市水资源供给规划；鼓励北疆电厂海水淡化产品水进入市政管网，为全国推进淡化水入管网起到示范作用。

天津市在非常规水资源利用方面取得了可喜的成绩，走在全国前列。随着非常规水资源利用奖罚措施和水价机制等政策的完善，以及公众节水意识的增强，天津市非常规水资源利用必将得到进一步发展[93]。

3. 深圳市

深圳市非常规水资源的开发利用工作得到历届市委、市政府的高度重视，以及社会各界的积极参与，已初步形成节水的法制环境和社会氛围。深圳市已出台的非常规水资源相关政策法规如表4-5所示。

深圳市非常规水资源利用相关政策法规与管理办法（部分）　　表4-5

文件类型	颁布年份	颁布机构	名　称
法规文件	2005年批准实施，2017年修正	深圳市人民政府	《深圳市节约用水条例》
	2007	深圳市人民政府	《深圳市计划用水办法》（深圳市人民政府令第166号）
	2008	深圳市人民政府	《深圳市建设项目用水节水管理办法》
	2010	深圳市人民政府办公厅	《深圳市人民政府关于加强雨水和再生水资源开发利用工作的意见》
	2013	深圳市人民政府办公厅	《深圳市实行最严格水资源管理制度的意见》
	2014	深圳市政府办公厅	《深圳市再生水利用管理办法》

《深圳市节约用水条例》为深圳地方性法规，由深圳市人民政府于2005年颁布，2017年修订，深圳市由此成为华南地区首个为节水工作立法的城市。条例遵循"统一规划、总量控制、计划用水、综合利用、讲究效益"的原则，对非常规水资源的利用提出："鼓励和扶持对污水、中水、海水以及雨水等的开发、利用，并在城市规划建设中统筹考虑；政府应当鼓励开展污水资源化和中水设施的研究和开发，加快污水回用设施的建设；新建、

扩建、改建污水处理厂应当按照节约用水规划建设相应的污水回用设施；园林绿化、环境卫生等市政用水以及生态景观用水应当采用先进节约用水技术，按照节约用水规划使用经处理的污水或者中水。”

《深圳市计划用水办法》《深圳市建设项目用水节水管理办法》和《深圳市再生水利用管理办法》属于地方性规章。《深圳市计划用水办法》第二十九条规定：“单位用户使用的中水，经处理的污水、雨水、海水或者从其他非城市饮用地表水水源中取的水，不纳入用水计划管理，免收该部分污水处理费。”该办法对节水的新技术、新工艺、新设备的研发应用与推广做出明确规定，鼓励开展污水资源化和中水设施的研究和开发，对研究推广节约用水技术、工艺、设备、器具等有突出贡献和对节约用水进行有关科学研究成绩显著的单位和个人给予奖励。

《深圳市建设项目用水节水管理办法》规定：“深入贯彻建设项目节水理念，对新建、改建、扩建建设项目使用城市供水的，除建设城市自来水供应管道系统外，还应当按节水规划配套建设中水、海水和雨水利用管道系统。城市非常规水资源输配水管线规划覆盖范围以外的下列新建、改建、扩建建设项目应当配套建设相应规模的中水利用设施：①建筑面积超过 2 万 m^2的旅馆、饭店；②建筑面积超过 4 万 m^2的其他建筑物。既有建筑符合上款规定且具备建设场地的，应当建设相应规模的中水利用设施。中水来源水量或者回用水量小于 $100m^3/d$ 的，可以不单独建设中水处理设施，但需配套建设非常规水资源利用管道系统。”

《深圳市再生水利用管理办法》是一部专门针对再生水利用的地方性规章，其内容包括再生水利用监督管理、再生水利用对象、再生水规划编制、再生水设施投资建设、再生水设施维护管理、再生水价格机制等。办法规定，一般用途的再生水价格由经营者与用户协商确定。而现实情况是在缺乏财政补贴的情况下再生水价格相对自来水并无明显优势，导致现阶段再生水市场化推进难度较大。办法制定的再生水价格机制并未对再生水市场化工作起到积极作用。

《深圳市人民政府关于加强雨水和再生水资源开发利用工作的意见》提出：“将雨水和再生水系统建设项目纳入城市基础设施总体建设计划中统筹开展，确保实现四个同步：一是符合规划的再生水利用设施与污水利用设施同步建设；二是雨水和再生水利用管网与城市道路、供水管网的新改扩建工程要同步建设；三是相关的雨水利用工程和再生水利用工程要同步建设；四是符合规定的雨水和再生水利用项目与自来水供水系统的新改扩建工程要同步建设。”

《深圳市实行最严格水资源管理制度的意见》针对再生水利用，要求：“合理制定再生水水价方案，鼓励使用再生水。”该意见还提出“推进再生水等非常规水资源开发利用。结合城市更新和开发，统筹规划建设雨洪利用、污水再生回用等非常规水资源利用设施”。

深圳市建市以来，不断探索水资源管理模式和创新推动立法模式，已出台多个非常规水资源利用的政策法规，尤其在再生水利用方面，相关制度日益完善。在粤港澳大湾区建设的大背景下，深圳将通过制度创新和技术创新进一步实现非常规水资源的高效利用。

4. 昆明市

昆明市城市节水、污水再生利用和雨水方面的政策法规如表 4-6 所示。

昆明市非常规水资源利用相关政策法规与管理办法（部分）　　表 4-6

文件类型	颁布年份	名　　称	主要内容
法规文件	1997	《昆明市城市节约用水管理条例》	该条例对再生水利用设施的建设、经营、管理以及使用等各方面进行了详细的规定
	2009	《昆明市城市雨水收集利用的规定》	该规定将雨水综合利用设施建设纳入节水“三同时”制度，要求新建项目主体工程要同期配套建设雨水综合利用设施等节水设施
	2010	《昆明市再生水管理办法》	该办法为城市污水再生利用专门的管理方法
	2017	《昆明市海绵城市规划建设管理办法》	该办法制定了昆明海绵城市建设的规划、管理制度和机制
规划	2010	《昆明主城市节水规划》	该规划确立了 2010～2020 年城市污水再生利用目标
	2008	《昆明市创建国家节水型城市实施方案》	该实施方案对再生水的使用率、用途及相关设施建设作出具体规定
	2012	《昆明城市（主城）再生水利用工程专项规划》	该规划为昆明市主城区再生水利用工程设施规划，明确了昆明市主城区再生水利用的发展方向

5. 西安市

西安市已出台的非常规水资源利用的政策文件如表 4-7 所示。

西安市非常规水资源利用相关政策法规与管理办法（部分）　　表 4-7

文件类型	颁布年份	名　　称	主要内容
法规文件	2006	《西安市城市节约用水条例》	该条例提出了再生水、雨水的利用方向和其他相关要求
	2012	《西安市城市污水处理和再生水利用条例》	该条例为污水处理及再生水利用的地方性法规，对污水处理和再生水利用活动作出规范
	2016	《西安市海绵城市建设实施方案》	该实施方案针对雨水综合利用提出目标要求与实施方案

6. 小结

为保障非常规水资源的利用，我国部分城市陆续出台了相关政策法规。通过对五个典型城市非常规水资源利用政策文件的分析，得知我国各城市在推动非常规水资源利用方面力度不一，侧重点不同。我国多数城市针对非常规水资源的政策法规多限于对利用对象、利用规模、建设流程等技术层面的规定，而如何通过水价、投融资模式创新等市场手段推动非常规水资源的利用较少涉及，这也因此成为我国目前非常规水资源发展的瓶颈之一。将来各地应在通过市场手段鼓励非常规水资源利用方面，出台更全面、完善的政策法规。

4.2 标准规范

近年来，我国陆续发布了城市污水再生利用、雨水和海水利用的标准规范，部分城市出台了地方层面的技术规范。我国针对非常规水资源的标准规范主要包括水质规范、工程技术规范以及其他规范。

4.2.1 国家层面

1. 再生水利用相关规范

再生水利用方面，截至 2018 年底，我国发布了 1 项行业水质标准，7 项国家水质标准，以及 1 项污水再生利用工程设计规范，如表 4-8 所示。

国家层面再生水相关标准规范 **表 4-8**

标准/规范类别	名　　称	发布部门
水质标准	《再生水水质标准》SL 368	国家水利部
	《城市污水再生利用分类》GB/T 18919	国家质量监督检验检疫总局
	《城市污水再生利用　城市杂用水水质》GB/T 18920	国家质量监督检验检疫总局
	《城市污水再生利用　景观环境用水水质》GB/T 18921	国家质量监督检验检疫总局
	《城市污水再生利用　工业用水水质》GB/T 19923	国家质量监督检验检疫总局、国家标准化管理委员会
	《城市污水再生利用　地下水回灌水质》GB/T 19772	国家质量监督检验检疫总局、国家标准化管理委员会
	《城市污水再生利用　农田灌溉水质标准》GB 20922	国家质量监督检验检疫总局、国家标准化管理委员会
	《城市污水再生利用　绿地灌溉水质》GB/T 25499	国家质量监督检验检疫总局、国家标准化管理委员会
设计规范	《城镇污水再生利用工程设计规范》GB 50335	住房和城乡建设部、国家质量监督检验检疫总局

2. 雨水利用相关规范

我国已出台的雨水利用相关规范多为工程技术规范，详见表 4-9。

国家层面雨水利用相关规范 **表 4-9**

标准/规范类别	项目名称	发布部门
技术规范	《雨水集蓄利用工程技术规范》GB/T 50596	住房和城乡建设部、国家质量监督检验检疫总局

续表

标准/规范类别	项目名称	发布部门
技术规范	《建筑与小区雨水控制及利用工程技术规范》GB 50400	住房和城乡建设部、国家质量监督检验检疫总局
	《城镇雨水调蓄工程技术规范》GB 51174	住房和城乡建设部、国家质量监督检验检疫总局

《雨水集蓄利用工程技术规范》GB/T 50596 主要内容包括雨水集蓄利用工程的规划、设计、施工、验收和管理，指导城郊雨水利用工程相关工作。城市雨水利用的相关规范主要有《建筑与小区雨水控制及利用工程技术规范》GB 50400 和《城镇雨水调蓄工程技术规范》GB 51174。《城镇雨水调蓄工程技术规范》GB 51174 对我国城镇雨水调蓄工程的规划、设计、施工和运行进行规范，该规范侧重于城镇雨水径流峰值削减和径流污染控制，规定了城镇雨水调蓄工程规划和设计的基本原则，提出雨水调蓄水量的计算方法，对水体调蓄工程、绿地和广场调蓄工程、调蓄池以及隧道调蓄工程等设施提出具体的设计标准和运行管理要求。

3. 海水利用相关规范

1998 年，中华人民共和国环境保护部发布了《海水水质标准》GB 3097。该标准按照海域的不同使用功能和保护目标，将海水水质分为四类，并规定了使用用途："第一类适用于海洋渔业水域，海上自然保护区和珍稀濒危海洋生物保护区；第二类适用于水产养殖区、海水浴场，人体直接接触海水的海上运动或娱乐区，以及与人类食用直接有关的工业用水区；第三类适用于一般工业用水区，滨海风景旅游区；第四类适用于海洋港口水域，海洋开发作业区。"该标准不涉及海水淡化的水源水质。

目前，我国已建立海水利用标准体系，该体系分为海水淡化、海水冷却、海水化学资源提取、大生活用海水、海水综合利用 5 个标准子体系。海水利用标准体系共有 96 项标准（图 4-1），涵盖海水利用的术语和符号、工程设计、运行管理和评价方法、技术产品及其方法、处理药剂、防腐、水质要求、环境影响评价、排放要求等方面[94]。

4.2.2 地方层面

在国家标准规范的基础上，有些城市根据自身特征和当地实际制定了非常规水资源利用地方标准。表 4-10 所列为我国部分城市的非常规水资源利用地方标准。

我国地方层面非常规水资源利用的标准规范（部分）　表 4-10

城市	标准号	标准名称
北京	DB 11/T 685	《雨水控制与利用工程设计规范》
	DB 11/T 740	《再生水农业灌溉技术导则》
	DB 11/T 672	《再生水灌溉绿地技术规范》
天津	DB 29—167	《天津市再生水设计规范》

续表

城市	标准号	标准名称
深圳	SZJG 32	《再生水、雨水利用水质规范》
	SZDB/Z 49	《雨水利用工程技术规范》
	SZDB/Z 145	《低影响开发雨水综合利用技术规范》
辽宁	DB 21/T 2241	《城市雨水利用系统技术规程》
	DB 21/T 2977	《低影响开发城镇雨水收集利用工程技术规程》
	DB 21/T 1914	《建筑中水回用技术规程》
河南	DB 41/T 818	《城镇雨水利用工程技术规范》
河北	DB 13/T 2691	《再生水灌溉工程技术规范》
内蒙古	DB 15/T 1092	《再生水灌溉工程技术规范》
甘肃	DB 62/T 2573	《再生水灌溉绿地技术规范》

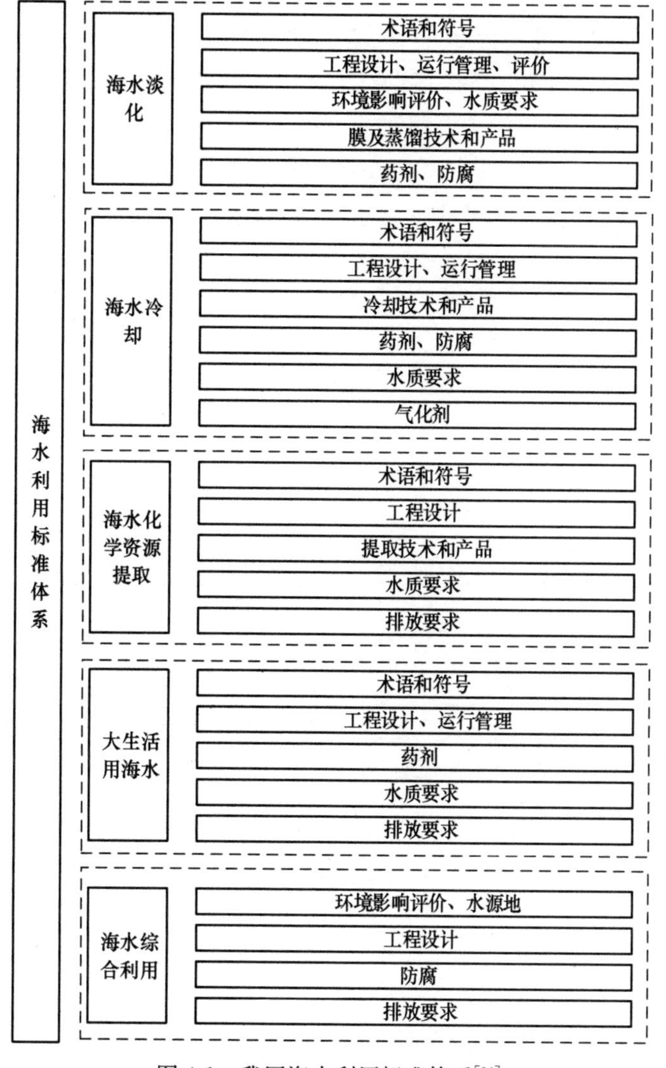

图 4-1　我国海水利用标准体系[94]

从规范制定对象看，地方层面的非常规水资源利用规范以再生水规范居多，反映出再生水作为各地非常规水资源的主要构成，受到高度的重视；雨水相关规范较少；目前尚没有地方层面的海水相关规范。

从规范类型来看，地方层面的非常规水资源利用规范主要是工程技术规范，各地方根据自身特征与实际需求，制定的用于指导本地特定使用对象的技术规范。例如北方干旱地区及半干旱地区，将再生水用于农业和绿地灌溉的技术规范等。

深圳市非常规水资源利用标准更趋综合性和前瞻性。2010年深圳市发布《再生水、雨水利用水质规范》SZJG 32，属于国内较早发布再生水、雨水水质标准的城市。相比《城市污水再生利用　城市杂用水水质》GB/T 18920、《城市污水再生利用　景观环境用水水质》GB/T 18921和《城市污水再生利用 工业用水水质》GB/T 19923系列标准，深圳市《再生水、雨水利用水质规范》SZJG 32的标准更高。在《再生水、雨水利用水质规范》SZJG 32中，水质控制指标分为基本控制指标和选择性控制指标两类，共77项。基本控制指标包括感官性状及一般物理、化学指标22项，微生物指标4项，剩余消毒剂指标2项，共28项；选择性控制指标主要为毒理学水质指标，共49项[95]。经对比，《再生水、雨水利用水质规范》SZJG 32已接近《生活饮用水卫生标准》GB 5749的水质标准。

深圳市是国内较早引入低影响开发理念的城市，2015年深圳市发布《低影响开发雨水综合利用技术规范》SZDB/Z 145，成为全国首个出台低影响开发技术规范的城市。该规范成为目前深圳市海绵城市建设的重要基础性规范。

第 2 篇

规划方法篇

我国幅员辽阔，各地自然基础条件、产业类型、经济发展水平、人口规模等差异巨大。对于某一具体城市，首先需从城市自身的特征和需求出发，研究各类非常规水资源的定位和作用。对于需要开展非常规水资源利用的城市，需首先解决水源、用户、水质、供水设施、投融资及运营模式等基本问题。

开展非常规水资源规划是统筹解决上述问题的有效途径。非常规水资源规划属于新型市政专项规划，目前北京、深圳、天津等少数城市已开展了系统性的非常规水资源规划的编制。由于各地可供利用的非常规水资源各有侧重，非常规水资源规划的编制一般以某一具体的非常规水资源为对象进行编制，例如再生水利用规划、雨水利用规划、海水利用规划等。各类非常规水资源规划内容不尽相同，但一般均包括非常规水资源规模的预测、用户确定及需水量预测，水处理厂站及管网等设施规划、水质目标及处理工艺的确定、水价及投融资模式的确定、投资估算、相关配套政策和保障措施等内容。本篇探讨了各类非常规水资源规划的编制方法以及解决关键问题的技术手段，以期为相关从业者提供参考。

第5章　非常规水资源规划方法总论

5.1　主要工作内容

非常规水资源专项规划编制主要依据城市发展战略规划、国土空间规划确定的城市发展、用地、产业、人口等规模，结合水资源规划、环境保护规划及给水、污水等市政专项规划，明确非常规水资源利用量、用户，提出非常规水资源的配置与利用规划方案，落实相关厂站设施用地选址和供应管线的布置，并提出配套政策和保障措施。

5.1.1　规划体系梳理

中华人民共和国成立以来，我国城市规划编制办法共经历了四次修订，但规划编制办法的整体规划框架仍基本保持总体规划和详细规划两个层级（图5-1）。

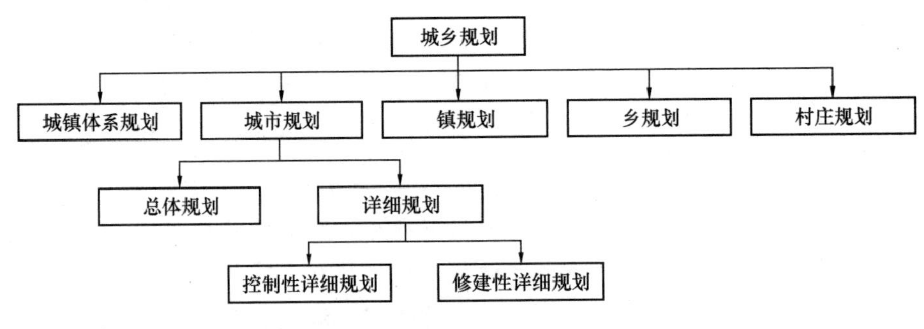

图5-1　我国现行城乡规划体系

1. 总体规划和分区规划

总体规划是指城市人民政府依据国民经济和社会发展规划以及当地的自然环境、资源条件、历史情况、现状特点，统筹兼顾、综合部署，为确定城市的规模和发展方向，实现城市的经济和社会发展目标，合理利用城市土地，协调城市空间布局等所作的一定期限内的综合部署和具体安排。城市总体规划是城市规划编制工作的第一阶段，也是城市建设和管理的依据。

总体规划是城市政府引导和调控城乡建设的基本法定依据，是编制本级和下级专项规划、区域规划以及制定有关政策和年度计划的依据。城市总体规划的内容应当包括：城市、镇的发展布局，功能分区，用地布局，综合交通体系，禁止、限制和适宜建设的地域范围，各类专项规划等。城市总体规划的强制性内容主要包括规划区范围、规划区内建设用地规模、基础设施和公共服务设施用地、水源地和水系、基本农田和绿化用地、环境保护、自然与历史文化遗产保护以及防灾减灾等。

在城市总体规划完成后，大、中城市可根据需要编制分区规划，小城市一般不需编制分区规划。分区规划的任务是在总体规划的基础上，对城市土地利用、人口分布和公共设施、基础设施的配置做出进一步的规划安排，为详细规划和规划管理提供依据。因此，分区规划在总体规划与详细规划之间起承上启下的作用，其编制的具体要求除满足规划编制办法外，可视每个城市具体情况增加或深化[96]。

2. 控制性详细规划和修建性详细规划

控制性详细规划是城市、镇人民政府城乡规划主管部门根据城市、镇总体规划的要求，用以控制建设用地性质、使用强度和空间环境的规划。控制性详细规划主要以对地块的使用控制和环境容量控制、建筑建造控制和城市设计引导、市政工程设施和公共服务设施的配套，以及交通活动控制和环境保护规定为主要内容，并针对不同地块、不同建设项目和不同开发过程，应用指标量化、条文规定、图则标定等方式对各控制要素进行定性、定量、定位和定界的控制和引导。控制性详细规划是城乡规划主管部门做出规划行政许可、实施规划管理的依据，并指导修建性详细规划的编制。

修建性详细规划是以城市总体规划和控制性详细规划为依据，针对城市重要地块编制，用以指导各项建筑和工程设施的设计和施工的规划设计。修建性详细规划的根本任务是按照城市总体规划及控制性详细规划的指导、控制和要求，以城市中准备实施开发建设的待建地区为对象，对其中的各项物质要素（例如建筑物的用途、面积、体型、外观形象、各级道路、广场、公园绿化以及市政基础设施等）进行统一的空间布局[96]。

非常规水资源规划同样可以分为总体规划和详细规划两个层次，总体规划是详细规划的依据，起指导作用；详细规划是对总体规划的细化、落实和完善，同时详细规划也可对总体规划不合理的部分进行优化和调整。在实践中，由于不同层次规划项目的编制内容和深度要求不同，相应非常规水资源规划的编制内容也有所差异。本小节将基于不同层次和不同类型规划项目的特点，结合团队在全国各地的实践经验，对各类非常规水资源规划的主要工作内容予以深入的阐述和说明。

5.1.2　总体规划层次

总体规划层次的非常规水资源规划可在城市总体规划或分区规划中直接作为子课题进行编制，也可以在城市总体规划或分区规划编制完成后，在其指导下单独编制。考虑到非常规水资源规划的系统性和整体性，总体规划层次的非常规水资源规划一般在市级或县级行政区范围内进行编制（对于一般的县级行政区，由于其城区面积较小，一般可直接编制详细规划层次的非常规水资源利用规划）。

1. 非常规水资源利用综合规划

非常规水资源利用综合规划是某一城市非常规水资源利用的纲领性规划，一般只在总体规划层次编制。该类规划需基于城市自然本底、社会经济、建设特征以及实际需求，通过对常规水资源利用现状及存在问题、非常规水资源开发利用潜力和需求进行分析，明确各类非常规水资源的利用潜力、定位、策略、利用比例及利用量等内容；同时，布局非常规水资源利用设施及主干管网，明确各类非常规水资源近期建设计划，并提出全市层面工作推进实施的保障建议。

非常规水资源利用综合规划的核心内容是要明确各类非常规水资源的定位、利用比例及利用规模。对于已编制非常规水资源利用综合规划的城市，无须再编制再生水利用专项规划、雨水利用专项规划等规划；如非常规水资源利用综合规划深度无法满足要求，可视具体情况编制其他各类非常规水资源规划。

2. 再生水利用专项规划

再生水利用专项规划的主要内容是根据城市总体规划或分区规划，结合城市社会经济发展目标和城市实际需求，分析城市的用水和污水收集处理等情况，明确规划期限内再生水资源可利用量以及再生水用户；预测再生水用水量，确定再生水厂、加压泵站等再生水设施的数量、规模；布局再生水设施和主干管网路由，落实相关设施用地。同时，还应结合再生水的用户类型和分布特征，明确再生水水质、水量和水压的要求。最后还应提出促进再生水利用的保障措施建议，明确再生水工程近期建设规划等内容。

3. 雨水利用专项规划

雨水利用专项规划的主要工作内容是分析规划区的基础条件，如降雨特性、流域汇流特性、水文地质条件、土地利用现状等，结合城市空间布局特点和密度分区，划定雨水利用分区，提出不同分区的雨水利用方式和策略；开展城市雨水资源可开发利用量的计算，并衔接水资源规划，分析雨水资源利用前后的水量平衡分析；针对城市的土地利用类型，实施分类分级指引，包括公园、道路、广场、公建、住宅小区、旧村等多种类型，指导工程实施；制定雨水利用的水质及处理工艺，明确设施的规模和用地选址；最后进行经济、社会、环境、防洪等方面的综合效益分析，提出规划保障措施和实施建议。

4. 海水利用专项规划

海水利用专项规划的主要内容是研究规划区所在海域的海水水质、海洋功能区划、海域环境功能区划、海洋灾害等基本情况，调研分析规划区海水利用现状及城市水资源情况，明确海水利用在城市水资源利用系统中的地位；结合国内外海水利用相关经验教训，以及海水利用的用途，研究海水利用的工艺和水质目标；结合城市规划、海洋规划提出海水利用的方式和重点方向；结合岸线规划，提出海水利用的区域工程布局，并确定相应工程的规模和用地指标。

5.1.3 详细规划层次

详细规划层次的非常规水资源规划一般是在总体规划层次的非常规水资源规划指导下，针对面积小于 100km^2 的行政区、城市重点地区或特殊要求地区进行非常规水资源详细规划的编制。如缺乏上位总体规划层次的非常规水资源规划，也可直接单独编制。结合全国多个城市的实践经验，详细规划层面大多只有编制再生水利用详细规划、雨水利用详细规划的实例。

1. 再生水利用详细规划

再生水利用详细规划主要任务是在总体层面规划对再生水利用要求的基础上，根据更为精准的用户调研，合理预测未来用户需求及用水量；对上层次规划的再生水厂站用地控制规模进行复核，确定近、远期再生水厂和加压泵站的规模及用地。并依据上层次专项规划确定的再生水水质目标及推荐工艺，确定再生水厂的处理工艺。同时，详细规划层面的再生水规划需要通过平差确定管网供水压力、管径，明确管位以及管材，提出再生水系统设施及管网的投资和建设计划，为后续工程设计提供指导。

2. 雨水利用详细规划

在控制性详细规划层面，基于城市总体规划确定的雨水利用策略，根据详细的片区（地块）规划方案和土地利用条件，确定雨水利用对象，提出雨水利用设施具体的空间布局、规模、投资和建设计划，并与法定的详细规划和相关专业规划进行衔接。

3. 其他非常规水资源利用专项规划

其他非常规水资源还包括矿井水、苦咸水等。这类水资源一般使用较少，其利用一般局限于厂区或特定的小区域内，大多属于建筑与小区层面的利用方式，一般只在详细规划层次编制。其规划内容主要包括确定利用对象、计算需水量、布设利用设施及回用管网等。

5.2　规划编制基础条件及基本要求

5.2.1　基础条件

基础条件分析是非常规水资源规划的基础和依据。基础条件应包括区域人口、气象条件、水文条件、水资源可利用量、城市发展功能定位、城市发展规模、土地利用类型、水环境功能区划和保护要求、城市现状供排水情况等内容。非常规水资源利用规划的编制应全面掌握规划区域的基础条件，故全面收集规划区的基础资料并开展调查评价是规划编制的基础工作。

1. 共性基础资料

共性基础资料一般包括表 5-1 所列内容。

共性基础资料一览表　　**表 5-1**

资料名称	资料类型
气象资料	主要包括降水、风向、冰冻等基础资料
水文资料	主要包括河道水系的流量、水位等，海水利用规划应收集海洋水文要素，主要包括温度、盐度、密度、透明度、潮汐等
水资源资料	水资源结构、水资源开发利用现状、水资源利用规划等
水环境资料	主要包括水环境功能区划、水环境保护利用要求等
城市勘察资料	主要包括城市规划区的地下水资源、地质条件等基础资料
城市测量资料	主要包括城市规划区地形图、现状供排水管网物探资料等
城市规划资料	主要包括城市总体规划资料、控制性详细规划、市政专项规划（给水专项规划、污水专项规划、雨水专项规划等）等

续表

资料名称	资料类型
城市供排水资料	主要包括城市现状及规划用水量、排水量、用水结构、给水厂、污水处理厂等市政基础设施相关资料等
法律、法规和政策资料	主要包括非常规水资源的相关政策、水资源开采方面的政策等

2. 特定基础资料

特定基础资料，即不同类型的非常规水资源利用规划所需的特定基础资料。

（1）再生水利用规划，见表5-2。

再生水利用规划特定基础资料一览表　　表5-2

资料名称	资料类型
再生水利用资料	包括集中式和分散式再生水厂站的位置及建设情况、再生水管网的敷设情况、再生水利用情况（再生水利用对象及利用规模）、再生水水质及处理工艺、再生水厂站投融资模式、再生水价格等
生态补水资料	主要包括城市水系分布、河道流域范围、河道基流量、旱季和雨季流量、河道水环境质量、河道蓝线宽度、河道沿岸建设情况、生态补水现状及规划等
用水结构	主要包括居民生活用水、工业用水、市政杂用水、景观环境用水等不同类型用户近5～10年的用水量资料
大用户分布	即现状用水量大于某一值的用水大户的分布及其类型

（2）雨水利用规划，见表5-3。

雨水利用规划特定基础资料一览表　　表5-3

资料名称	资料类型
降雨资料	主要包括规划区近20～30年的降雨资料
水文土壤资料	主要包括土壤类型、土壤的入渗能力、各流域或河流的产汇流特征等
地下水资料	主要包括地下水位、地下水资源量及其分布特征等
雨水利用工程	主要包括城市现状集中式或分散式雨水利用工程、雨水调蓄设施、雨水滞蓄设施（包括水库、坑塘、自然或人工湖泊）等

（3）海水利用规划，见表5-4。

海水利用规划特定基础资料一览表　　表5-4

资料名称	资料类型
岸线分布	主要包括海岸线的类型、分布特征等
海水水质	主要包括现状海水水质及水环境功能区划等
海水利用工程	主要包括城市现状海水利用工程情况及采取的海水处理工艺、利用成本、设施占地、设施规模等

5.2.2　基本要求

通常情况下，非常规水资源利用规划的主要内容包括项目概况、现状调查、非常规水资源需求量分析、非常规水资源配置及利用规划、近期建设计划、规划保障等方面内容，具体要求如下。

1. 项目概况

项目概况由规划目的、指导思想和原则、规划依据、规划水平年、规划范围、规划目标等内容组成。

规划指导思想需重点说明国家、省市对非常规水资源在利用方向、利用方式、资源配置等方面的总体要求和原则。规划编制所依据的法律法规和标准规范需是现行的，上位规划及相关规划应是最新的，且对规划是有指导意义的。规划的目标应明确且定量，可结合当地实际提出非常规水资源利用率、替代自来水的比例、水质标准等规划目标。以河道补水为主要利用途径的非常规水资源利用规划需提出河道水环境、水生态、水景观等目标。

需要指出，非常规水资源利用应实现三个基本目标：一是“节水”，二是“开源”，三是“减排”。对于资源型缺水城镇应以节约用水、增加水资源为主要目的；对于水质型缺水城镇应以削减水污染负荷、提高城市水体水质功能为主要目的，兼顾水资源的利用；对于水环境、水生态改善需求强烈的城镇，应以河道补水为主，兼顾水资源的利用。这些内容在规划总则部分应予以明确。

2. 现状调查

现状调查主要工作内容：一是资料收集和整理，二是现场调查。其中，资料收集和整理是规划编制工作的重要环节和基础工作，主要收集有关法律法规、政策文件，总体规划、水资源综合规划、土地利用规划等相关规划，城市概况及经济社会发展现状资料，水资源与水环境情况的相关资料，给水排水基础设施、污水收集与处理情况、雨水和海水利用情况的相关资料等。现场调查主要包括专题研讨会、问卷调查、现场踏勘、与相关部门访谈等多种方式。通过翔实的现状调查，可较为准确地掌握本底条件，摸清需求，明确可利用资源量及规划条件，为规划方案的制定提供可靠的依据。

此外，现状调查部分还包括国内外经验总结，主要分析总结国内外城市在非常规水资源利用方式、水质标准、处理技术、产业模式、配套政策等方面的经验和教训，有助于找出规划所在城市在指导思想、规划思路、技术体系、配套政策等方面存在的突出问题，增强规划的针对性和可操作性。

3. 非常规水资源需求量分析

非常规水资源需求量分析应在现状调查的基础上，针对不同的用户，分析各用户的潜在用水量。

用户需求量预测按各类用户的最高日需水量之和确定，并应充分考虑不同用途需水量的季节性变化。需求量预测宜采用定额法、相关法、经验公式法等不同方法分别测算，综合比较分析后提出需水预测成果。

4. 非常规水资源配置及利用规划

非常规水资源的配置应在水资源统一配置的原则下，根据用户需求分析和非常规水资源可利用量预测，结合用户对水量及水质等要求，考虑技术经济合理性，确定利用方向、利用方式以及水量和水质标准，在时间和空间上科学分配非常规水资源，提出配置方案或实施指引。

非常规水资源利用方向应根据城市发展战略规划、总体规划、产业规划、给水排水规划、水系规划等相关规划，考虑各类非常规水资源利用方向的特点，对生态、环境、社会、效益等方面进行评估，经综合分析评估后确定。非常规水资源利用方式应体现“集中利用与分散利用相结合、方便使用、注重实效”的原则，根据用户的分布以及用户对水量和水质的需求，结合厂站布置，最后综合分析确定。水量和水质标准的确定应充分考虑非常规水资源可利用量、利用方向、用户分布、用水量以及处理工艺技术经济合理性和占地等因素综合确定。

在明确非常规水资源配置方案的基础上，开展相应的工程规划，通常由水源工程、处理厂站、输配水管网系统和用水设施构成。工程规划方案应综合考虑用户分布等因素，对规划区非常规水资源利用工程进行总体布局，对建设规模、规划用地等作出安排。

5. 近期建设计划

近期建设计划应明确近期非常规水资源利用建设目标，并本着近远期结合的原则，梳理形成可实施性高的近期建设项目库。

6. 规划保障

保障措施主要包括法律保障、政策保障、组织保障、经济保障、技术保障等内容，并应符合以下要求：

（1）从非常规水资源利用、监督管理等方面，提出法律法规、规范性文件保障措施。

（2）从政策和制度制定、落实等方面提出政策保障措施。

（3）从组织协调机构建设、目标责任考核制度等方面提出组织管理保障措施。

（4）从稳定投资渠道、拓展投融资渠道等方面提出经济保障措施。

（5）从提升非常规水资源利用技术水平方面提出技术保障措施。

此外，保障措施的制定还应结合经济社会及水资源管理对非常规水资源利用工作的新要求，综合考虑流域、区域、部门综合管理权限等方面。

5.3 非常规水资源利用规划工作程序

非常规水资源规划一般包括前期准备、现场调研、规划方案、规划成果 4 个阶段（图 5-2）。

（1）前期准备阶段：指项目正式开展前的策划活动过程，需明确委托要求，制定工作大纲。工作大纲内容包括技术路线、工作内容、成果构成、人员组织和进度安排等。

（2）现场调研阶段：掌握现状自然环境、社会经济、城市规划、专业工程系统的情况，收集专业部门、行业主管部门、规划主管部门和其他相关政府部门的发展规划、近期建设计划及建议，分析研究现状情况和存在问题。工作形式包括现场踏勘、资料收集、部门走访和问卷调查等。

（3）规划方案阶段：依据城市发展和行业发展目标，确定非常规水资源建设目标，并制定具体的规划方案。期间应与专业部门、行业主管部门、规划主管部门和其他相关政府

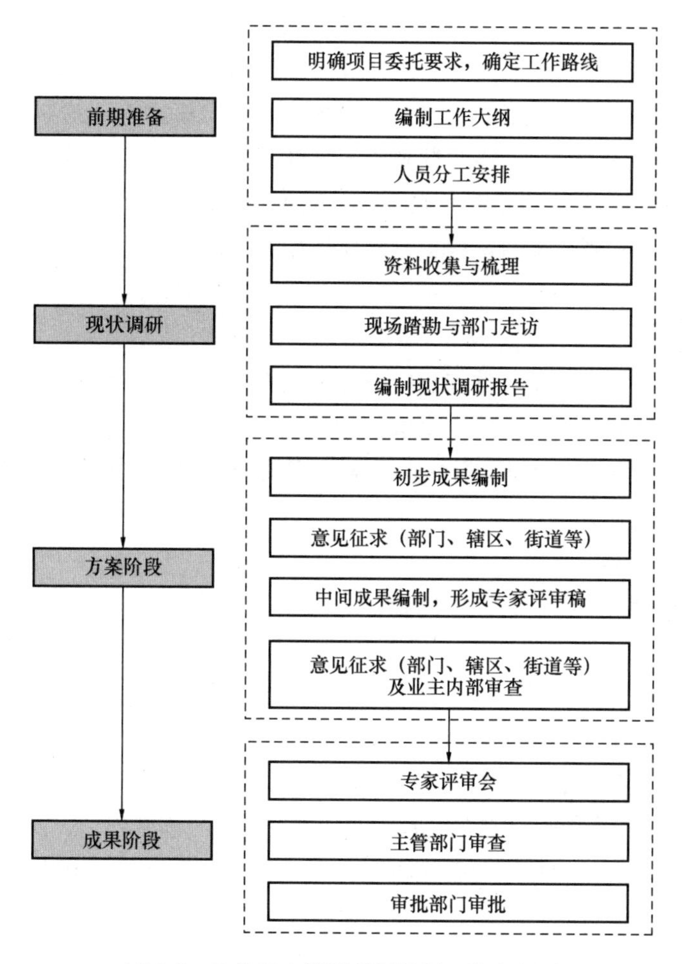

图 5-2　非常规水资源利用规划工作流程图

部门进行充分的沟通协调。

（4）规划成果阶段：指成果的审查和审批环节，根据专家评审会、规划部门审查会、审批机构审批会的意见对成果进行修改完善，完成最终成果并交付给委托方。

5.4　成果构成及形式

5.4.1　规划成果构成

一般而言，非常规水资源利用规划成果应包含规划文本、规划图纸和规划附件三个部分。规划文本与规划图纸所表达的内容、要求应保持一致，并作为规划管理的法定依据。规划附件一般由规划说明书和基础资料汇编等组成，格式不限。此外，由于不同地区对非常规水资源规划管理的程序不同，一般情况下，市级层面的规划成果包含上述三个部分，而城市片区层面的规划成果则可视需求自行确定成果形式，但一般均需包含规划说明书和规划图纸。

（1）规划文本应阐述成果主要结论，明确规划管理内容，文字表述应简练清晰。

（2）规划图集是所有图纸的集合，图纸顺序应遵循一定的逻辑顺序，且应做到内容完整、准确，图面清晰美观。图纸的一般要素包括图框与图幅规格、图界、图题、署名、编制时间、图号、比例与比例尺、指北针与风向玫瑰、图例、文字与说明等。

（3）规划说明书应对现状问题、规划要求、规划方案等内容进行详细分析及论证，对规划内容进行必要的解释、说明，并重点阐述规划的理由。

5.4.2 规划成果形式

规划成果形式应包括纸质文件和相应的电子文件。电子文件应符合城市规划主管部门有关规划成果电子报批和管理的格式要求。

再生水利用规划、雨水利用规划和海水利用规划的成果构成和组成形式分别如下所述。

1. 再生水利用规划

再生水利用规划文本应包含以下内容：

（1）前言；

（2）规划范围、期限、依据、目标、原则及内容；

（3）再生水水源及可利用潜力；

（4）再生水近远期用水量预测；

（5）再生水厂和加压泵站的布局、规模及用地要求（总体规划不含设施用地选址内容）；

（6）再生水供水管网规划（包括主干管布局、管径、管材等，其中总体规划仅需明确主干管布局）；

（7）近期建设计划；

（8）工程投资匡算；

（9）规划实施建议及保障措施；

（10）附录（可包括用词说明、名词说明和附表等）。

再生水利用规划图纸应包含但不限于以下内容：

（1）再生水系统现状图：标明现状再生水水源与再生水供水设施的位置、规模及现状再生水管道及管径；

（2）再生水预测水量分布图：按不同再生水用户，分别标明再生水大用户、重点供水区域等；

（3）再生水管网平差图：标明经平差后的再生水管网的布局、管径、管段长度、流速、流量、水力坡度和水头损失等（总体规划无须开展管网平差计算）；

（4）城市杂用再生水规划图：标明规划的再生水厂与加压泵站的位置和规模，规划的城市杂用再生水管道位置及管径，供水等水压线等；

（5）生态景观再生水规划图：标明规划的再生水厂与加压泵站的位置和规模，规划的生态景观再生水管道及管径，生态补水点的位置及补水水量等；

（6）近期建设规划图：标明近期建设的再生水设施布局及规模、再生水管道布局及管径等，如有生态补水，需标明近期生态补水点的布局及补水水量等；

(7) 再生水处理工艺流程图。

再生水利用规划说明书应包含以下内容：

(1) 项目概况：规划背景、必要性、规划范围、期限、依据、目标、原则及内容等；

(2) 现状概况：城市自然条件、城市经济和社会发展状况、现状水资源供给格局及相应水源分布、供水设施及管道的位置和规模、污水处理设施布局、水系分布、绿地分布、产业情况、现状管理体系、现状存在的问题等；

(3) 相关规划解读：包括对城市总体规划、分区规划、上层次规划及上版再生水规划（如有）的解读，以及对给水专项规划、排水（污水）专项规划、海绵城市专项规划、水系规划、水资源规划等相关专项规划的解读；

(4) 相关政策分析及经验借鉴：包括相关政策解析、国内外经验借鉴等；

(5) 再生水水源规划：选择再生水水源，确定可利用的非常规水资源量，结合上层次规划确定的水源位置及规模进行水源供需平衡分析；

(6) 用户分析和用水量预测：对用水情况分析，进行用户分类及供水结构分析，对水质水量需求及再生水利用方式进行分析，预测不同用途的再生水近远期用水量；

(7) 再生水设施规划：确定再生水厂及加压泵站的位置与规模，确定再生水供水水质目标、再生水厂处理工艺等；

(8) 再生水管网规划：再生水给水管网规划，再生水详细规划一般需进行平差计算，确定再生水主干管布局、管径、管材（总体规划仅需明确主干管布局，无须开展管网平差计算）；

(9) 近期建设计划：针对近期需求及近期重点建设区域的规划，预测近期用水量，确定近期建设内容；

(10) 投资匡算及效益分析：确定近、远期工程量及工程投资匡算，实施效益分析；

(11) 规划实施建议及保障措施：提出规划建设管理的保障措施建议，提出实施推广的保障措施建议，提出供水安全及节水节能的措施建议。

2. 雨水利用规划

雨水利用规划文本应包含以下内容：

(1) 前言；

(2) 规划范围、期限、依据、目标、原则及内容；

(3) 可利用雨水资源量预测及利用方式；

(4) 分区（城市建设区和生态区）雨水资源利用策略；

(5) 分类（不同类型建设项目）雨水资源利用策略；

(6) 雨水利用设施布局及规模（详细规划需落实设施用地，总体规划无须落实设施用地）；

(7) 近期建设计划；

(8) 工程投资匡算；

(9) 规划实施建议及保障措施；

（10）附录（可包括用词说明、名词说明和附表等）。

雨水利用规划图纸内容应包含且不局限于以下内容：

（1）雨水利用基础条件图纸：包含河道水系分布、地下水情况、地质情况、生态控制区等要素；

（2）雨水利用现状图：包含现状雨水利用设施分布等情况；

（3）分类雨水利用规划图：包含根据不同类型用地的雨水利用情况，标明规划雨水利用设施的布局及规模；

（4）近期建设规划图：标明近期建设的设施布局及规模。

雨水利用规划说明书应包含以下内容：

（1）项目概况：规划背景、必要性、规划范围、期限、依据、目标、原则及主要内容等；

（2）现状概况：包括城市自然条件、城市经济和社会发展状况、现状水资源供给格局、水资源开发利用情况、降雨情况、产汇流特点分析、现状管理体系、现状存在的问题等；

（3）相关政策分析及经验借鉴：包括相关政策解析、国内外经验借鉴等；

（4）相关规划解读：包括对城市总体规划、分区规划、上层次规划及上版规划的解读，以及对给水专项规划、排水（雨水）防涝专项规划、海绵城市专项规划、水系规划、水资源规划等相关专项规划的解读；

（5）雨水利用方式分析：根据当地降雨条件与用水情况，从条件与需求两个层面对水质水量进行分析，确定雨水利用的方式；

（6）分区雨水资源利用策略：根据不同的地形地貌和土地利用条件，结合不同类型雨水利用技术的特点，从全市层面提出分区雨水利用策略，如可以分为城市建设区和生态区，分别提出雨水资源利用策略；

（7）分类雨水资源利用策略：对于城市建设区，按建设项目分类，分别提出不同类型的建设项目雨水资源利用策略；

（8）雨水利用规划：计算可利用雨水资源量，提出雨水利用水质目标与技术手段。对于分散式雨水利用设施，应提出雨水利用策略及指引；对于中大型雨水利用设施，应明确规模及布局，并对效果进行展望与评估（总体规划无须落实设施用地）；

（9）近期建设计划：针对近期需求及近期重点建设区域的规划，确定近期建设内容；

（10）投资匡算：确定近、远期工程量及工程投资匡算，实施效益分析；

（11）规划实施建议及保障措施：提出规划建设管理的保障措施建议，提出实施推广的保障措施建议。

3. 海水利用规划

海水利用规划文本应包含以下内容：

（1）前言；

（2）规划范围、期限、依据、目标、原则及内容；

（3）海水利用量预测；

（4）海水利用方式及技术选择；

（5）海水利用定位；

（6）海水利用规划指标及分区；

（7）近期建设计划；

（8）工程投资匡算；

（9）规划实施建议及保障措施；

（10）附录（可包括用词说明、名词说明和附表等）。

海水利用规划图纸内容应包含且不局限于以下内容：

（1）现状海域及岸线图；

（2）海水利用分区指引图；

（3）海水利用设施布局图（总体规划无须落实设施用地）；

（4）海水处理工艺图。

海水利用规划说明书应包含以下内容：

（1）项目概况：规划背景、必要性、规划范围、期限、依据、目标、原则及内容等；

（2）现状概况：城市自然条件与海洋资源概况、城市经济和社会发展状况、现状水资源供给格局、水资源开发利用情况、海洋灾害情况、海洋功能区环境质量分析、现状管理体系、现状存在的问题等；

（3）相关政策分析及经验借鉴：包括相关政策解析、国内外经验借鉴等；

（4）相关规划解读：包括对城市总体规划、分区规划、上层次规划及上版规划的解读，以及对给水专项规划、水资源规划等相关专项规划的解读；

（5）利用方式确定：对于海水利用的不同方式（直接利用、淡化利用、化学资源综合利用等），结合城市用水需求和不同用户类型，选择对应的海水利用方式，并确定相应规模；

（6）利用技术研究：对当前海水直接利用、淡化利用及综合利用的最新技术进行比选和确定；

（7）环境影响评价：对海水利用可能会对城市给水排水系统、生态环境、人体健康产生的不利影响进行研究；

（8）海水利用定位研究：通过水资源预测及缺口分析，结合海水利用潜力，确定片区海水利用主要方式、规模及技术可行性；

（9）海水利用规划指标及分区指引：明确海水直接利用需达到的水质指标，根据城市建设情况及用水需求划定水质适宜性分区，以及明确海水淡化利用控制指标、预测规模，制定海水淡化工程布局指引；

（10）近期建设计划：确定近期建设内容；

（11）投资匡算：确定近、远期工程量及工程投资匡算，实施效益分析；

（12）规划实施建议及保障措施：提出规划建设管理的保障措施建议，提出实施推广的保障措施建议，提出水质风险防范的措施建议。

第 6 章　非常规水资源可利用量分析方法

6.1　工作任务

特定区域非常规水资源可开发利用量具有一定的限度，有其承载能力，同时，也需要和区域水资源规划进行协调，因此，需要估算或预测其可利用量。基于供需平衡的原则，进行可利用量和用水量的平衡计算，确定非常规水资源合理开发利用水平，为非常规水资源配置规划方案提供支撑和依据。

该项工作的主要任务是根据城市的降雨及径流特征、水环境功能区划、供排水情况、地下水资源情况、海岸线分布情况、城市下垫面情况、土地利用近远期规划情况等，对非常规水资源可利用量进行估算或预测。通常情况下，采用的计算方法为统计分析法、经验公式法和数学模型法，在规划层面使用最多的是经验公式法。

6.2　资料收集

资料可分为重要资料和一般资料。重要资料是进行非常规水资源利用量分析的必备资料，一般资料通常作为参考或对结论进行验证。资料收集完成后，还需开展资料的代表性、可靠性和一致性审核，确保资料准确可用。如表 6-1 所示。

资料收集一览表　　**表 6-1**

序号	分类	名录	资料要点	负责部门
1◎	地质地形	地形图	比例尺视规划范围而定	自然资源部门
2◎		城市下垫面资料图	国土二调 ArcGIS 更新图、最新现状用地图	
3◎		土壤类型分布情况	土壤类型、分布范围等	
4◎		规划区地勘资料	主要收集土壤和地下水位信息	
5◎		地下水分布图	地下水埋深分布图	
6◎		现状及规划用地特征分类	一般分 5 类：已建保留、已批在建、已批未建、已建拟更新、未批未建；现状场地及已批在建、待建场地详细方案设计图	
7◎	水文情况	现状水系、海岸线分布、水环境情况、环境质量报告书	水系分布特征及水质现状和目标；海岸线分布特征和利用现状等	自然资源、生态环境、水务部门

续表

序号	分类	名录	资料要点	负责部门
8	供水排水特征	供排水现状设施资料	水厂、污水处理厂、再生水厂、泵站、管网等	水务部门、园林绿化部门
9		城市水源资料	水源保护区比例、城市水源的供水保障率、水质达标率	
10		园林绿地灌溉和市政用水定额	可作为水量预测的依据	
11◎	环境生态	水环境功能区划	地表水环境质量目标，为非常规水资源作为生态补水提供支撑	生态环境部门
12◎		水环境质量公报	水环境质量现状，为非常规水资源作为生态补水提供支撑	
13		城市污染治理行动规划或计划	明确是否涵盖生态补水、景观用水等非常规水资源利用计划	
14◎		环境保护专项规划、生态建设规划、生态市建设规划	非常规水资源规划应与之衔接	
15		规划区现状及规划城市公园资料	公园名录、等级、概况、范围图（CAD或ArcGIS）	园林绿化部门
16◎	气候条件	降雨数据	近20～30年日降雨数据（每日和每分钟或者每5分钟）	气象部门
17		初期雨水污染特征	为雨水资源利用提供参考	气象部门
18		气候状况公报	近5年气候基本情况（降雨、风、日照等）	气象部门
19◎	相关总规、控规、专项规划	规划区已有总体规划、控制性规划	国土空间规划、控制性详细规划等	自然资源部门
20◎		城市水系规划	作为非常规水资源需要衔接的规划之一	
21◎		城市供水规划	参考自来水用量和用水结构等内容	
22◎		城市节水规划	作为非常规水资源需要衔接的重要规划	
23◎		城市海岸线利用规划	为海水利用规划提供依据	
24		城市竖向规划	为非常规水资源供水网络系统规划提供依据	
25		城市绿地系统专项规划	作为非常规水资源需水量预测的参考	
26◎		国民经济和社会发展规划、城建计划	是某一地区经济、社会发展的总体纲要，是具有战略意义的指导性文件	
27◎		城市水资源综合规划	水资源和用水需求分析	
28◎		再生水、雨水、海水相关规划	即上层次相关规划，需根据编制年限、城市发展阶段等判别其参考价值	

注：◎为重要或核心资料，其他为一般资料。

6.3　再生水资源特点及可利用量分析

6.3.1　再生水资源特点

与其他非常规水资源相比，再生水利用具有一定的优势。第一，再生水资源规模大，且水量、水质稳定，不因气候条件和其他自然条件的变化而出现较大的波动；第二，污水处理厂即再生水水源地，与城市再生水用户距离较近且供水方便；第三，污水的再生利用规模可控且灵活，既可集中在城市边缘建设大型再生水厂，也可在各个居民小区、公共建筑内建设小型分散利用设施，其规模因地制宜可大可小。再生水特点如表6-2所示。

再生水利用特点 **表6-2**

项　目	特　点
水量	全年相对稳定
水质	处理工艺成熟，出水水质稳定
供水方式	一般压力供水
实施主体	实施主体多元化，BOT、TOT、政府投资或社会投资等
水价	低于自来水价格，部分城市已出台指导价格

此外，再生水利用还具备取水方便、制水工艺成熟、可实现联网供水等优势。实践表明，其在技术方面和经济方面均可行，被称为城市“第二水源”。

6.3.2　再生水资源可利用量分析方法

再生水资源可利用量分析方法比较成熟。通常情况下，再生水可利用量可根据污水处理能力、污水处理厂建设规划、污水处理量进行分析测算，从而提出再生水可利用量的空间分布。再生水可利用量的预测规模应与污水处理规模的规划年限保持一致。因此，现状再生水可利用量应根据现状污水处理规模测算，近期水平年可参照近期规划污水处理规模测算，远期水平年可参照远期规划污水处理规模测算。

为保证再生水的安全性、稳定性和可靠性，考虑到污水处理过程中的污泥排放、渗漏、蒸发、生产用水等因素，在规划阶段，再生水可利用量一般按污水处理规模的80%计，即污水资源化系数取0.8。目前，再生水利用规划、工程设计一般均采用该方法计算再生水可利用量。以《深圳市再生水布局规划》为例，该规划再生水可利用量依据城市污水量进行预测，取0.8的污水资源化系数测算再生水量。

6.4　雨水资源特点及可利用量分析

6.4.1　雨水资源特点

雨水资源化利用有狭义和广义之分。狭义的城市雨水资源化利用主要是指收集和储存雨水，通过适当处理后回用，通常采用雨水罐、雨水桶、雨水蓄水池、天然或人工水体等措施进行收集。广义的城市雨水资源化是指收集、储存以及通过其他方式汇集地表雨水径流，防止由于蒸发和工程渗漏而引起水资源的损失，目的在于保护和有效利用流域内各种形式的水资源，其主要着眼于将雨水作为水文循环的一个重要环节来考虑。

我国城市雨水利用研究和应用起步较晚，技术也相对落后。近年来，随着绿色建筑和海绵城市理念的推进，雨水资源化利用已从探索和示范阶段进入标准化、产业化阶段，雨水资源化利用技术日趋成熟。目前，雨水资源化利用以建筑小区、公园等单个建设项目分散利用为主，城市层面大规模雨水利用案例较少。

雨水是自然界水循环系统中的重要环节，合理开发利用雨水资源对修复自然界水文循环十分有效。与再生水、海水淡化、跨流域远距离调水相比，雨水资源化利用是一种最经济、最简便且行之有效的途径。但雨水资源量受降雨、地形和雨水利用技术三个因素影响，尤其是降雨，通常存在不确定性、不规律性和时空分布不均匀性。此外，对于城市建设区，由于受人类活动的影响，不同下垫面雨水径流水质特点也有所不同，雨水径流污染也成为制约雨水资源化利用的一大因素[97]。雨水利用的特点如表 6-3 所示。

雨水利用特点 **表 6-3**

项目	特 点
水量	非稳定供水，可利用水量受降雨影响，雨季水量过量，旱季水量匮乏
水质	水质相对较好，但易受人类活动影响，城市建设区存在雨水径流污染问题，生态区雨水径流水质好
供水方式	可重力供水，也可压力供水
实施主体	分散式利用设施配套建设项目主体工程同步实施，由建设单位负责投资；集中式的雨水利用设施，其实施主体多样化
水价	视具体情况而定，暂无指导价格

6.4.2 雨水资源可利用量分析方法

城市开发建设前，下垫面一般是自然土壤和植被，或者是农田，降雨径流系数和径流量小。随着城市开发建设，由于不透水面积增加，降雨径流系数和径流量相应增加。理想情况下，采取雨水利用工程对雨水进行滞蓄和利用，可使雨水径流量恢复到开发建设前的状态。将城市开发建设前后增加的雨水径流量定义为城市雨水利用量的参考值，用以表征可最大利用的雨水资源量，其计算公式如下：

$$W = 0.01 \times (\Psi_1 - \Psi_0) \times P \times F \tag{6-1}$$

式中 W——城市雨水利用量参考值（m^3）；

Ψ_1——城市开发建设后雨量径流系数；

Ψ_0——城市开发建设前雨量径流系数；

P——多年平均降雨量（mm）；

F——汇水范围（m^2）。

通常情况下，在规划层面开展雨水资源化利用潜力分析时，考虑到城市建设区和生态区（或山区）雨水利用的特点不同，需要分别对其资源化利用的潜力进行分析。如《深圳市雨洪利用系统布局规划》对深圳市城市建设区和生态区的雨水利用现状、潜力进行分析，分别提出了利用策略。该规划提出，城市建设区雨水利用应以“引导建设项目开展生态雨水利用，推广低影响开发模式，以下渗调蓄为主，鼓励因地制宜适度收集回用”为策略；生态控制区雨水资源利用应以“在注重防洪安全前提下，以收集、滞留雨水资源为主，增加饮用水资源，增加城市杂用水资源，增加生态景观、农业用水资源，全面改善水生态环境”为策略。

1. 城市建设区

对于城市建设区，雨水受人类活动影响较大，一般需处理后才能用作城市杂用水、环境用水、低品质工业用水，以分散利用为主。对于城市建设区内建设项目层面或者排水分区层面的雨水资源化利用，在规划设计阶段应考虑雨水利用的供需平衡分析，其雨水收集利用量应根据逐日降雨量和逐日用水量经模型模拟计算确定。在缺乏资料的情况下，可采用以下公式进行计算。

（1）当需水量大于汇水范围内设计日降雨可收集利用雨水量时，采用下式计算：

$$W = 10 \times H \times \Psi \times F \tag{6-2}$$

式中 W——雨水设计收集总量（m^3）；

H——设计日降雨厚度（mm）；

Ψ——雨量径流系数；

F——汇水面积（hm^2）。

（2）当需水量小于汇水范围内设计日降雨可收集利用雨水量时，采用下式计算：

$$W = Q \times T \tag{6-3}$$

式中 Q——日需水量（m^3/d）；

T——雨水利用天数（d），一般取3～5d。

由于城市开发建设导致雨水径流污染问题，在开展雨水资源化利用时，应采取初期雨水弃流技术，以收集中后期污染相对较轻的雨水。雨水径流污染控制量的计算公式如下：

$$W_q = 10 \times H_m \times \Psi \times F \tag{6-4}$$

式中 W_q——径流污染控制量（m^3）；

H_m——设计控制降雨厚度（mm）。

设计控制降雨厚度应考虑下垫面污染状况、集水区汇流时间等，建议通过实际监测结果确定，在没有实测结果的条件下，可参考以下数据：对于屋面，宜采用3～5mm；对于路面，汇流时间小于20分钟，宜采用7～10mm，汇流时间大于20分钟，宜实测后确定。

2. 生态区

生态区雨水水质较好，是雨水资源化利用的重点。对于生态区或大型公园内的水体、坑塘或非水源水库，或者流域层面大型的雨水回用工程的雨水资源利用量，在资料齐全的情况下，可采用皮尔逊Ⅲ型理论频率曲线图解，确定一定保证率下（参考供水，取97%保证率）可利用的雨水资源量；或者结合区域的日降水量、日蒸发量、日下渗量等水文参数开展水资源平衡分析，进而确定雨水可资源化利用量。

在资料缺乏的情况下，可采用流域多年平均径流深度与生态区面积的乘积，再扣除区域内雨水作为饮用水源的量来估算雨水资源化可利用量，如下式：

$$W = 10 \times h \times F - Q \tag{6-5}$$

式中 W——雨水资源化利用总量（m^3）；

h——流域径流深度（mm）；

F——流域集雨面积（hm^2）；

Q——流域内雨水作为饮用水源的总量（m^3）。

其中，流域内雨水作为饮用水源的总量可通过水资源公报统计数据或从水务公司供水量数据获取，亦可通过下式进行估算：

$$Q = 10 \times h \times F_m \tag{6-6}$$

式中　F_m——生态区或山区内水源水库或调蓄工程的集雨面积（hm^2）。

6.5　海水资源特点及可利用量分析

6.5.1　海水资源特点

海水利用主要有三个方面：一是海水代替淡水直接作为工业用水和生活杂用水，用量最大的是做工业冷却用水，其次还可用在洗涤、除尘、冲灰、冲渣、化盐制碱、印染等；二是海水经淡化后，供高压锅炉用，淡化水经矿化作饮用水；三是海水化学资源综合利用，即提取化工原料。

研究表明，海水直接利用的成本约 0.15～0.25 元/m^3，具有工程投资小、运行费用低等优点，在沿海片区具有一定的推广前景。海水淡化产水成本主要由投资成本、运行维护成本和能源消耗成本构成。海水淡化产水成本约 5～8 元/m^3，其中，万吨级以上海水淡化工程产水成本平均为 6.22 元/m^3；千吨级海水淡化工程产水成本平均为 7.20 元/m^3；部分使用本厂自发电的海水淡化工程产水成本可以达到 4～5 元/m^3。

我国的海水资源开发利用技术在“八五”“九五”期间发展迅速，在一些关键技术领域已取得重大突破。海水淡化技术方面，我国已全面掌握国际上已经商业化的蒸馏法和反渗透（膜）法等海水淡化主流技术，“十五”期间已进入工程示范阶段。根据《2016 年全国海水利用报告》，截至 2016 年底，全国已建成 131 个海水淡化工程，总供水规模达到 118.8 万 m^3/d，海水淡化主要用于工业用水和生活用水，分别占 2/3 和 1/3。此外，海水还直接利用于核电、火电、石化等行业循环冷却水，2016 年海水利用规模约 1201.36 亿 m^3，国内海水直流冷却技术已基本成熟。

6.5.2　海水资源可利用量分析方法

地球表面海水量占全球水量的 97%，存在巨大的利用空间。可以说，海水是取之不竭、用之不尽的。因此，在开展海水利用规划时通常无须开展水资源供需平衡分析，海水利用量以需定供。然而，在海水利用的方向上，需要充分考虑海水水质、潮汐特点、海洋功能区划、海岸线功能规划、规划区用水结构和产业分布特点等。

以深圳市为例，《深圳市海水利用研究》（2009 年）根据深圳市海水资源丰富的特点，提出海水利用量应以需定供，并充分考虑海水利用的影响（包括对给水排水系统、海洋生态系统、身体健康等）、不同海水利用方式的成本和水质要求、深圳市海水水质现状等因素，提出了海水直接利用的方向，提供沿海片区电厂及其他企业冷却用水和港口冲洗水，并开展海水淡化技术储备。

6.6 其他

除再生水、雨水和海水外，其他非常规水资源还包括苦咸水、矿井水等。

苦咸水严格意义上属于地下水，由于其含有大量的中性盐而无法开采使用，需要经过净化处理后方可用于生活和生产用水。根据原国土资源部调查结果显示，苦咸水覆盖地区占国土面积的16%，主要分布在北方和东部沿海地区。我国29%的地下水资源是不适宜或者需要经适当处理后方可饮用的苦咸水，地下水资源可开采的总水量约3527.78亿m^3/a，其中可以开采的苦咸水资源约为198.48亿m^3/a。苦咸水的可利用量视所在城市具体情况而定，需要结合地下水调查结果确定。

矿井水为露天矿坑和井下巷道中的各种水的统称，主要是地表水、降水、地下水等通过多种渠道流入矿坑和巷道内而形成。以煤矿为例，日涌水量少则几千方，多则数万方。矿井水污染比较严重，悬浮物浓度高，重金属污染严重，矿井水直接排放会造成环境污染。通常在矿区内，矿井水会被资源化利用，主要的利用方向为选矿用水、风机冷却用水，水质较好的矿井水甚至会用于生活用水。

第7章　用户调查与确定

7.1　工作任务

用户调查的工作任务主要包括以下三点：

（1）筛选非常规水资源用户；

（2）预测各用户用水需求中非常规水资源的替代比例；

（3）明确用户对水质、水压的需求。

在规划层面，为完成以上三项任务，需开展以下工作：收集与分析相关资料、初步筛选非常规水资源用户、预测用户的非常规水资源用水量、确定用户对水质水压的需求等。

7.2　资料收集与分析

潜在用户包括现状潜在用户和规划潜在用户，因此需收集的资料包括现状资料和相关规划资料。需收集的相关资料及用途如表7-1所示。

用户调研阶段需收集资料一览表　　**表7-1**

资料类别	具体资料	资料用途
现状资料	规划区整体用水及供水情况，包括用水量、用水来源、水源保证率、水源水质、供水厂站情况等	分析现状用水及供水情况
	非常规水资源利用情况，包括非常规水资源类型、供水对象、供水方式、供水范围、供水量、厂站分布等	分析已有非常规水资源用户及供水情况
	工业用水概况，包括工业用水大户分布、用水量、用水构成及用水来源等	分析现状工业用水大户分布及相应的用水量
	城市杂用水概况，包括绿化、道路等城市杂用水的规模、用水来源、用水天数等	分析现状城市杂用水的用水量、用水来源及用水规律
	主要河流水环境及基流情况，包括水环境质量、生态基流量、逐月平均流量等	分析河道非常规水资源补水的必要性及可能的对象
	地下水情况，包括地下水位、地下水水质等	分析非常规水资源补充地下水的必要性及可能的区域
	农、林、牧、渔业分布及用水情况，包括分布、面积、作物/养殖种类、用水量、用水来源等	分析非常规水资源用于农、林、牧、渔业的必要性和可能的用户分布
规划资料	城市总体规划	解读规划用地布局，辅助判断远期可能的非常规水资源用户分布

续表

<table>
<tr><th>资料类别</th><th>具体资料</th><th>资料用途</th></tr>
<tr><td rowspan="6">规划资料</td><td>产业发展规划</td><td>分析适宜采用非常规水资源的产业类型及分布</td></tr>
<tr><td>污水专项规划</td><td>解读污水系统布局规划及污水处理厂规模，分析可能的再生水供水范围</td></tr>
<tr><td>排水防涝规划</td><td>解读雨水资源利用设施规划内容，特别是设施布局及规模，起到辅助筛选雨水用户的作用</td></tr>
<tr><td>水资源规划</td><td>分析规划区整体水资源情况，解读其中对非常规水资源利用的相关要求</td></tr>
<tr><td>防洪专项规划、河道整治规划、水系规划、流域治理规划等</td><td>解读相关规划对河道补水的要求、规划河道线位、规划洪水位等内容，分析未来可能的河道补水对象</td></tr>
<tr><td>农、林、牧、渔业相关规划</td><td>解读农、林、牧、渔业分布及规模等内容，分析未来可能的农、林、牧、渔业用水对象</td></tr>
</table>

7.3 用户筛选与预测

7.3.1 用户基本构成

根据国内外经验[19,98,99]，非常规水资源的基本用户主要有工业用水、城市杂用水、环境用水、农林牧渔业用水、补充水源水、饮用水。非常规水资源用户基本构成如表 7-2 所示。

非常规水资源用户基本构成[19,98,99] 表 7-2

<table>
<tr><th rowspan="2">序号</th><th rowspan="2">分类</th><th rowspan="2">范围</th><th rowspan="2">示　例</th><th colspan="3">非常规水资源选择</th></tr>
<tr><th>再生水</th><th>雨水</th><th>海水</th></tr>
<tr><td rowspan="5">1</td><td rowspan="5">工业用水</td><td>冷却用水</td><td>直流式、循环式</td><td rowspan="5">✓</td><td>✓</td><td>✓</td></tr>
<tr><td>洗涤用水</td><td>冲渣、冲灰、消烟除尘、清洗</td><td></td><td></td></tr>
<tr><td>锅炉用水</td><td>中压、低压锅炉</td><td></td><td></td></tr>
<tr><td>工艺用水</td><td>溶料、水浴、蒸煮、漂洗、水力开采、水力输送、增湿、稀释、搅拌、选矿、油田回注、烟气脱硫</td><td></td><td>✓</td></tr>
<tr><td>产品用水</td><td>浆料、化工制剂、涂料</td><td></td><td>✓</td></tr>
<tr><td rowspan="6">2</td><td rowspan="6">城市杂用水</td><td>城市绿化</td><td>公共绿地、住宅小区绿化</td><td rowspan="6">✓</td><td rowspan="6">✓</td><td></td></tr>
<tr><td>冲厕</td><td>厕所便器冲洗</td><td>✓</td></tr>
<tr><td>街道清扫</td><td>城市道路的冲洗及浇洒</td><td></td></tr>
<tr><td>车辆冲洗</td><td>各种车辆的冲洗</td><td></td></tr>
<tr><td>建筑施工</td><td>施工场地清扫、浇洒、灰尘抑制、混凝土制备和养护、施工中的混凝土构件和建筑物冲洗</td><td></td></tr>
<tr><td>消防</td><td>消火栓、消防水泡</td><td></td></tr>
</table>

续表

序号	分类	范围	示　　例	非常规水资源选择		
				再生水	雨水	海水
3	环境用水	娱乐性景观环境用水	娱乐性景观河道、景观湖泊及水景			
		观赏性景观环境用水	观赏性景观河道、景观湖泊及水景	✓	✓	
		生态环境补水	补充河道、湿地生态环境用水			
4	农、林、牧、渔业用水	农田灌溉	种子与育种、粮食与饲料作物、经济作物		✓	✓
		造林育苗	种子、苗木、苗圃、观赏植物	✓		
		畜牧养殖	畜牧、家畜、家禽			
		水产养殖	淡水养殖			
5	补充水源水	补充地表水	河流、湖泊	✓	✓	
		补充地下水	水源补给、防止海水入侵、防止地面沉降		✓	
6	饮用水	饮用水	居民饮用水			✓

笔者自制。

需要说明的是，上表所列的非常规水资源用户是对常见用户类型的总结，并非每个城市都囊括上述用户类型。对于具体某一城市，应根据其自身特点和需求确定非常规水资源的用户类型。例如，对于以工业为主的城市，应大力发展非常规水资源在工业上的应用；对于以农业为主的城市，可重点研究非常规水资源用于农业灌溉；对于雨源型河流较多的城市，可着重考虑非常规水资源用于生态环境用水；对于远离大陆的海岛，饮用水匮乏是其面临的主要问题，因此主要考虑将海水淡化后用于饮用水；对于地下水过度开采而导致地下水漏斗或地面沉降的地区，可将雨水、再生水用于回灌地下水。

7.3.2　现状潜在用户调研

1. 现状潜在用户调研过程

现状潜在用户调研工作分以下三个阶段进行（图 7-1）：

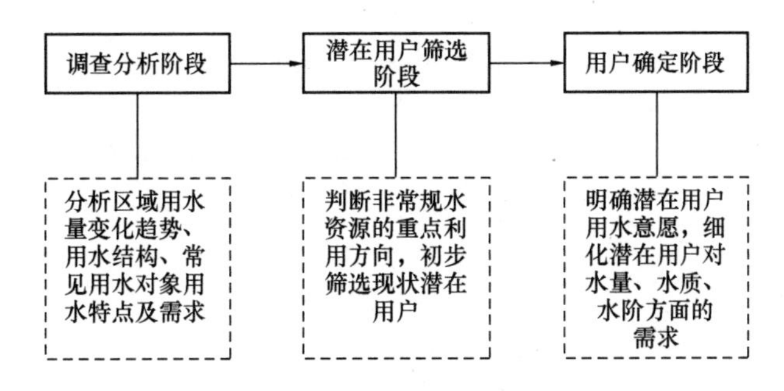

图 7-1　现状潜在用户一般调研过程

（1）调查分析阶段

调查分析阶段的主要任务是掌握现状用水情况，为潜在用户的筛选奠定基础。首先，收集规划区近几年用水量数据（一般至少为近 5 年），分析区域用水量变化趋势及用水结构。其次，对非常规水资源常见用水对象的用水情况进行调研，分析常见用水对象的现状用水特点及需求。

（2）潜在用户筛选阶段

根据规划区现状用水结构判断非常规水资源的重点利用方向，并根据常见用水对象的水量、水质需求初步筛选现状潜在用户。例如，某一城市的工业用水占比较高，则可初步判断工业用水为该城市非常规水资源的重点利用方向。

（3）用户确定阶段

针对筛选出的潜在用户采取问卷调研等形式，明确潜在用户用水意愿，细化潜在用户对水量、水质、水价方面的需求，从而确定潜在用户的用水规模和水质目标，并为水价的制定提供数据支撑。对于详细规划深度的非常规水资源规划，还应通过走访调研同潜在用户进行沟通，详细了解潜在用户的非常规水资源使用意愿。

图 7-2 为深圳市某区域再生水详细规划所采用的潜在用户调查问卷。

再生水潜在用户调查问卷

1. 企业所属的行业是：________________________________

2. 企业总表用水为（多选）：________

（1）生产用水　（2）冷却用水　（3）锅炉用水（4）职工生活用水

如企业总表用水中含有多种用水，则每种用水所占比例约为（估计值，总表以 100%计）：

生产用水（直接用于产品生产的各类用水或辅助性生产车间的设备、设施使用的各类水）比例：________

冷却用水（在生产过程中用于冷却、制冷等的各类用水）比例：________

锅炉用水（在生产过程中用于锅炉运行的各类用水）比例：________

职工生活用水（厂区内职工生活用水、食堂、办公楼等各类用水）比例：________

注：无此类用水填写 0。

3. 贵企业万元产值用水量约为_____ m^3/万元。

（计算方法：总用水量/总产值）

4. 贵企业目前用水来源为：____________

（1）自来水　（2）自备水（河水或者地下水）　（3）处理后的污水

其中自来水水量_____ 万 m^3/年；自备水量_____ 万 m^3/年；处理后的污水量_____ 万 m^3/年；

贵企业是否有自建污水处理及回用设施_____（请选择 1、2 或者 3）

（1）是，有污水处理及回用水设施

其中污水处理规模_____ 万 m^3/年；回用水量_____ 万 m^3/年。回用水量占总用水量比例_____ 。

（2）否，仅有污水处理设施，未回用

（3）否，污水排入市政管网

5. 目前贵企业内部有几套供水管网？_____（请选择 1 或者 2）

（1）仅有一套市政自来水供水管网；

（2）有_____套管网，其分别为_____ 供水系统、_______供水系统、_______供水系统、_______供水系统、_______供水系统（请选择①生产用水；②冷却用水；③锅炉用水；④职工生活用水；⑤厂区绿化及保洁用水；⑥其他）。

6. 目前自来水的水质

（1）远超过企业用水的需要（企业可以用低于自来水品质的水）

（2）符合企业用水的需要

（3）不能满足企业用水的需要（需要再进行纯化）

不满足的水质指标主要有______________________

需要达到的水质标准为____________________

7. 影响你决定是否使用再生水的因素有（多选）：_________

（1）再生水价格　（2）再生水水质　（3）用水安全　（4）其他：_______

8. 如果再生水（城市污水再生处理的水）的水质能达到或接近自来水水质，贵企业是否愿意使用？

（1）愿意　（2）基本愿意　（3）不愿意

如不愿意，请说明理由_______________________________

贵企业如愿意采用再生水，对再生水水质（物理、化学、生物指标）有无特殊的要求：

____

9. 如果再生水的价格定为××～××元/m³（且不收取污水处理费与水资源费），贵企业是否愿意采用再生水？

（1）愿意　（2）不愿意

您希望的再生水价格是多少？ ________________

（目前工业用水价格为×.××元/m³，污水处理费约为×.××元/m³）

10. 贵企业对再生水使用的哪些因素顾虑较大？请排序__________

（1）供水管道改造费用（企业内部）（2）再生水水质　（3）再生水供水安全

（4）其他：______________________________

11. 如果政府已在市政道路上配套再生水管网，贵企业是否愿意承担对厂内供水管道的改造：

（1）愿意　（2）不愿意　（3）在一定的扶持政策下愿意承担

12. 贵企业对再生水利用的意见和建议：

图 7-2　再生水潜在用户调查问卷示例（以再生水潜在工业用户调查为例）

2. 分类潜在用户筛选

（1）工业用水

对于现状潜在工业用户，应通过用水量数据调查及用户意愿调研来确定。不同深度的规划，其调研内容有所差异。总体规划层次主要调研各个行业的典型用水大户，其中热电厂应着重进行调研（图 7-3）；详细规划层次一般需对各个工业用水大户进行详细调研。

（2）城市杂用

城市杂用水主要包括绿化浇洒用水、道路浇洒用水、冲厕用水、车辆冲洗用水、建筑施工用水和消防用水。各类用户的特点和需求不同，分别分析如下：

1）绿化浇洒用水

城市绿地包括公园绿地、防护绿地、附属绿地和区域绿地，其中需要浇洒的是公园绿地和附属绿地。规划阶段一般不单独考虑附属绿地的浇洒用水，因此非常规水资源规划考虑的绿化浇洒对象主要是公园绿地。可通过对公园主管部门进行访谈和现场调研，了解现状公园绿地的分布和浇洒用水需求，以确定是否作为非常规水资源绿化浇洒现状潜在用户。

2）道路浇洒用水

图 7-3　再生水用于热电厂冷却用水（西安大唐灞桥热电厂）

资料来源：笔者实地调研拍摄

道路广场浇洒对水质的要求较低，可全部使用非常规水资源代替。因此，道路浇洒可直接作为非常规水资源的用户，各地宜推行各类非常规水资源作为道路浇洒用水，应禁止使用优质自来水作为道路浇洒用水。

3）冲厕用水

冲厕用水具有用水量大、水质要求低、用水量稳定的特点。从水质及水量的角度来讲，再生水、雨水、海水一般均能满足冲厕用水要求，例如香港维多利亚港湾周边区域的建筑多使用海水冲厕。然而，对于冲厕用水，需重点考虑管道的错接误接所带来的用水风险，即在建筑供水管道的敷设过程中，将自来水管道与非常规水供水管道进行连接，从而引发非常规水误用的风险。管道的错接误接本质上属于管理层面的问题，物业管理水平的高低直接决定了建筑冲厕用水能否实现。深圳市自 1993 年推广建筑中水利用以来，陆续建成 300 多处中水回用设施，但由于布局分散、管理难度大、投资运行成本高、水质难以保障等问题，绝大多数已停止使用。据不完全统计，目前在运行的中水回用设施共计 10 余处。因此，非常规水资源用于冲厕用水需谨慎。

对于已建成的建筑与小区，考虑到建筑单体供水管网系统改造难度大、二次装修带来的非常规水资源误接误用风险大，不建议采用非常规水资源进行冲厕。

4）车辆冲洗用水

一般来讲，城市区域的洗车场数量多、分布分散，单个洗车场用水量较小，新建供水管道统一供给非常规水资源用于车辆冲洗存在一定的难度。对位于再生水管道敷设沿线的洗车场所，可考虑利用再生水进行车辆冲洗。例如西安市在公园、道路两侧等地设置再生水自助洗车站，由于价格便宜、支付方便，受到许多车主的欢迎（图 7-4）。由于车辆冲洗用水量较小，在规划层面一般不单独预测车辆冲洗用水规模。

5）建筑施工用水

建筑施工用水需求量较大，分布分散，水质要求较低，且使用周期仅限于建筑施工期。从水质及水量角度来讲，再生水、雨水一般均能满足其用水需求。海水由于盐度高，考虑到其对建筑物具有一定的腐蚀性，因此，一般不直接将海水用于建筑施工用水。同车

图 7-4　西安市再生水车辆冲洗设施

资料来源：笔者实地调研拍摄

辆冲洗用水，一般不考虑通过新建专门的供水管道用于建筑施工用水。对位于再生水管道敷设沿线的建筑施工场地，或施工场地附近有小水库、坑塘的，可考虑利用再生水或坑塘水进行建筑施工用水。考虑到建筑施工用水的分散性及用水周期的不确定性，在规划层面一般不单独预测建筑施工用水规模。

6）消防用水

消防用水的范围包括市政消防用水和建筑消防用水。消防用水对水质要求较低，但使用非常规水资源供水时，需考虑在供水管道流动性小的情况下管道的腐蚀和喷淋系统的堵塞问题。一般来讲，城市消防供水系统依托于城市给水系统，与城市给水系统统一规划，统一建设，消防用水一般由自来水提供。若消防用水采用再生水，不仅现有系统改造难度大、成本高，而且还存在再生水供水管网与给水管网混接的风险。因此，消防用水一般不考虑使用再生水。考虑到城市应急消防水源的建设需求，对于城市非供水水库、坑塘等水体，可因地制宜作为应急消防水源使用。此外，部分滨海区域可考虑就近取用海水用于消防用水。

（3）环境用水

环境用水根据其使用目的可分为三类：一是景观补水，含娱乐性景观环境用水和观赏性景观环境用水；二是生态补水，指为保证生态需水量而进行的补水；三是环境补水，指为改善水环境质量而进行的补水。景观补水对象一般是位于重要区域的水体，例如旅游区景观水体，以及位于重点城区的部分河段、湖泊、公园水体等。生态补水对象为生态基流量不足的河道，可采用再生水、生态区非水源水库雨水进行补水，例如深圳市福田河和新洲河采用滨河水质净化厂尾水（再生水）进行补水，取得了良好的生态环境效益和社会效益（图 7-5）。环境补水对象一般为水动力不足或水环境容量欠缺的河道，可通过再生水、生态区非水源水库进行补水以改善水动力，提升水环境容量，从而提高水环境质量。环境用水对象可通过调研相应主管部门以及现场踏勘的方式确定。

图 7-5 深圳市福田河（左）和新洲河（右）

资料来源：笔者实地调研拍摄

对于沿海地区的城市，可考虑利用海水进行河道和景观水体的补水。例如深圳的后海河、欢乐海岸等水体采用海水作为景观环境用水（图 7-6）。利用海水作为河道补水水源一般适用于沿海地区人工开挖的河道或景观水体；自然河道或水体一般是淡水，如用海水补充将引发生态环境事故。

图 7-6 深圳市后海河（左）和欢乐海岸（右）

资料来源：（左）广东省生态环境厅［Online Image］．［2017-04-03］．http：//www.gdep.gov.cn/ztzl_1/zyhbdc/dcdt/201704/t20170421_222577.html；（右）笔者实地调研拍摄

（4）农、林、牧、渔业用水

一般来讲，再生水和雨水可直接用于农、林、牧用水，渔业用水一般不直接使用再生水。农、林、牧用水对象视利用规模以及与再生水厂站的位置关系而定。对于用水规模较大、用水稳定且与再生水厂站位置较近的用水对象，可使用再生水进行灌溉；对于上游或附近有非供水水库的用水场所，可采用水库水进行灌溉或渔业养殖。由于海水盐度较大，一般不使用海水作为农、林、牧用水。

确定农、林、牧、渔业用水对象时，应采用部门座谈与现场踏勘相结合的方式。

（5）补充水源水

补充水源水包括两类：一类是补充地表水源；另一类是补充地下水源。补充水源水一般仅限于再生水和雨水。

补充地表水源的方式一般是将再生水与地表水源按照一定的比例进行混合，再进入自来水厂进行处理。例如新加坡将新生水（再生水）按照约5%的比例与水库水混合，再统一向城市供水。这种利用方式对再生水水质的要求很高，且不易被公众接受，我国尚未有此类利用案例。因此，在没有经过充分论证的前提下，一般不建议将再生水直接用于补给地表水源。

对于沿海地区海水入侵的区域，可考虑将再生水和雨水回灌至地下，起到压咸的作用；对于地下水资源过度开采地区，例如华北平原地区，可通过建设深层入渗井或回灌井的方式，将再生水或雨水有组织地入渗、回灌至地下，以缓解地下水漏斗的进一步扩大。上述利用方式均需通过开展专门研究，且与相应主管部门充分沟通的基础上确定具体利用方式。

（6）饮用水

非常规水资源直接用于饮用的情况一般特指海水淡化。海水经过淡化处理后，在满足饮用水水质标准的情况下，可用作生活饮用水。由于海水淡化成本较高，一般只有严重缺水地区才考虑将海水淡化后用于饮用。例如新加坡、以色列、迪拜等国家和地区已大规模开展海水淡化利用，多数国家和城市也已将海水淡化技术作为战略储备技术。

7.3.3　规划潜在用户预测

1. 规划近期潜在用户

近期规划年限一般为3～5年，而规划编制完成后还需经过立项、勘察、设计、施工、验收、试运行等多个环节，所需时间较长。因此近期非常规水资源供水对象一般难以覆盖所有用户，而是以现状潜在用水大户为主，同时兼顾非常规水资源供水管网覆盖区域的其他用户。现状潜在用水大户根据现状调研结果确定，近期管网覆盖区域的其他用户根据城市近期规划确定。对于近期非常规水资源供水管网未覆盖的区域，在保证经济合理的情况下，可考虑采用罐车至邻近取水点接取非常规水资源用于绿地、道路和广场浇洒等市政杂用。

2. 规划远期潜在用户

（1）工业用水

通过对城市规划资料的解读和分析，确定远期工业用地的分布；并对产业规划进行解读，分析规划产业类型，以预测可能采用非常规水资源的工业用户。图7-7所示为《深圳市横岗片区再生水供水管网详细规划》确定的远期工业用水潜在用户的分布。

（2）城市杂用

主要是对城市规划资料进行解读和分析，确定远期规划道路、公园、绿地、广场等用地和集中商业区、集中办公区及其他公共建筑的分布，以预测可能采用非常规水资源的城市杂用水用户。图7-8所示为《深圳市横岗片区再生水供水管网详细规划》确定的远期公园绿地浇洒潜在用户的分布图，其中公园绿地包括城市公园和社区公园。

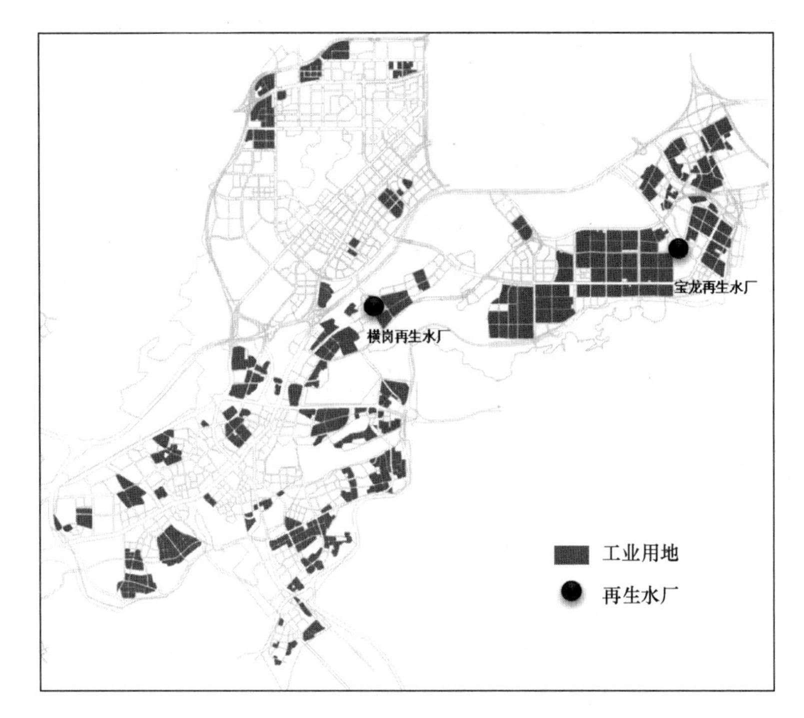

图 7-7　《深圳市横岗片区再生水供水管网详细规划》规划远期工业用户分布图

笔者自绘

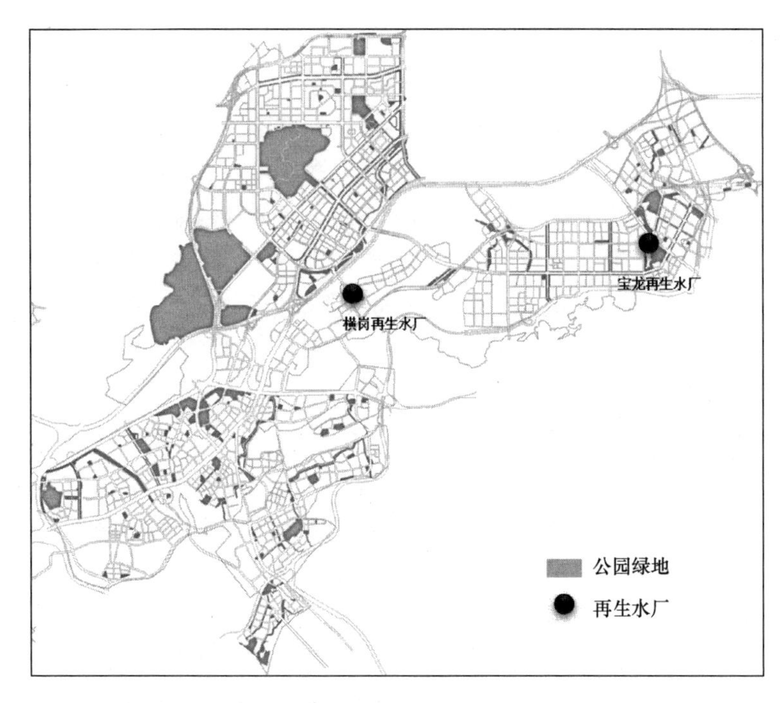

图 7-8　《深圳市横岗片区再生水供水管网详细规划》规划远期公园绿地用户分布图

笔者自绘

（3）环境用水

对城市规划、排水防涝规划、防洪规划、河道整治规划、水系规划、流域治理规划等与水系相关的规划进行解读，分析其对水景观、水生态、水环境的要求，预测远期可能的环境用水对象。图 7-9 所示为《深圳市横岗片区再生水供水管网详细规划》规划远期环境用水对象分布图。

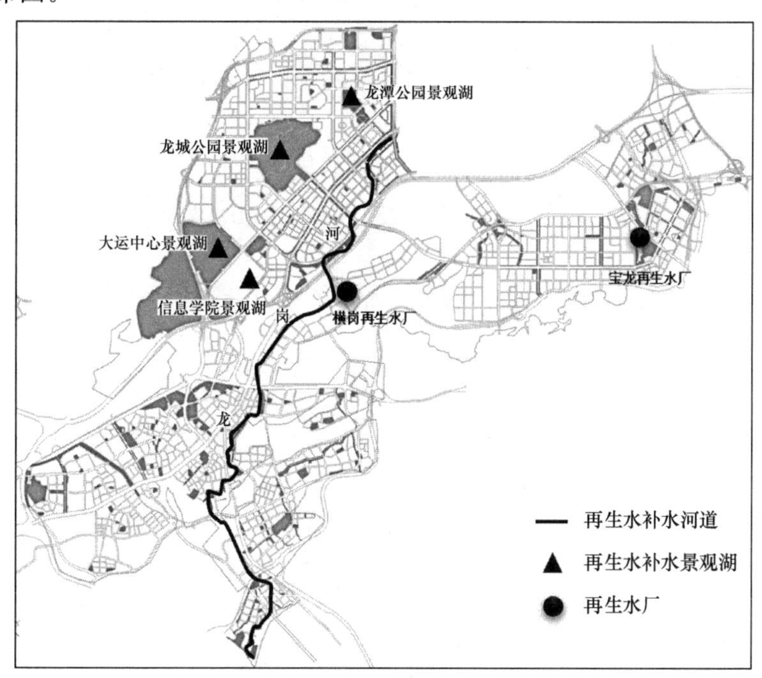

图 7-9　《深圳市横岗片区再生水供水管网详细规划》规划远期景观水体分布图

笔者自绘

3. 农、林、牧、渔业用水

解读城市规划及土地利用规划关于农、林、牧、渔业用地的相关规划，判断远期农、林、牧、渔业分布，预测远期农、林、牧、渔业用水对象。

4. 补充水源水

远期可开展再生水补充地表水源水的专项研究，在充分论证的基础上可尝试将再生水按照一定的比例掺混至地表水源，以补充水源。

5. 饮用水

对于我国而言，非常规水资源用于饮用目的的地区一般为水资源匮乏的海岛地区。因此，需要对海岛远期城市规划进行解读，结合水资源综合规划方案，预测远期饮用水用户。

7.4　用户水量需求

7.4.1　近期需水量预测

如前所述，近期规划非常规水资源主要供给现状潜在用水大户，兼顾管网覆盖区域的其他潜在用户用水需求。因此，近期需水量预测需结合用水大户现状调研结果及城市近期规划。

1. 工业用水

近期工业用水对象包括现状工业用水大户和近期管网覆盖区域的其他工业用户，采用两种不同的方法分别预测用水量需求。

（1）现状工业用水大户

现状工业用水大户的用水量需求应通过调研确定。因规划深度不同，总体规划层面和详细规划层面的调研方法有所差别。

总体规划层面一般规划范围较大，工业用户数量众多，且类型和需求千差万别，无法将规划区内各工业用水大户的需求均调查清楚，可通过调研典型企业来预测工业用水大户的用水量，步骤如下：

1）工业用水大户用水数据调研。通过供水企业或其他部门获取工业用水大户的实际用水情况，一般需近5年的用水量数据。

2）用水数据统计分析。对用水数据进行统计，分析各行业的用水情况。

3）典型企业调研。各行业至少挑选一个典型企业，调研其用水量、用水构成、非常规水资源潜在用水量及用水意愿等，得出典型企业用水的非常规水资源替代比例。

4）现状工业用水大户非常规水资源潜在用水量计算。根据各行业典型企业用水的非常规水资源替代比例，结合各行业用水大户的用水数据，计算得出现状工业用水大户非常规水资源潜在用水量。计算公式如下：

$$Q_{g1} = \Sigma \eta_{gi} Q_{gi} \tag{7-1}$$

式中 Q_{g1} ——近期供水区域内工业用水大户非常规水资源潜在用水量（m^3/a）；

η_{gi} ——各行业典型企业的非常规水资源替代比例；

Q_{gi} ——近期供水区域内各行业用水大户的用水量（m^3/a）。

详细规划层面，应通过详细的调研确定各工业用水大户的非常规水资源用水量需求。

（2）近期其他工业用户

近期其他工业用户的非常规水资源潜在用水量应根据近期供水区域的城市近期规划进行预测，计算方法如式（7-2）：

$$Q_{g2} = \Sigma \eta_{gi} Q_{gi} \tag{7-2}$$

式中 Q_{g2} ——近期其他工业用户非常规水资源潜在用水量（m^3/a）；

η_{gi} ——近期其他工业用户用水的非常规水资源替代比例；

Q_{gi} ——近期供水区域内其他工业用户用水总量（m^3/a）。

1）近期供水区域内其他工业用户用水总量预测

近期供水区域内其他工业用户用水总量可根据近期规划工业用地的面积进行预测，如式（7-3）：

$$Q_{gi} = 365 \Sigma q_j A_j / K_d \tag{7-3}$$

式中 q_j ——工业用地最高日用水量指标［$m^3/(hm^2 \cdot d)$］；

A_j ——近期供水区域内规划近期工业用地（扣除用水大户占地）面积（hm^2）；

K_d ——日变化系数。

工业用地最高日用水量指标应优先根据当地用水标准确定。当无地方标准时，可根据《城市给水工程规划规范》GB 50282 表 4.0.3-3 中的标准 [即 $30 \sim 150m^3/(hm^2 \cdot d)$]，结合片区的产业导向确定工业用地最高日用水量指标。

根据《城市给水工程规划规范》GB 50282，日变化系数宜采用 1.1～1.5。工业生产活动一般用水较为均匀，日变化系数较小。具体日变化系数的取值应根据产业结构进行确定。

2）近期其他工业用户的非常规水资源替代比例

因受到企业性质、人员密集程度、企业生产生活条件等多因素的影响，不同产业的非常规水资源替代比例差别较大。应结合城市近期规划及产业规划，对近期其他工业用户的产业类型进行分析。根据规划产业类型，可将近期其他工业用户分为有现状调研支撑的产业和无现状调研支撑的产业。有现状调研支撑指现状调研时已覆盖该产业类型，无现状调研支撑指现状调研时未覆盖该产业类型。

① 有现状调研支撑的产业

对于已有调研数据作为支撑的产业，其非常规水资源替代比例根据现状调研结果取值。

② 无现状调研支撑的产业

对于无现状调研数据支撑的产业，其非常规水资源替代比例可借鉴其他地区的经验或研究进行取值。《深圳市再生水布局规划》对市内的高科技行业、先进制造行业、传统产业的非常规水资源替代比例进行了研究。其中，高科技行业主要包括电子及通信设备制造业，先进制造行业主要包括交通运输设备制造、电气机械及器材制造、仪器仪表及文化办公用机械制造、金属制品业等。根据《深圳市再生水布局规划》的调研及研究，工业企业内部用水可分为以下四类：生产用水、冷却用水、锅炉用水、生活用水。不同类型用水的非常规水资源可替代情况分析如下：

a. 生产用水

工业行业门类众多，对生产水质的要求千差万别，因此生产用水能否采用非常规水资源，应由企业根据非常规水资源水质和企业需求来综合确定。但达到《城市污水再生利用 工业用水水质》GB/T 19923 标准的非常规水资源已能基本满足低品质生产用水的需求（包括冲灰、除尘等），完全可以用非常规水资源替代低品质工业用水。内部设有工业水处理设施的企业，如非常规水资源能满足工业水处理设施的进水标准，也可对非常规水资源进行补充处理，直至达到相关工艺与产品的供水水质指标要求。因此生产用水再生水潜在对象为低品质工业用水和工业水处理设施的原水，可替代比例按产业用水特点一般为高科技行业 20%～30%，先进制造行业 30%～50%，传统产业 30%～40%。

b. 冷却用水和锅炉用水

工业冷却用水对水质的要求主要是碱度、硬度、氯化物以及锰含量等，锅炉用水对水质的要求主要是碱度、溶解性固体等，对达到或高于《城市污水再生利用 工业用水水质》GB/T 19923 标准的非常规水资源已能基本满足冷却用水（包括直流冷却水和敞开式循环冷却水系统补充水）和锅炉用水的水质需求，因此工业冷却用水和锅炉用水应优先考虑采用非常规水资源。工业冷却用水和锅炉用水潜在对象为直流冷却水和敞开式循环冷却水系统补充水，对于电力企业，可替代比例一般为50％～60％。

c. 生活用水

工业企业生活用水中杂用水约占30％～40％，主要用于楼面浇洒、绿化、冲洗、冲厕等方面。达到或高于《城市污水再生利用　城市杂用水水质》GB/T 18920的非常规水资源能充分满足工业企业杂用水的需要，工业企业生活用水中的杂用水应优先考虑采用非常规水资源。工业企业生活用水的非常规水资源可替代比例按产业用水特点一般为30％～40％。

综合工业企业上述几类用水的非常规水资源可替代比例情况，《深圳市再生水布局规划》对深圳市不同行业的非常规水资源替代比例取值如下：高科技行业非常规水资源替代比例为20％～30％；先进制造行业非常规水资源替代比例为30％～50％；食品、制药行业出于安全风险和成本原因，一般不考虑使用非常规水资源；其他传统产业非常规水资源替代比例为30％～40％。

2. 城市杂用

城市杂用水主要包括绿化浇洒用水、道路浇洒用水、广场浇洒用水、冲厕用水、车辆冲洗用水、建筑施工用水和消防用水。规划层面，城市杂用水主要预测绿地、道路和广场浇洒及冲厕用水量；对于规划近期，需考虑管网覆盖区域的上述用户的用水，以及距离非常规水资源取水点较近的绿地、道路和广场浇洒用水。

（1）绿地、道路及广场浇洒用水

近期绿地、道路和广场浇洒等市政杂用非常规水资源潜在用水量以城市近期规划为基础进行预测，计算方法如式（7-4）所示：

$$Q_{ZS}=\eta_s q_s A_{st} \tag{7-4}$$

式中　Q_{ZS}——规划近期绿地、道路和广场浇洒非常规水资源潜在用水量（m^3/a）；

η_s——绿地、道路和广场浇洒用水的非常规水资源替代比例；

q_s——绿地、道路和广场浇洒的日用水量指标［$m^3/(hm^2 \cdot d)$］；

A_{st}——规划近期采用非常规水资源浇洒的绿地、道路和广场面积（hm^2）；

t——年浇洒天数（d/a）。

其中，绿地、道路和广场浇洒的日用水量指标应优先根据当地用水标准确定，当地无相关用水标准时可根据《城市给水工程规划规范》GB 50282取10～30$m^3/(hm^2 \cdot d)$。由于气候、城市建设情况的不同，各地年浇洒天数也有所差别，具体城市的年浇洒天数可与城市管理部门沟通后确定。

考虑到部分偏远地区非常规水资源用于绿地、道路及广场浇洒用水不够经济，因此其非常规水资源替代比例可根据各地实际情况取值。深圳市在计算绿地、道路及广场浇洒用水的非常规水资源用水量时，非常规水资源替代比例取70％～80％。

（2）冲厕用水

考虑到用水安全风险及管理难度，住宅、宾馆、饭店、公共浴室、食堂、宿舍等建筑物的冲厕用水一般不考虑采用非常规水资源；鼓励办公楼、教学楼、商场、政府部门、大型活动场馆等公共建筑采用非常规水资源冲厕。

规划近期公共建筑冲厕用水量应根据近期非常规水资源供水区域的规划公建用地规模进行预测，如式（7-5）所示：

$$Q_{zc} = 365 \sum \eta_{ci} q_{ci} A_{ci} / K_d \tag{7-5}$$

式中 Q_{zc}——规划近期公建冲厕用水量（m^3/a）；

η_{ci}——各类公建用地冲厕用水占比；

q_{ci}——各类公建用地最高日用水量指标［$m^3/(hm^2 \cdot d)$］；

A_{ci}——规划近期非常规水资源供水区域的各类公建用地面积（hm^2）；

K_d——日变化系数。

不同类型建筑的冲厕用水占比有所差别，各类公建用地冲厕用水占比宜根据实测数据确定。当无实测资料时，根据《建筑中水设计标准》GB 50336 中表 3.1.4，可取 60%[100]。

各类公建用地最高日用水量指标应根据当地用水标准取值，当地无相关标准时可根据《城市给水工程规划规范》GB 50282 取值，如表 7-3 所示。

公建用地用水量指标 **表 7-3**

［单位：$m^3/(hm^2 \cdot d)$］

类别代码	类别名称		用水量指标
A	公共管理与公共服务设施用地	行政办公用地	50～100
		文化设施用地	50～100
		教育科研用地	40～100
		体育用地	30～50
B	商业服务业设施用地	商业用地	50～200
		商务用地	50～120

资料来源：《城市给水工程规划规范》GB 50282。

3. 环境用水

前已述及，非常规水资源用于环境用水的目的主要包括三类：一是景观补水；二是生态补水；三是环境补水。不同地区环境用水目的不尽相同，但一般规划近期是以环境补水和生态补水为主；随着经济的发展和城市品质的提升，远期景观补水的需求会逐步增加。三种环境用水的需水量预测方法分别如下：

（1）景观补水

当非常规水资源用于维持水体景观水位时，用水量需求应根据景观水位，结合河道、湖泊的形态、尺寸以及换水周期进行计算。其中，景观水体的换水周期无相关标准要求，根据国内相关经验，一般取 5～7d。

随着经济的发展和城市建设水平的提升，公众对城市环境品质的要求越来越高，更多地希望河道等水体的景观水位得到保证。因此，本着“多多益善”的原则，在经济及补水条件允许的情况下，除去其他用途外，可考虑将剩余的雨水、再生水等非常规水资源均用于景观补水。

(2) 生态补水

当非常规水资源用于河道生态补水时，应预测河道生态需水量。河道生态需水量预测的方法较多，主要有水文学法和水力学法。

1) 水文学法

水文学法以历史流量为基础，是最简单、需要数据最少的方法。代表方法有 Tennant 法及河流最小月平均径流法。

① Tennant 法

Tennant 法又叫蒙大拿法（Montana Method），是应用较多的计算河道生态环境需水量的综合方法，该法是脱离特定用途的综合型计算方法，属非现场测定类型的标准设定法。根据生态环境和水文条件特点，在分析历史流量记录的基础上，取年天然径流量的百分比作为河流生态环境需水量。在美国，该法通常作为在优先度不高的河段研究河流流量推荐值使用，或者作为其他方法的一种检验。河流生态用水流量及其对生物物种和环境的有利程度如 7-4 所示（下表中的流量大小只具有相对意义，在年内的不同阶段可以按照河流年平均流量或其他特征流量的百分比来表示）。

河流生态用水流量状况标准表 **表 7-4**

流量级别	对生态、景观的影响程度	河道生态用水流量占全年平均流量的百分比	
		1～3 月、10～12 月	4～9 月
Ⅰ	最大	200	200
Ⅱ	最佳范围	60～100	60～100
Ⅲ	好	20	40
Ⅳ	中等（最小生态蓄水量）	10	30
Ⅴ	差	0～10	0～10

笔者自制

② 最小月平均径流法[101]

最小月平均径流法以最小月平均实测径流量的多年平均值作为河流的基本生态环境需水量。认为在该水量下，可满足下游需水要求，保证河道不断流。其计算公式如式（7-6）所示：

$$W_s = \frac{T}{N}\sum_{i=1}^{n}\min(Q_{ij})\times 10^{-B}\ \frac{T}{n}\sum_{i=1}^{n}\min(Q_{ij})\times 10^{-B} \tag{7-6}$$

式中 W_s——河流基本生态需水量（$10^8 m^3$）；

Q_{ij}——第 i 年 j 月的月平均流量（m^3/s）；

n——统计年数；

T——换算系数，值为 $31.536\times10^6 s$。

2) 水力学法

水力学法是把流量变化与河道的各种水力几何参数联系起来求解生态需水的方法。目前应用最多的是湿周法[102]。湿周法认为，保护好河道临界区域的水生生物栖息地的湿周，也将对非临界区域的栖息地提供足够的保护。河道湿周随流量增大而递增，速率由快变缓时的分界点流量被认为是维持河道生态系统最经济的流量。该法通过绘制临界栖息地区域湿周与流量的关系曲线，根据湿周-流量关系图中的转折点确定河道推荐流量值。

此外，还有基于湿周法进行扩展的R2-Cross法等。

（3）环境补水

环境补水的目的是为使水体水质达到要求，应采用水质数学模型进行模拟计算。水质数学模型公式及模拟计算过程较为复杂，大多由计算机软件代替人工计算，可参考水质模型相关书籍和文献，本书不展开论述。

4. 农、林、牧、渔业用水

我国不同地区气候、土壤、地质、水文条件差异较大，不同农作物、林木、牧草对水分的要求有很大差别，而养殖的水产种类不同使得各地渔业用水的指标也有差异。预测近期农、林、牧、渔业非常规水资源用水量时，应根据当地的用水定额和近期规划使用非常规水资源的农、林、牧、渔业面积进行计算，如式（7-7）所示：

$$Q_n = \sum q_{ni} A_{ni} \tag{7-7}$$

式中　Q_n——近期农、林、牧、渔业非常规水资源潜在用水量（m^3/a）；

q_{ni}——农、林、牧、渔业用水定额（hm^2）；

A_{ni}——近期规划使用非常规水资源的农、林、牧、渔业面积［$m^3/(hm^2 \cdot a)$］。

5. 饮用水

非常规水资源用于饮用用途的一般为海水淡化水。规划近期饮用水量可根据人均饮用水量乘以规划近期人口数量得到，如式7-8所示：

$$Q_y = qp \tag{7-8}$$

式中　Q_y——近期年饮用水量（m^3/a）；

q——人均饮用水量［$m^3/(cap \cdot a)$］；

p——规划近期人口数量（cap）。

7.4.2　远期需水量预测

对于规划远期，由于工业用水大户无法预见，因此不再将工业用水大户与其他工业用户分开进行预测，而是统一按远期规划工业用地规模预测远期工业用水量，计算方法同“近期其他工业用户”。其他类型用水对象规划远期需水量预测方法与规划近期相同，只是预测时采用规划远期数据进行计算。

7.5　用户水质需求

不同用户水质需求相差较大，各类用户应根据国家及地方相关标准规范的要求确定非常规水资源水质。国家层面针对不同用水对象的水质标准如表7-5所示。

常见非常规水资源用户水质标准　表 7-5

非常规水源用户	饮用水	工业用水				景观环境用水	城市杂用水	农田灌溉	回灌地下水
		冷却用水	洗涤用水	锅炉用水	工艺与产品用水				
水质标准	《生活饮用水卫生标准》GB 5749	《城市污水再生利用　工业用水水质》GB/T 19923				《城市污水再生利用　景观环境用水水质》GB/T 18921	《城市污水再生利用　城市杂用水水质》GB/T 18920	《城市污水再生利用　农田灌溉用水水质》GB 20922	《城市污水再生利用　地下水回灌水质》GB/T 19772

资料来源：《城市污水再生利用　分类》GB/T 18919。

由表 7-5 可以看出，除《生活饮用水卫生标准》GB 5749 和《城市污水再生利用　农田灌溉用水水质》GB 20922 外，国家层面其他水质标准均为推荐性标准。对于推荐性标准，在实际应用中应根据非常规水资源的用途及潜在风险，重点对关键指标进行控制。对于工业用水，应注重防止水中无机盐，如钙、镁、硫酸盐、碳酸盐、二氧化硅、磷酸盐等对冷却系统和锅炉等造成腐蚀、结垢；对于景观环境用水，应关注大肠杆菌群、氮、磷等指标，以控制非常规水资源潜在的影响人群健康或导致水体富营养化的风险；对于城市杂用，特别是道路浇洒，主要是控制大肠杆菌群指标，以降低可能接触人群的健康风险；当非常规水资源用于回灌地下水时，应关注有机物、总溶解性固体、硝酸盐、病原体等指标的控制。

鉴于现阶段我国的经济发展和技术水平，有些推荐性指标的标准确实不易达到，因此对关键指标的控制显得格外重要。北京、深圳等地在利用再生水补充河道景观环境用水时，均加强了对关键指标的要求。

北京市于 2012 年 5 月 28 日发布了《城镇水质净化厂水污染物排放标准》DB 11/890，满足该标准的污水处理厂出水直接用于河道补水。该标准中，总氮指标满足《城市污水再生利用　景观环境用水水质》GB/T 18921 要求，氨氮、总磷、粪大肠杆菌数的要求均严于《城市污水再生利用　景观环境用水水质》GB/T 18921 对观赏性景观环境用水水质的规定。

截至 2018 年底，深圳市有近 10 个污水处理厂出水用于河道景观补水，这些污水处理厂的出水水质均达到一级 A 及以上标准，并在回用前均增加了次氯酸钠消毒工艺，以增加水中的余氯浓度，控制粪大肠杆菌数。同时，氨氮、总氮、总磷等指标均满足《城市污水再生利用　景观环境用水水质》GB/T 18921 的要求。

因此，在确定各类用户水质需求时，原则上均要满足国家及地方相关水质标准。但限于各地污水处理厂处理水平，个别指标确实无法达标的情况下，可根据回用对象要求重点关注关键性指标的达标情况，对于个别无法达标的非关键性指标可酌情放宽。

第 8 章　非常规水资源定位

一般而言，某地区可供利用的非常规水资源不止一类。开展非常规水资源规划时，应根据各类非常规水资源的特点、规划区的本底特征和需求确定各类非常规水资源的定位。本节主要针对再生水、雨水和海水的定位展开分析。需要说明的是，雨水在水源水库中储存后进行利用属于常规水资源利用的一类，而本书论述的对象是非常规水资源，因此本书所述雨水利用特指生态区非水源水库雨水利用及城市建设区的雨水利用。

8.1　非常规水资源利用的优先级

每一类非常规水资源都有其优缺点和适用性，各地在进行非常规水资源规划时，应根据其特点、适用性及规划区的具体条件确定各类非常规水资源利用的优先级。

8.1.1　非常规水资源特点对比

选择非常规水资源时，一般需考虑水量稳定性、水质安全性、环境友好度、经济性、管理便利性等方面的因素。

1. 水量稳定性

常见的非常规水资源中，海水的水量巨大，稳定性最好。再生水来源于城市污水，只要有城市污水产生，就有可靠的再生水源，因此再生水的水量也较稳定，受季节变化和其他自然条件的影响较小，可基本实现全年稳定供水。相对于海水和再生水，雨水资源的水量不稳定，呈现明显的季节特征，尤其在降雨时空分布极不均匀的地区，雨季和旱季水量相差极大。例如深圳多年平均降雨量超过 1830mm，但时空分布不均，雨季（4～9 月）降雨量占全年总降雨量的 85%左右。即使非水源水库具有一定的调蓄功能，面对漫长的旱季仍无法提供稳定充足的用水。

2. 水质安全性

再生水处理是在传统城市污水处理工艺的基础上增加了深度处理的要求，就技术方面而言，再生水处理技术经过多年的发展已经较为成熟，当前的处理技术能实现将污水处理到水质满足人们的需求。城市污水的水质一般较为稳定，在采用成熟处理工艺的情况下，再生水的水质能够得到保障。

雨水的水质与下垫面和土地利用类型直接相关。非水源水库一般位于生态区，其雨水径流水质较好，一般可达到或优于地表水Ⅲ类水体，可用于河湖景观用水、生态环境补水以及工业企业低品质用水等。城市建设区雨水径流水质较差，尤其是初期雨水，且不同下垫面的污染物类型及浓度差别较大。相关研究表明，城市建设区不同下垫面的 COD_{Cr}浓度在 370～1300mg/L 之间，TSS 可达 430～3000mg/L[103,104]。在收集城市建设区雨水径流进行处理和回用前，一般应设置初期雨水弃流装置，或结合低影响开发设施进行预处理。

相较于再生水和雨水，海水的成分更加复杂，氯度和盐度较高，且含有多种元素，腐蚀性较大。因此，海水作为非常规水资源利用时，需特别注意处理设施、设备及管材的防腐。对于部分用途，如工业企业的工艺用水、产品用水、生活饮用水等，海水处理相对于再生水和雨水难度更大，要求更高。

3. 环境友好度

雨水利用具有较好的环境和生态效益。非水源水库雨水集蓄利用一方面有利于生态区的水土保持，另一方面减少了暴雨对城市建设区的冲刷，减轻了山洪对城市的威胁。此外，雨水也是城市生态系统的核心循环载体。城市建设区雨水综合利用可实现雨水的滞蓄、入渗，修复水文循环。雨水入渗一方面可补充土壤水分以供植物生长；另一方面可补充地下水，有利于缓解地下水水位下降，改善城市建设区水文地质环境。

再生水利用是减轻水体污染、改善生态环境、回收资源的有效途径之一，具有“环境保护”与“资源回收”的双重意义。一方面，污水再生利用可减少进入水体的污染物量，改善城市水环境。另一方面，再生水中含有N、P等植物生长所需营养元素，用于绿地、农田、林地等的浇灌可间接起到资源回收的作用，减少化肥的施用量。

海水利用主要考虑海水冷却过程产生的温排水、海水淡化过程产生的浓盐水等对海洋环境的影响。水温会影响海洋生物个体的生长发育、新陈代谢、生殖细胞的成熟及生物生命周期，在局部近海区域长期排放温排水可能造成热污染，从而对近海海洋生物的生长、繁殖和活动起到不利影响。浓盐水中含有化学添加剂、重金属等污染物，会对近海海域生态环境产生影响。此外，如果大量采取浓盐水直排模式，会导致近海海水盐度升高，改变海洋生物本身体液与其生活环境海水中渗透压的平衡，从而降低海洋生物的繁殖力（主要是幼虫和幼仔），甚至使其灭绝[105]。因此，在进行海水利用时，需考虑温排水、浓盐水的妥善处置。

4. 经济性

对于经济性方面，几种非常规水资源不存在绝对的优劣之分，而是与用水对象、用水规模、水质要求、当地的非常规水资源特点及分布等因素密切相关。

（1）雨水

一般情况下，非水源水库雨水利用的成本低于城市建设区雨水利用。非水源水库所在位置通常在地势较高的山区，向城市供水时一般采用重力流，无须通过泵站加压，运行成本较低。工业企业用户利用非水源水库雨水时，需要支付原水使用费，而各地的原水价格（又称水利工程供水价格）差异较大。表8-1列举了截至2019年4月国内部分城市的原水价格。

国内部分城市原水价格 **表8-1**

城市	北京	天津	上海	深圳
原水价格（元/m^3）	张坊应急水源：0.77 燕化管线：1.3	1.53	0.63	1.06

笔者自制，资料来源：《关于调整张坊应急水源地水利工程水价和燕化管线转供水水价的通知》（京发改〔2016〕545号）、《天津市发展改革委关于调整我市部分水利工程供水价格的通知》（2018年1月31日）、《关于调整原水销售价格的通知》（上海市物价局、上海市水务局，2013年12月31日）、《深圳市发展和改革委员会 深圳市水务局关于调整我市原水价格的通知》（深发改〔2017〕900号）。

城市建设区的雨水利用分为直接利用和间接利用。直接利用是指将城市雨水径流收集、处理后进行回用，间接利用是指通过渗透型海绵设施使雨水就地入渗以补充、涵养地下水。其中，间接利用没有起到替代常规水资源的作用，本书主要讨论雨水的直接利用。城市建设区雨水直接利用的成本与雨水径流水质、雨水回用水质标准、处理规模有关，南京、深圳等地的应用案例显示其成本一般在 1.6～1.9 元/m^3之间[106,107]，明显高于生态区非水源水库雨水利用，不过与自来水价格相比仍具有一定的优越性。

（2）再生水

再生水利用分为集中利用和分散利用两种模式。集中式再生水利用设施可与城市污水处理厂配套建设，具有一次性投入大但单位再生水处理成本低的特点；分散式再生水利用设施所需场地小，资金投入少，管网建设投入低，但单位再生水处理成本较高[108]。

对于集中利用模式，总体而言，再生水的处理成本与原水水质、出水水质标准及处理规模有关。笔者于 2018 年 10 月对深圳市 3 座开展再生水回用的集中式再生水厂（水质净化厂）的再生水价格进行了调研，如表 8-2 所示。由于涉及商业机密，3 家运营单位没有提供成本数据，但价格可在一定程度上反映成本的情况。由表 8-2 可知，出水水质标准越高、处理规模越小，则再生水价格越高，反之亦然。

深圳市部分集中式再生水厂再生水价格 **表 8-2**

再生水厂名称	再生水规模（万 m^3/d）	原水水质	出水水质	再生水价格
甲再生水厂	5	一级 A（甲水质净化厂二期尾水）	城市杂用水水质	按照每个月再生水日均处理量付费，平均日处理水量不足 9000t 时按 9000t 计算。未使用的再生水可以就近排入河道，但必须先保证用户需求。 ① 处理量小于 9000t 时，再生水单价 1.624 元/t； ② 处理量在 9000～15000t 时，再生水单价 1.481 元/t； ③ 处理量在 15000～25000t 时，再生水单价 1.138 元/t； ④ 处理量大于 25000t 时，再生水单价 0.843 元/t
乙再生水厂	24	一级 B（乙水质净化厂尾水）	一级 A	按处理量计费，0.279 元/t
丙水质净化厂再生水设施	0.3	一级 A（丙水质净化厂尾水）	城市杂用水水质	按使用量计费，1.6 元/t

对于分散利用模式，根据应用案例分析，该模式的成本偏高，也明显高于同属分散利用模式的城市建设区雨水利用。例如深圳建科大楼于 2009 年开始采用湿地预处理＋人工湿地处理的生态再生水处理工艺对其楼内产生的生活污水进行处理，并回用于冲厕、车库冲洗、绿化浇洒等，日处理水量 55m^3，出水水质不能完全达到《城市污水再生利用 城市杂用水水质》GB/T 18920，2009～2012 年的再生水处理成本达 1.66 元/m^3（仅计运行

成本，未计建设成本)[109]。西安思源学院于2012年开始采用A^2/O-MBR工艺对校区生活污水进行处理，后回用于建筑冲厕、绿地浇洒、景观用水及道路清洗，日处理水量2000m^3，出水水质达到《城市污水再生利用　城市杂用水水质》GB/T 18920，2012～2016年的运行费用约为0.55元/m^3，但单位再生水总成本费用（考虑全部的生产要素）达到3.43～3.81元/m^3[110]，已经接近同一时期西安市最低一级的居民自来水价格（3.80元/m^3）。

（3）海水

海水利用的经济性与其利用方式有关，海水直接利用成本较低，淡化利用则成本较高。海水直接利用的单位成本大多为0.3～0.5元/m^3[111,112]，具有工程投资小、运行费用低等优点。国际上海水淡化产水成本大多为0.7～1.25美元/m^3，中国的海水淡化成本大部分为5～8元/m^3[114]，如建造大型设施则单位成本会有所下降，但仍普遍高于自来水价格。

5. 管理便利性

从管理的角度看，非常规水资源利用设施的管理便利性与设施的特点及维护主体有关。

再生水集中利用是依托污水处理厂建设集中的再生水处理和回用设施，设施、设备和人员主要在再生水厂内，便于管理，且运营管理均由专业人员负责，有较为成熟的模式。再生水分散式利用设施一般由小区物业公司进行管理和维护，而物业公司通常缺乏水处理设施管理和维护的相关经验，设施的运行容易出现问题。

海水利用的用户和处理设施一般位于临海区域，位置相对集中，管理较为便利。无论是集中建设的海水处理厂站还是工业企业自建的海水利用设施，都有专业人员进行管理和维护，模式较为成熟。

雨水利用方面，非水源水库雨水利用和城市建设区雨水利用对管理的要求差别很大。非水源水库一般建在地势较高的山区，其雨水利用对象主要是河湖景观用水、生态环境补水以及低品质工业用水；当用于河湖景观用水和生态环境补水时仅需开闸放水，用于低品质工业用水时通常采用重力流管道输水即可，因此非水源水库雨水利用设施的管理难度较小。城市建设区雨水利用由各建筑小区自行开展，与分散式再生水利用类似，设施管理的难度较大。

综上所述，从管理便利性角度看，集中式再生水利用设施、海水利用设施和生态区雨水利用设施的管理难度较小，分散式再生水利用设施、城市建设区雨水利用设施的管理难度较大。

8.1.2 非常规水资源利用的优先级判断

由前述可知，几种常见的非常规水资源均有各自的优缺点和适用性。各地应综合考虑水量稳定性、水质安全性、环境友好度、经济性、管理便利性等方面的因素，以确定各类非常规水资源的优先级。

进行非常规水资源规划时，需考虑各类非常规水资源的协同利用（详见8.3节）。在这种情况下，通常会优先使用成本较低的非常规水资源，并由其他非常规水资源“兜底”，以保证供水的安全性。例如，深圳市2014年编制的《光明片区雨水和再生水利用详细规划》，提出在光明区综合利用再生水、雨水等非常规水资源，并应优先利用成本较低的生态区非水源水库雨水，其次进行集中式再生水利用，最后再考虑城市建设区雨水资源开发。

8.2 非常规水资源定位

各地的非常规水资源定位需综合考虑本地非常规水资源种类、海陆位置、降雨特征、产业结构、社会经济承受能力等因素，开展专项研究后确定。

8.2.1 不同海陆位置地区的非常规水资源定位

海陆位置主要影响海水资源的利用。根据海陆位置，可以将开展海水资源规划的地区分为两类：滨海地区和海岛地区。

对于滨海地区，可考虑将海水用于工业冷却、公建集中区建筑冲厕、临海区域景观环境用水等。例如，深圳市位于滨海地区的妈湾电厂、前湾电厂、东部电厂、福华德电厂等火力发电厂均采用海水进行冷却；香港地区自1965年开始推广海水冲厕，至2010年，市区和大部分新市镇都采用海水进行冲厕，覆盖全港80%的人口[115]；深圳欢乐海岸采用深海引水的创新工程，铺设近7km地下管道，从深圳湾西部深海中抽取优质海水，形成面积约70hm^2的海水湖[116]。

对于海岛地区，其淡水资源十分匮乏，往往会出现饮用水短缺的问题，因此非常规水资源利用的重点是将海水淡化后供给海岛居民的饮用及其他生活用水。浙江舟山市由多个海岛组成，属于典型的海岛地区，淡水资源十分匮乏。为解决居民用水问题，舟山市于1997年开始建设海水淡化工程，截至2015年底已建成海水淡化工程37个，总规模11.4万m^3/d[117]。

8.2.2 不同降雨特征地区的非常规水资源定位

降雨特征主要影响到雨水资源的利用，尤其是城市建设区雨水资源的收集回用。

整体上讲，我国各地的降雨基本上集中在夏季，降雨在时间上分布不均；而南北方的降雨特点又有所不同，南方降雨较多，雨季较长；北方降雨较少，雨季较短。根据《建筑与小区雨水控制及利用工程技术规范》GB 50400等技术规范，权衡投入及效益产出，城市建设区雨水收集利用适合于年降雨量400mm以上的地区。对于年降雨量小于400mm的地区则不提倡进行城市建设区雨水收集利用，而主要考虑雨水就地入渗。

对于年降雨量在400mm以上的地区，也应根据其降雨特征判断开展城市建设区雨水收集利用的必要性和经济性。城市建设区雨水径流一般是回用于绿地、道路和广场的浇洒，雨天收集的雨水，旱天进行处理和回用。对于南方降雨量大的地区，雨季雨水充沛，但由于经常出现连续降雨导致雨季往往不需要进行绿地、道路和广场的浇洒；而旱季需要浇洒用水时，又缺乏雨水资源。因此，对于雨季经常出现连续降雨的部分南方地区，不适宜大规模推广城市建设区的雨水利用，可在公园、大型公建开展试点回用。例如，深圳市属于雨季经常出现连续降雨的地区，全年浇洒天数仅 180 天左右，大规模推广城市建成区雨水利用不具有显著的经济效益。《深圳市人民政府关于加强雨水和再生水资源开发利用工作的意见》中明确提出，深圳市的雨水利用以集中利用为主、分散利用为辅，主要推进非水源地的小型水库、山塘等雨水资源的利用。

对于我国北方降雨量在 400mm 以上的地区，其雨季降雨多以短历时降雨为主，降雨持续时间不长，因此适宜开展城市建设区的雨水收集回用。例如，北京为减轻城市防洪排涝压力，有效利用雨水资源，制定了《雨水控制与利用工程设计规范》DB11/T 685 等地方性雨水利用技术标准，出台了 6 项促进雨水利用的政策性文件。至 2018 年 6 月，北京市累计建成城镇雨水回用工程 1396 处，2017 年利用雨水量达到 6800 万 m^3[118]。

8.2.3 不同产业结构地区的非常规水资源定位

产业结构决定用水结构，从而影响到非常规水资源的利用。对于以农业为主的地区，应重点发展再生水用于农田灌溉，少数含有大量盐碱荒地的沿海地区可将海水用于盐碱地农业灌溉。例如，北京通州新河灌区从 2004 年开始大力发展再生水农业灌溉利用，截至 2010 年底，全区再生水灌溉面积达 2.53 万 hm^2，提高了农业供水保证率，增加了农民收入[119]；山东省自 1996 年开始进行盐碱地海水灌溉研究，如今海水灌溉种植的黑枸杞、海虫草、海芹、海笋等多个品种已实现产业化[120,121]。

对于以工业为主的地区，非常规水资源利用的重点为非水源水库雨水、再生水、海水供给工业用水。北京亦庄经济技术开发区是北京市重点发展的南北两个产业带之一，截至 2018 年底已集聚了 2 万多家企业，通过将生产的高品质再生水供给工业企业节约了大量水资源，以占全市 1.1%的工业用水支持了全市 18.3%的工业总产值[122]。天津滨海新区充分挖掘各企业的需求和特点，实现了海水利用全产业链循环，华能电厂排放的 10000t/d 冷却循环浓海水被滨瀚海水淡化有限公司接收，滨瀚产生的 9000t/d 淡水则供应华能电厂，海水淡化过程生产出的氯化钠等高品质固体盐则供应临港经济区的天津碱厂、LG 大沽化工厂[123]。

对于以商业服务业等第三产业为主的地区，主要考虑再生水、海水供给集中办公区、集中商业区、大型公建的冲厕等城市杂用。例如，深圳南山商业文化中心区核心区建设了再生水回用系统，将区内产生的污水通过再生水处理站处理后，回用于建筑冲厕等城市杂用，整个核心区因再生水回用每年可节约自来水 144 万 m^3[124]。

8.2.4 不同社会经济承受能力地区的非常规水资源定位

前已述及，不同的非常规水资源类型及利用方式的成本差别较大。因此，各地应根据自身的社会经济承受能力确定各类非常规水资源的定位。

对于经济实力较强的地区，可考虑针对不同用水对象对非常规水资源进行分质供水，甚至将非常规水资源水质标准在国家标准的基础上进行提高。例如，北京亦庄经济技术开发区针对不同用水对象分别生产高品质和低品质的再生水，高品质再生水供给工业用水，低品质再生水供给城市杂用、环境用水等。此外，随着经济的发展，人们对环境品质的要求越来越高，对于经济实力较强的地区，在保证各类用水基本需求得到满足的情况下，可将剩余的非常规水资源都用于景观补水，以提升城市水景观效果及城市环境品质。

对于经济实力一般或较差的地区，主要考虑成本较低的非常规水资源利用方式，如海水直接利用、非水源水库雨水利用、集中式再生水回用等。

我国幅员辽阔，各地经济发展、产业结构、气候、非常规水资源的特征差异较大，因此非常规水资源的定位和利用类型也明显不同。曹淑敏等[125]在统计2013年我国非常规水资源开发利用数据的基础上进行了分析，结果表明我国再生水利用主要集中在华南、华北和东北地区，海水淡化利用主要在沿海的浙江省、天津市、河北省等省份，雨水利用量以山东省、云南省、江苏省居前三位（图8-1～图8-3）。总体来看，我国非常规水资源开发利用主要集中在水资源相对紧缺且社会经济发展水平相对较高的地区，以及沿海淡水资源缺乏的省份和海岛。

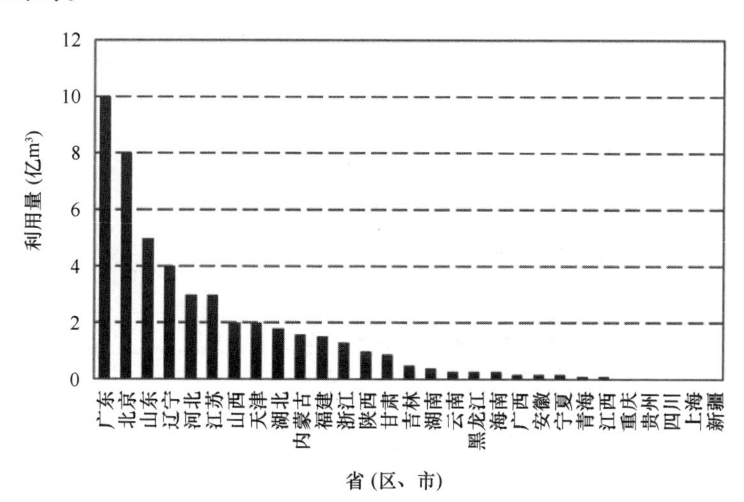

图8-1　2013年我国各省（区、市）再生水利用量[125]

8.3　非常规水资源的协同利用

8.3.1　非常规水资源与常规水资源的协同利用

非常规水资源是对常规水资源的补充，两者应协同利用。其中，城市供水一般应优先考虑常规水资源，在常规水资源不能满足用水需求或使用常规水资源的成本高于非常规水资源时，才考虑非常规水资源的利用。例如，对于距离大陆较近的海岛，其从大陆接引常规水资源的成本一般低于海水淡化，则其应优先考虑采用常规水资源；而远离大陆的海岛地区从大陆接引常规水资源的成本可能远高于采用海水淡化水，则其应优先考虑海水淡化。

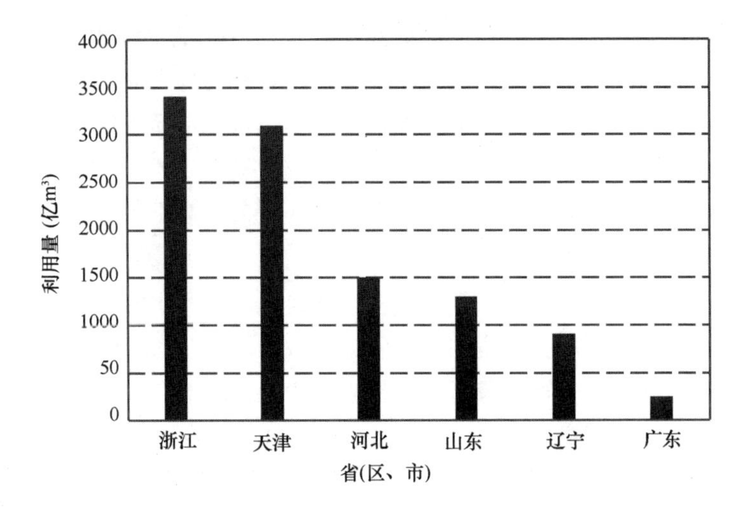

图 8-2　2013 年我国各省（区、市）海水淡化利用量[125]

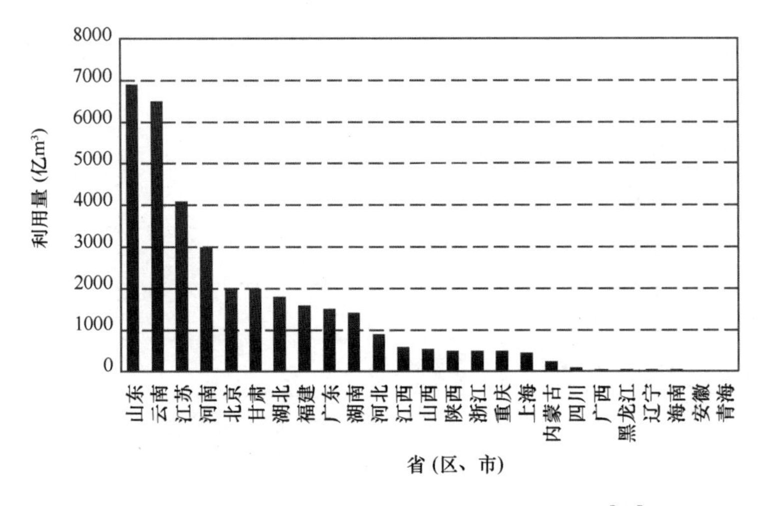

图 8-3　2013 年我国各省（区、市）雨水利用量[125]

同时，除非非常规水资源的水质能达到与常规水资源水质相同水平，否则应将两者的供水管网分离，严格按照两套甚至多套管网进行供水，避免常规水资源水质受到污染。例如，再生水水质大多数情况下劣于自来水，因此再生水管网严禁与自来水管网相连通；再生水管道应有防渗防漏措施，埋地时应设置带状标志，明装时应涂上有关标准规定的标志颜色和“再生水”字样，闸门井的井盖上应铸有“再生水”字样。而海水淡化水的水质一般可达到饮用水标准，可与自来水共用一套供水管网。

8.3.2　各类非常规水资源之间的协同利用

1. 供水水量协同

不同非常规水资源应在供水水量上进行协同，以保证供水安全。例如，对于环境用水和工业用水，可采用非水源水库雨水及再生水联合供水。

各类非常规水资源的水量稳定性不同，但部分水量较为稳定的非常规水资源可能成本会高于水量较不稳定的，此种情况下宜优先使用成本较低者，并让水量稳定的非常规水资源进行“兜底”。例如，集中式再生水利用水量稳定性好于生态区非水源水库雨水利用，但前者利用成本高于后者，此时可优先使用成本较低的非水源水库雨水，同时又保证集中式再生水可在非水源水库雨水缺乏时及时供应。海水水量最稳定，但海水淡化成本较高，可选择优先利用再生水、雨水等非常规水资源，将海水淡化作为技术储备。

2. 供水水质协同

为使不同非常规水资源在水量上能互相补充，形成协同效应，对于同一供水对象，各非常规水资源的最低水质标准应相同。例如，当非水源水库雨水与集中式再生水协同供给工业用水时，两者均应处理至满足相应工业用水水质要求。

3. 供水管网协同

当不同非常规水资源用于供给同一用水对象时，可考虑采用同一供水管网进行供水。例如，深圳市《光明片区雨水和再生水利用详细规划》（2014年）时提出，远期可试点集中式再生水与生态区非水源水库雨水联合供水，即将非水源水库雨水输送至再生水管网，两者共用一套供水管网。

第9章 再生水利用专项规划

9.1 工作任务

再生水利用专项规划的工作任务主要包括以下六大方面：

(1) 确定再生水利用对象。根据用户调查结果，结合用户对水量、水质的要求，合理确定再生水利用对象；

(2) 预测再生水利用规模。在明确再生水利用对象的基础上，预测各类用水对象的利用规模；

(3) 确定再生水利用方式。根据污水处理厂布局及规模、地形地貌、管网建设难易程度等，合理确定再生水利用方式；

(4) 确定再生水水质及处理工艺。结合污水处理厂出水水质、各类用户的水质需求、污水处理厂及其周边用地等情况，合理确定再生水处理工艺；

(5) 规划再生水利用设施。主要包括再生水厂站设施规划和再生水管网系统规划。再生水厂站系统规划，包括确定再生水厂站位置、供水范围、规模、用地；再生水供水管网系统规划，包括管网、泵站及附属设施的规划，需确定管道管径、供水压力、泵站规模、泵站用地等；

(6) 研究再生水投融资模式及保障措施。研究适合本地的再生水投融资模式，并提出保障措施和实施建议。

9.2 资料收集

再生水利用专项规划需收集的资料包括现状基础资料和相关规划资料，如表9-1所示。

再生水利用专项规划需收集资料一览表　　表9-1

资料类别	具体资料	资料用途
现状基础资料	潜在用户调查结果，包括潜在用户的分布，以及用户对水量和水质的要求	分析现状再生水潜在用户的分布及需求
	污水处理厂现状概况，包括现状污水处理厂布局、规模、服务范围、用地情况、出水水质等	分析现状污水处理厂是否具备建设再生水厂站的条件，以及可能的供水范围、供水规模等
	主要道路管线及地下空间建设情况，包括给水管、污水管、雨水及合流管、电力管线、通信管线、燃气管、综合管廊等市政管线的尺寸和在道路空间的位置，以及地铁、地下空间建设情况等	分析现状主要道路下的管位情况

续表

资料类别	具体资料	资料用途
现状基础资料	河道蓝线空间保护及建设情况，包括蓝线宽度、蓝线空间内城市建设情况及敷设管线情况等	分析拟补水的现状河道两岸蓝线空间情况，判断现状河道蓝线内是否有空间布置再生水补水管道
	地形资料，即地形图。总体规划层次的再生水利用规划可采用 1∶5000 或 1∶10000 比例的地形图，详细规划层次的可采用 1∶1000 比例的地形图	用于确定不同区域的再生水利用方式、再生水厂站适宜的供水范围、近期再生水管路由等
相关规划资料	污水系统规划及建设计划，包括污水专项规划、近期建设计划、提标改造计划等	分析规划污水处理厂是否具备建设再生水厂站的条件，可能的供水范围、供水规模、再生水处理工艺及出水水质标准，近期再生水厂站建设的条件等
	道路系统规划	分析规划再生水管道的可能路由
	管线综合规划	分析规划道路的管位情况
	蓝线规划、水系规划、河道整治规划	分析规划河道蓝线空间是否具备敷设再生水补水管道的条件

9.3　再生水利用对象

根据表 7-2，再生水利用对象主要包括 6 类：工业用水，城市杂用水，环境用水，农、林、牧、渔业用水，补充水源水，饮用水。各城市在选择再生水利用对象时，应结合现状用水结构、用水大户布局与意愿、污水处理厂布局、片区发展定位、土地利用现状、土地利用规划、产业规划、水体环境质量、水文特征等因素综合考虑。具体再生水利用对象的筛选方法参见 7.3 节。

每个城市的再生水开发利用潜力都是有限的，再生水可利用量一般无法满足所有用户的需求，应根据各城市的特点明确再生水的定位，确定再生水重点利用的对象。8.2 节阐述了不同城市的非常规水资源定位，于再生水而言，主要考虑产业结构特征和经济承受能力。

当某个城市适宜利用多种非常规水资源时，就需要根据各类非常规水资源的特点确定利用的优先级（详见 8.1 节），并做到不同非常规水资源之间的协同（详见 8.3 节）。其中，集中式再生水利用模式成本适中，管理便利，可为城市提供稳定、可靠的非常规水资源，利用对象较为广泛。特别是对水量、水质稳定性要求较高的用户，如工业用水，需保证集中式再生水的供应。而分散式再生水的水量较小，日内水量变化较大，一般是供给所在建筑小区的道路喷洒、绿地浇洒及冲厕等城市杂用。

此外，再生水重点利用对象会随城市发展和需求的变化而改变，应结合城市近期需求和远期城市规划进行判断。即使对于同一用水对象，其近、远期的用水需求也经常发生变化。例如，对于环境用水，近期通常面临水质达标的压力，以环境补水和生态补水为主；

随着水环境质量的改善和城市的发展，人们对水系景观的要求会逐渐提高，远期除供给基本的生态用水外，还应考虑景观补水的需求。

9.4 再生水利用方式

1. 利用方式简介

再生水利用方式包括集中式利用和分散式利用[14]。

(1) 集中式利用

再生水集中式利用指通过建设集中式再生水厂站，将城市污水集中处理后进行再生利用的方式（图 9-1）。集中式利用方式属于市政污水再生利用的范畴，其供水范围较大，一般为全市层面污水再生利用，或以城市某一污水处理厂的服务范围为供水范围，进行再生水的集中利用。例如《深圳市再生水布局规划》针对深圳市全市域的所有污水处理厂进行再生水利用规划；《深圳市横岗片区再生水供水管网详细规划》(2013 年)以深圳市横岗污水处理厂的服务范围为规划范围，进行再生水利用规划，这些都属于集中式利用方式。

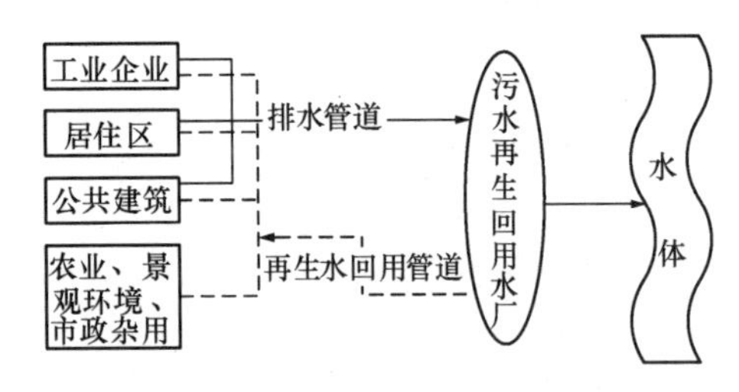

图 9-1 再生水集中式利用方式流程图

集中式利用方式一般需建设集中式再生水处理厂站（图 9-2），再生水处理厂站一般与污水处理厂合建，占地面积较大。再生水经泵站加压，通过管道（网）输送至用户使用。

图 9-2 深圳市某集中式再生水厂

资料来源：作者自摄

再生水集中式利用最主要的特点是统一收集、处理和回用，具有以下优点：

① 具有规模效应，单位处理规模投资较低。

② 城市生活污水量大、水质稳定，污水便于处理，出水水质也较稳定，回用范围广，回用量大。

③ 系统运行安全可靠，便于集中运营管理，卫生条件较好。

④ 便于污泥的集中处理，对土地利用开发影响较小。

再生水集中式利用具有如下缺点：

① 建设周期长，工程投资大。

② 不同用户对再生水水质有不同要求时，集中式再生水厂站难以实现分质供水。

③ 供水范围较大，一般需压力供水，输配水管线长，输水费用高。

（2）分散式利用

再生水分散式利用即在建筑与小区内设置小型再生水处理设施，收集建筑内污水，经处理后回用于建筑冲厕、小区绿地、道路浇洒等用水。分散式再生水厂站供水范围较小，一般仅限于建筑与小区内部，如图 9-3 所示。

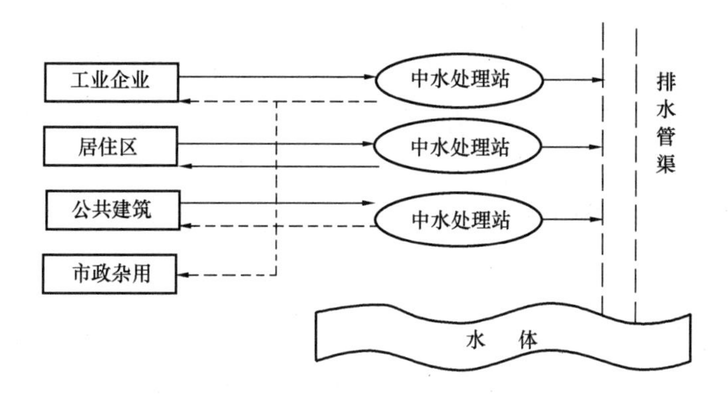

图 9-3　再生水分散式利用概念图

再生水分散式利用设施一般建于建筑物地下室或小区内部，原水来自所在小区的生活污水，由于处理规模小，一般采用一体化处理设备或组合工艺，占地面积较小。

分散式再生水厂站具有如下优点：

① 采用一体化处理设备，布置形式灵活多样，系统供给规模与需求量吻合度较高。

② 建设、运营主体明确，工程投资小；系统无需大规模的污水收集和再生水回用管网投资，可节省大量的管网建设和运行维护费用。

③ 多样化的处理工艺选择以满足用户不同的水质需求。

分散式再生水厂站具有如下缺点：

① 处理规模较小，单位处理规模投资较高。

② 处理水量小，易受外界因素干扰，水质波动较大。

③ 缺乏专业化的维护管理技术人员，维护管理困难，卫生条件较差，对建筑小区环境卫生影响较大。

④ 污泥集中处理处置困难。

2. 利用方式选择

再生水集中式利用方式的供水水量和水质一般较为稳定，不受季节和地域的影响。对于与污水处理厂的距离处于合理范围内或再生水用水量较大的区域，宜优先考虑采用集中式利用方式。再生水分散式利用方式相对集中式而言较为灵活，对于距离污水处理厂较远、再生水用水量较小的用户，宜采用分散式利用方式。

一般来讲，对于某一城市，两种利用方式可兼具。鉴于我国城市整体管理水平不高，各城市再生水利用应以集中利用为主、分散利用为辅。从投资运营主体的角度来看，集中利用方式一般为政府投资、政府运营管理，而分散式利用方式一般为社会投资运营，二者皆可兼具。

以深圳市为例，早在 2010 年，深圳市就确定了再生水的利用以集中利用为主、分散利用为辅的原则，并贯彻至今。截至 2018 年底，深圳市有 6 座再生水厂开展了再生水的集中利用，再生水集中利用规模达到 52.3 万 m^3/d。

昆明市于 2009 年出台了《昆明市城市再生水利用专项资金补助实施办法》，对分散式再生水利用设施的建设和运营进行补助，同时定期对分散式再生水利用设施的运行情况及出水水质进行检查，以保障设施安全稳定运行。昆明市的分散式再生水利用规模与集中式相当。截至 2017 年底，昆明市已建成集中式再生水处理厂站 10 座，总设计规模达 16.3 万 m^3/d；分散式再生水利用设施 519 座，总设计规模达 15.9 万 m^3/d[84]。

9.5 再生水水质及处理工艺

9.5.1 再生水水质

城镇污水再生利用的核心问题是水质安全问题。再生水水质的确定应充分考虑回用对象对水质的具体要求，明确应重点关注的水质指标，确保水质目标符合相应的标准规范并满足回用对象的功能要求。同时，再生水水质应满足环境质量要求，以避免对人体的危害。本节主要介绍国家对各类用途再生水的水质要求，以及国内城市的再生水水质现状。

1. 各类用途的再生水水质要求

我国颁布了《城市污水再生利用》系列标准，原则上各类用途的再生水水质应满足相应标准的规定。此外，某些城市根据自身实际情况制定相应再生水水质标准，如深圳市的《再生水、雨水利用水质规范》SZJG 32、《北京市中水设施建设管理试行办法》（京政发 60 号）中的中水水质标准等，也可为确定当地再生水水质提供参考。某一具体地区的再生水水质，应根据当地再生水具体用途进行确定，且应优先执行地方标准。

（1）再生水用于农业灌溉

再生水用作农业灌溉用水，其优势在于农业灌溉对水质要求不高，且再生水中的氮、磷等营养物质有助于农作物的生长，因此对氮、磷的去除不需要太高的工艺要求。利用经污水处理厂二级处理的再生水灌溉农田，不仅能节约水资源和处理成本，还能节约农业化肥的使用。再生水用于农业灌溉时，应重点关注再生水对土壤性状的影响和对作物及食品安全的影响，需控制再生水中无机盐含量以防止土壤盐碱化，还需要控制余氯含量，在保证对病原微生物灭活效果的同时避免余氯浓度过高而危害作物和水生动物。此外，还需要控制再生水中重金属、有毒有机物等的含量，以防止污染物在农产品中累积从而危害人体。再生水用于农田灌溉时，其水质应符合《城市污水再生利用　农田灌溉用水水质》GB 20922。

（2）再生水用于城市杂用

再生水用于城市杂用，主要的应用方向有：①市政用水，即道路清扫、消防、城市绿化等用水；②杂用水，即车辆冲洗、建筑施工、公共建筑和居民住宅的冲厕用水等。尽管城市杂用水的水量较小，但这类用水与人接触频繁，影响面广，因此对水质的要求较高。用于城市杂用的再生水水质应确保不影响感官、不危害职工居民健康等。因此，该类再生水应重点控制与感官效果相关的色度、嗅度、浊度等水质指标，并严格控制病原微生物、重金属、有毒有害有机物等污染物的含量，避免污染物通过呼吸、皮肤接触等方式侵入人体。

针对再生水用于城市杂用和城市绿地灌溉，应执行《城市污水再生利用　城市杂用水水质》GB/T 18920 和《城市污水再生利用　绿地灌溉水质》GB/T 25499 标准。

（3）再生水用于工业

工业用水对水质的要求差异较大，其中用水量较大且对水质要求较低的主要有冷却用水、洗涤用水、锅炉用水等。再生水用于冷却用水、锅炉用水，应重点关注再生水对管道及设备的腐蚀以及结垢问题，应着重控制水中的无机盐（硫酸盐、磷酸盐、钙盐、镁盐等）、微生物等。再生水用于印染、造纸等行业，还应控制再生水中的无机盐（氯离子等）、致色物质、表面活性剂等。再生水用作工业用水时，其水质应满足《城市污水再生利用　工业用水水质》GB/T 19923。

再生水用作冷却用水（包括直流冷却水和敞开式循环冷却水系统补充水）、洗涤用水时，一般达到《城市污水再生利用　工业用水水质》GB/T 19923 的要求即可直接使用。再生水用作锅炉补给水时，达到《城市污水再生利用　工业用水水质》GB/T 19923 的要求后尚不能直接补给锅炉，应根据锅炉工况，对再生水进行软化、除盐等处理。对于低压锅炉，水质应达到《工业锅炉水质》GB/T 1576 的要求；对于中压锅炉，水质应达到《火力发电机组及蒸汽动力设备水汽质量》GB/T 12145 的要求；对于热水热力网和热采锅炉，水质应达到相关行业标准。

（4）再生水用于景观环境

再生水回用于景观水体，首先要在感官上给人舒适的感觉，水体清澈、透明度高，不出现浑浊、富营养化以及黑臭现象，因此需着重控制水中的色度、嗅度、浊度以及营养元素等。此外，还需要考虑再生水对人体及生态环境的影响，对于可能与人体接触的娱乐性景观环境用水，不能含有对皮肤有害的物质，因此还需重点控制病原微生物、重金属、有毒有害有机物等。再生水用于景观环境应满足《城市污水再生利用　景观环境用水水质》GB/T 18921。

（5）再生水用于补给地下水

再生水用于补给地下水须考虑其污染地下水、土壤的风险。因此，再生水补给地下水除需考虑对浊度、悬浮颗粒物的去除，还应考虑硝酸盐、亚硝酸盐和氨氮等营养物质的去除；并且，还需重点控制水中的有毒有害有机物、重金属等，防止有害物质在土壤、地下水中积累和污染饮用水。对于以城市污水为水源，在各级地下水饮用水源保护区外，以非饮用为目的的地下水回灌用水，其水质应满足《城市污水再生利用 地下水回灌水质》GB/T 19772。

（6）再生水用于多种回用途径

当一个再生水系统用于多种回用途径时，可综合几种用途的水质要求，按最高水质标准制定统一的供水水质；也可兼顾大多数用户的水质需要和再生水厂的经济负担采取分质供水。个别水质要求更高的用户，可自行补充处理工艺以达到其水质要求。

2. 再生水水质对比分析

我国污水处理厂出水均执行《城镇污水处理厂污染物排放标准》GB 18918 标准，其一级 A 出水水质相比国家《城市污水再生利用》系列水质标准，仍有一定的差距。我国已建的再生水厂，其水质基本能满足国家再生水水质标准，例如深圳的横岗再生水厂、北京的北小河再生水厂、天津的津沽再生水厂，其出水水质均能达到《城市污水再生利用 城市杂用水水质》GB/T 18920。

《城镇污水处理厂污染物排放标准》GB 18918 一级 A 标准与《城市污水再生利用 城市杂用水水质》GB/T 18920 标准相比，相同的检测项目有 5 项，缺少的检测项目有 8 项；一级 A 标准与《城市污水再生利用 工业用水水质》GB/T 19923 标准相比，相同的检测项目有 10 项，缺少的检测项目有 10 项；一级 A 标准与《城市污水再生利用 景观环境用水水质》GB/T 18921 标准相比，相同的检测项目有 10 项，缺少的检测项目有 3 项，详见表 9-2。

一级 A 标准与国家再生水水质（城市杂用水、工业、景观类）标准检测项目比较 表 9-2

对比标准	与一级 A 标准相同检测项目	一级 A 标准缺少的检测项目
《城市污水再生利用 城市杂用水水质》GB/T 18920	pH 值、色度、五日生化需氧量、氨氮、阴离子表面活性剂	嗅、浊度、溶解性总固体、铁、锰、溶解氧、总余氯、总大肠杆菌群
《城市污水再生利用 工业用水水质》GB/T 19923	pH 值、色度、五日生化需氧量、氨氮、阴离子表面活性剂、粪大肠菌群数、悬浮物、化学需氧量、总磷、石油类	浊度、溶解性总固体、铁、锰、余氯、氯离子、二氧化硅、总硬度、总碱度、硫酸盐
《城市污水再生利用 景观环境用水水质》GB/T 18921	pH 值、色度、五日生化需氧量、氨氮、阴离子表面活性剂、粪大肠菌群数、悬浮物、总磷、总氮、石油类	浊度、溶解氧、余氯

一级 A 标准与《城市污水再生利用 城市杂用水水质》GB/T 18920 相比，5 项相同检测项目的检测限值均能满足该标准的要求；一级 A 标准与《城市污水再生利用 工业用水水质》GB/T 19923 相比，10 项相同检测项目的检测限值均能满足该标准的要求；一

级A标准与《城市污水再生利用 景观环境用水水质》GB/T 18921相比，10项相同检测项目的检测限值均能满足该标准对河道类观赏性景观环境用水的要求；除五日生化需氧量外，其余9项相同检测项目的检测限值均能满足该标准对湖泊类、水景类观赏性景观环境用水的要求；除五日生化需氧量、粪大肠菌群数两项检测项目，其余8项相同检测项目的检测限值均能满足娱乐性景观环境用水的要求。

综上，一级A标准与国家再生水水质（城市杂用水、工业、景观类）相比，一级A标准对相同的检测项目的检测限值均能达到国家标准。一级A标准总体能达到国家景观用水标准，个别检测项目（五日生化需氧量、粪大肠菌群数）的检测限值尚不能达到娱乐性景观环境用水的要求。

可见，一级A标准能在一定程度上满足城市杂用、景观类等用水的再生水水质要求，但由于一级A标准缺少城市杂用、工业、景观用水规定的部分检测项目，一级A出水标准尚不能完全满足城市杂用水、工业、景观用水的水质要求。因此，污水处理厂出水必须采用再生水处理工艺，方能满足国家再生水相关水质要求。

9.5.2 再生水处理工艺

城镇污水再生利用处理工艺的选择应与再生水利用对象相匹配。本节主要介绍了再生水处理的常见技术以及处理单元的组合工艺。

1. 城镇污水再生处理技术

城镇污水再生处理技术主要包括常规处理、深度处理和消毒。

（1）常规处理

常规处理包括一级处理、二级处理和二级强化处理，主要功能为去除SS、溶解性有机物和营养盐（氮、磷）。其中，一级处理包括格栅、沉砂池、初沉池；二级处理包括普通活性污泥法、吸附再生法、生物接触氧化法等；二级强化处理包括A^2O生物脱氮除磷法、氧化沟、序批式活性污泥法等。各类常规处理技术的适用范围、技术特点、处理效果如表9-3所示。

各类常规处理技术的适用范围、技术特点及处理效果　　表9-3

技术类型	适用范围	技术特点	处理效果
一级处理	一级处理宜作为二级处理的预处理步骤	去除SS为主，可去除部分生化需氧量BOD_5	以生活污水为主的城镇污水经过一级处理后，BOD_5可去除30%左右，SS可去除50%左右
二级处理	适用于对营养盐去除要求不高的城镇污水再生处理	可有效去除BOD_5、SS和氨氮	城镇污水经过二级处理后出水水质可达到：COD_{Cr}<60mg/L，BOD_5<20mg/L，SS<20mg/L，氨氮<15mg/L，总氮<50mg/L，总磷<5mg/L
二级强化处理	适用于对营养盐去除要求较高的城镇污水再生处理	可有效去除BOD_5、SS、氮和磷等	城镇污水经过二级强化处理后出水水质可达到：COD_{Cr}<50mg/L，BOD_5<10mg/L，SS<20mg/L，氨氮<1mg/L，总氮<15mg/L，总磷<1mg/L，色度<30度

笔者自制，资料来源：《城镇污水再生利用技术指南（试行）》。

（2）深度处理

深度处理包括混凝沉淀、介质过滤（含生物过滤）、膜处理、氧化等单元处理技术及其组合技术，主要功能为进一步去除二级（强化）处理未能完全去除的水中有机污染物、SS、色度、嗅味和矿化物等。各类深度处理技术的适用范围、技术特点、处理效果如表9-4所示。

各类深度处理技术的适用范围、适用特点及处理效果　　表 9-4

技术类型		适用范围	技术特点	处理效果
混凝沉淀		适用于城镇污水二级处理/二级强化处理出水的深度处理，同时也可作为预处理技术，保障后续处理工艺过程稳定运行	经济、简便、适用范围广，对浊度、磷及表观色度均有较好的祛除效果	以二级处理出水为进水，混凝沉淀出水浊度可达到1～5NTU；COD_{Cr}去除率约为10%～30%；根据来水总磷浓度，总磷去除率通常为40%～80%
介质过滤	砂滤	适用于混凝沉淀出水或其他有除浊要求水的深度处理。城镇污水二级处理/二级强化处理出水浊度较低时可采用微絮凝－过滤。常用的砂滤池有V形滤池等	简单、经济、实用，运行稳定可靠，其中微絮凝一过滤具有一定的除磷效果	砂滤出水浊度＜2NTU；微絮凝一过滤对磷的去除与进水浓度以及絮凝剂投加量有关，去除率通常为20%～50%
	滤布滤池	适用于混凝沉淀出水或其他有除浊要求的深度处理	节省能耗，一般是常规气水反冲滤池能耗的1/3；过滤水头小；占地面积小，维护使用简便；当SS过高或粘附性较强时，滤布易发生污染和堵塞	对SS的去除率可达50%以上
	生物过滤	适用于以城镇污水二级处理/二级强化处理出水的深度处理，也可用于臭氧氧化出水的后处理。曝气生物滤池适用于氨氮的去除，反硝化滤池适用于硝态氮的去除	可有效去除氨氮（或总氮）和有机污染物。曝气生物滤池在水温低时硝化效率会下降；反硝化滤池对碳源投加控制要求高，碳源供应过量或不足均会产生不利影响	以二级处理出水为进水时，曝气生物滤池氨氮去除率可达90%以上，COD_{Cr}的去除率可达10%～30%，出水SS一般≤15mg/L；以臭氧氧化出水为进水时，可有效去除臭氧氧化产生的小分子有机物，如醛类等；反硝化滤池硝态氮去除率主要取决于投加的碳源量，一般为50%～90%
膜处理技术	膜生物反应器	适用于以城镇污水为水源的污水再生处理	可克服传统活性污泥法的污泥流失和膨胀问题；容积负荷高，处理效果稳定，出水水质总体上优于常规生物处理技术；容易出现膜污染问题	出水COD_{Cr}＜30mg/L，浊度＜1NTU

续表

技术类型		适用范围	技术特点	处理效果
膜处理技术	微滤/超滤膜过滤	适用于以城镇污水二级处理/二级强化处理出水的深度处理	可替代常规的沉淀一过滤工艺，具有高效去除悬浮物和胶体物质的能力，出水水质优于常规介质过滤；占地面积小，自动化程度高；浸没式适用于使用沉淀一过滤工艺的城镇污水再生处理设施的升级改造	COD_{Cr}去除率约为5%～30%，浊度<0.2NTU，水回收率≥90%
	反渗透	适用于对溶解性无机盐类和有机物含量有特殊要求的再生水生产	出水水质好，有机质和无机盐含量远低于其他膜处理技术的出水；可通过对反渗透浓水回收提高产水率；对预处理要求高，一般要求有超滤或微滤预处理	一级两段反渗透产水率可大于70%，一级RO系统的脱盐率可大于95%，二级RO的脱盐率可大于97%
氧化技术	臭氧氧化	主要用于水中色度、嗅味及有毒有害有机物等的去除。适用于城镇污水二级处理/二级强化处理出水的深度处理	现场制备，操作简便，可综合改善水质，并强化病原微生物的去除；会产生臭氧氧化中间产物，宜采用后置生物过滤技术（如生物活性炭过滤）进行去除	对色度、嗅味以及含不饱和键的有毒有害有机物去除效果显著，出水色度一般小于10度，可有效去除嗅味，并具有降低生物毒性的效果
	臭氧-过氧化氢	适用于城镇污水二级处理/二级强化处理出水的深度处理	利用氧化能力比臭氧更强的羟基自由基进行氧化；运行方式灵活，根据实际情况可选择单独臭氧氧化、臭氧一过氧化氢联用等方式；与紫外一过氧化氢技术相比较而言，不受浊度影响，反应时间短；需关注臭氧毒性、过氧化氢残留等问题	色度、嗅味去除效果与单独臭氧氧化相当，比单独臭氧氧化具有更强的氧化能力
	紫外-过氧化氢	适用于城镇污水二级处理/二级强化处理出水的深度处理	利用氧化能力强的羟基自由基进行氧化，同时兼有消毒效果	比臭氧具有更强的氧化能力，具有一定的除色、除嗅效果

笔者自制，资料来源：《城镇污水再生利用技术指南（试行）》。

（3）消毒

消毒是再生水生产环节的必备单元，可采用液氯、氯气、次氯酸盐、二氧化氯、紫外线、臭氧等技术或其组合技术。各类消毒技术的适用范围、技术特点、处理效果如表 9-5 所示。

各类消毒技术的适用范围、适用特点及处理效果 **表 9-5**

技术类型	适用范围	技术特点	处理效果
氯消毒	适用于污水再生处理设施出水的消毒及管网末梢的余氯保持等	技术成熟，成本低，具有广谱的微生物灭活效果，余氯具有持续杀菌作用，剂量控制灵活可变；会产生消毒副产物	对细菌灭活效果好，对病毒灭活效果中等偏下
二氧化氯消毒	适用于污水再生处理设施出水消毒	现场制备，具有优良的广谱微生物灭活效果和氧化作用；可能会产生少量消毒副产物	对细菌灭活效果好，对病毒灭活效果中等
紫外线消毒	适用于污水再生处理设施出水消毒	不使用化学药品，具有广谱的微生物灭活效果；接触时间短，基本上不产生消毒副产物	对细菌和病毒灭活效果好
臭氧消毒	适用于污水再生处理设施出水消毒	现场制备，具有广谱的微生物灭活效果；同时兼有去除色度、嗅味和部分有毒有害有机物的作用；会产生消毒副产物	对细菌和病毒灭活效果好

笔者自制，资料来源：《城镇污水再生利用技术指南（试行）》。

2. 常用再生处理单元技术组合

根据目前污水处理厂出水水质和污水再生利用的水质标准，仅采用一种再生处理单元通常难以达到再生水水质要求，需将各种处理单元进行有机组合。

在选择单元技术及其组合时，主要考虑下列因素：①污水处理厂出水水质及回用水质要求；②工艺的安全可靠性；③单元工艺可行性与整体流程的适应性；④运行管理的方便程度；⑤工程投资与运行成本。

不同回用途径的城镇污水再生处理推荐工艺方案如表 9-6 所示。当确定污水回用的供水水质后，如果有多种可选的处理工艺方案，应通过综合技术经济比较，选择技术先进可靠、经济合理、因地制宜的最优方案。

9.5.3 污水处理厂提标改造背景下的处理工艺方案

近年来，为缓解水环境污染、水资源短缺等问题，国家对城镇污水处理厂排放标准要求日趋严格，各大城市陆续开展污水处理厂的提标改造工作。污水处理厂提标改造已不仅提标至《城镇污水处理厂污染物排放标准》GB 18918 一级 A 标准，更是向着《地表水环境质量标准》GB 3838 中Ⅳ类水标准（即通常所说的准Ⅳ类）迈进。

城镇污水再生处理单元技术组合工艺 表 9-6

处理工艺	工业用水			景观环境用水		绿地灌溉		农田灌溉		城市杂用	地下水回灌	
	冷却洗涤	锅炉补给	工艺与产品	观赏性景观	娱乐性景观	非限制性绿地	限制性绿地	直接食用作物	非食用作物		地表回灌	井灌
城镇污水→二级处理/二级强化处理出水→（臭氧）→消毒	✓											
城镇污水→二级处理/二级强化处理出水→（混凝）→超滤/微滤→（臭氧）→消毒	✓		✓		✓	✓		✓				
城镇污水→二级处理/二级强化处理出水→（混凝）→超滤/微滤→反渗透→（臭氧）→消毒	✓		✓									
城镇污水→二级处理/二级强化处理出水→（混凝）→超滤/微滤→反渗透→消毒		✓										
城镇污水→二级处理/二级强化处理出水→（混凝）→超滤/微滤→消毒		✓										
城镇污水→二级处理/二级强化处理出水→（混凝）→微滤/超滤→（臭氧）→氯消毒										✓		
城镇污水→二级处理/二级强化处理出水→（混凝沉淀）→（介质过滤）→消毒							✓					
城镇污水→二级处理/二级强化处理出水→（混凝沉淀）→介质过滤→（臭氧）→消毒	✓		✓			✓				✓		
城镇污水→二级处理/二级强化处理出水→（混凝沉淀）→介质过滤→臭氧→消毒								✓				
城镇污水→二级处理/二级强化处理出水→混凝沉淀→介质过滤→消毒		✓										
城镇污水→二级处理/二级强化处理出水→消毒									✓			

续表

处理工艺	工业用水			景观环境用水		绿地灌溉		农田灌溉		城市杂用	地下水回灌	
	冷却洗涤	锅炉补给	工艺与产品	观赏性景观	娱乐性景观	非限制性绿地	限制性绿地	直接食用作物	非食用作物		地表回灌	井灌
城镇污水→二级强化处理出水→（混凝）→超滤/微滤→反渗透→臭氧/臭氧－过氧化氢联用/紫外－过氧化氢联用/→消毒												√
城镇污水→二级强化处理出水→（混凝）→超滤/微滤→反渗透→消毒												√
城镇污水→二级强化处理出水→（混凝沉淀）→（介质过滤）→（臭氧）→消毒				√								
城镇污水→二级强化处理出水→（混凝沉淀）→介质过滤→臭氧→（生物过滤）→消毒					√							
城镇污水→二级强化处理出水→（混凝沉淀）→介质过滤→消毒											√	
城镇污水→二级强化处理出水→臭氧→（生物过滤）→消毒				√								
城镇污水→二级强化处理出水→消毒											√	
城镇污水→膜生物反应器出水→（臭氧）→消毒	√		√			√				√		
城镇污水→膜生物反应器出水→臭氧→（生物过滤）→消毒				√	√							
城镇污水→膜生物反应器出水→臭氧→消毒								√				
城镇污水→膜生物反应器出水→反渗透→消毒												√
城镇污水→膜生物反应器出水→消毒		√					√		√		√	

注：处理工艺中，“（）”内单元技术表示可选，“/”表示应从两个或多个技术中选择一种技术。

笔者自制，资料来源：《城镇污水再生利用技术指南（试行）》。

北京市于2012年5月发布了《城镇污水处理厂水污染物排放标准》DB 11/890的地方标准，规定排入北京市Ⅱ、Ⅲ类水体的城镇水质净化厂执行A标准，排入Ⅳ、Ⅴ类水体的城镇水质净化厂执行B标准。天津市于2012年9月发布了《城镇污水处理厂污染物排放标准》DB 12/599的地方标准，规定城镇水质净化厂出水排入水环境，当设计规模≥$10000m^3/d$时执行A标准；当设计规模<$10000m^3/d$且≥$1000m^3/d$时执行B标准；当设计规模<$1000m^3/d$时执行C标准。深圳市于2016年启动了《水质净化厂水污染物排放技术规范》编制工作，2018年底形成送审稿，截至2019年7月，还未印发。深圳市《水质净化厂水污染物排放技术规范》SZJG（送审稿）规定，深圳市新（扩）建及提标改造的污水处理厂一般执行B标准，当污水处理厂出水排入对水环境功能或再生利用有较高要求的水域时执行A标准。北京市及深圳市的水质净化厂排放标准中，除TN以外，A标准与《地表水环境质量标准》GB 3838 Ⅲ类标准几乎一致，B标准与地表水IV类标准几乎一致。天津市水质净化厂排放标准中，A排放标准中除了TN以外，其他指标与《地表水环境质量标准》GB 3838 Ⅳ类标准一致。

北京、天津、深圳等城市的地方水质净化厂污染物排放标准中，除总氮外，其余基本控制项目（相同检测项）总体上能满足《地表水环境质量标准》GB 3838 Ⅳ类标准。从这些城市的再生水利用经验来看，达到准IV类标准的污水处理厂出水基本能够直接作为再生水（河道补水水源、市政杂用水）使用。因此，本节立足于现阶段国内污水处理厂提标改造的背景，探讨实现污水处理厂出水水质达到准Ⅳ类的处理工艺方案，并介绍了北京、上海、深圳等地的污水处理厂提标改造案例。

1. 提标改造思路

污水处理厂提标改造主要包括以下四种方式：①对原有的活性污泥工艺进行调整；②将活性污泥与现代的生物膜工艺结合组成复合工艺；③增加化学处理过程；④增加深度处理工艺。在污水处理厂提标改造的过程中，应遵循“先源头控制，后强化处理；先功能定位，后单元比选；先优化运行，后工程措施；先内部碳源，后外加碳源；先生物除磷，后化学除磷”的原则[126]，确定整体工艺路线及方案。

目前国内污水处理厂大多执行《城镇污水处理厂污染物排放标准》GB 18918，其出水的主要控制指标与《地表水环境质量标准》GB 3838 Ⅳ类标准相比仍有较大的差距，实现各控制指标进一步削减的主要解决方案如表9-7所示。

各指标进一步削减的主要解决措施　　表9-7

指标	主要解决措施
COD_{Cr}	强化优化生物系统运行（增加曝气量和曝气池容积）；悬浮填料；高级氧化（臭氧、芬顿氧化）；物理吸附（活性炭、树脂等）
BOD_5	
NH_3-N	悬浮填料；曝气生物滤池；增加曝气量和曝气池容积；硝化菌种投加
TN	增加缺氧池容积；外加碳源设备；反硝化滤池；高级氧化；吸附
TP	生物除磷＋化学除磷＋过滤；高级氧化；吸附
SS	多级砂滤；膜过滤；吸附

笔者自制，资料来源：网页 http：//www.sohu.com/a/282830486＿711843、http：//www.h2o-china.com/news/view? id＝283070&page＝1、http：//www.cin.cn/plus/view.php? aid＝12292.

（1）COD_{Cr}

污水处理厂二级出水中残存的COD_{Cr}多为难生物降解成分，主要来源分两个方面：微生物代谢产物和原水难降解成分。根据许多市政大型污水处理厂的实践经验，残存的COD_{Cr}以原水难降解成分为主，这些成分多来源于工业废水，微生物代谢产物的贡献值不足10mg/L。为达到更高的排放要求，可以通过增加曝气量、曝气池容积以强化优化生物系统的运行，最大限度地削减COD_{Cr}中的可生物降解成分；而对于难降解成分，可采取监控工业废水排入的方法控制其进水来源，还可采用高级氧化、活性炭吸附等深度处理技术实现该类污染物的去除。

（2）BOD_5

BOD_5的去除主要与生物降解有关，因此进一步降低BOD_5的关键在于增加微生物数量、增强微生物活性、优化污水生物处理系统的运行，具体的措施包括增加曝气量、采用悬浮填料等。

（3）NH_3-N

NH_3-N的去除主要通过硝化作用，在污水生物脱氮除磷系统中，如果生化段具备NH_3-N完全硝化的工艺条件，出水NH_3-N浓度基本可以降到1mg/L以下。污水脱氮除磷系统的水温是影响生物硝化的主要环境因素，如果水温在10℃以上，通常不存在NH_3-N难降解的问题。

（4）TN

TN的去除则主要依赖NH_3-N和硝态氮的综合去除。若进水中TN较高，提标改造应强化硝化反硝化功能，如改造生化段或增加深度处理单元。此外，国内大部分污水处理厂进水碳氮比偏低，限制了TN的去除。因此提标改造除强化生物脱氮外，必要时可通过投加外部碳源来提高反硝化能力。

（5）TP

在正常运行的生物除磷系统中，磷的去除率为50%～75%，出水TP很难低于1mg/L[127]。因此，要使出水TP浓度降低至接近《地表水环境质量标准》GB 3838 Ⅳ类标准，通常需要在生物除磷的基础上辅以化学除磷，或是采用高级氧化等深度处理工艺。

（6）SS

在合理运行的生物除磷脱氮系统中，二沉池出水的SS浓度多为10～20mg/L，需要通过混凝沉淀、介质过滤等方法实现SS的进一步去除。介质过滤出水SS通常在5mg/L以下，可以达到2～3mg/L，膜法过滤可以达到更低的出水SS浓度和浊度。

2. 提标改造案例介绍

（1）深圳市罗芳水质净化厂提标改造工程

1）水质净化厂现状

罗芳水质净化厂位于深圳市罗芳村，工程设计总规模35万m^3/d，分两期建设，其中一期工程规模10万m^3/d，1998年建成并投入运行；二期工程规模25万m^3/d，2001年建成并投入运行。罗芳水质净化厂出厂尾水排至深圳河，提标前出水水质基本达到国家《城镇污水处理厂污染物排放标准》GB 18918一级B标准。

罗芳水质净化厂一期工程采用AB法工艺（B段为A/A/O工艺），污泥处理为直接机械浓缩脱水工艺，采用分体带式浓缩和带式压滤机（图9-4）；二期工程采用预脱氮－厌氧－T形氧化沟工艺，污泥处理为直接浓缩脱水工艺，采用一体式离心浓缩脱水机（图9-5）。

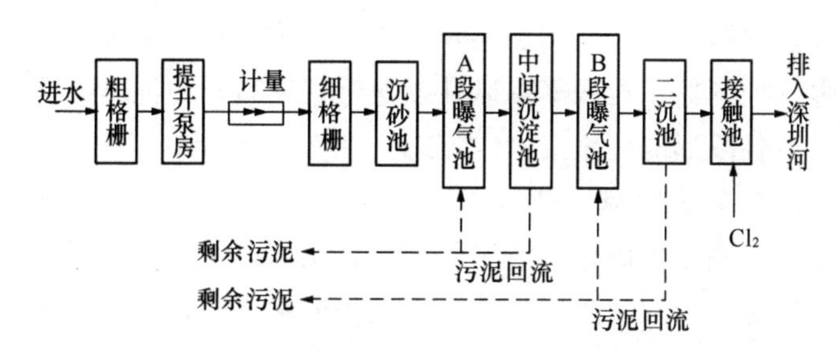

图9-4　罗芳水质净化厂一期现状工艺流程图[128]

笔者自绘

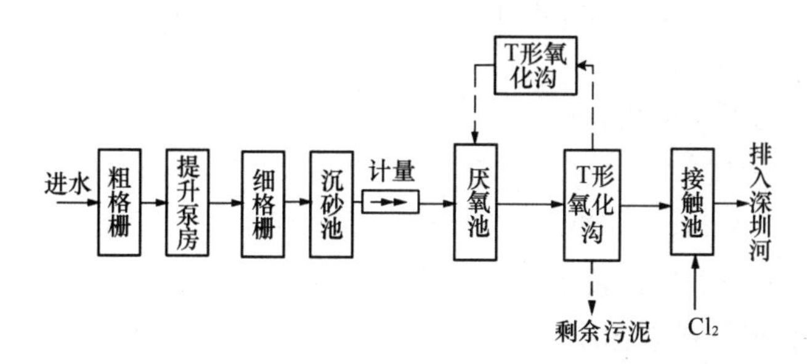

图9-5　罗芳水质净化厂二期现状工艺流程图[128]

笔者自绘

为改善罗芳水质净化厂出水受纳水体的水环境状况，并实现污水再生利用，对该水质净化厂进行提标改造，实现现状一级B排放标准提标至地表水准Ⅳ类标准。

2）提标改造方案[129]

根据本项目工程的进出水水质特点，并结合现状池体及可利用土地等因素，将二期氧化沟系统改造为以MBR为核心的污水处理流程。罗芳水质净化厂改造后的污水处理工艺流程如图9-6所示。

预处理段拆除现状细格栅、沉砂池、回流污泥浓缩池及厌氧池，并新建细格栅、沉砂

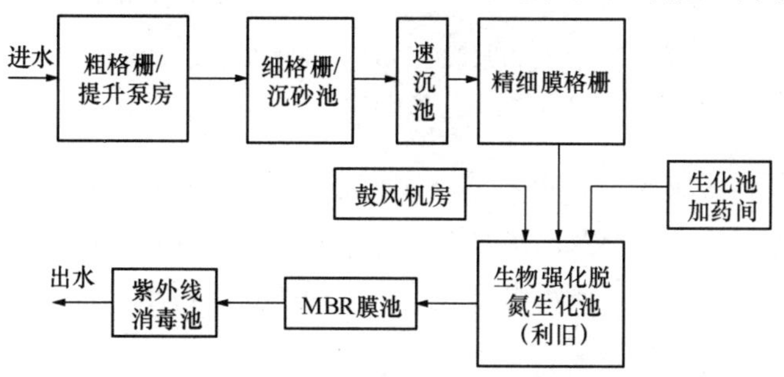

图9-6　罗芳水质净化厂改造后工艺流程图[129]

笔者自绘

池、速沉池及精细膜格栅。

膜系统中的生化段通过改造氧化沟实现，MBR 膜车间及紫外线消毒系统则在水厂的南侧预留地新建。为充分利用现有池体，尽量减少土建改造工程量，根据现状氧化沟的工艺及池型特点，将其改造为 BNR（生物强化脱氮）工艺。在保留现状氧化沟主要结构设施的基础上，在池体内部新建进、出水渠及过流孔。为实现缺氧曝气，需在氧化沟顶部修建曝气管及精确曝气控制器，池底安装微孔曝气器。同时，在池体的适当位置安装潜水推流器，使整个生化池各段形成完全混合的流态。在实际运行中，该工艺通过精确控制曝气量将原有的三格氧化沟分为厌氧/缺氧段、缺氧段及好氧段，以满足 BNR 工艺的运行要求，实现生化池内同步硝化反硝化。为了保证工艺出水稳定达标，需要补充碳源及化学除磷药剂，其中补充碳源的药剂乙酸投加在生化系统的缺氧段，除磷药剂则投加在生化池出水段。MBR 膜池出水通过渠道式紫外线消毒后，水质基本达到《地表水环境质量标准》GB 3838 Ⅳ类标准的要求，可作为景观环境用水和浇洒道路、绿地用水。

（2）上海市某污水处理厂提标扩建工程[130]

1）污水处理厂现状

上海市某污水处理厂现状规模 12×10^{4}m^3/d，其中一期规模 1.5×10^{4}m^3/d，于 1999 年底投运，二期规模 4.5×10^{4}m^3/d，于 2004 年底投运，三期规模为 6.0×10^{4}m^3/d，于 2009 年底投运，污水处理厂占地约 2.9×10^{4}m^2。该污水处理厂规划服务面积约 93.2km^2，进水主要包括服务范围内生活污水及厂区周边工业园区工业废水。污水处理厂出水执行《城镇污水处理厂污染物排放标准》GB 18918 一级 B 标准。

该污水处理厂一期和二期工程采用卡鲁塞尔氧化沟工艺，三期工程采用 AAO 微曝氧化沟工艺，工艺流程如图 9-7 所示。

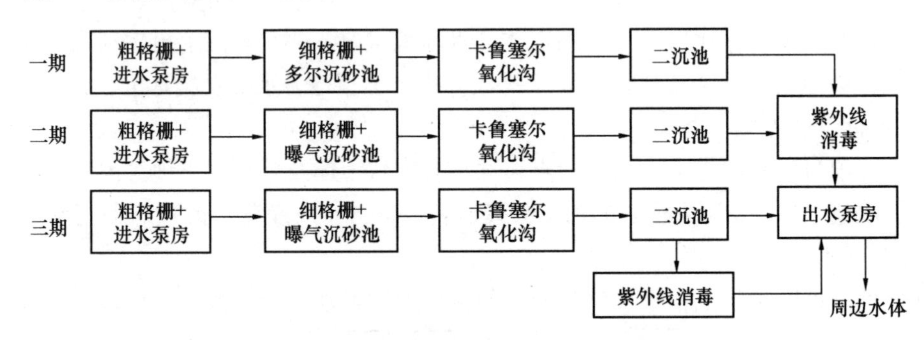

图 9-7 上海市某污水处理厂现状工艺流程图[130]

笔者自绘

污水处理厂所处区域属上海市黄浦江上游饮用水水源重要保护区，生态环境定位较高，目前污水处理厂处理规模及出水水质已不能满足发展要求，亟需进行提标扩建。根据政府相关主管部门统一要求，该污水处理厂出水拟执行《污水综合排放标准》GB 8978 准Ⅳ类地表水标准。

2）提标改造方案

该污水处理厂拟按远期 24×10^{4}m^3/d 规模进行总平面布置及用地控制，新建四期 6×

$10^4m^3/d$ 规模的污水处理构筑物，同步对一期至三期进行相应改造，使出水统一达到新的出水标准。

综合考虑工艺的运行方式、抗冲击性、节能、投资等因素，最终确定提标扩建工程工艺流程为一级处理＋二级生物处理工艺＋深度处理，其中，一级处理设置曝气沉砂池及初沉池；二级处理采用改良 Bardenpho 生化工艺；深度处理采用混凝沉淀＋滤池＋消毒工艺。提标扩建后该污水处理厂工艺流程如图 9-8 所示。

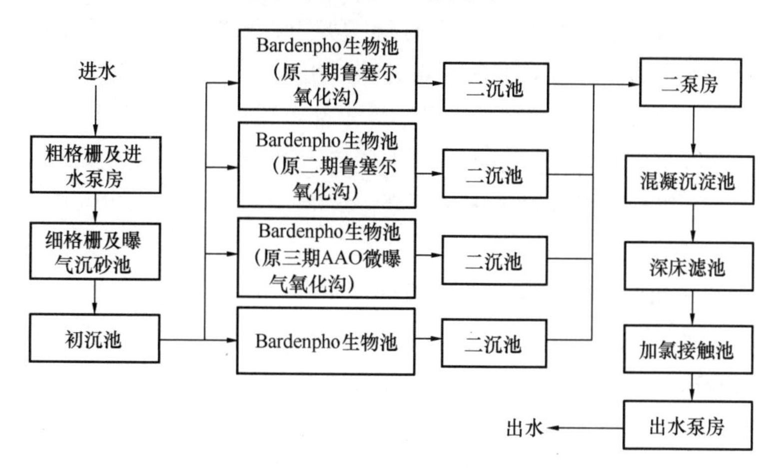

图 9-8　上海市某污水处理厂提标扩建工艺流程图[130]

笔者自绘

本项目在粗格栅进水泵房后统一设置曝气沉砂池及初沉池，初沉池可以起到削减后续生化池污染负荷的作用，同时，设置初沉池能使污水处理厂更有效地应对雨季初期雨水污染负荷。当进水水质满足生物处理系统要求时，为节约碳源，污水可超越初沉池，直接进入后续的生物处理系统。

本项目的二级处理采用改良 Bardenpho 工艺，该工艺可以更有效地应对水质变化带来的冲击，节约碳源，提高反硝化速率，保障生物除磷效果。新建改良 Bardenpho 生化池 1 座，规模 $6\times10^4m^3/d$，其设计泥龄为 12.5d，鼓风曝气量 $18.8\times10^3m^3/h$。工程设计对原有构筑物进行了最大程度的利用和保留，通过在一期至三期生化池中增加隔墙，将其改造为改良 Bardenpho 生化池。

本项目深度处理工艺选择混凝沉淀＋深床滤池的工艺流程，以确保出水 SS、TP 和 TN 含量能稳定达标。污水处理厂现状采用紫外线消毒，但由于进水混有工业生产废水，水质较复杂，现消毒效果不理想，改造后尾水消毒推荐采用安全且具有持续消毒效果的二氧化氯消毒方式。

9.5.4　再生水水质及处理工艺的选择

1. 污水处理厂排放标准较为落后的城市

对于污水处理厂排放标准较为落后，污水处理厂出水仅能满足《城镇污水处理厂污染物排放标准》GB 18918 二级标准或更低标准的城市，近期可主要提高污水处理厂排放标准，例如考虑将污水处理厂出水水质提升至一级 A 标准或准 IV 类标准，近期的再生水利用以河道补水、道路清洗、绿化灌溉等对水质要求较低的用途为主。为配合近期的再生水水质目标，污水处理厂的工艺改造可考虑在二级处理的基础上，增加生物处理单元以及深度处理设施，或是改造主体工艺，强化生物脱氮除磷等。随着经济的发展和再生水利用对象的逐步拓展，远期按国家再生水水质标准设定本市的水质目标。

2. 污水处理厂出水水质满足一级 A 标准的城市

对于污水处理厂出水水质满足一级 A 标准的城市，根据前述章节的水质对比分析以及深圳等城市的再生水利用经验，此时污水处理厂出水基本可以直接用于河道补水。此类城市的再生水利用规划可按照准 IV 类或国家再生水水质标准制定再生水水质目标。除河道补水外，积极发展再生水在城市杂用、景观环境用水等方面的应用。此类城市的污水处理厂工艺可考虑在二级处理的基础上增加混凝—沉淀—过滤“老三段”工艺或膜过滤等深度处理单元。

3. 污水处理厂出水水质满足准Ⅳ类要求的城市

对于北京、上海、深圳等污水处理厂出水水质满足准Ⅳ类要求的城市，此时出水水质已较好，总体上能达到城市杂用水、工业用水和景观环境用水的要求，再生水可考虑用于城市杂用、工业、景观环境、地下水回灌等。污水处理厂的工艺改造可考虑以工艺优化、改善工艺效果为主，如增加碳源强化生物脱氮效果、采用紫外线或臭氧消毒改善消毒效果等。

9.6 再生水厂站布局规划

进行再生水厂站布局规划时，需先对污水处理厂现状和规划情况及再生水开发利用潜力进行分析，后确定再生水厂站的位置、服务范围、规模和用地规模。

9.6.1 污水处理厂现状及规划分析

1. 污水处理厂现状分析

包括现状污水处理厂设计规模、实际处理规模、服务范围、出水水质、预留用地等。

（1）分析现状污水处理厂设计规模、实际处理规模，以预测再生水近期开发利用潜力；

（2）分析现状污水处理厂服务范围，判断近期再生水厂可能的服务范围；

（3）分析现状污水处理厂出水水质、预留用地情况，判断近期再生水厂建设的可行性及处理工艺要求。

2. 污水处理厂规划分析

包括污水处理厂规划布局、规划规模、规划服务范围、建设计划、规划预留用地情况、规划出水水质等。

（1）分析污水处理厂规划布局、规模及服务范围，预测远期再生水开发利用潜力，判断远期再生水厂服务范围；

（2）分析污水处理厂建设计划、规划预留用地情况，以确定再生水厂分期规模及可利用的土地情况；

（3）分析污水处理厂规划出水水质，以确定远期再生水厂处理工艺。

9.6.2 再生水厂站布局

1. 布局原则

（1）再生水厂宜与污水处理厂合建；

（2）再生水设施用地应按照最大可能规模控制和预留；

（3）合理划分供水范围，尽量做到再生水系统供需平衡；

（4）考虑规划的不确定性，再生水厂站规模应预留一定的弹性。

2. 再生水厂站位置确定

根据再生水厂站与污水处理厂的位置关系，可将再生水厂站建设形式分为合建式及分建式。在用地条件满足要求的情况下，再生水厂站宜与污水处理厂合建，以减少工程投资。选择再生水厂站位置时，应对污水专项规划进行解读，以确定规划污水处理厂的分布；然后根据再生水潜在用户的分布情况确定需要建设再生水设施的污水处理厂名单；最后分析名单中污水处理厂及其周边用地情况，最终确定再生水厂站的位置。

3. 再生水厂站供水范围划分

划分再生水厂站供水范围时，需综合考虑地形、再生水用户分布、各用户水量需求、各污水处理厂再生水开发利用潜力等多个因素。地形是高程情况的反映，决定了再生水管网的供水压力，即再生水厂站内供水泵站的供水压力。而供水压力的大小直接决定了再生水管网运行能耗的高低，因此，出于经济性考虑，划分再生水供水范围时需分析再生水厂与各大再生水用户所在位置之间的高程关系。

进行再生水厂站供水范围划分时，应对各供水片区进行再生水供需平衡分析，尽量做到各片区再生水供应能力满足所在片区的再生水用水需求。供应端即各污水处理厂的再生水开发利用潜力，需求端需根据再生水用户分布及各用户的水量需求进行计算。

4. 再生水厂站规模确定

应根据再生水开发利用潜力及供水范围内的再生水需求量确定各再生水厂的规模。当再生水开发利用潜力大于等于再生水需求量时，再生水厂规模宜取再生水需求量；当再生水开发利用潜力小于再生水需求量时，再生水厂规模取相应污水处理厂可开发利用的最大再生水量。再生水厂站的位置、供水范围和规模确定后，再生水厂站的布局也随之形成。各地进行再生水厂站布局时，应结合自身特点，经技术和经济比较后确定。例如，《深圳市再生水布局规划》根据其污水处理厂规划、地形、再生水用户分布、各用户水量需求、再生水开发利用潜力等因素进行再生水厂站的规划布局（图9-9）。

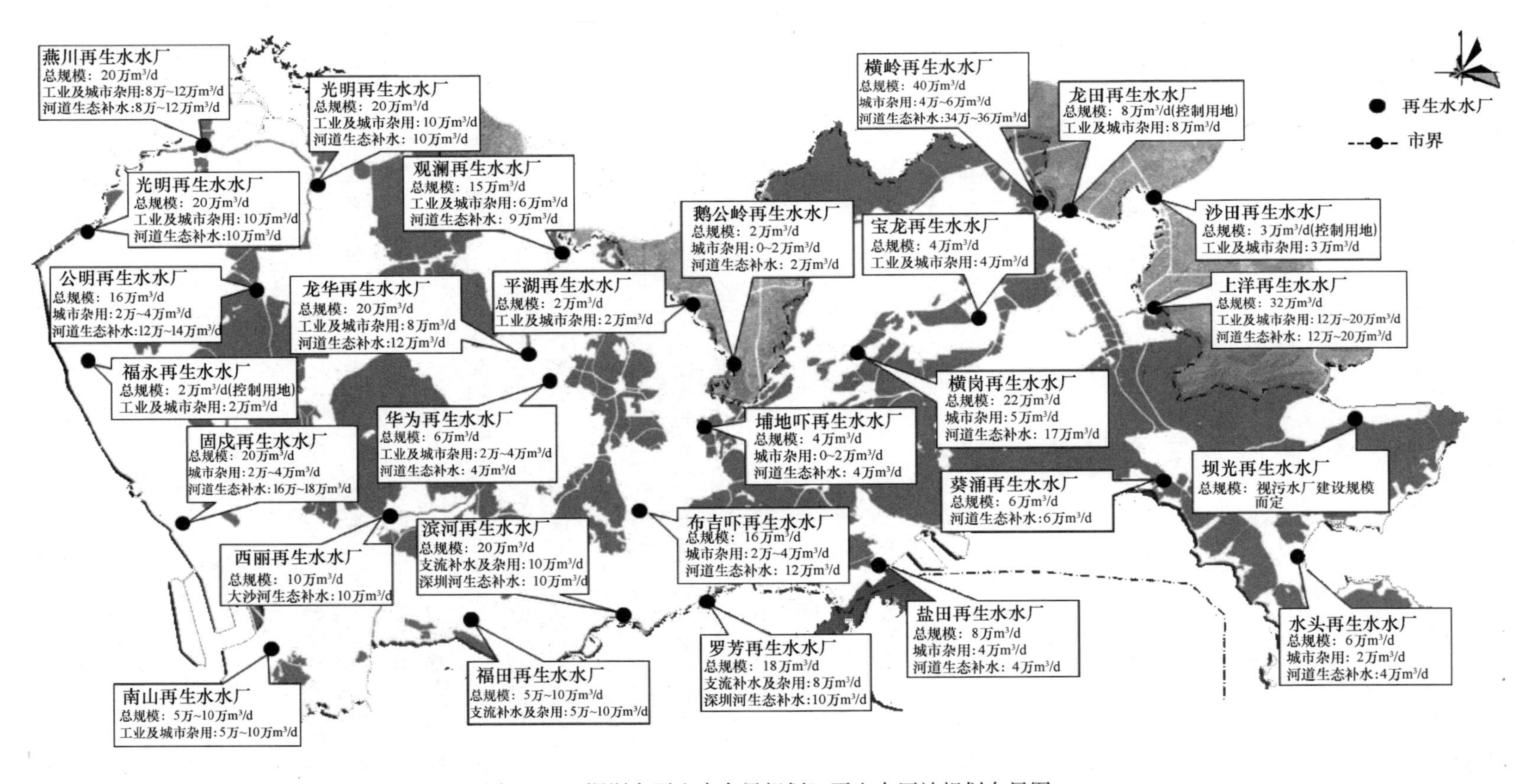

图 9-9 《深圳市再生水布局规划》再生水厂站规划布局图

资料来源：作者自绘

5. 污水处理厂提标改造背景下的再生水厂站布局

国内发达城市在污水处理厂出水达到准Ⅳ类、准Ⅲ类排放标准后，基本可以满足城市杂用、环境用水等水质要求，即可直接作为再生水进行利用，无须再经过深度处理。

在此背景下，再生水厂站的建设模式和布局方式产生了巨大变化。首先，在建设模式上，传统的再生水厂站是在污水处理厂的基础上再增加深度处理设施，再生水厂站与污水处理厂是分段建设的，再生水处理的流程分为“污水处理—再生水处理”两个阶段，即通常所讲的“两段论”。在尾水排放标准提高到准Ⅳ类、准Ⅲ类的情况下，污水处理厂尾水即是再生水，再生水处理与污水处理合为一个阶段，打破了传统的“两段论”做法。其次，在布局方式上，传统的再生水厂站布局需综合考虑污水处理厂布局、再生水处理设施占地、污水处理厂及其周边用地情况、用户分布及水量需求等因素。在尾水排放标准提高到准Ⅳ类、准Ⅲ类的情况下，污水处理厂即为再生水厂，进行再生水厂布局时无须再考虑再生水厂位置的选择，工作的重点主要为再生水供水范围的确定。

9.6.3 再生水厂站用地控制

1. 用地控制原则

再生水厂用地应结合再生水处理工艺，按以下原则进行控制：

(1) 再生水厂应按再生水规划布局确定的厂站规模及技术经济指标进行用地控制；

(2) 再生水厂原则上位于污水处理厂规划控制用地内，优先选用污水处理厂工程设计的预留用地或控制用地；

(3) 污水处理厂工程设计的预留用地或控制用地较为紧张，周边建设用地有扩建可能的，可新增深度处理设施用地；

(4) 污水处理厂工程设计的预留用地或控制用地较为紧张，且周边建设用地无扩建可能的，原则上应调整工程设计，或进行厂内设施升级改造。

2. 用地面积计算

再生水厂站用地包括处理构筑物用地和再生水回用泵站用地。

根据污水处理厂尾水设计标准，可将再生水厂的建设分为两种情况：一种是污水处理厂尾水水质为一级A或以下标准，达不到再生水水质要求，再生水厂站按照“两段论”建设，即在原有污水处理工艺的基础上增加了深度处理设施及回用泵站，再生水厂站用地需同时考虑深度处理构筑物和回用泵站的需求；另一种是污水处理厂尾水水质基本满足再生水水质要求（如准Ⅳ类），这种情况下再生水厂仅需建设再生水回用泵站，再生水厂站用地仅需考虑回用泵站的需求。

当现状排放标准在一级A或以下的污水处理厂有提标至准Ⅳ类或以上标准的计划时，应统筹考虑提标后的再生水回用需求，厂站用地除了处理设施用地外还需考虑再生水回用泵站用地。处理设施的占地面积与其所使用的工艺有关，根据国内部分城市的经验，由一级A提高至准Ⅳ类，处理设施所需用地不一定增加（详见“9.5 再生水水质及处理工艺”）。但为预留后期工程设计的弹性，规划阶段一般会控制较大的用地，处理设施用地指标可按《城市排水工程规划规范》GB 50318 中的“二级处理用地指标”及“深度处理用地指标”之和计算。《城市排水工程规划规范》GB 50318 对污水处理厂二级处理及深度处理的用地指标规定如表 9-8 所示。

《城市排水工程规划规范》GB 50318 污水处理设施用地指标　　表 9-8

建设规模（万 m^3/d）	二级处理用地指标 [$m^2/(m^3/d)$]	深度处理用地指标 [$m^2/(m^3/d)$]
>50	0.30～0.65	0.10～0.20
20～50	0.65～0.80	0.16～0.30
10～20	0.80～1.00	0.25～0.30
5～10	1.00～1.20	0.30～0.50
1～5	1.20～1.50	0.50～0.65

资料来源：《城市排水工程规划规范》GB 50318。

随着城市的发展，可开发的城市建设用地越来越少，国内部分建设用地紧缺的城市加强了对污水处理设施用地指标的控制，要求污水处理采用节地工艺。例如，《深圳市城市规划标准与准则》（2014 年版）中对污水二级处理及深度处理用地指标的规定均严于《城市排水工程规划规范》GB 50318，如表 9-9 所示。

《深圳市城市规划标准与准则》（2014 年版）污水处理设施用地指标　　表 9-9

建设规模（万 m^3/d）	二级处理用地指标（hm^2）	深度处理用地指标 [$m^2/(m^3/d)$]
50～100	25～40	0.1～0.3
20～50	12～25	
10～20	7～12	
5～10	4～7	
1～5	1～4	

资料来源：《深圳市城市规划标准与准则》（2014 年版）。

再生水回用泵站用地面积可根据《城市给水工程规划规范》GB 50282 进行计算，如表 9-10 所示。

回用泵站用地面积　　表 9-10

供水规模（万 m^3/d）	用地面积（m^2）
5～10	2750～4000
10～30	4000～7500
30～50	7500～10000

注：规模大于 50 万 m^3/d 的用地面积可按 50 万 m^3/d 用地面积适当增加，小于 5 万 m^3/d 的用地面积可按 5 万 m^3/d 用地面积适当减少。

资料来源：《城市给水工程规划规范》GB 50282 用地分析示例。

以《深圳市再生水布局规划》规划的横岭再生水厂为例，说明再生水厂站用地分析过程。

横岭污水处理厂设计规模为 20 万 m^3/d，规划规模为 60 万 m^3/d，设计尾水排放标准为《城镇污水处理厂污染物排放标准》GB 18918 一级 A 标准，采用生物滤池工艺。《深圳市再生水布局规划》确定横岭再生水厂规划规模为 40 万 m^3/d，规划采用“两段论”工艺建设横岭再生水厂，在污水处理厂一级 A 出水基础上采用微滤或超滤等膜工艺进行再生水处理，即规划控制用地需考虑二级处理设施扩建和再生水深度处理的需求。根据，《深圳市城市规划标准与准则》（2014 年版）污水处理设施用地指标，计算得扩建 40 万 m^3/d 二级处理设施所需用地约 20.67hm^2，新建 40 万 m^3/d 深度处理设施所需用地约 8hm^2，总共需控制用地 28.67hm^2。

经调研得知，横岭污水处理厂预留远期用地总面积达到 31.22hm^2，满足污水处理厂扩建及再生水厂建设需求（图 9-10）。

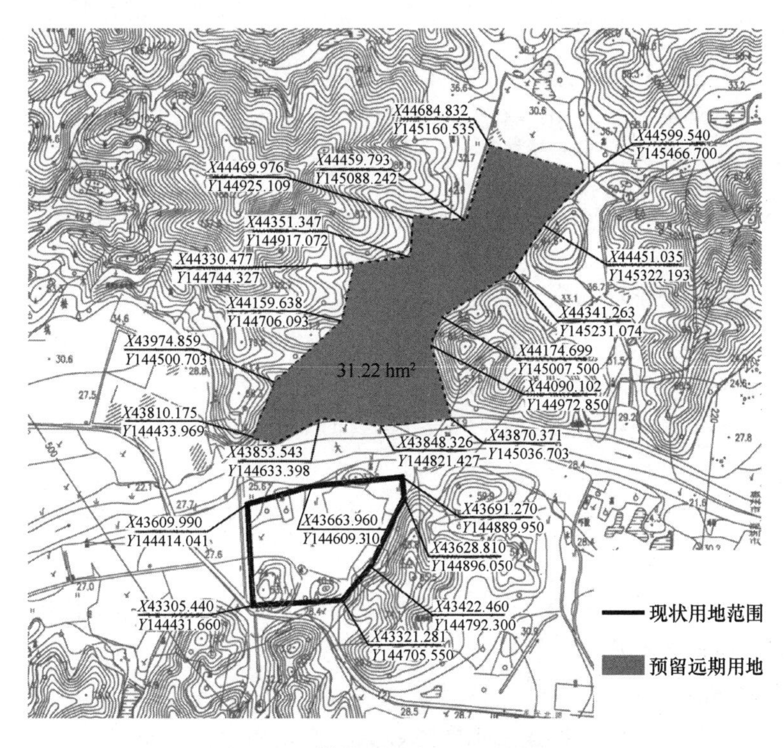

图 9-10　横岭再生水厂用地规划图

资料来源：作者自绘

9.6.4　建筑与小区中水利用

1. 系统组成

建筑与小区中水利用系统一般由原水系统、处理系统和供水系统三个子系统组成。原水系统指收集中水原水的一系列设施，包括管道、水泵及其他附属设施。处理系统指用于处理中水的一系列设施，一般由调节池、处理构筑物、消毒设施、贮存池、管道及相关设备组成。供水系统指用于供给中水的一系列设施，包括贮存池、水泵、管道及其他附属设施。

2. 中水水源

中水水源包括优质杂排水（包括盥洗排水、淋浴排水、循环冷却水）、杂排水（除冲厕排水以外的生活污水）和生活污水[131]。

3. 中水水质标准

中水应根据不同利用对象达到相应的水质标准。用于建筑杂用水和城市杂用水时，中水水质应符合《城市污水再生利用　城市杂用水水质》GB/T 18920 的规定；用于景观环境用水时，应符合《城市污水再生利用 景观环境用水水质》GB/T 18921 的规定；用于冷却、洗涤、锅炉补给等工业用水时，应符合《城市污水再生利用 工业用水水质》GB/T 19923 的规定；用于供暖、空调系统补水时，应符合《采暖空调系统水质》GB/T 29044 的规定。

4. 处理工艺

中水处理工艺主要有物理处理工艺、物化处理工艺、生物处理工艺[131]。具体项目的处理工艺需根据原水水质、利用对象及场地条件，经技术经济比较后确定。一般可按以下原则选择处理工艺[100]。

（1）当以盥洗排水或其他较为清洁的排水作为中水原水时，可采用以物化处理为主的工艺流程。

（2）当以含有洗浴排水的优质杂排水、杂排水或生活污水作为中水原水时，宜采用以生物处理为主的工艺流程，在有可供利用的土地和适宜的场地条件时，也可以采用生物处理与生态处理相结合或者以生态处理为主的工艺流程。

（3）当中水用于供暖、空调系统补充水等其他用途时，应根据水质需要增加相应的深度处理工艺。

（4）当采用膜处理工艺时，应有确保进水水质可靠的预处理工艺和易于膜的清洗、更换的技术措施。

近年来，随着经济的发展和生产技术水平的提高，出现许多中水一体化处理设备，具有占地小、管理方便等特点。

5. 处理设施选址

中水处理设施的位置应根据建筑小区的规划、中水原水的产生、中水用水点的分布、环境卫生和管理维护要求等因素确定。选址时，应考虑尽可能与主要回用用户靠近；要充分利用地形，以满足处理构筑物高程布置的需要；以生活污水为原水的中水处理设施宜在建筑物外部按规划要求独立设置，且与公共建筑和住宅的距离不宜小于 15m[131]。

9.7　再生水管网系统规划

9.7.1　规划任务

由于规划深度不同，总体规划层次与详细规划层次的再生水规划对再生水管网系统规划内容的要求有所差异。总体规划层次的再生水管网系统规划一般只涉及主干管网。而详细规划层次，再生水管网系统规划内容包括管网、加压泵站和取水口等设施的规划。

9.7.2　再生水管网规划

再生水管网规划的内容包括管网布置，确定管网供水压力、管径、管位以及管材。

1. 管网布置

（1）管网布置形式

供水管网（包括自来水供水管网以及再生水等非常规水资源供水管网）的布置形式分为枝状管网和环状管网。两种管网布置形式的优缺点如表9-11所示。

枝状管网与环状管网对比分析　　　　**表9-11**

管网布置形式	优点	缺点	一般适用条件
枝状	管材省、投资少、构造简单	供水可靠性较差；各支管尽端易造成局部“死水”，导致水质恶化	适用于地形狭长、用水量不大、用户分散的地区
环状	供水安全可靠；可降低管网中的水头损失，节省动力；能减轻管内水锤的影响，利于管网安全	管线较长，投资较大	适用于对供水安全性要求较高的地区

为了充分发挥再生水管网的配水能力，达到既安全可靠，又经济适用的原则，常采用支状与环状相结合的布置方式。在再生水用户集中、对再生水供水安全性要求较高的区域，例如集中工业区、集中办公区、集中商业区等，宜采用环状布置，并加大再生水管网的密度。在用户较少或再生水供水安全性要求不高的区域，以及少数点对点的再生水供水管线（例如单独建设的再生水河道补水管），一般采用支状布置。为防止再生水在管内停滞导致水质恶化，在枝状管道末端需设置排水设施。

（2）管网布置原则

1）总体原则

① 可实施性强的原则。再生水管道的走向和位置应符合潜在用户的布局要求（工业、城市杂用），尽可能沿规划新建道路敷设，与改造、新建道路同步建成，减少对现有城市道路秩序的破坏，尽量敷设在道路的人行道或绿化带下。此外，应视道路管位情况统筹考虑再生水管道的路由。对于道路管位紧张的区域，提供河道环境用水的再生水主干管可敷设在河道蓝线范围内。

② 经济合理的原则。再生水管道应尽可能沿着较短的线路布置，以节省工程造价和减少日常输水能耗。

③ 远近协调、避免反复建设的原则。综合考虑近远期实施时序，近期以潜在工业大用户集中片区管网建设为主。多路干管输配水，便于再生水管网的分期分片实施，使管网既能满足近期用户需求，又能充分满足远期需要，避免道路反复开挖。

2）不同用户分布特征地区的管网布置原则

再生水管网应根据再生水潜在用户的分布进行布置。

① 对于再生水用户集中的工业区、办公区、商业区，应加大管网密度，提高供水安全性；

② 对于再生水潜在用户较少的地区，可适当降低再生水管网密度，优先保证用水大户的用水需求，使得潜在用水大户所在地块周边至少有一条市政道路下敷设有再生水管，以便将再生水接入地块内部；

③ 对于专供河道生态用水的再生水管道，可布置在河道蓝线范围内；

④ 对于仅有市政杂用用途的地区，再生水管网的布置仅需满足取水口布置的要求。

（3）不同层次再生水规划的管网布置要求

不同层次再生水规划的深度不同，管网布置的要求也有所差异。在总体规划层次，只需要进行再生水配水主干管的布置；详细规划层次则需要确定每一根管道的路由，为后续工程设计提供指导。如图 9-11、图 9-12 所示。

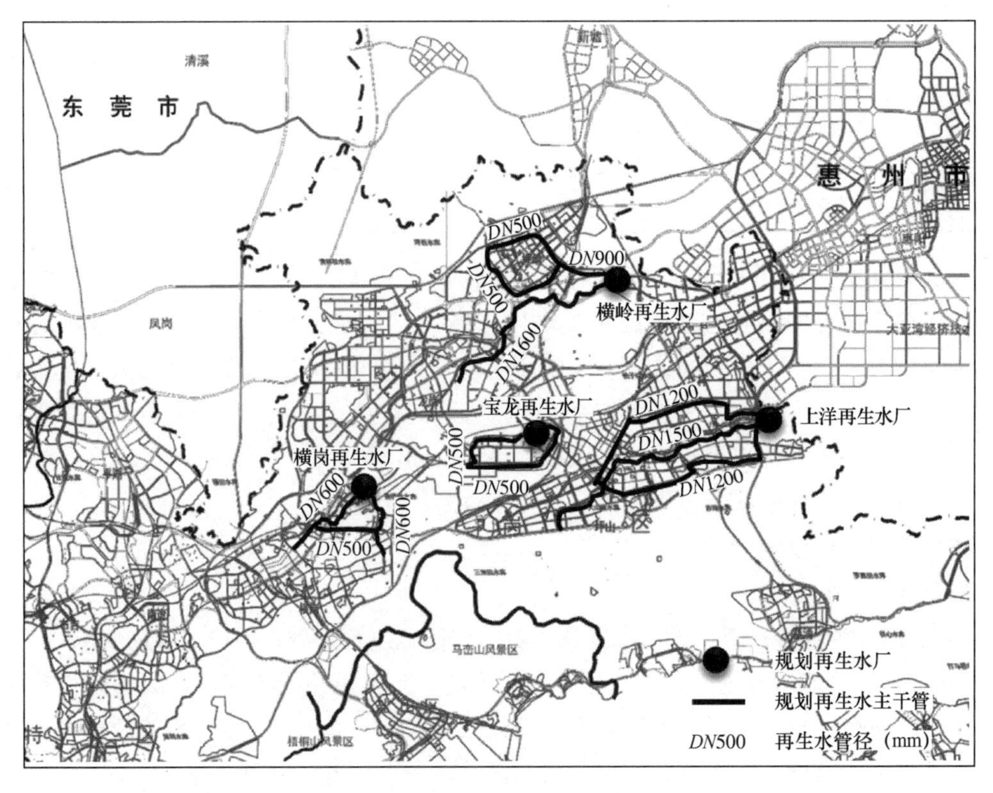

图 9-11　总体规划层次再生水管网布置示例（深圳市东部分区）

资料来源：作者自绘

2. 管网供水压力

管网供水压力由最小服务水头和控制点共同决定。再生水供水管网的服务水头应根据用户的需求确定。工业和城市杂用再生水供水管网的最小服务水头的数值可参考自来水供水管网，按照供给建筑物的层数确定，即一层 10m，二层 12m，三层及以上每增加一层增加 4m。环境用水再生水补水管的服务水头要求较低，一般满足最小出流水头即可。

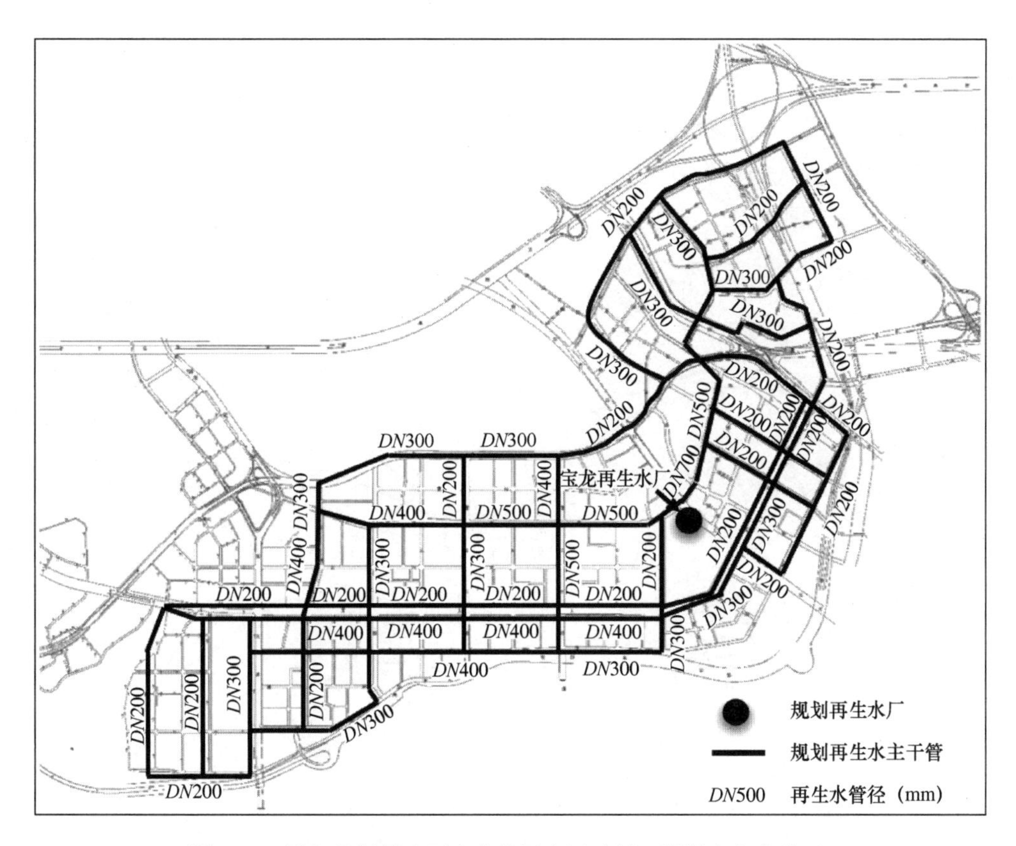

图 9-12　详细规划层次再生水管网布置示例（深圳市宝龙片区）

资料来源：作者自绘

再生水管网控制点一般位于地面较高、距离再生水厂较远的地区。只要控制点的自由水头满足要求，则整个管网的水压均满足要求。控制点的选择以总体适用、经济合理为原则，避免因个别地形高区的水压要求而提高整个管网的供水压力。

3. 管径计算

再生水输配水管网建成的独立系统，是再生水系统中投资最大的部分，并直接关系到长期的运营能耗，因此必须依据经济合理的原则规划管径。再生水管网的管径需通过水力计算确定，计算方法与自来水供水管网相同。其中，环状管网可借助软件进行管网的平差。

4. 管网平差

（1）管网平差的作用

通过管网平差，可以分析整个再生水供水管网的压力分布情况，辅助管径及供水压力的确定，尽量使管网规划做到经济合理。

（2）管网平差工况

进行自来水供水管网规划设计时，需对最高日最高时、消防时、最大转输时、最不利管段发生故障时等四种工况进行平差，以校核管网流量和水压情况。与自来水供水管网不同，再生水管网一般不承担消防功能，再生水用户对再生水水量供给的稳定性要求也相对较低。此外，出于水质安全考虑，一般不会在再生水厂外设置市政再生水供水水塔。因此，再生水管网的平差一般是采用最高日平均时工况。对再生水水量稳定性要求较高的区域，可采用最高日最高时、最不利管段发生故障时等两种工况进行平差。

（3）管网平差参数的设置

进行再生水管网平差时，相关参数可参考如下原则进行设置（图 9-13）：

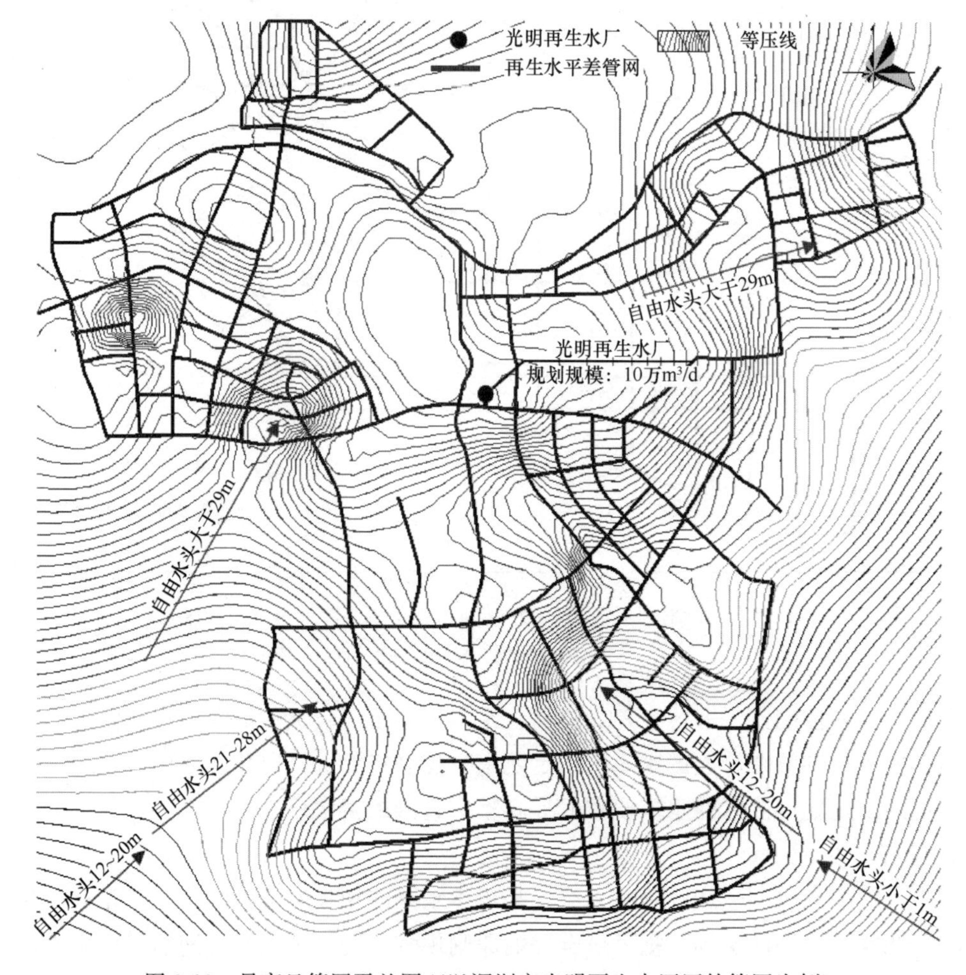

图 9-13 最高日管网平差图（以深圳市光明再生水厂厂外管网为例）

资料来源：作者自绘

1）节点流量的确定需预留弹性。考虑预留弹性和安全性，管网平差节点流量可按最高日流量乘以一定的弹性系数确定，弹性系数一般可取 1.2～1.5。

2）结合工业用地与再生水潜在用水大户的布局进行节点流量分配。双侧有工业用户的按 1.0 折算为计算管长，单侧有工业用户的按 0.5 折算为计算管长；双侧无工业用户的按 0～0.2 折算为计算管长。

3）管网的局部水头损失可不作详细计算，一般按沿程损失的 5%～10%计。

4）考虑工业用户需水量大且集中的特点，城市干路、次干路敷设再生水管道最小管径为 $DN200$。工业区内接户管预留管径宜取 $DN100$～$DN150$。

5. 管位分析

为增强规划的可实施性，详细规划层次的再生水规划需对再生水管的管位进行分析。根据《城市工程管线综合规划规范》GB 50289，进行管线规划时需考虑各类管线的排列顺序、位置、水平间距、垂直间距和覆土深度等。

（1）排列顺序和位置

再生水管道一般采用单侧布置，与给水管道同侧布置于人行道或绿化带上。根据《城市工程管线综合规划规范》GB 50289，工程管线从道路红线向道路中心线方向平行布置的次序宜为：电力、通信、给水（配水）、燃气（配气）、热力、燃气（输气）、给水（输水）、再生水、污水、雨水。部分城市还对管线的布置方位提出了要求，例如《深圳市城市规划标准与准则》（2014年版）规定再生水管线宜布置于道路的西侧、北侧。

（2）水平间距

再生水管线与建（构）筑物和其他管线的水平间距应符合《城市工程管线综合规划规范》GB 50289的要求，具体如表9-12所示。

再生水管线与建（构）筑物和其他管线的水平间距（m）　　**表9-12**

项目	建（构）筑物	给水管线	污水、雨水管线	再生水管线	燃气管线（压力P，压力单位：MPa）				直埋热力管线	电力管线	通信管线	管沟	乔木	灌木
					低压	中压	次高压							
							B $0.4 \leqslant P < 0.8$	A $0.8 \leqslant P < 1.6$						
再生水管线	1.0	0.5	0.5	—	0.5		1.0	1.5	1.0	0.5	1.0	1.5	1.0	

资料来源：《城市工程管线综合规划规范》GB 50289。

（3）垂直间距

再生水管线与其他管线的垂直间距应符合《城市工程管线综合规划规范》GB 50289的要求。具体如表9-13所示。

再生水管线与其他管线的垂直间距（m）　　**表9-13**

项目	给水管线	污水、雨水管线	再生水管线	热力管线	燃气管线	电力管线		通信管线
						直埋	保护管	
再生水管线	0.5	0.4	0.15	0.15	0.15	0.5	0.25	0.15

资料来源：《城市工程管线综合规划规范》GB 50289。

（4）覆土深度

再生水管道覆土深度应根据土壤冰冻深度确定，并考虑土壤性质和地面承受荷载的大小。位于机动车道下不应小于0.7m，非机动车道下不应小于0.6m（图9-14）。

当规划再生水管道经过有规划综合管廊的道路时，还应与综合管廊规划方案相结合（图9-15）。若综合管廊规划方案有考虑再生水入廊或预留管位，则规划再生水管应敷设

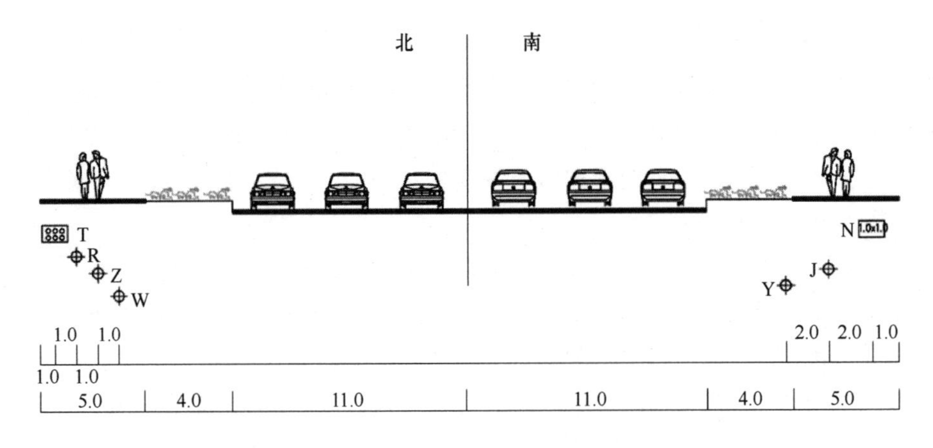

图 9-14　再生水管道管位分析示例

资料来源：作者自绘

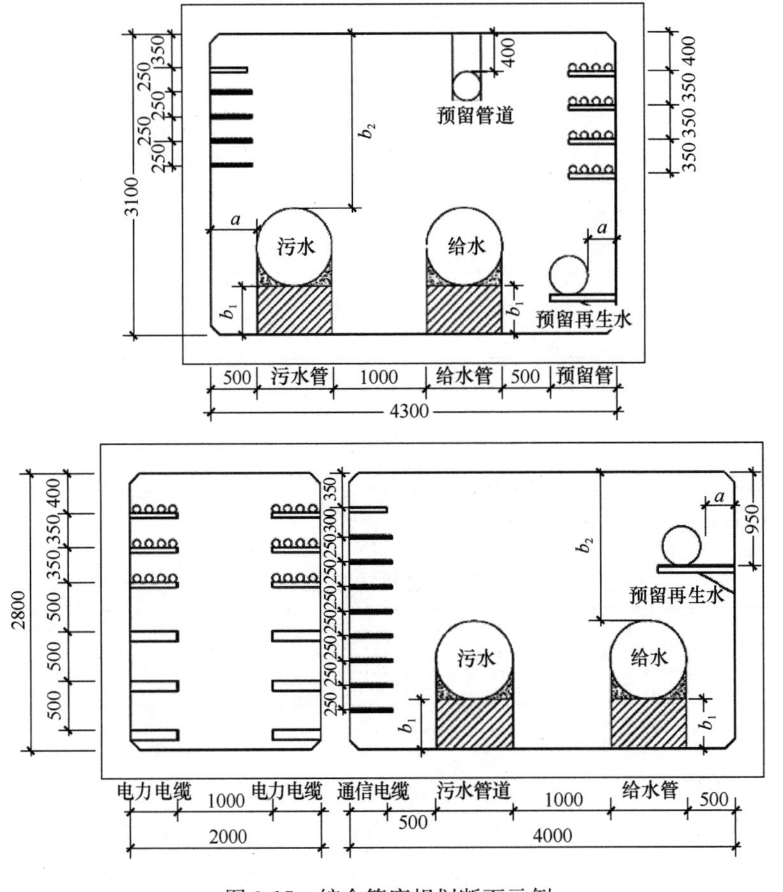

图 9-15　综合管廊规划断面示例

资料来源：作者自绘

于综合管廊内；若没有，在管廊未实施建设的情况下，应积极与相关部门进行沟通，争取将再生水管纳入综合管廊内。

6. 管材选择

输配水管道在再生水供水系统中占投资的比重较大，其选材直接影响再生水系统的安全性和经济性。再生水系统输配水管材在选择过程中，要注意以下选用要点：①满足使用功能，管材的耐腐蚀性好，水力条件好，施工和运输方便；②管材造价较低，使用寿命长；③预留接口方便，管网维护方便；④再生水供水系统应近远结合，主干管网留有一定的余地，不同管径应选择不同的管材。

目前我国给水输配水管道（*DN*100～*DN*3000）的管材主要有混凝土管、钢管、球墨铸铁管、玻璃钢管及聚乙烯管等几种，现分别介绍如下：

（1）混凝土管（CP）

混凝土管由波特兰水泥、沙子、砾石集料、水和钢筋所构成，有三种类型：钢筋，非预应力管；钢筋，预应力管；无钢筋，非预应力管。其优点在于制造工艺成熟，运用范围较广，无须防腐，价格较低；缺点在于管体笨重、搬运损坏率较高，在地下情况较为复杂或土壤条件较差时无法使用。

（2）钢管（SP）

钢管优点在于强度大、耐高压、安装方便、使用范围广、对不良地基适应性强、不易发生损坏等；缺点在于易腐蚀，必须作相应的防腐处理，其价格较高。

（3）球墨铸铁管（DCIP）

现大口径给水管常采用球墨铸铁管。球墨铸铁管的特点是强度高、韧性大，具有较强的抗腐蚀能力且安装施工也较方便，近几年在管网改造中球墨铸铁管的应用比较广泛，已基本取代了灰口铸铁管，在给水管材中具有举足轻重的作用。产品规格在 *DN*100～*DN*2200mm 之间，但 *DN*≥1400mm 及 *DN*≤200mm 的球墨铸铁管和管材的铸造难度大，相对价格高，对其推广使用形成了一定的阻碍。

（4）玻璃钢管（GRP）

玻璃钢管以热固性高分子树脂为基体、以玻璃纤维为增强材料，具有优良的耐腐蚀性，可以在数十种酸、碱、盐以及有机溶剂等化学介质侵蚀下工作。玻璃钢管具有较高的综合经济效益，特别是大口径玻璃钢管材的经济、社会效益尤为显著。其缺点在于刚性较低，易损坏，对管沟开挖及回填的要求较高，专业性安装要求高，且有资料显示部分管道存在玻璃纤维析出的问题。在实际建设中，选用管径在 *DN*500 以上时其优势较为突出。

（5）聚乙烯管（UPVC）

聚乙烯管特点是无氯、耐蚀、有韧性、内壁光滑、水头损失小，特别适用于寒冷冰冻地区室外埋地使用，目前已在我国得到了较为广泛的应用。其缺点为对管沟开挖及回填的要求较高，一般此类管材用于管径较小的配水管道上。

（6）高密度聚乙烯管（PE）

PE 管根据生产管道的聚乙烯原材料不同，分为不同等级，目前国内产品主要是 PE80 级和 PE100 两级，其特点为卫生条件好，不结垢，不滋生细菌，柔韧性好，抗冲击强度高，耐强震。PE在我国应用起步较晚，发展空间大，目前一次性投资价格较高。

再生水系统选用的管材应做到技术可行、安全可靠、经济合理，保证工程质量，降低工程造价，提高经济效益。综合分析各类管材的特点，结合深圳等地再生水管材选用的经验，再生水管网推荐管材如下：

① 管径≤*DN*200，建议采用高密度聚乙烯管（PE）；

② *DN*200≤管径<*DN*600，建议采用球墨铸铁或高密度聚乙烯管（PE）；

③ 管径≥*DN*600，建议采用球墨铸铁管。

9.7.3 加压泵站规划

为满足用户对水压的需求，根据管网平差结果，结合整个管网系统运行的经济性，需要在部分区域设置再生水加压泵站（图9-16）。再生水加压泵站规模根据其服务区域的再生水最高日用水量需求确定，用地面积根据表9-10进行计算。

图9-16 再生水泵房照片

资料来源：笔者拍摄

9.7.4 取水口规划

再生水输配水管上应设有取水口，以便城市绿化和道路清扫等市政杂用水取水。

1. 间距及设置位置

取水口的间距应根据设置的可能性、交通状况和用户要求来确定，一般为500～800m。取水口的设置宜结合环卫站、公园和广场等，以免取水时影响交通。取水口的接口井应设在非机动车道和人行道的合理位置，方便日常维护管理。

2. 设置要求

每个取水点位宜同时至少设置2个取水口，可供多台车同时取水以节约取水等候的时间；并在取水口处配备快速取水系统（图9-17）。每个取水口都应设置测量装置，以便于再生水的计量和收费。

图9-17 再生水取水口照片

资料来源：笔者拍摄

9.8 再生水投融资模式

项目投融资是指贷款人向特定的工程项目提供贷款协议融资，贷款人对该项目产生的现金流量享有偿债请求权，且以该项目资产作为附属担保，以项目本身信用为基础的融资类型[132]。对于再生水回用而言，项目的收益来自再生水的销售收入，再生水的广泛应用前景和可以预期的稳定的市场需求决定其完全适合于项目融资，因为资金提供方在决定是否发放贷款时是将项目本身的收益潜力作为首要的考虑因素[133]。

9.8.1 公用事业项目主要投融资模式简介

再生水项目作为公用事业项目的一种，其投融资模式可以从其他公用事业进行借鉴。目前，公用事业项目投融资模式主要有BOT、TOT、TBT、PPP、ABS等。

1. BOT模式

BOT（Build-Operate-Transfer）的含义是“建设—经营—移交”，指政府将项目的特许经营权授予承包商，承包商在规定的特许期内负责项目融资、建设和经营，回收投资并获取利润，特许经营期满后将项目所有权无偿移交给政府的一种项目融资模式[134]。

以BOT融资模式建设再生水回用工程必须考虑以下几个问题[133]：①再生水项目为公益性项目，投资者为回收成本获取利益，往往会忽视消费者利益，政府在招标和授予特许经营权的时候应予以必要的限制；②政府将风险转移到民营机构是以出让特许经营权为代价的，因而会在相当长的一个时期内无法从再生水项目中获取收益；③对投资者而言，招投标过程中是否中标的不确定性使得前期可行性研究和初步设计费用有可能变成沉入成本，自身投资风险较大。

2. TOT模式

TOT（Transfer-Operate-Transfer）意为“移交—经营—移交”，它是在BOT融资模式上的发展，指政府将已经建成的基础设施的产权和特许经营权移交给投资者经营，投资者以该设施在约定时间内的收益为基础，一次性地付给政府一笔资金，约定期满后，再将设施交还政府[133]。

3. TBT模式

TBT（Transfer-Build-Transfer）项目融资模式是BOT融资模式和TOT融资模式的结合，意为“移交—建设—移交”，指政府通过TOT模式将已建基础设施项目的经营权在一定期限内转让给投资者，取得可观的收入，再将这笔收入与同一投资方合作，通过BOT融资方式与其共建新的基础设施项目，在特许经营期满后无偿回收经营权[135]。可见，在TBT融资模式下包含两个项目，政府将一个已建成的项目的设施和特许经营权通过有偿（或无偿）的方式转让给投资者，目的是为了新建一个BOT项目。

4. PPP模式

PPP（Public-Private Partnership）模式是一种公共设施建设的机制，指政府与社会资本之间在基础设施和公共服务等领域，以特许经营协议为基础建立的一种长期的合作关系[136]。通过这种合作形式，合作各方可以达到比预期单独行动更有利的结果。合作各方参与某个项目时，政府并不是把项目的责任全部转移给私人企业，而是项目的监督者和合作者，强调的是优势互补、风险分担和利益共享。

5. 其他模式

(1) PFI 模式

PFI (Private Finance Initiative)，即“私人主动融资”，指政府部门根据社会对基础设施的需求，提出建设项目，通过招投标，由获得特许权的私营部门进行建设与运营，并在特许期（通常为 30 年左右）结束时将所经营的项目完好地、无债务地归还政府，而私营部门则从政府部门或从接受服务方来收取费用以回收成本的项目融资方式[137]。

(2) BT 模式

BT (Build-Transfer) 即“建设—转让”模式，是 BOT 模式的一种历史演变。BT 是政府利用非政府资金来承建基础设施项目的一种投资方式，政府确定项目投资建设计划后，通过授权代理的项目法人，经过公开招标或竞争性谈判确定工程建设的投资代建方，项目法人通过合同约定将项目授予代建方，代建方在规定的建设期间行使业主职能，对项目进行融资、建设、承担建设期风险，项目建设完成后，代建方将交验合格的项目移交给政府，政府按约定总价（或总价加回报）一次性或按比例分期偿还代建方[138]。

(3) ABS 模式

ABS (Asset Backed Securitization) 是一种把债券融资模式引入公共基础设施的融资方式，适用于具有经营性特征且具有一定收益保障的公共基础设施建设领域[139]。ABS 概括说就是“以项目所属的资产为支持的证券化融资方式”。

9.8.2 国内城市再生水投融资模式

前已述及，国内北京、天津、深圳的再生水利用体系相对成熟，已出台一系列配套政策引导再生水的发展，制定了相关地方标准，并且实施了较多的再生水利用项目。因此，以北京、天津、深圳为例，介绍国内城市的再生水投融资模式。

1. 北京市

北京市将污水处理与再生水回用作为一个整体进行融资、建设和运营，虽然中心城区和其他城区在投融资模式方面的具体政策要求不同，但基本采用 PPP 模式。

(1) 中心城区

根据《北京市进一步加快推进污水治理和再生水利用工作三年行动方案（2016 年 7 月～2019 年 6 月）》，中心城区污水处理和再生水利用设施建设项目沿用《北京市加快污水处理和再生水利用设施建设三年行动方案（2013—2015 年）》（京政发〔2013〕14 号）确定的投融资模式，即由市政府固定资产投资和特许经营主体筹资共同解决项目征地、工程建设资金及 50%的拆迁资金，其中，50%的征地资金和 25%的拆迁资金由市政府固定资产投资安排，并作为特许经营主体的融资资本金；其余 50%的拆迁资金由项目所在地区政府承担。市财政部门将相关区政府开展征地拆迁工作和拆迁资金落实情况与市财政转移支付挂钩，对落实情况较好的给予一定补贴。

目前，北京市中心城区污水处理及回用设施特许经营主体为北京排水集团。2015年北京市水务局与北京排水集团签署了《北京市中心城区污水处理和再生水利用特许经营服务协议》，根据协议，排水集团获得北京市中心城区污水处理和再生水利用服务为期30年的特许经营权。北京市政府将根据排水集团的成本测算，每年给予一定的服务费，作为北京排水集团的主要收入。具体而言，北京排水集团将按照30年的时间进行成本测算，包括新建的项目费用、项目经营管理费等运营建设成本，平均到每一年的实际投入，然后在每年投入的成本上加8%的成本回报率，作为北京排水集团每年的利润[140]。

（2）其他城区

根据《北京市进一步加快推进污水治理和再生水利用工作三年行动方案（2016年7月—2019年6月）》，北京其他城区采用的是“政府建网、企业建厂、特许经营”模式。“政府建网、企业建厂”，即政府负责再生水管网建设，特许经营主体负责再生水厂站的建设。经营采用的是授权的特许经营模式，即各有关区政府按照流域和区域相结合的原则，将区划分为若干个区域，通过公开招标/竞争性谈判等方式确定各区域特许经营的主体，采用PPP等模式开展污水处理和再生水利用设施建设和运营。

2. 深圳市

目前，深圳市再生水设施建设资金的主要来源为政府财政，再生水设施投融资模式包括TOT和BOT。根据2017年2月深圳市政府印发的《深圳市第五轮市区政府投资事权划分实施方案》，深圳市内与道路同步建设的再生水厂配套管网按道路投资主体进行投资，再生水厂及独立建设的再生水厂配套管网由市政府进行投资。再生水运营机制方面，《深圳市再生水利用管理办法》规定：分散式再生水利用项目由其产权人自行管理和维护，政府投资建设的集中式再生水利用项目通过招投标、委托等方式确定符合条件的经营者。

截至2018年底，深圳市共有6座再生水厂，分别是横岗再生水厂、滨河水质净化厂、盐田水质净化厂、南山水质净化厂、罗芳水质净化厂和固戍再生水厂。其中，横岗再生水厂、滨河水质净化厂、盐田水质净化厂采用TOT模式，其余3座采用BOT模式。运营模式方面，上述6座再生水厂站仅横岗再生水厂和固戍再生水厂是独立运营，其余4个再生水回用设施均作为水质净化厂的一部分进行运营。由于市场化的再生水价格与深圳市自来水价格相比并无明显优势，为维持再生水设施的运行，即使是独立运营的横岗再生水厂和固戍再生水厂，也是根据处理量进行收费，而不是根据再生水利用量收费，相当于是对再生水用水量进行了保底。

2016年，深圳市水务局开展了《横岗再生水厂及配套管网PPP实施方案》的编制工作，邀请了7家国内水务投资企业进行市场测试。从测试结果来看，再生水市场化对社会资本吸引力不大，受邀投资企业均提出仍需政府予以补贴。由此可见，现阶段再生水设施的运营还无法完全市场化，仍需政府从财政上给予运营企业一定扶持。

3. 天津市

天津市现状再生水利用设施投融资模式主要采用BOT，其将再生水厂站与再生水管网的建设分开进行考虑，形成了供水企业投资建厂、政府配套建设干网、开发商投资建设区内管网、工厂自行管网配套为主的再生水设施建设投资模式。2001 年，天津中水有限公司成立，其为天津市现状再生水经营企业，形成了专业化运作机制，进行天津市再生水厂的融资、建设和再生水产、供、销的专业化运营管理。

第10章　雨水利用专项规划

10.1　工作任务

雨水利用规划的基本任务是对城市雨水资源在空间和时间上进行科学合理的安排与利用。即通过对当地气候条件的分析和城市用水需求的调查，明确雨水利用对象，并布局雨水处理与供水设施，将雨水资源进行合理分配。具体来讲，雨水利用规划的工作任务主要包括以下六大方面。

（1）自然降雨及可利用水量的分析与测算。根据多年降雨资料（一般不少于20年），运用水文统计分析方法，对当地的降水情况进行统计分析，为科学合理配置水资源提供依据。

（2）现状雨水利用情况的调查与分析。通过详实的调研，分析当前雨水利用的主要对象、利用方式和用水规模，提出当前雨水利用存在的问题。

（3）确定雨水利用对象。根据不同的地形地貌和土地利用条件，结合不同类型雨水利用的技术特点，提出分区雨水利用策略，确定雨水利用对象。

（4）确定雨水利用方式。结合城市降雨条件、用水情况、用水对象以及分区雨水利用策略，合理确定雨水利用方式。

（5）确定雨水处理工艺。结合各类用户对水质的需求，合理确定雨水处理工艺。

（6）布局雨水利用设施。雨水利用设施包括集中式利用设施与分散式利用设施。非水源水库、水塘的利用设施属集中式利用设施，城市建设区内多为分散式综合利用设施。雨水利用设施以分散式利用设施为主，一般无须建设大型处理厂站和管网系统。

10.2　资料收集

雨水系统规划需收集的资料包括现状资料和规划资料，详见表10-1。

雨水系统规划需收集资料一览表　　表10-1

资料类别	具体资料	资料用途
现状基础资料	降雨、蒸发等水文条件	分析规划区域降雨情况以及测算可利用的水量
	地形地貌、土壤地质以及城市开发建设情况等	分析雨水利用的划分区域，以及雨水可渗透设施使用的区域
	河湖水系、水库、水塘等水体的位置、规模等	分析河道补水对象、储水设施规模和分布情况

续表

资料类别	具体资料	资料用途
现状基础资料	规划区整体用水情况及用水结构，包括用水量、用水来源、水源保证率、水源水质、供水厂站情况等	分析现状用水及供水情况
	雨水利用现状情况，包括雨水利用对象、利用方式、利用范围、用水量等情况	分析已有雨水利用用户及供水情况
	工业等大用户用水概况，包括工业用水大户分布、产业类型、用水量、用水构成及用水来源等	分析现状工业用水大户分布、相应的用水量以及雨水用于低品质工业用水的可能性
	城市杂用水用水概况，包括绿化、道路等城市杂用水对象的规模（数量、面积）、用水量、用水来源、用水天数等	分析现状城市杂用水对象的用水量、用水来源、用水规律以及雨水用于城市杂用水用户和可能性
	生活杂用水用水概况，包括冲厕、洗车、景观补水等生活杂用水的规模（数量、范围）、用水量、用水来源、用水天数等	分析现状生活杂用水对象的用水量、用水来源、用水规律以及雨水用于城市杂用水用户和可能性
	主要河流水环境及基流情况，包括水环境质量、生态基流量、逐月平均流量等	分析雨水用于河道补水的必要性及可能的对象
	地下水情况，包括地下水水位、地下水水质等	分析雨水用于补充地下水的必要性及可能的区域
	农业分布及用水情况，包括分布、面积、作物/养殖种类、用水量、用水来源等	分析雨水用于农业用水的必要性和可能的用户分布
规划资料	城市总体规划	解读规划用地布局，辅助判断远期可能的雨水利用的用户整体分布
	产业发展规划	解读其中适宜采用雨水的产业类型及分布
	海绵城市专项规划	解读雨水利用和蓝绿空间的保护和利用措施
	水资源专项规划	解读规划区内水资源构成、水量预测、供水设施布局等
	供水专项规划	解读城市杂用水、生活杂用水、工业等大用户用水、生态补水的用水结构和用水量，分析雨水替代供水的可行性
	排水防涝规划	解读其中的雨水资源利用设施规划内容，特别是设施布局及规模，起到辅助雨水用户筛选工作的作用
	污水专项规划	解读污水系统布局规划及污水处理厂规模，分析雨水和再生水联合供水的可行性
	防洪专项规划、河道整治规划、水系规划、流域治理规划等	解读相关规划对河道补水的要求、规划河道线位、规划洪水位等内容，分析未来可能的河道补水对象
	农田水利规划	解读农田分布及规模等内容，分析未来可能的农业用水对象

10.3 雨水利用对象

雨水利用是将雨水转化为可利用水资源的过程[141]。雨水利用的范围非常广泛，从人畜饮水、集雨农业到城市雨水综合利用，从水利水电、市政排水、水土保持、生态环境到景观设计等都有涉及雨水利用的内容。城市雨水利用有狭义和广义之分，狭义的城市雨水利用主要指对部分降雨或城市汇水面产生的径流进行收集、调蓄和净化后的直接利用，常见学校、广场、建筑物屋面、小区、道路等一定区域内对雨水进行收集、调蓄后回用于绿化灌溉或洗车、冲厕等。广义的城市雨水利用是指在城市范围内，有目的地采用各种措施对雨水资源进行保护和利用，包括收集、调蓄和净化后回用的直接利用；也包括利用各种人工或自然水体、池塘、湿地或洼地使雨水渗透补充地下水资源的间接利用；还包括回用与渗透相结合，利用与洪涝控制、污染控制、生态环境改善相结合的综合利用。

根据雨水利用用户调查与分析，结合城市开发建设情况，可将雨水利用分为生态区（山区）雨水利用和城市建设区雨水利用两种类型。生态区（山区）雨水利用一般可分为非水源水库雨水用于河道补水和用于附近低品质工业用水，其中河道补水根据补水目的不同分为生态补水、环境补水和景观补水。城市建设区雨水利用一般可分为直接利用和间接利用，其中直接利用多指雨水的收集、存储、净化后回用于市政杂用水和生活杂用水；间接利用一般结合海绵城市规划建设，采用多种措施或组合措施，实现雨水的综合利用。

我国幅员广阔，各地地形地貌、降雨特点等自然条件差别较大，不同气候特征、不同产业类型区域的雨水利用对象也有所差异。因此，各地在城市雨水利用决策或设计时，须根据当地的自然条件、城市建设特征、产业类型等因素，综合确定雨水利用对象。总体来说，我国南北方雨水利用策略不同，南方城市与北方城市对城市雨水利用的需求和目标也不相同。南方城市天气温暖潮湿，雨水量大且持续时间长，下雨频率高，其雨水利用规划建设重点是防洪排涝和提升城市水环境品质；北方城市通常气候干燥，雨水量小而持续时间短，下雨频率低，城市雨水利用重点偏重缓解城市缺水和涵养地下水[141]。

雨水利用受雨水资源总量影响较大。一般来说，我国降雨在空间上分配不均，北方地区多年平均降雨量为 590mm，而南方地区则为 1340mm，北方城市雨水资源总量比南方少，从雨水资源总量方面考虑，南方城市具有更大的利用潜力[142]。但近年来，全国大部分城市都不同程度地存在水资源短缺的问题，北方城市尤其严重，且大多是资源型短缺，而南方城市多为水质型短缺，针对南、北方城市年均降雨量的特点，其雨水利用对应不同的利用对象和利用策略。北方干旱、半干旱地区雨水资源的收集利用以农业灌溉为主，城市区域主要是结合海绵城市建设，选用各种强化入渗措施或组合措施，以补充、涵养地下水，构建水资源涵养型的雨水综合利用方式，并兼顾雨水收集利用。南方地区雨水资源总量一般比北方丰富，其雨水资源利用在兼顾城市排水防涝的同时，可应用于耗水量相对较大的雨水利用设施，如与景观水相结合的雨水综合利用设施。

雨水资源化利用不仅受到降雨总量的影响，还受降雨季节分配的均匀性影响。我国无论是南方还是北方地区，降雨在季节上一般都分配不均，特别是在北方城市每年的降雨主要集中在6～9月，汛期降雨量可达全年的60％～80％，而非雨季月份降雨量很少（如北京从11月至次年3月，月均不足10mm），单场降雨甚至不产生径流，加上冬季因素，这部分雨量很难进行收集利用。但也有部分城市例外，如西安、合肥等，其年均降雨量分布相对均匀，可适当采用雨水收集系统，将雨水回用作市政杂用水和景观用水。北方城市因蒸发量较大，因此在与景观水结合利用时，应注意控制景观水体规模。对于降雨只是发生在一年中少数几个月的南方城市而言，大部分时间较为干旱，而雨季又常会有突发暴雨，雨水蓄水池的使用频率较低，而雨水蓄水池不仅需要占用地面或地下空间，还需要定期维护。因此，雨水蓄水池对于降雨分布均匀的城市来说更为适用。

综上，对于降雨季节性分布不均的北方城市而言，其雨水利用多结合海绵城市建设，采用入渗设施，补充、涵养地下水，少数地区可因地制宜地采用小规模的雨水收集回用系统。对于降雨总量丰富且季节性分布较均匀的南方城市，在加强排水防涝等基础设施建设，提高城市水安全的同时，考虑雨水收集回用以及与城市景观用水相结合。但是对于季节性分配不均的城市，例如深圳，其雨季（4～9月）降雨量占全年总降雨量的85％左右，因此深圳市雨水利用多用于河道、景观补水，仅在极少数公共建筑、市政公园等项目中配建小型雨水收集回用设施，不在全市层面开展大规模的雨水收集回用。

不同产业类型的城市，其雨水利用对象也不一样。对于以农业为主的城市而言，雨水利用主要用于农田灌溉；对于以工业和制造业为主且降雨量丰富的城市，可考虑将雨水收集后，经简单的处理达到低品质工业用水要求，用于工业循环冷却用水、锅炉用水、洗涤用水等。此外，对于河网密度分布较广的工业城市而言，其雨水利用兼顾河道补水和用于低品质工业用水需求；对于以服务业为主的城市而言，如深圳，其雨水利用对象主要是市政杂用水及景观环境用水；对于极度缺水城市，例如新加坡，将城市建设区及生态区雨水通过沟渠系统进行收集，汇流至水源水库，作为水源水利用。

10.4 雨水利用方式

1. 生态区（山区）雨水利用方式

生态区（山区）雨水利用属于集中式雨水利用。利用方式主要有非水源水库用于河道补水和用于附近低品质工业用水。对于非水源水库下游有需要补水的河道，可通过新建管道或利用原有泄洪渠，通过闸门等设施，按照不同的调度规则，实现非水源水库雨水的河道补水利用。针对不同的补水目的，河道补水又可分为生态补水、景观补水和环境补水三种方式。

（1）生态补水

河流生态基流是维持河流基本形态和基本生态功能，保证水生态系统基本功能正常运转的最小流量。国际上普遍认为，为保证河流系统的稳定和平衡，河道内必须留有足够的水量，以保证水体固有的生态和环境功能。雨源型河流是城市水体中重要的类型，由于此类河流径流量主要来自于本区域降雨，有雨则产流，无雨则基本断流，因此河流环境容量小、生态脆弱，往往面临水质恶化、断流甚至生态退化的多重威胁[143]。对于流量随降雨而暴涨暴落，尤其在枯水期水量不能满足其基本功能的雨源型河道，保障生态流量是维持其生态系统健康的重要措施。

非水源水库用于河道生态补水主要是补充雨源型河道，在规划层面主要通过不同的调度规则以保障生态基流，并针对各类生态敏感区的敏感生态需水过程及生态水位要求，结合河道旱季和雨季对生态基流的需求，提出具体生态调度与生态补水措施。对于雨源型河道而言，在雨季河道水量较多，补水需求量较少，一般通过控制水库溢洪道的排泄流量控制河道补水量。在旱季河道基本无基流，甚至断流，一般通过闸门、拦水坝等设施调节水库补水在河道的停留时间，维持河道基本生态功能。此外，对于生态较为敏感的河段，应注意增加水体的流动性，保持河道水质稳定。对于在旱季水库水量不足、水资源匮乏的地区，可通过扩展水库集雨面积、打造水库群网络等方式增加水资源总量。

（2）景观补水

景观需水是指河流为满足美化环境功能维持一定水面所需的水量。一般而言，用作美化环境的需水量要求维持一定的水面。同时，对于河流比降不大、水流较慢的河道，为维持河道的水质和景观，需要设置一定的换水周期。在旱季长期少雨或无雨期间，可利用非水源水库进行河道景观补水，在河道沿程设置橡胶坝并充气，壅高水深以保持较好的景观水面，此种补水主要针对流经人口密集区域河段、有补水条件的河道。

非水源水库用于河道景观补水应充分结合河道整治与防洪排涝、水文化、生态环境以及汛期和旱期河道水质、水量状况，进行科学调度。对于水库现有库容能满足景观用水调控需求的，采用蓄丰补枯，并配合水工建筑形成景观水面。对于水库现有库容不能满足景观用水调控需求的，可依据实际情况采取工程措施增加兴利库容实现蓄丰补枯。如苏州古城区（图 10-1），充分利用北高南低、依山傍水的天然地形，对环形辐射状河道进行合理配水，在古城河道中设置两处临时溢流堰，引入长江水源，实现古城区河道流速提升、河道畅流的目标。

图 10-1　苏州古城区河道

资料来源：笔者实地调研拍摄

(3) 环境补水

近年来，全国范围内均开展了河道水环境综合治理，提升河道水环境质量。通过河道上游正本清源（小区内的雨污分流工程）、雨污分流以及沿河截污系统等系列措施，基本实现旱季污水不入河的目标，一般情况下河流水质能得到保障，但仍可能发生突发水质安全事件，如降雨导致截污箱涵溢流，雨水掺杂着箱涵污水直接进入河道，有毒有害化学物品泄漏污染，上游错接乱排，导致污水接入雨水口直接入河等。这些情况下，需在短期内恢复河道水质，可利用河流上游非水源水库短期内集中对下游河道进行补水，将污染物迅速稀释，直至河流水质恢复至污染前的状况。此种情况主要针对雨季频繁降雨后污染严重的河流。

对于非水源水库水直接用于周围工业的工业用水，其利用方式主要是通过管道将水库水单独就近输送至工业厂区，然后根据工业厂区的用水工艺和水质要求，对来水进行不同程度的处理。一般情况，非水源水库水直接用于工业用水，多指用于低品质需求的工业用水。对于将雨水用于工业冷却水时，采用简单过滤即可；对于雨水用于具体工业生产工艺时，则需结合具体工艺增加深度处理工艺，如膜处理等。

2. 城市建设区雨水利用方式

城市建设区雨水利用属于分散式利用。结合近年来开展的海绵城市建设，开展雨水的综合利用。其主要形式包括雨水的直接利用和间接利用两种类型。

(1) 雨水直接利用

雨水直接利用是将城市雨水径流进行收集，根据用途和需求，经混凝、沉淀、消毒等多种处理工艺或组合工艺进行不同程度的处理，用于绿化、洗车、道路喷洒、景观补水、冲厕等城市杂用水，即将雨水转化为产品水以代替自来水或用于景观用水。一般城市建设区雨水收集回用系统主要用于雨水径流水质相对较好、便于收集的雨水汇流面积较大和雨水有回用对象的项目上，如大型公共建筑、学校、市政公园等。雨水收集回用设施一般推荐在降雨量充足、降雨分布相对均匀的地区使用。对于降雨时空分布不均的城市，多属于“雨季无须收集、旱季无水可收集”的情况，从经济适用性的角度来看，雨水收集回用设施的使用率较低，故一般不建议建设大型的雨水收集回用设施。如北京奥运会主会场（鸟巢）修建了雨水利用系统，该系统利用设置在鸟巢钢结构屋面和地面草坪等处的上千个雨水收集口将雨水收集起来，进入地下蓄水池，这些雨水经净化，可用在跑道、道路的清洗、厕所冲洗和园林浇灌等方面。该系统年处理雨水能力约5万m^3，据统计，该区域可利用降雨量占全年总降雨量的77%[144]。光明城市广场雨水经草沟和线性排水沟收集后进入雨水收集回用设施，净化后回用广场冲洗和绿化浇灌。经测算，雨水回用量约1.8万m^3/年（图10-2）。

雨水直接利用方式主要有屋面、地面和绿地三种收集利用方式。

1) 屋面雨水收集利用

屋面雨水收集是指以城市建筑物屋顶作为集水面来收集雨水，是城市雨水利用中最普遍的雨水收集方式。屋面雨水利用主要包括收集系统、处理系统、存储系统和回用系统[145]。但限于雨水的水质，净化的雨水一般首先考虑绿化、道路浇洒、洗车、补充景观

图 10-2 光明城市广场雨水收集回用

资料来源：笔者拍摄

用水、建筑工地用水等杂用，有条件时还可作为循环冷却、冲厕和消防等补充用水。在严重缺水的城市也可进行深度处理作为饮用水水源。

2）地面雨水收集

地面雨水收集，一般收集广场、大面积绿地等雨水水质较好、收集条件较好的下垫面雨水。道路雨水由于水质差，且沿路不易建设雨水蓄存设施，因此道路雨水径流一般不宜收集。

3）绿地水景水域拦蓄

通过有计划地恢复城市水域空间和绿地面积，可以增加雨水拦蓄能力，还可减轻洪涝灾害。绿地水景水域拦蓄具体有以下三种方式：一是利用湖体贮存雨水。如果城市建设区域内有湖体，可以利用湖体作为雨水收集池，不仅可以节约大量的工程建设费，获得较大的雨水贮存空间，而且有利于改善人工湖体的水质，是直接进行雨水收集利用的行之有效的方法；二是建设蓄水池贮存雨水。如果建设区域内没有可以利用的雨水贮存设施，可以根据雨水的回用量建造地下或地上蓄水池来贮存雨水；三是利用景观水池贮存雨水。利用景观水池贮存雨水也是对区域内现有贮存空间的科学利用，不仅可以节约工程投资，而且可用雨水替代景观用水节约水资源（图 10-3）。

（2）雨水间接利用

根据《建筑与小区雨水控制及利用工程技术规范》GB 50400，权衡投入及效益产出，城市建设区雨水收集利用适合于年降雨量 400mm 以上的地区。对于年降雨量小于 400mm 的地区则不提倡进行城市建设区雨水收集利用，而主要考虑雨水就地入渗，以补充、涵养地下水。因此，雨水间接利用主要是通过海绵城市规划建设，采用各种措施强化雨水就地

图 10-3　竹韵公园下凹式绿地滞蓄雨水

资料来源：笔者拍摄

入渗，使雨水最大限度地实现源头减排。

在规划层面，可依托海绵城市规划，根据城市降雨、土壤、地形地貌等因素和经济社会发展条件，兼顾雨水汇水区和山、水、林、田、湖等自然生态要素的完整性，综合考虑水资源、水环境、水生态、水安全等方面的现状和建设需求，坚持问题导向与目标导向相结合，采取"渗、滞、蓄、净、排"等措施，实现雨水的原地消纳。海绵城市规划要求如下。

1）综合评价海绵城市建设条件

分析城市区位、自然地理、经济社会现状、降雨、土壤、地下水、下垫面、排水系统、城市开放前的水文状况等基本特征，识别城市水资源、水环境、水生态、水安全等方面存在的问题。

2）确定海绵城市建设目标和具体指标

确定海绵城市建设目标（主要为雨水年径流总量控制率），明确近、远期要达到海绵城市要求的面积和比例，参照住房城乡建设部发布的《海绵城市建设绩效评价与考核办法（试行）》，提出海绵城市建设指标体系。

3）提出海绵城市建设的总体思路

城市建设中应结合不同的用地类型，因地制宜地采用多种措施，实现雨水效益的最大化。对于新城区、各类园区、成片开发区域要以目标为导向，优先保护自然生态本底，合理控制开发强度。对于老城区要结合城镇棚户区和城乡危房改造、老旧小区有机更新等，以解决城市内涝、雨水收集利用、黑臭水体治理为突破口，推进区域整体治理，逐步实现"小雨不积水、大雨不内涝、水体不黑臭、热岛有缓解"。

4）提出海绵城市建设分区指引

识别山、水、林、田、湖等生态本底条件，提出海绵城市的自然生态空间格局，明确保护与修复要求；针对现状问题，划定海绵城市建设分区，提出建设指引。

10.5　雨水和再生水联合供水方式的探讨

1. 雨水和再生水利用特点

降雨是一个随机的过程[146]，因此，雨水的收集量也是不确定的，整个雨水收集利用系统的运行情况也不确定；加之我国降雨地区差异较大、分布不均匀且各地的降雨季节变化也不尽相同，这就进一步增加了雨水收集利用工作的难度。而再生水的水量水质相对比较稳定，受气候条件和其他自然条件的影响较小，只要产生稳定的污水，就有可靠的再生水源，且再生水利用的规模灵活可控。雨水和再生水资源的特点见表 10-2。

再生水与雨水资源特点对比[95]　　表 10-2

项目	再生水	雨水
水量	全年稳定供水	非稳定供水，降雨受时空分布影响较大
水质	水质较雨水差，但稳定	水质较好，但易受外界影响
供水方式	压力供水	可重力供水
实施主体	特许经营等，已有先例可循	未明确确定，鲜有先例
水价	有指导价格	暂无指导价格

笔者自制。

2. 雨水和再生水联合供水可行性

为充分利用非常规水资源，可考虑雨水—再生水联合供水的方式。近年来，关于雨水一再生水联合利用的研究越来越多[147]。相比于以往研究中雨水或再生水单独供应杂用水的情况，雨水一再生水联合利用系统水源较为充足。为更合理地开发利用非常规水资源，在供需两方面采取以下措施：一是在水源充足的情况下尽可能选用水质较优的原水（如雨水）；二是在保证水质的前提下，尽可能扩大再生水的利用范围，增加对自来水的替代量。

鉴于降雨可收集量、再生水原水量、杂用水需求量都具有随机性，三者之间的关系难于确定，因此雨水和再生水联合利用模式的研究要有一定的前提条件：

（1）平水年降雨收集量在枯水期不能满足同期的杂用水需求量；

（2）再生水可提供的杂用水量小于杂用水需求量。

这两个前提条件是雨水一再生水系统达到最优的基础，在此基础上对系统进行优化，才能找到符合实际的最优联合利用模式。

3. 雨水和再生水联合供水的模式探索

雨水和再生水的联合供水主要有雨水池和再生水池合并及雨水池和再生水池分设两种模式。

（1）雨水池和再生水池合并

雨水池和再生水池合二为一，共用一套杂用水回用管路。其工艺流程如图 10-4 所示。降雨经汇水面汇流后通过截污和初期弃流后进入雨水和再生水合用池。合用池兼有雨水收集池、雨水沉淀池和杂用水供水池的作用。

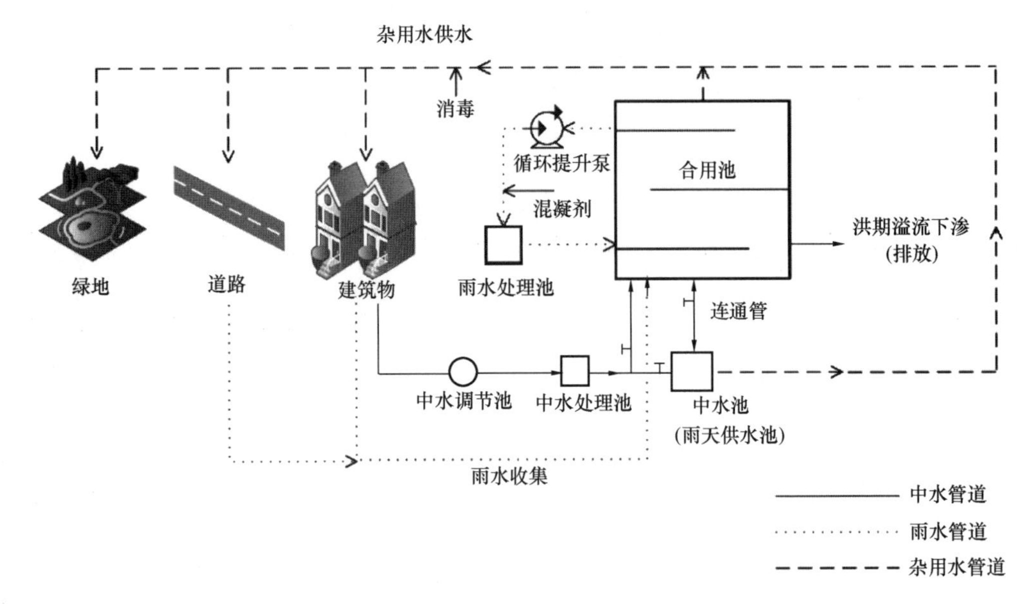

图 10-4 雨水池和再生水池合二为一工艺流程图

笔者自绘，资料来原：程群．城市区域雨水和再生水的联合利用研究［D］．浙江大学，2007

晴天时，建筑物内收集的再生水原水经处理，如物化处理或一段生化附以物化处理，无须消毒进入合用池与处理后的雨水混合，一同在回用水管道上加氯消毒供给杂用水的需求。雨天时，由于合用池收集的雨水尚未进行处理不能满足回用。因此应另行加设一个雨天供水池以保障雨天的杂用水需求。

雨天时，处理后的再生水直接进入雨天供水池以供回用，雨天供水池和合用池之间设有连接管道。由于雨天不需要绿化和道路浇洒，因此雨天的杂用水需求量相对较少。依据雨天杂用水需求量与再生水可供水量的大小关系，可分为以下两种情况：

1）当再生水可供水量能够满足雨天杂用水需求时，雨天供水池的容积只需进行再生水水量平衡从而满足再生水的日调贮水量即可，多余的再生水可通过连接管道溢流进入合用池。

2）当再生水可供水量不能满足雨天杂用水的需求时，雨天供水池的容积一般取连续降雨期间的杂用水需求量和再生水可供水量之间的差额计算，且雨天供水池需在雨天运行之前先通过连接管道从合用池引水蓄积必要的水量，以保证雨天杂用水的安全供给。

此种模式具有利用效率高、供水安全可靠、便于维护等特点。

（2）雨水池和再生水池分设

雨水池和再生水池分开布设，分别供给不同的杂用水对象。其工艺流程如图 10-5 所示。收集的雨水经过适当的处理后主要供给室外杂用水，如浇洒道路、绿化等。而建筑物内收集的再生水原水经适当处理后就近回用于建筑物的室内杂用水，主要是冲厕。划分依据是考虑尽可能与用水对象的特点相适应，就近收集就近回用。由于降雨具有随机性，因此考虑雨水回用于对用水时间要求不高的室外杂用水，而水量相对稳定的中水则就近回用于室内杂用水。

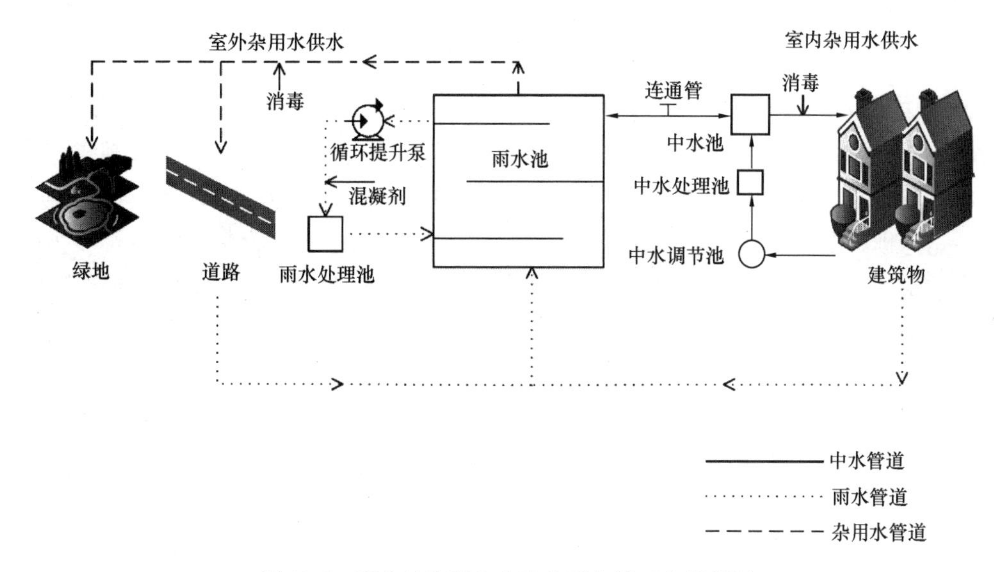

图 10-5　雨水池和再生水池分开布设工艺流程图

笔者自绘，资料来源：程群．城市区域雨水和再生水的联合利用研究［D］．浙江大学，2007

此种模式优点是雨水系统和再生水系统相对独立，可针对水源和用水对象就近设置，施工简单，较之模式一雨天时无须进行用水管道切换，操作管理方便。缺点是雨水和再生水设有不同的回用系统水泵和管路，增加了初期投资和运行费用。当小区内有天然水体或人造水景时，也可考虑以其代替雨水池而更为适用。

4. 两种模式的比选和适用性

两种模式的优缺点如表 10-3 所示。

雨水再生水联合应用两种模式对比[147]　　　**表 10-3**

项目	雨水池和再生水池合并（模式一）	雨水池和再生水池分设（模式二）
回用水管路	1 套	2 套
操作管理	较复杂	相对简单
运行稳定性	较稳定	稳定
初期投资	节省水泵、回用水管路投资	节省再生水收集回用管路投资
运行费用	维护费省	操作管理费省

笔者自制。

由于上述两种雨水和再生水联合利用模式的运行方式不同，因此其各自的特点也不尽相同，对于不同区域就可能有不同的模式选择。

结合两种模式的特点，一般来说，模式一比较适用于南方多雨地区，全年雨水收集量大，能够成为较为稳定的杂用水水源，雨水和再生水在合用池混合供给杂用水时能够更好地保证杂用水的供水安全。模式二多适用于北方干旱地区，全年降雨量比较小，雨水可利用天数少，不宜作为再生水的补充，只需考虑供给短时室外杂用水即可。相对而言，模式二还比较适用于面积大的区域，其“雨水、再生水系统相对独立，可就近收集就近回用”的优势得以发挥。此外，在寸土寸金的居住区域，要优先选用节省占地面积的一体式池型，而在用地方便或有大面积绿地的区域，则可考虑增加雨水调节池，降低系统的运行费用。

在具体城市中应结合城市各自特点选择不同的利用方式。丁年等[95]对深圳市再生水和雨水联合供水进行深入研究，结合深圳本地降雨特征，对比雨水和再生水利用的特点，分析雨水作为生态补水、单独供水以及与再生水联合供水三种方式的优缺点。经研究表明：一是深圳的降雨时空分布极不均匀，存在供需错位的矛盾，收集回用雨水较为困难，而众多的雨源型河流又需要经常性补水；二是再生水一般是全年稳定供水，在再生水稳定供水的情况下，如将雨水与之联合供水，必将舍弃与雨水等量的再生水资源，即雨水与再生水两种水资源存在着“非此即彼”的关系；三是将雨水处理后压力输送至再生水管网是一个技术复杂、管理调度困难的过程。因此，雨水用于生态补水在深圳有较大的优势，雨水和再生水联合供水并非最佳方案。

10.6 雨水水质及处理工艺

由于城市雨水径流水质受诸多因素的影响，且不同的回用对象其水质要求也不同。故应根据收集雨水的水质和用水水质标准以及相应的水量要求来确定处理工艺。雨水处理工艺选择的主要原则是经济简单，在少数情况下对水质要求较高时，才会考虑深度处理。

10.6.1 雨水水质要求

雨水回用水水质的确定应充分考虑回用对象对水质的具体要求，明确应重点关注的水质指标，确保水质目标符合相应的标准规范要求并满足回用对象的功能要求。城市雨水利用对象主要包括以下方面：生活杂用（如冲洗厕所、洗衣洗车、消防用水等）、市政杂用（如绿地灌溉、景观补水等）、地下水回灌等。不同的回用用途应满足相应的水质标准。

（1）雨水用作冲厕，冲厕的雨水只要看上去干净，无不良气味即能满足使用要求。雨水中的重金属和盐类对冲厕使用影响不大。

（2）雨水用于洗衣，洗衣用水应能保证良好的洗涤效果，不应在衣物上留下任何会影响外观和人体健康的物质，如引起皮肤过敏的物质。

（3）雨水用于灌溉，目前对观赏植物浇灌用水无特殊水质要求；对于农作物浇灌用水，应防止芳香烃类物质及重金属物质在植物中积聚，通过生物链进入人体；而城市绿化使用雨水应是较佳选择。

总体来说，冲厕、洗衣、洗车、灌溉等市政与生活杂用应符合《城市污水再生利用 城市杂用水水质》GB/T 18920；回用于景观用水水质应符合《城市污水再生利用 景观环境用水水质》GB/T 18921；食用作物、蔬菜浇灌用水还应符合《城市污水再生利用 农田灌溉用水水质》GB 20922要求；雨水用于空调系统冷却水、采暖系统补水等其他用途时，其水质应达到《空调用水及冷却水水质标准》DB131/T 143。

10.6.2 雨水处理工艺

雨水处理工艺应根据收集雨水的水量、水质以及雨水回用的水质要求等因素，经技术经济比较后确定。

1. 初期雨水控制与弃流

控制初期雨水污染成为雨水利用系统和城市径流污染控制的一项主要举措。由于初期雨水污染程度高，处理难度大，因此对初期雨水的控制主要采用弃流处理。初期雨水弃流可去除径流中大部分污染物，包括细小的或溶解性污染物，因此是一种有效的水质控制技术。初雨弃流装置有优先弃流法弃流池、切换式或小管弃流井、旋流分离式初雨弃流设备和自动翻板式初雨分离器等多种设计形式，可以根据流量或初期雨水排除水量来设计控制装置。

2. 雨水常规处理工艺

雨水处理工艺不同于污水处理工艺，由于雨水水质的区域特征差异及雨水的分散特点，目前我国的雨水处理主要以分散式处理为主，不同的雨水资源化利用区域，其相适应的处理方式也不同。所以，雨水处理没有相对固定的工艺流程，一般都是根据雨水利用项目的实际情况寻求技术可行、经济合理的工艺。

根据雨水的不同用途和水质标准，城市雨水一般需处理后才能满足使用要求。城市雨水处理技术主要分为常规处理和非常规处理。一般而言，常规的水处理技术及原理都可以用于雨水处理，主要包括沉淀、过滤、消毒和一些自然净化技术等；非常规处理主要包括活性炭技术、膜处理技术等。从雨水径流的水质来看，经常规工艺处理基本能达到绿化等杂用水质标准。在特定条件下，针对其他特殊要求的回用标准，需对雨水进行深度处理。从雨水利用的实际工程来看，已有多种技术在雨水处理领域得到了应用。

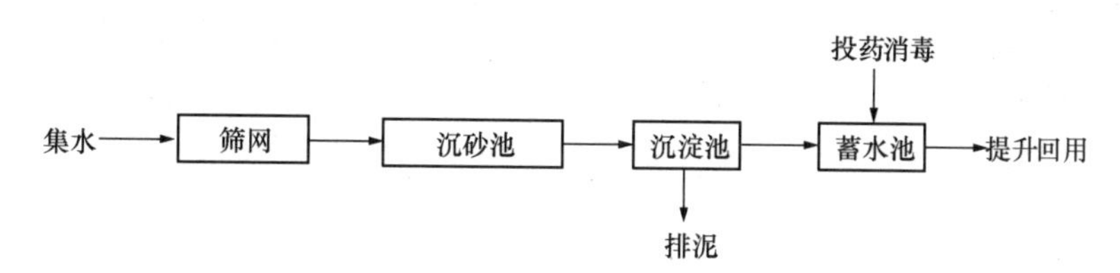

图 10-6 雨水处理常规工艺流程

（1）筛网与格栅

由于雨水中含有较粗的漂浮物与悬浮物，如树叶、果皮、纤维等，为减轻后续处理负荷，需采用格栅或筛网对其进行截留。对于道路径流需设格栅与筛网去除雨水中较粗的悬浮物质，对于屋顶径流可不设格栅，直接采用筛网过滤去除绝大部分树叶与粗颗粒物质即可。

（2）雨水沉淀

城市雨水的水质特点决定其主要为自由沉淀类型，沉淀过程相对简单。雨水中密度大于水的固体颗粒在重力作用下沉淀到池底与水分离。沉淀速率主要取决于固体颗粒的密度和粒径。事实上，由于不同的颗粒有不同的沉降速率，一些密度与水接近的颗粒在水中停留时间很长，因此城市雨水的实际沉淀过程也很复杂。另外，对于降雨过程中的连续流沉淀池来说，固体颗粒不断随雨水进入沉淀池，流量随降雨历时和降雨强度变化，水的紊流使颗粒的沉淀过程难以精确描述。在雨水利用系统中，如果不考虑降雨期间进水过程，雨停后池内基本处于静止沉淀状态，沉淀效果较好。

（3）雨水过滤

雨水的过滤以表面过滤为主，表面过滤是利用过滤介质的空隙筛除作用截留悬浮固体，而被截留的颗粒物聚集在过滤介质表面的一种过滤方式。根据雨水中固体颗粒的大小及过滤介质结构的不同，表面过滤可以分为粗滤、微滤、膜滤。

图 10-7　光明群体中心雨水收集处理设备

资料来源：笔者拍摄

（4）雨水消毒

雨水经沉淀、过滤或滞留塘、湿地等处理工艺后，水中的悬浮物浓度和有机物浓度已较低，细菌的含量也大幅减少，但细菌的绝对值仍可能很高，并可能有病原菌。因此，根据雨水的用途，应考虑在利用前进行消毒处理。由于雨水的水量变化大，水质污染较轻，而且雨水利用具有季节性、间歇性、滞后性，因此宜选用价格便宜、消毒效果好、具有后续消毒作用以及维护管理方便的消毒方式。

10.6.3　雨水处理工艺的选择

1. 用于河道生态补水

河道补水水质须根据拟定的河道水质目标确定。一般而言，非水源水库的水质受人类活动干扰较小，水质相对较好，当稳定回补河道时，一般无须处理。

2. 用于低品质工业用水

非水源水库水用于附近低品质工业用水时，其处理工艺除要结合水库水质外，还需结合使用对象的具体用途。对于将非水源水库水仅用作冷却循环水时，仅需对原水采用简单过滤即可；对于将非水源水库水用于特殊的生产工艺时，除需常规的混凝、沉淀、过滤、消毒外，还需深度处理工艺，如膜处理等。

3. 用于市政杂用水

雨水用作市政杂用水时，其处理工艺主要从径流水质和用户需求两个方面考虑。

（1）屋面雨水收集处理工艺

当采用屋面、广场雨水用于绿化、洗车和道路浇洒时，其径流水质相对较好，一般经弃流装置将初期雨水弃流后，投加混凝剂，直接过滤、消毒后即可使用。

（2）绿地雨水收集处理工艺

绿地对雨水径流有滞蓄和入渗作用，同时绿地内植物对径流污染具有一定的拦截和净化作用。因此，绿地雨水径流水质较好，经绿地过滤的径流通过雨水溢流口溢流至收集系统，只需简单的过滤、沉淀和消毒后方可用作市政杂用水。

10.7　雨水利用设施规划

雨水利用设施一般包括蓄水设施、处理设施和供水设施。生态区非水源水库一般位于地势较高的区域，非水源水库雨水一般可通过重力输送；城市建设区雨水利用一般为建筑与小区层面的利用，因此一般只涉及建筑给水设施的建设，不涉及市政管道设施的建设。因此，雨水利用设施规划与再生水设施不同，雨水利用一般无须管网系统，且多为建筑与小区层面的利用。

1. 生态区雨水利用设施规划

生态区雨水利用设施主要包括蓄水设施、雨水处理设施和供水设施。

（1）蓄水设施规划

雨水蓄水设施一般包括水库、山塘等。为了扩大生态区优质雨水资源的利用量，一般通过扩展水库集雨面积、打造水库群网络、改造小水库和山塘等措施，将水库联网，形成互相协作、共同调节的水库群。如深圳光明区将白鸽陂水库通过引水管与莲塘水库联通，增加水资源利用量。

（2）雨水处理设施规划

用于河道补水的非水源水库一般无需处理设施；用于工业用水的非水源水库一般需处理设施。雨水处理设施可参照自来水处理设施，根据具体水质需求，在常规自来水处理工艺的基础上进行处理设施的增减。

（3）雨水供水设施规划

对于向下游河道补水的供水设施一般包括沟渠、泄洪道和闸门等；用于工业用水的供水设施一般为管道输送，也可通过沟渠利用重力供水。向工业厂区供水的管道或沟渠一般为专管专用，实现点对点的供水。

2. 城市建设区雨水利用设施规划

城市建设区雨水利用一般分为雨水直接利用和雨水间接利用。雨水直接利用设施主要包括雨水收集设施、雨水处理设施和供水设施，雨水间接利用设施主要是雨水花园、绿色屋顶、透水铺装等海绵设施。

（1）雨水直接利用设施规划

雨水直接利用主要在城市大型的公共建筑、公园绿地内建设雨水收集回用系统，收集的雨水回用于市政杂用水，一般包括雨水收集设施、处理设施和供水设施。该类设施主要分布在建筑小区、市政公园等，并与建筑小区、市政公园的主体工程同步规划、同步设计、同步施工、同步使用。

（2）雨水间接利用设施规划

雨水间接利用即海绵城市规划建设，海绵设施选择应结合各地气候、土壤、土地利用等条件，选取适宜当地条件的海绵设施，主要包括透水铺装、生物滞留设施、渗透塘、湿塘、雨水湿地、植草沟、植被缓冲带等。具体结合各地海绵城市专项规划进行建设。

第 11 章 海水利用专项规划

11.1 工作任务

海水利用规划的基本任务是在沿海城市及海岛等靠海地区发展海水利用，结合当地水资源特点扩大海水资源利用规模，以节约淡水资源。海水系统规划的工作任务具体包括以下四项内容：

（1）确定海水利用对象。根据现状资料、产业分布及用户调查等资料分析，结合用户对水量、水质的要求，合理确定海水利用对象。

（2）确定海水利用方式。结合海水利用对象、技术条件、经济等因素分析确定海水利用方式。

（3）确定海水处理工艺。依据用户的水质需求以及各类处理工艺的适用性，确定海水处理工艺。

（4）规划海水利用设施。综合考虑用地需求、环境评价、交通便利性及经济性等因素，规划海水利用设施，主要包括海水取水设施、处理设施和配水管渠系统等。

11.2 资料收集

与其他非常规水资源系统规划一样，海水系统规划需收集的资料主要包括现状资料和规划资料。需收集的资料及其用途如表 11-1 所示。

海水系统规划资料收集表　　表 11-1

资料类别	具体资料	资料用途
现状资料	潜在用户调查结果	确定海水潜在用户的分布，以及用户对水量和水质的要求
	主要道路管线及地下空间建设情况，包括给水管、污水管、雨水及合流管、电力管线、通信管线、燃气管、综合管廊等市政管线的尺寸和在道路空间的位置，以及地铁、地下空间建设情况等	分析现状主要道路下的管位情况
	海水利用设施概况，包括海水处理设施的类型、分布、规模、处理工艺、出水水质、供水对象、用地情况，海水回用管网的布置、供水压力，加压泵站的位置、规模、用地情况等	分析现状海水利用设施适用性、存在的问题及扩建的可能性
	地形资料，即地形图	用于确定海水利用设施适宜的供水范围、近期海水供水管道路由等

续表

资料类别	具体资料	资料用途
规划资料	城市规划资料，包括城市总体规划、控制性详细规划、修建性详细规划等	解读规划用地布局，判断规划的滨海工业区、综合商业区、集中办公区和公建的分布
	产业发展规划	分析可利用海水的工业企业类型，预测规划潜在海水用户
	道路系统规划	分析规划道路布置情况，判断规划海水管网可能的路由
	管线综合规划	分析规划道路的管位情况

11.3 海水利用对象

海水利用对象主要包括工业用水、城市杂用水、景观环境用水、农田灌溉水和饮用水等。

1. 工业用水

海水在工业领域主要用作电力、石化等企业的工业冷却水以及纺织行业的印染用水。工业冷却水是海水用作工业用水的主要方式，国际上大多数拥有海水资源的国家和地区均已开展了海水工业冷却的大规模运用；海水用作印染用水的工艺及技术尚不成熟，还处于试验阶段，海水印染的利用对象主要为部分沿海纺织及印染企业。

（1）工业冷却水

海水温度低、取之不尽的特点使得海水作为工业冷却水广泛用于电力、钢铁、化工、纺织、机械、食品等行业。此外，电力企业、石化企业等由于有大量余热可供利用，还可采用蒸馏技术将海水淡化后用于锅炉补给水和工艺纯水。海水用于工业冷却水的供水设施见图 11-1。

图 11-1 海水用于工业冷却水的供水设施

资料来源：谷歌数据中心：奇特海水冷却系统［Online Image］.［2011-5-27］. http：//server.zol.com.cn/231/2315525.html

日本早在 20 世纪 30 年代就开展了海水的工业利用[148]，工业用水的 80％是直接利用海水，沿海企业如钢铁、化工、电力等部门均采用海水作为冷却水，仅电厂每年直接使用的海水用量就高达几百亿立方米。

大连地区三面环海，海水温度低，全年有 7 个月平均温度低于 15℃，有 2 个月平均水温在 15～20℃，利用海水作为工业冷却水，具有得天独厚的条件[149]。早在 1930 年，大连市就已在电力、造船、化工等行业尝试利用海水作为工业冷却水。

深圳市也是较早利用海水作为工业冷却水的沿海城市之一，深圳妈湾西部电厂位于深圳市南头半岛西南端的妈湾港区，厂区西临珠江口的内伶仃洋，厂区基本为开山填海而成，除了东侧沿山地带为陆域外，其余为海域。电厂内共有六台 30MW 的燃煤机组，自 1993 年投产后该厂一直使用海水冷却，海水冷却的利用量为 2.52 万 m^3/h。

海水用作工业冷却水的利用对象主要为沿海火电厂和核电站，其次是石化、化工行业，其他行业应用则较少。因此，海水作为工业冷却水的利用对象应重点考虑电厂、石化及化工等企业。通过对各沿海城市发展规划及工业特点的分析，提前谋划新改扩建火电厂、核电站及石化等企业的海水利用，制定企业利用海水工业冷却等相关优惠政策，以实现海水工业冷却的规模化、成熟化的大规模使用。海水工业潜在用户可通过现状调研进行确定，首先是调查滨海地区的上述行业企业，确定近期潜在用户。其次是对发展改革等部门进行调研，了解已立项或即将引进的工业项目的类型及用水特点，发掘远期潜在用户。

（2）印染用水

海水可以直接作为印染行业的生产用水，海水可加快上染的速度，海水中带负电的离子可以使纤维表面产生排斥灰尘的作用，从而提高产品的质量。海水用作印染用水的利用对象主要为临海纺织品企业。国内海水用作印染用水尚处于起步阶段，且印染厂多建设在城市郊区，距海较远，不宜调度使用海水。因此海水用作印染用水的利用对象主要为部分距海较近的衣物制品厂。

2. 城市杂用水

海水在城市杂用方面主要用于冲厕及消防。海水冲厕利用对象主要为靠海住宅小区、大型综合商业区及公建；海水消防的利用对象主要为原油码头、货运港口、海上作业平台及船舶等。海水冲厕在我国香港、青岛等地区已得到规模化运用，在大连、天津等城市进行了小范围尝试；海水消防方面，由于海水腐蚀性强、微生物含量高易造成消防管道腐蚀及结垢，目前仅用于室外消防供水。

（1）冲厕

海水用于冲厕的历史较长，但真正大规模的应用是 20 世纪 50 年代末的中国香港地区。青岛、大连和天津等城市已有小部分靠海的小区采用海水冲厕。在此形势下，香港出于节约淡水资源的考虑大规模抽取海水冲厕，并规定凡有海水供应的地区，不准使用淡水冲厕，必须接受海水冲厕的安排。

青岛也是海水利用发展较早的城市之一[151]。2004 年，青岛市南姜小区获批海水冲厕示范工程试点。2006 年，青岛胶南“海之韵”住宅小区 46 万 m^3 海水冲厕示范工程正式启动。2007 年，青岛市通过了海水冲厕工程扩大试点范围的规划，该规划实施后，青岛

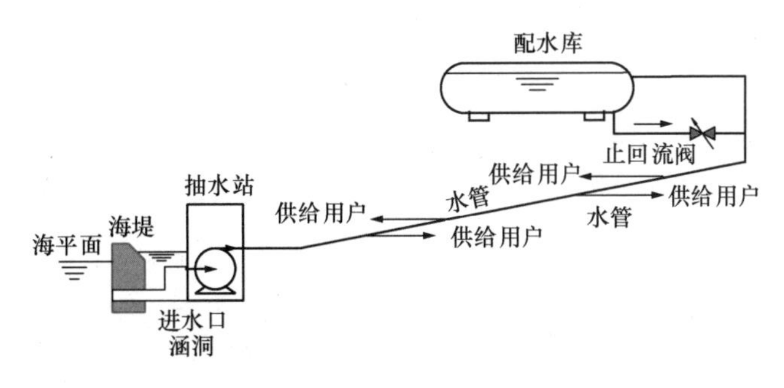

图 11-2　香港海水冲厕供应系统[150]

笔者自绘

将成为全国第二大规模使用海水冲厕的城市。沿海城市海水冲厕发展现状总结如表 11-2 所示。

海水冲厕发展现状[151]　　**表 11-2**

序号	城市	发展现状
1	香港地区	市区及大部分新市镇均采用海水冲厕，约占全港总供水量的 23%
2	青岛	1. 青岛市南姜小区获批海水冲厕示范工程试点 2. 青岛胶南“海之韵”住宅小区 46 万 m^3海水冲厕工程 3. 通过了海水冲厕工程扩大试点范围的相关规划
3	厦门	在文教区和新城区建设 0.5 万 m^3/d 的海水冲厕工程
4	深圳	已有规模为 2 万 m^3/d 海水冲厕示范工程的相关规划
5	大连、天津等其他城市	在一定范围内进行了海水冲厕的小规模尝试

笔者自制。

利用海水进行冲厕的建筑小区需配套自来水和海水两套供水管网，而已建建筑增加一套供水管网的难度很大，成本很高，因此一般是新建建筑才会考虑使用海水进行冲厕。对于使用海水冲厕的建筑，其建造成本高于传统建筑。为更好地体现经济效益，海水冲厕的用户通常是靠海的、建筑密度较大的商业区、办公区和居住小区。可通过现状调研及城市规划资料的解读来获取具有这些特征的区域的信息。

（2）消防

与淡水相比，海水具有导热性好、传热快等特点。因此，海水作为消防系统用水，在沿海石油化工企业开展了尝试性运用（图 11-3）。海水水质各项指标均满足城镇消火栓系统的基本水质要求，海水作为消防用水是完全可行的。对于沿海地区，海水水源稳定、充足，水温适宜，受季节影响较小，海水作为消防用水具有广阔的运用前景。

图 11-3　海水消防设施

资料来源：全国安全生产月官网[Online Image]. http://anquanyue.org.cn/ztxx/show-13079/

海水用作消防用水时，同时也存在消防给水泵腐蚀严重，给水泵、吸水管易堵塞，取水困难、取水设施不完善，海水消防体系管理不成熟等问题，因此，海水不宜作为居住和公用建筑的室内消防供水。基于目前海水消防技术水平，海水消防主要可用于扑救需水量大的山林火灾或油站、油库、海上作业平台、船舶等发生的火灾，海水消防利用对象主要为原油码头、货运港口、海运船舶及海上采油平台等[152]。

3. 环境用水

海水用作环境用水主要包括景观环境用水及湿地环境用水两方面。景观环境用水的利用对象主要为滨海度假酒店，滨海酒店距市内淡水水源较远且输水距离长、输水能耗大，而多数滨海酒店位置近海，取水便利，故滨海酒店大型景观水体多采用海水。湿地环境用水对象主要为河口湿地、红树林等滨海湿地类型，国内在辽河三角洲湿地、黄河三角洲湿地、长江三角洲湿地、珠江三角洲湿地等河口开发了大量的滨海湿地景观[153]。对于有滨海湿地的沿海城市，出于提升城市品质及生态环境的考虑，可进行滨海湿地公园的建设，以满足休闲娱乐等相关需求（图 11-14）。

图 11-4　滨海湿地

资料来源：摄于北海滨海湿地公园 [Online Image]. [2017-1-21]. http://www.yybnet.net/beihai/news/201701/5847384.html

4. 农田灌溉

农业中海水主要用于灌溉耐盐作物，包括耐盐粮食作物、耐盐蔬菜、耐盐经济作物等。由于海水灌溉农田会导致土壤盐碱化，因此海水灌溉农田仅在靠海盐碱地开展了实验性研究。目前我国这方面的案例较少，主要在山东省烟台、潍坊、东营、滨州等含有大量盐碱荒地的地区开展了大规模应用。

山东省潍坊、东营、滨州三个地区均有广阔的盐碱地分布，据统计，截至 2013 年，潍坊、东营、滨州盐碱地面积分别为 178384.65 亩、1854691.2 亩、342233.1 亩[154]，海水灌溉农业作物主要为耐盐粮食作物、耐盐蔬菜及耐盐饲草作物等。海水灌溉农业的利用对象多为具有大量盐碱地及滨海滩涂等沿海地区，因此海水灌溉农业的发展方向主要为滨海盐碱地及滩涂。

5. 饮用水

海水经过淡化处理后，在满足饮用水水质标准的情况下，可用作生活饮用水。我国海水淡化利用后用作生活饮用水的地区主要分布在天津、山东、辽宁及河北等北方沿海缺水城市及浙江的一些海岛。

以浙江舟山群岛为例，舟山位于浙江省东北部，长江入海口南端，是一个由 1390 个岛屿组成的群岛城市，也是一个典型的资源型缺水城市[117]。舟山主要依靠海水淡化产水来满足岛内居民生活用水，用途主要是市政用水和工业用水两类，市政用水以生活饮用、冲厕、空调冷却水等方面为主，工业用水则以电厂用水为主，也包括部分偏远海岛地区的重大项目用水。

11.4　海水利用方式

海水利用方式主要包括用于工业、城市杂用及环境用水等海水直接利用，以及经淡化处理后用作生活饮用水及工业高纯水等海水淡化利用。海水直接利用的发展目标为大力实施海水的有效替代，优化水资源结构，创造海水直接利用条件，扩大海水直接利用范围；海水淡化利用的发展目标为拓展海水淡化利用新技术，建立海水淡化利用示范区，引导海水淡化利用，推进海水淡化作为未来淡水资源战略储备的新进程。海水利用应因地制宜、技术引导、分类示范，结合各沿海地区需水城市及海岛等地区水资源及产业特点，合理布局、统筹规划，发挥海水作为非常规水资源的利用优势，促进沿海地区经济社会发展。

1. 海水利用方式及发展现状

海水作为非常规水资源的利用方式主要有两种：一是海水直接利用，二是海水淡化利用。

（1）海水直接利用

海水直接利用是指将未经处理或经简易处理的海水作为原水，直接替代淡水用于部分对水质要求不高的工业用水、城市杂用水、环境用水、农业用水等用途。工业方面的海水直接利用主要用于冷却，包括直流冷却和循环冷却。城市杂用方面的海水直接利用主要为海水冲厕、消防等。环境用水方面的海水直接利用主要为景观环境及湿地用水等。农业方面的海水直接利用则主要为海水灌溉。

我国部分海水直接利用实例总结如表 11-13 所示。

我国海水直接利用案例[150,151]　　　　**表 11-3**

序号	利用对象		项目名称	海水利用规模（m^3/h）
1	工业用水	工业冷却	天津碱厂循环冷却系统	1000
2			中海油深圳电力有限公司循环冷却系统	14000
3			浙江国华浙能发电有限公司宁海电厂海水循环冷却系统	107985
4			深圳妈湾西部电厂	25200
5		印染用水	荣成县海水印染厂	—
6	城市杂用	冲厕用水	香港海水冲厕工程	约占全港总供水量的 23%
7			青岛胶南“海之韵”住宅小区海水冲厕工程	占到居民全部生活用水的 30%
8		消防用水	福建秀屿木材加工区海水消防系统设计	108

续表

序号	利用对象		项目名称	海水利用规模（m^3/h）
9	环境用水	景观环境用水	滨海度假酒店	—
10		湿地环境用水	珠海市滨海湿地公园	—
11	农业灌溉用水		滨海盐碱地、滩涂耐盐经济作物种植	—

笔者自制。

（2）海水淡化利用

海水淡化又称海水脱盐，是指采用特定的设备和装置，通过特定的技术和方法将海水中多余的盐分和其他有害物质分离，使其达到一定的水质标准。海水淡化后的水质较优，可用于工业产品用水以及生活饮用水等。

我国海水淡化技术研究起于20世纪60年代，经过半个多世纪的发展，我国海水淡化工程飞速发展且已具备了较成熟的海水淡化技术，海水淡化工程规模逐年提高。我国海水淡化利用总体呈现“北多南少”的现象，千吨级海水淡化示范工程多集中在北方沿海城市。我国海水淡化2011～2017年产水量如图11-5所示，海水淡化规模逐年增长，海水淡化已成为缺水地区淡水的重要来源。

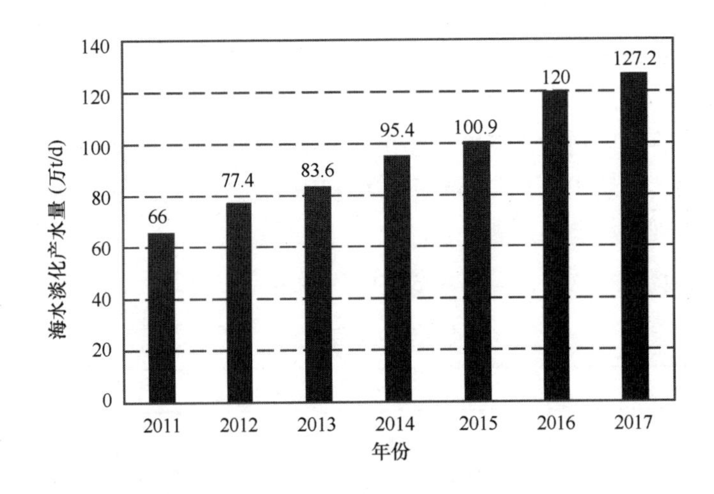

图11-5　2011～2017年中国海水淡化规模

资料来源：简析2018年海水淡化产业发展趋势：未来三年行业发展将提速［Online Image］.［2018-4-12］. http：//www. sdplaza. com. cn/article-5204-1. html

我国部分海水淡化企业及处理规模总结如表11-4所示。

我国部分海水淡化工程[74]　　**表11-4**

序号	项目名称	海水淡化方法	产水规模（m^3/d）
1	天津大港电厂海水淡化装置	多级闪蒸	6000
2	天津经济技术开发区海水淡化工程	低温多效蒸馏	10000
3	天津市北疆电厂海水淡化装置	低温多效蒸馏	20000

续表

序号	项目名称	海水淡化方法	产水规模（m^3/d）
4	大连长海县大长山岛海水淡化装置	反渗透	500
5	大连华能电厂海水淡化装置	反渗透	2000
6	大连石化	反渗透	5000
7	河北国华沧电海水淡化工程	低温多效蒸馏	20000
8	唐山曹妃甸	反渗透	100000
9	浙江舟山嵊山镇海水淡化工程	多级闪蒸	500
10	华能玉环电厂海水淡化工程	双膜法	35000
11	山东长岛县海水淡化装置	反渗透	1000

笔者自制。

2. 不同区域条件下的海水利用方式

海水利用主要分布在沿海城市及海岛，沿海城市缺水程度、工业类型及经济技术条件决定了沿海城市海水直接利用及淡化利用的规模及发展方向。对于周边无淡水资源、淡水调度难度大的海岛地区，发展海水淡化利用则是推动海岛经济发展的主要方式。

（1）沿海城市

我国沿海城市多分布在环渤海、长三角及珠江三角洲地区，其中，环渤海沿海城市为北方沿海城市，而长三角及珠江三角沿海城市则多为南方沿海城市。环渤海、长三角及珠江三角洲地区由于在淡水资源空间分布、海水淡化技术研发、自然经济条件及产业类型等方面存在较大的差异，因此，各地区沿海城市的海水利用也呈现出不同的发展特点。

1）北方沿海城市（环渤海地区沿海城市）

环渤海沿海地区包含了天津、山东、辽宁和河北等我国北方重要省市，是我国最大的工业集聚区，也是我国最早开始大规模发展海水淡化并将其应用于工业的地区[155]。环渤海地区沿海城市工业类型多为电力、石化、化工、钢铁等行业，工业耗水量较大。天津、大连、青岛等城市发展海水直接利用及淡化利用是推动经济发展的重要途径。这些城市应加强火电厂、核电厂等企业的海水工业利用，在滨海新建及改扩建小区、滨海酒店及大型综合商业区等区域应积极推广海水的冲厕利用，在具有大量盐碱地及滩涂的山东省部分城市可发展海水农业灌溉，加强对耐盐经济作物的培育，另外可延伸海水消防等方面的海水直接利用。其次，这些城市应扩大海水淡化利用规模、拓展海水淡化新技术，并结合海水淡化利用发展浓海水的综合利用，延伸海水淡化产业链。在北方沿海省级海区的中等城市如唐山、沧州、营口等，则可组织开展有针对性的海水直接利用及淡化利用示范工程，可小规模发展海水淡化利用，建设海水淡化利用示范区。

2）南方沿海城市

① 长三角地区沿海城市

长江三角洲地区沿海城市主要包括上海和浙江等城市，是我国海水应用规模第二大区域。这些城市应结合经济优势，在滨海工业区及住宅小区等区域大范围推广海水工业利用及城市杂用等海水直接利用，另外，这些城市的海水淡化技术、设备制造及工程建造能力均位于全国前列，应充分发挥技术优势，发展海水淡化新技术及拓宽海水淡化产业链，并依托上海自贸区"一带一路"区位优势，开拓海水淡化利用市场，打造海水淡化利用示范区，为其他沿海城市海水淡化应用提供技术支持。

② 珠三角地区沿海城市

珠三角地区沿海地区主要包括广东、福建、广西和海南 4 个省区。该地区的主要水系在珠三角地区，相对于环渤海和长三角沿海地区，该地区水资源充沛，水资源供需问题尚不突出。该地区沿海城市可学习中国香港海水冲厕的相关经验集中发展滨海住宅小区、综合商业区及滨海酒店等的海水冲厕应用，其次可借鉴深圳市海水工业循环冷却的相关经验，在大中型电厂及核电厂开展海水的工业利用。在海水淡化方面，这类地区沿海城市应确立海水淡化水作为战略性储备水源的战略定位，开展海水淡化利用分类示范，发展海水淡化水的示范区，实现规模化发展。

（2）海岛地区

海岛地区一般缺乏淡水资源，属于淡水资源极其缺乏地区，水资源调度难度大且输送成本高。对于海岛地区，应大力发展海水的直接利用及淡化利用，以满足海岛居民生活及工业用水需求。海水直接利用主要包括海岛上电厂等企业的工业冷却、居民生活冲厕用水及船舶、海上作业平台等的消防用水；海水淡化利用则主要包括居民生活饮用水及工业高纯水等。同时，海岛还可发挥其位置优势，开发利用风能、太阳能及潮汐能等可再生能源与海水淡化相结合，建设综合利用工程，利用可再生资源发电，不仅可为岛上居民提供稳定的电力，剩余的电力则可用于海水淡化，还可开发小型风能、太阳能海水淡化装置。这些海水淡化示范工程的建设及技术研发能为海岛的海水淡化利用提供技术支持和应用经验。

11.5 海水水质及处理工艺

11.5.1 海水水质特点及回用要求

1. 海水组成及性质

海水与淡水不同，海水中包含着以氯化钠为主的各种各样且含量较高的盐类。海水中的盐分随地理位置、水深和时间等的不同而变化，但由于海洋大规模循环、对流、扩散等的结果，海水的盐度通常在 33‰～38‰之间，而且常量元素之间有近似恒定的比值。

海水的平均盐度为 35‰。目前已知的 100 多种元素中，80%以上都可以在海水中找到。海水的主要成分包括钠、镁、钙、钾、锶、氯、硫酸根、溴、碳酸氢根（包括碳酸根）、氟等离子和硼酸分子，这些离子和分子含量占海水中所有溶解成分的 99.9%以上。海水氯度和盐度是海水的重要性质，也是制约海水资源开发利用的主要难点。

2. 海水回用水质标准

海水利用对象主要包括工业（冷却、印染）、城市杂用（冲厕、消防）、环境、农业灌溉及生活饮用等。海水用于以上各利用对象时，应根据工业用水、城市杂用水及生活饮用水等各类水质要求进行处理，符合相应的水质标准后才能投入使用。

（1）海水相关水质标准

海水相关标准规范主要有《海水水质标准》GB 3097、《海水循环冷却水处理设计规范》GB/T 23248、《海水冷却水质要求及分析检测方法　第1部分：钙镁离子的测定》GB/T 33584.1。其他常用的相关水质标准有《锅炉规章（锅炉给水与锅炉水水质标准）》CNS 10231、《石油化工给水排水水质标准》SH 3099等。

《海水水质标准》GB 3097按照海水的用途将海水按各用途水质要求分为三类：第一类适用于保护海洋生物资源和人类的安全利用（包括盐场、食品加工、海水淡化、渔业和海水养殖等用水），以及海上自然保护区；第二类适用于海水浴场及风景游览区；第三类适用于一般工业用水、港口水域和海洋开发作业区等。《海水水质标准》GB 3097规定了以上三类水的水质基本要求及汞、镉、铅等有害物质最高容许浓度。用于以上三类用途的海水需满足表11-5规定的基本水质要求及有害物质最高容许浓度规定的限值。

《海水水质标准》GB 3097规定的三类海水的水质要求[156]　　表11-5

序号	项目	第一类	第二类	第三类
1	悬浮物质	人为造成增加的量不得超过10mg/L	人为造成增加的量不得超过50mg/L	人为造成增加的量不得超过150mg/L
2	色度、臭味	海水及海产品无异色、异臭、异味		海水无异色、异臭、异味
3	漂浮物质	水面不得出现油膜、浮沫和其他杂质		水面不得出现明显的油膜、浮沫和其他杂质
4	pH	7.5～8.4	7.3～8.8	6.5～9.0
5	化学耗氧量	＜3mg/L	＜4mg/L	＜5mg/L
6	溶解氧	任何时候不得低于5mg/L	任何时候不得低于4mg/L	任何时候不得低于3mg/L
7	水温	不超过当地、当时水温4℃		—
8	大肠杆菌群	不超过10000个/L		
9	病原体	含有病原体的工业废水、生活污水须经过严格消毒处理、消灭病原体后，方可排放		
10	底质	沙石等表面的淤积物不得妨碍种苗的附着生长 溶出的成分应保证海水水质符合基本要求及有毒物质最高容许浓度		
11	有害物质	应符合规定的最高容许浓度要求		

注：海水回用于以上三类水时，除需满足上表中规定项目的水质标准外，还需满足《海水水质标准》GB 3097规定的海水中有害物质最高容许溶度。

笔者自制。

（2）海水回用于各对象的水质要求

1）海水用于工业的水质要求

海水用于工业冷却水时，由于海水盐分高、腐蚀性强，需要解决系统结垢、腐蚀及微生物附着等问题，故应严格控制海水中钙、镁离子、硫酸盐及微生物浓度（表 11-6）。《海水冷却水质要求及分析检测方法　第 1 部分：钙镁离子的测定》GB/T 33584.1 规定了海水冷却水的水质要求及分析检测方法，主要规定了钙、镁、锌、氯化物、硫酸盐、溶解性固体及异养菌等的检测限值及测定方法。

海水用于冷却水主要水质要求[157]　　**表 11-6**

序号	项目	允许值
1	钙离子（Ca^{2+}）	≤1000mg/L
2	镁离子（Mg^{2+}）	≤3200mg/L
3	锌离子（Zn^{2+}）	≤2mg/L
4	氯化物（Cl^-）	≤42000mg/L
5	硫酸盐（$SO_4{}^{2-}$）	≤6000mg/L
6	溶解性固体	≤100g/L
7	异养菌	≤5.0×10^5CFU/mL

笔者自制。

海水工业冷却方式包括直流冷却及循环冷却，我国针对海水用于工业循环冷却水出台了《海水循环冷却水处理设计规范》GB/T 23248，其中规定了海水用作循环冷却水的设计要求、海水补充水处理及水质指标、海水循环冷却水水质指标等设计要求及水质标准；但对于海水直流冷却，未制定专门的设计规范或标准。因此，海水用于直流冷却时，海水水质应满足《海水冷却水质要求及分析检测方法　第 1 部分：钙镁离子的测定》GB/T 33584.1 的相关规定；海水用于循环冷却时，海水水质则需满足《海水循环冷却水处理设计规范》GB/T 23248 规定的水质要求。

海水用于印染时，需满足《海水水质标准》GB 3097 三类水的水质要求。此外，海水中的钙、镁盐类易与肥皂作用生成难溶的钙镁肥皂，沉积在织物上，在碱性溶液中还会生成难溶的水垢，影响设备正常运行。海水用作印染用水时，还需进行软化处理，以降低海水的硬度。印染用水的水质检测项主要包括色泽、透明度、总硬度、pH 值以及铁、锰等金属离子，一般印染用水水质标准如表 11-7 所示。

印染用水主要水质要求[158]　　**表 11-7**

序号	项目	规定
1	透明度	≥30cm
2	色度	≤10（稀释倍数）
3	pH 值	6.5～8.5
4	总硬度	染液、皂洗用水 0.00～0.18mg/L，洗涤用水 140～180mg/L
5	含铁量	≤0.1mg/L
6	含锰量	≤0.1g/L
7	SS	≤10mg/L

笔者自制。

2）海水用于城市杂用的水质要求

冲厕用海水需考虑感官性指标（色度、浊度、悬浮物、臭味）、生物化学指标（BOD_5）及卫生学指标（总大肠杆菌）等影响。《城市污水再生利用 城市杂用水水质》GB/T 18920 规定了冲厕用水的水质标准，如表 11-8 所示。

冲厕用水主要水质要求　　表 11-8

序号	项目	指标（冲厕用水）
1	浊度（度）	5
2	溶解性固体	1500mg/L
3	色度（度）	30
4	嗅	无不快感觉
5	pH 值	6.0～9.0
6	BOD_5	10mg/L
7	氨氮（以 N 计）	10mg/L
8	阴离子合成洗涤剂	1.0mg/L
9	铁	0.3mg/L
10	锰	0.1mg/L
11	溶解氧	1.0mg/L
12	游离余氯	接触 30min 后≥1.0，管网末端≥0.2
13	总大肠菌群	3 个/L

海水用于消防时，由于其氯离子浓度含量高，对管材的腐蚀性强，同时微生物易附着在管道中，从而对消防系统产生破坏，因此消防用海水需要控制进水的氯离子、微生物、钙、镁等的浓度。《城市污水再生利用 城市杂用水水质》GB/T 18920 规定了再生水回用于消防时的水质标准，但对于海水用于消防的水质要求，我国尚未制定相应的规范或标准。

3）海水用于环境的水质要求

海水用于景观时，主要需考虑海水的色度、浊度、悬浮物及臭味等感官性指标及总大肠杆菌群、微生物等卫生学指标。海水用于景观环境需满足《海水水质标准》GB 3097 二类水的水质要求。

海水用于湿地时，无需对海水进行处理，就近利用，因此原海水即可满足湿地景观的用水要求。

4）海水用于农业灌溉的水质要求

海水用于农业灌溉时，主要是用作靠海盐碱地的耐盐作物的培育及灌溉用水，一般就近直接取用，无须处理，对海水灌溉水质无特殊要求。

5）海水用于生活饮用的水质要求

海水淡化后可用作生活饮用水，海水淡化对水中杂质和绝大多数离子均具有极高的脱除率，但同时也脱除了对人体健康有益的成分，与人体健康紧密联系的淡化水水质指标主要有硬度、氟化物和硼。两种典型海水淡化方法（蒸馏法、反渗透法）的淡化出水水质与《生活饮用水卫生标准》GB 5749 的对比如表 11-9 所示。

不同海水淡化方法处理水质分析结果[160]　　表 11-9

水质标准	多效蒸馏法	反渗透法	《生活饮用水卫生标准》GB 5749
pH	6.7	6.5	不小于 6.5 且不大于 8.5
溶解性固体（mg/L）	<10	308	≤1000
总硬度（mg/L）（以碳酸钙计）	<1.02	26.09	≤450
氟化物（mg/L）	<0.01	0.205	≤1.0
硼（mg/L）	<0.020	0.4～0.7	≤0.5

对比上表可知，淡化水的溶解性固体、总硬度、氟化物及硼离子的浓度远远小于《生活饮用水卫生标准》GB 5749 的限值。海水淡化水用于生活饮用水时，宜适当增加硬度、氟化物及硼离子的浓度，可在供水时与当地自来水进行掺混来提高海水淡化水的硬度。

11.5.2　海水处理工艺

海水处理工艺主要包括絮凝沉淀、过滤、软化、消毒、脱气等海水前处理工艺及反渗透和蒸馏等海水淡化处理工艺。

1. 海水前处理工艺[161,162]

（1）絮凝沉淀

絮凝是通过向水中投加一些药剂，使水中微小的胶体颗粒互相聚合的过程，沉淀则是利用重力原理使海水中的悬浮物下沉去除。絮凝剂类型主要包括无机絮凝剂、有机高分子絮凝剂及生物絮凝剂三种，常用的絮凝剂如表 11-10 所示。

常用絮凝剂[161]　　表 11-10

类型	絮凝剂	絮凝剂的选取原则
无机絮凝剂	硫酸铝、聚合氯化铝、氯化铁、硫酸亚铁和聚合硫酸铁、聚合硅酸铝、聚合硅酸铁、聚合氯化铝铁、聚合硅酸铝铁和聚合硫酸氯化铝	1. 处理效果好； 2. 价格便宜； 3. 性能稳定，便于储存及投加； 4. 不会产生二次污染
有机高分子絮凝剂	聚丙烯酰胺类	
生物絮凝剂	蛋白质、黏多糖、纤维素和核酸	

依据《海水淡化技术》(化学工业出版社，2015)，絮凝池主要包括隔板絮凝池、旋流絮凝池、涡流絮凝池、折板絮凝池、穿孔旋流絮凝池及机械絮凝池，各絮凝池的技术特点及适用范围详见表 11-11。

絮凝池的类型、特点及适用范围[161]　　**表 11-11**

类型		技术特点	适用范围
隔板絮凝池	往复式	优点：絮凝效果好，构造简单，施工方便； 缺点：容积、水头损失较大，出水流量分配不均匀	水量大于 3000m³/d 的水厂，水量变动小
	回转式	优点：絮凝效果好，水头损失较小，构造简单，施工方便； 缺点：出口处易积泥，出水流量分配不均匀	水量大于 3000m³/d 的水厂，水量变动小，适用于旧池改造和扩建
旋流絮凝池		优点：容积、水头损失较小； 缺点：池子较深，地下水位高的地方施工困难	中小型水厂
涡流絮凝池		优点：絮凝时间短，容积小，造价低； 缺点：池子较深，施工困难，絮凝效果不佳	水量大于 3000m³/d 的水厂
折板絮凝池		优点：絮凝时间短，容积小，絮凝效果好； 缺点：造价高	水量变化不大的水厂
穿孔旋流絮凝池		优点：构造简单，施工方便； 缺点：絮凝效果差	水量变化不大的水厂
机械絮凝池		优点：絮凝效果好，水头损失小，可适应水质、水量的变化； 缺点：需经常维护	大小水量均适用，并适应水量变化较大的水厂

（2）过滤

海水前处理工艺常用的过滤方法主要有机械过滤、滤料过滤、吸附过滤、膜过滤等。各过滤方法的技术特点及适用范围详见表 11-12。

过滤方法的技术特点及适用范围[161]　　**表 11-12**

过滤方法		技术特点	适用范围
机械过滤（格栅、格网、滤布等）		优点：成本低，施工方便； 缺点：过滤效果差，只能去除海水中大的悬浮物	对进水水质要求较低的水厂
滤料过滤（石英砂、无烟煤等）	一级滤料过滤	优点：出水水质较好，造价较低； 缺点：冲洗过程耗水量大，易跑砂，滤料使用寿命短	1. 适用于小中型海水淡化厂 2. 常用作蒸馏前处理工艺
	二级滤料过滤	优点：出水水质较好，造价低； 缺点：冲洗过程难度大，耗水量大，滤料使用寿命短	1. 适用于小中型海水淡化厂 2. 常用作反渗透前处理工艺
	微絮凝滤料过滤	优点：不需经过混凝沉淀池，出水水质高，工艺简单，占地面积小，设备投资和运行费用低； 缺点：处理水量小，造价高	1. 处理水量小，常年浊度＜5NTU，色度和有机物含量低的海水，适用于小中型海水淡化厂 2. 常用作反渗透前处理工艺

续表

过滤方法	技术特点	适用范围
吸附过滤（活性炭、硅藻土等）	优点：出水水质高，对有机物吸附能力强； 缺点：活性炭使用寿命短	色度和嗅味、有机物含量较大的海水
膜过滤	优点：出水水质高，效果稳定； 缺点：易堵塞，设备投资、处理成本较高	1. 适用于对进水水质要求较高的水厂 2. 常用作反渗透前处理工艺

（3）软化

海水中钙、镁离子含量较高，在电渗析、蒸馏等淡化操作过程中，由于海水温度、pH、离子浓度等的变化，可能生成氢氧化物、硫酸盐、碳酸盐沉淀，从而堵塞管道，因此在海水淡化前需对原海水进行软化处理。

海水前处理工艺常用的软化方法主要有化学反应沉淀法、离子交换法、酸化法及膜分离法等。各软化方法的技术特点及适用范围详见表 11-13。

海水软化方法的技术特点及适用范围[161]　　表 11-13

软化方法	技术特点	适用范围
化学反应沉淀法	优点：操作简单，成本较低； 缺点：软化效果较差	适用于对进水水质硬度要求较低的海水淡化厂
离子交换法	优点：操作简单，软化效果稳定； 缺点：树脂再生易产生二次污染	适用于对进水水质硬度要求较高的海水淡化厂
酸化法	优点：操作简单； 缺点：腐蚀严重，对设备材料要求较高	适用于 Ca^{2+}、Mg^{2+} 含量较高的海水
膜软化法	优点：占地面积小，可实现完全自动化，应用范围广； 缺点：设备投资、处理成本较高	适用于对进水水质要求较高的海水淡化厂

（4）消毒

海水前处理工艺常用的消毒方法主要有氯消毒、二氧化氯消毒、紫外线消毒及臭氧消毒等。各消毒方法的技术特点及适用范围在本书 9.5.2 节已经进行了详细的说明，本处不再赘述。

（5）脱气

水中 CO_2、O_2 等气体的去除称为脱气。水中含有溶解氧，氧气在中性和碱性条件下会引起输水管道和设备的腐蚀；水中的 CO_2 遇 Ca^{2+}、Mg^{2+} 离子易生成 $CaCO_3$、$MgCO_3$ 沉淀，导致设备结垢，影响传热，降低热效率。因此在海水进入淡化设备前还需进行脱气处理。

海水前处理工艺常用的脱气方法主要有加热脱气、真空脱气、除氧剂脱气等。各脱气方法的技术特点及适用范围详见表 11-14。

海水脱气方法的技术特点及适用范围[161]　　表 11-14

脱气方法	技术特点	适用范围
加热脱气	优点：成本较低，脱气效果较好，稳定性好； 缺点：水流要求相对稳定，水质容易受蒸汽污染，对设备的压力要求较高	适用于锅炉和电力用水脱气
真空脱气	优点：脱气效果较好，处理范围较大； 缺点：占地面积大，设备比较复杂，对设备的要求较高，投资和操作费用较高	1. 适用于进水量较大的水厂 2. 广泛用于锅炉补给水
除氧剂脱气	优点：操作简单，成本较低； 缺点：只能脱除氧气，易产生二次污染	常与真空脱气联合使用

2. 海水淡化处理工艺

海水淡化方法主要包括热法、膜法及其他方法[163]（图 11-6）。热法主要包括蒸馏（低温多效、多级闪蒸、压汽蒸馏）、露点蒸发、太阳能等技术；膜法主要包括反渗透、电渗析法等。目前，运用广泛且技术比较成熟的三种海水淡化方法为低温多效蒸馏（LT-MED）、多级闪蒸（MSF）及反渗透法（RO），以下将分别展开详细论述。

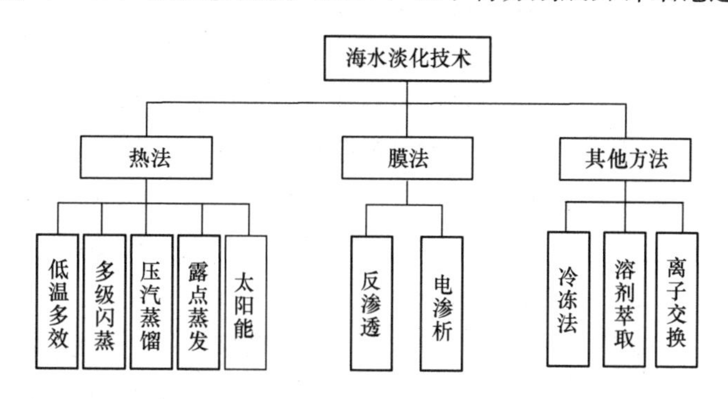

图 11-6　海水淡化技术分类图[163]

（1）反渗透（RO）

反渗透技术于 20 世纪 70 年代用于海水淡化，随着膜性能的提高和技术的发展，现已成为成本最低、应用最广泛的海水淡化技术。反渗透是指在高于渗透压差的压力作用下，溶剂（如水）通过半透膜进入膜的低压侧，而溶液中的其他组分（如盐）被阻挡在膜的高压侧并随浓溶液排出，从而达到有效分离的过程。

反渗透装置由高压泵、能量回收装置、压力提升泵、反渗透装置、变频控制柜及辅助设备组成（图 11-7）。海水经预处理去除悬浮物后，经高压泵增压送入第一个膜元件，在较高压力下，在螺旋卷绕的进水隔网通道内流动，其中一部分水分子不断渗透过膜，经产水隔网流道进入卷式膜元件的中心管，生产出淡水。其余进水沿着水流方向继续流动至下一个膜元件，通过多个膜元件的串联，连续产出淡水。

反渗透具有以下工艺特点：可提供分质供水模式；建设周期短，运行灵活；设备启动时间短，对用水负荷适应性强；对水质要求较严，预处理设备多，工艺系统复杂，运行操作管理难度较大。反渗透应用范围广泛，从海水和苦咸水淡化到食品、医药及化工行业纯水和超纯水的制备、工业废水的处理等领域均有大量的应用。

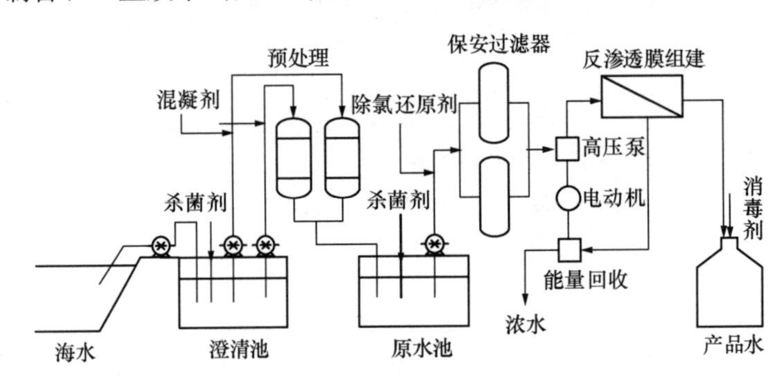

图 11-7　反渗透（SWRO）装置图[164]

笔者自制

（2）低温多效蒸馏（LT-MED）

低温多效蒸馏由多个蒸发设备串联组成，具体是指蒸汽在传热管一侧冷凝生成淡水，同时放出的热使传热管另一侧的海水蒸发生成二次蒸汽，并进入下一效对海水进行加热蒸发产生淡水的方法，其最高盐水温度低于 70℃。

低温多效蒸馏的工艺流程为：海水在冷凝器中预热、脱气后分成两股，其中一股排回大海，另一股充当进料液。加入阻垢剂的进料液首先被引入蒸发器温度最低的效组中，喷淋系统把料液分布到顶排管上，在自上向下的降膜过程中，一部分海水吸收了管束内冷凝蒸汽的潜热而汽化，冷凝液以淡化水导出，蒸汽进下一效组，剩余料液也泵入下一效组中，该效组的操作温度高于上一效组，在新的效组中又重复了蒸发和喷淋过程，直到料液在温度最高的效组中以浓缩液的形式排出。

低温多效蒸馏具有以下技术特点：海水预处理过程简单，对海水水质要求较低，海水进入低温多效装置之前只需经过筛网过滤及投加阻垢剂；操作温度较低，抗腐蚀性能好；系统动力能耗小，热效率高，操作安全；出水水质较高。但盐水温度不能超过 70℃也是制约该技术进一步提高热效率的重要因素，且由于低温操作时蒸汽的比容较大，使得设备体积较大，设备成本较高。

低温多效蒸馏工艺流程如图 11-8 所示。

（3）多级闪蒸（MSF）

多级闪蒸（MSF）海水淡化方法起源于 20 世纪 50 年代，由于多级闪蒸安全性高，因此得到了飞速发展。多级闪蒸是指海水经过加热，依次通过多个温度、压力逐级降低的蒸馏室进行蒸发冷凝的蒸馏淡化方法。

多级闪蒸过程的原理如下[165]：在一定的压力下，将原料海水加热到一定温度，然后将热海水通过节流引入闪蒸室，由于热海水的饱和蒸汽压大于蒸发室的压力，热海水将立即蒸发，从而使热海水温度降低，直到海水温度与其饱和蒸汽温度达到平衡，所产生的蒸汽冷凝后即为淡水。

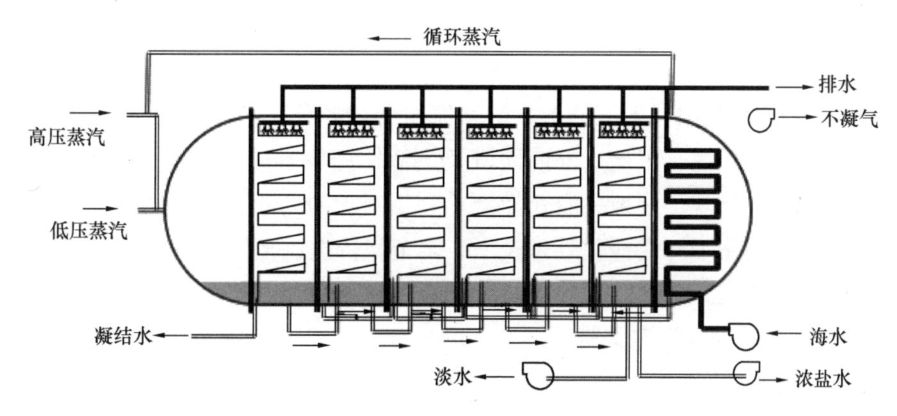

图 11-8　低温多效蒸馏技术工艺流程图[164]

笔者自制

多级闪蒸的工艺流程为：海水首先经过澄清和加氯消毒预处理，经蒸汽预热后到达蒸汽加热器，被加热至 90～115℃后送入第一闪蒸室，同时控制闪蒸室内的压力低于海水的饱和蒸汽压，部分海水迅速形成蒸汽，蒸汽经除雾器除去杂质后在冷凝管束表面冷凝，收集后即可得到淡水；其余没有气化的海水温度降低，流入下一个闪蒸室继续闪蒸，并重复蒸发和冷凝的过程，将一系列压力逐级降低的闪蒸室串联起来，即可连续产出淡水。

多级闪蒸的技术特点如下：多级闪蒸针对多效蒸发结垢严重的缺点进行了改良，通过加热与蒸发过程分离，并未使海水真正沸腾，因此改善了一般蒸馏的结垢问题；该方法技术成熟可靠，安全性高，设备简单，投资成本低，适合用于大型海水淡化工程；不仅可用于海水淡化，还可用于电力、石化等工业的锅炉供水，工业废水和矿井苦咸水的处理，印染、造纸行业废碱液的回收等，应用行业广泛。但同时，多级闪蒸也存在操作成本高、设备占地面积大等问题。多级闪蒸通常是与火力电站联合建设，常以电站汽轮机低压抽汽作为热源，因此多级闪蒸法比较适合用于与热电厂相结合的大型海水淡化工程。

多级闪蒸工艺流程如图 11-9 所示。

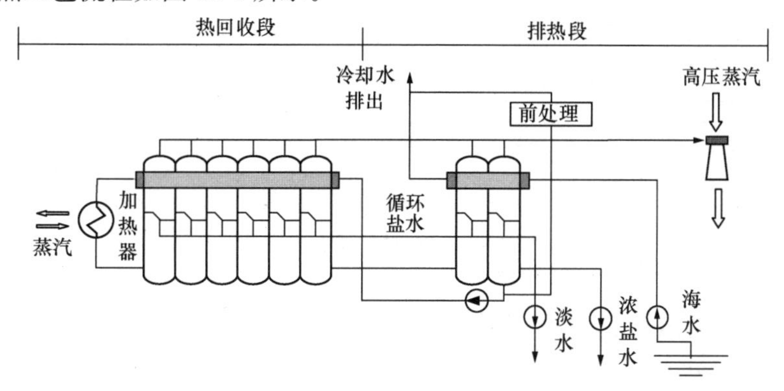

图 11-9　多级闪蒸（MSF）技术工艺流程图[164]

笔者自制

11.5.3　海水处理工艺的选择

根据11.3节海水利用对象的分析，可知海水利用对象主要包括工业冷却、印染、城市冲厕、消防、景观环境、湿地、农业灌溉及生活饮用等方面的用水。其中，工业冷却、印染、冲厕、消防、景观、湿地、农业灌溉等利用对象对海水的利用方式均为直接利用；海水用作饮用水则利用了海水淡化处理技术。本节将依据以上两种海水利用方式对海水各利用对象的处理工艺展开论述。

1. 海水直接利用处理工艺比选

（1）用作工业用水

1）用作工业冷却水

海水用作工业冷却水时的处理技术主要包括直流冷却和循环冷却两种。海水直流冷却技术是以原海水为冷却介质，经换热设备完成一次性冷却后即直接排海的冷却水处理技术；海水循环冷却技术，是以原海水为冷却介质，经换热设备完成一次冷却后，再经冷却塔冷却，并循环使用的冷却水处理技术。

海水直流冷却系统的处理工艺主要为简单的格栅过滤后就进入凝汽器或其他换热设备，冷却其他介质后直接排放。海水循环冷却技术是在海水直流冷却技术和淡水循环冷却技术基础上提出的，但由于海水含盐量高，腐蚀性强，且海水中还有大量的微生物，因此海水冷却存在腐蚀严重、设备易结垢和微生物附着等问题。《海水循环冷却系统设计规范　第3部分　海水预处理》HY/T 240.3总结了部分工业中采用海水循环冷却系统的工艺流程，如表11-15所示。

部分工业中海水循环冷却系统的工艺流程[166]　　**表11-15**

序号	系统类型	工艺流程
1	浙江国华浙能发电有限公司宁海电厂海水循环冷却系统	机械混凝→斜管沉淀→海水循环冷却系统
2	山东海化集团纯碱厂海水循环冷却系统	网格絮凝→斜板沉淀→海水循环冷却系统
3	滨州北海新材料有限公司海水循环冷却系统	预沉→管道混合器→网格絮凝→斜板沉淀→调节水池→海水循环冷却系统
4	华润电力渤海新区电厂海水循环冷却系统	管道混合器→网格絮凝→斜板沉淀→调节水池→海水循环冷却系统

海水用作工业冷却水时，可依据海水直流冷却和循环冷却的技术特点进行工艺流程的选择，总结如表11-16所示。

海水用作工业冷却水时处理工艺比选[162,167]　　**表11-16**

冷却技术	技术特点	工艺流程	适用范围
海水直流冷却	优点：深海取水温度低，冷却效果好，设备简单，造价低； 缺点：工程投资费用高，排污量大	格栅→凝汽器/其他换热设备	1. 适用于沿海火力电厂 2. 不适于离海岸较远的工业

续表

冷却技术	技术特点	工艺流程	适用范围
海水循环冷却	优点：海水可循环使用，取水量及排污量小； 缺点：设备易腐蚀、结垢，微生物附着等问题	机械混凝→斜管沉淀→海水循环冷却系统	1. 适用于原有海水循环或海水直流的海滨工厂改建、扩建 2. 适用于离海较远、海拔较高的工业 3. 适用于电力、石化、化工及钢铁等多种工业
		网格絮凝→斜板沉淀→海水循环冷却系统	
		预沉→管道混合器→网格絮凝→斜板沉淀→调节水池→海水循环冷却系统	
		管道混合器→网格絮凝→斜板沉淀→调节水池→海水循环冷却系统	

2）用作印染用水

海水用作印染用水时主要用于上染过程，棉织物经用淡水溶解的燃料浸轧，脱液后，放入热海水中固色。处理工艺一般为简单格栅过滤后即可送至织物加工厂进行使用，对于水质有特殊要求的工厂，则需视具体情况增设絮凝沉淀、消毒等处理工艺。

（2）用作城市杂用水

1）用作冲厕用水

海水作为冲厕用水时，只需对海水进行除悬浮物、除臭、消毒等初级处理，处理工艺主要包括过滤、曝气及消毒。

以香港海水冲厕处理工艺为例，香港海水冲厕处理过程[168]包括：一是筛分离，海水经取水口前的格栅去除悬浮物及大颗粒杂质；二是曝气（在取水点水质达标的条件下一般不设），格栅分离悬浮杂质后，在溶解氧缺乏的情况下，会产生异臭怪味，因此，在供水站加设曝气装置，进行曝气充氧；三是加氯杀菌，海水中的细菌和微生物会影响输水管道的正常运行，因此在海水进入输水管道前还应进行杀菌处理。

2）用作消防用水

海水一般作为消防用水的储备水源，使用频率少，且因海水的腐蚀性等特点未大规模使用。海水消防一般都采用直接取水的方式，直接将海水抽取至室外消防管网。部分沿海工业区在厂区内修建海水临时高压消防系统，设置消防水池储备海水。

（3）用作环境用水

景观水体多为人工改造的露天密闭性水体，具有面积小、生态系统单一、自净能力差等特点[169]，景观水体的处理要点主要是控制水体中氮、磷等污染物含量及藻类的影响。海水用作景观水体时，处理工艺主要包括絮凝沉淀、曝气、消毒等。海水用作湿地用水时，主要是用作河口湿地、红树林等湿地类型的培育用水，无须对海水设置处理设施。

（4）用作农业灌溉用水

海水用作农业灌溉时，只需在取水泵站前设置格栅去除海水中大的悬浮物，处理工艺及流程简单。

（5）海水直接利用处理工艺整体选择

基于以上分析，对工业用水、城市杂用水、环境用水及农业灌溉用水等利用对象的处理工艺选择总结如表 11-17 所示。

海水直接利用处理工艺选择　　表 11-17

海水利用对象			工艺流程
工业用水	工业冷却水	直流冷却	格栅→凝汽器/其他换热设备
		循环冷却	机械混凝→斜管沉淀→海水循环冷却系统
			网格絮凝→斜板沉淀→海水循环冷却系统
			预沉→管道混合器→网格絮凝→斜板沉淀→调节水池→海水循环冷却系统
			管道混合器→网格絮凝→斜板沉淀→调节水池→海水循环冷却系统
	印染用水		格栅→取水泵站
城市杂用水	冲厕		格栅→曝气→加氯杀菌
			加次氯酸钠杀菌→用户
	消防		消防水池→消防泵房→室外消防管网
			消防泵房→室外消防管网
环境用水	景观环境用水		混凝沉淀→沸石→微絮滤料过滤
			格栅→絮凝沉淀→曝气→消毒
	湿地用水		—
农业灌溉用水			格栅→取水泵站

2. 海水淡化利用处理工艺比选

（1）前处理工艺比选

海水淡化前处理工艺应根据海水进水水质、海水淡化设备对水质的要求来定，反渗透法及蒸馏法（低温多效蒸馏、多级闪蒸）两种方法对原海水的前处理工艺选择如表 11-18 所示。

海水淡化前处理工艺选择[163]　　表 11-18

原海水水质	前处理工艺	海水淡化方法
有机物含量低，浊度＜5NTU	次氯酸钠；高分子混凝剂；亚硫酸氢钠 海水→海水取水泵→管道混合器→多介质过滤器→管道混合器→保安过滤器→反渗透海水淡化装置 气、水反冲洗→多介质过滤器；多介质过滤器→排放	反渗透

续表

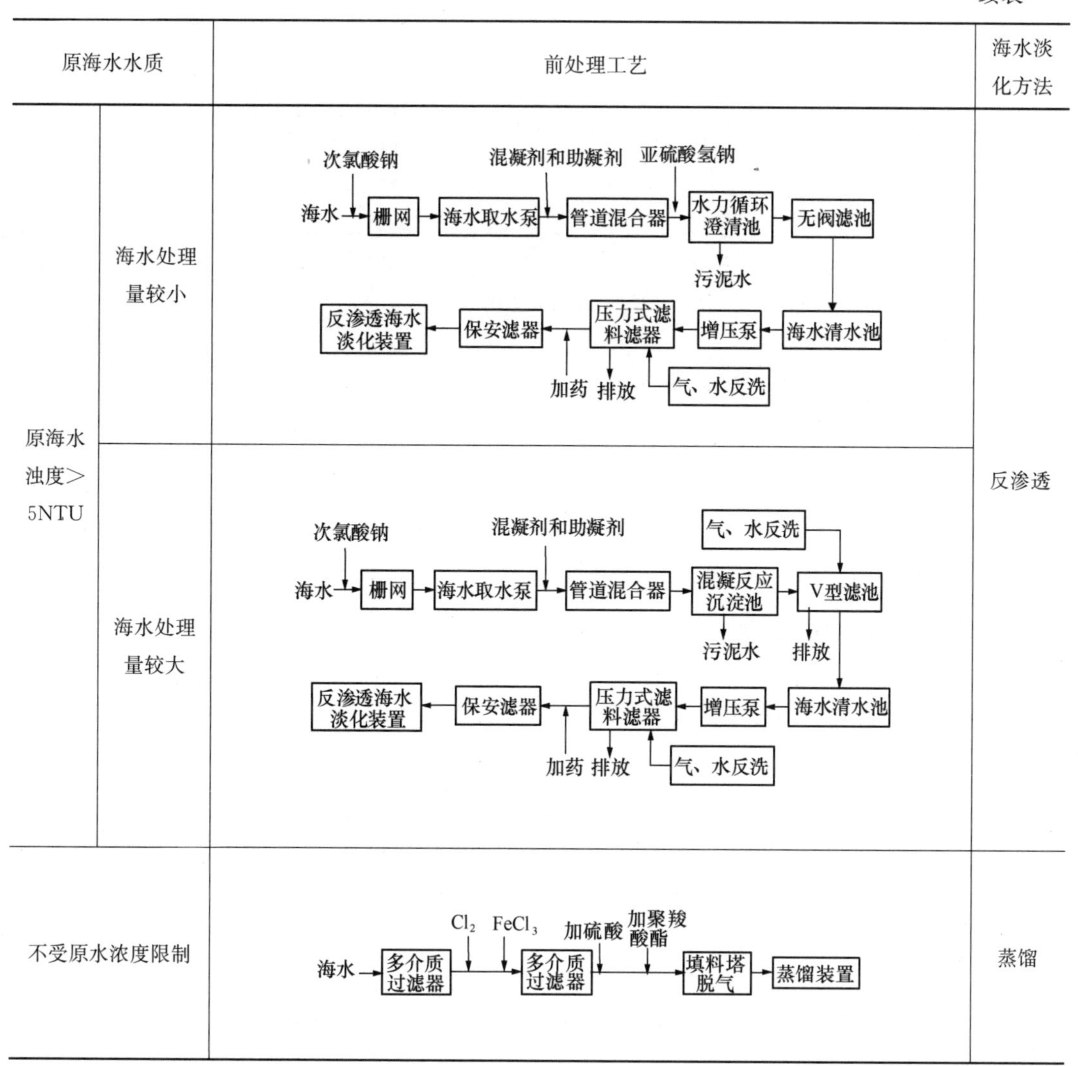

原海水水质		前处理工艺	海水淡化方法
原海水浊度>5NTU	海水处理量较小	次氯酸钠；混凝剂和助凝剂；亚硫酸氢钠 海水→栅网→海水取水泵→管道混合器→水力循环澄清池→无阀滤池→海水清水池→增压泵→压力式滤料滤器→保安滤器→反渗透海水淡化装置 污泥水；加药；排放；气、水反洗	反渗透
	海水处理量较大	次氯酸钠；混凝剂和助凝剂；气、水反洗 海水→栅网→海水取水泵→管道混合器→混凝反应沉淀池→V型滤池→海水清水池→增压泵→压力式滤料滤器→保安滤器→反渗透海水淡化装置 污泥水；排放；加药；排放；气、水反洗	
不受原水浓度限制		Cl_2；$FeCl_3$；加硫酸；加聚羧酸酯 海水→多介质过滤器→多介质过滤器→填料塔脱气→蒸馏装置	蒸馏

注：海水淡化前处理工艺不限于以上三种，还可根据原海水水质、设备要求及投资概算进行调整。

笔者自制。

由于反渗透法和蒸馏法对海水的淡化原理不同，因此两种方法的海水淡化设备对海水进水水质要求也不相同。海水经前处理工艺处理后进入海水淡化装置，前处理后出水水质需分别满足反渗透法和蒸馏法海水淡化设备的进水水质要求。

前处理后进入反渗透海水淡化装置的水质要求：pH范围在2～11，水温1～45℃，海水浊度<1NTU，游离余氯<0.1mg/L，总铁<0.1mg/L。前处理后进入蒸馏海水淡化装置的水质要求：加碱调pH时，pH≈7.0；加酸调pH时，pH<4.5；脱CO_2，CO_2浓度<3.0mg/L；预热温度30～40℃；海水浊度<3mg/L；溶解氧浓度10μg/L。

（2）海水淡化工艺比选

反渗透、低温多效蒸馏及多级闪蒸这三种常用的海水淡化方法各有优缺点，三种方法的技术特点及运行成本对比如表11-19所示。

常用海水淡化工艺对比一览表[170]　　表 11-19

海水淡化工艺	优点	缺点	运行成本[163]
反渗透	1. 防腐蚀性能较为优秀； 2. 装机易于单元式叠加，但单台容量往往较低； 3. 设备成本较低	1. 预处理设备及工艺较繁琐； 2. 出水水质较低	4.76 元/m³
低温多效蒸馏	1. 防腐蚀性能较优； 2. 出水水质高，为含盐量<5mg/L，可用作锅炉直接用水； 3. 较大的单台装机容量； 4. 较快的启停设备	1. 设备成本较高； 2. 结垢不易清理	7.38 元/m³
多级闪蒸	1. 不易结垢； 2. 对海水原料要求低，预处理简单	能耗高	6.31 元/m³

11.6　海水利用设施规划

海水利用设施规划内容主要包括取水设施规划、处理设施规划和配水管网规划。

11.6.1　取水设施规划

取水设施规划包括取水点的选取、取水方式的选择以及取水构筑物和取水泵站的规划。

1. 取水点选取原则

取水点选取除需考虑取水构筑物的要求和取水量外，还应遵循以下原则：①离码头距离较远，避开水上交通繁忙地段，距海水淡化厂较近，便于运行管理；②位于海湾内侧范围，受风浪影响较少，距污水排放口上游最远端，受排放的污水影响小；③海岸应具有一定承载力的地质结构，适宜海水取水构筑物的建造；④应考虑海水取水设施的施工、运行、维护和管理可行性。

2. 取水方式的选择

海水的取水方式一般分为间接取水（即海滩井取水或海床过滤取水）、深海取水及浅海取水三大类[171]。应根据不同的地区特点及海水淡化工艺选择不同的取水方式，各取水方式的优缺点及适用条件总结如表 11-20 所示。

海水取水方式比选一览表[171]　　表 11-20

海水取水方式	优点	缺点	适用范围
间接取水（即海滩井取水或海床过滤取水）	经天然海滩过滤作用，所取海水浊度低、水质好	占地面积较大，所取海水中可能含铁锰及溶解氧低等问题	适合取水量较少、离海岸近、海底砂层渗水性好且地下矿物质溶出少的情况

续表

海水取水方式		优点	缺点	适用范围
深海取水		水质较好、水温较低	投资较大、施工较复杂，一般不应用于较大规模的取水工程	适合海床陡峭，且海水在近海岸处能够达到一定深度的地区，以及对原水有特殊要求的情况
浅海取水	岸边直接取水	系统简单、投资较低、运行管理集中方便	易受海潮特殊变化的侵袭，受海生物危害较严重，且取水水质不稳定	取水量小、海岸陡峭、海水泥沙含量少、淤积不严重、潮差值不大的地区
	自流明渠引水	取水量不受限制，引水渠在海水泥沙含量较高时有一定的沉淀澄清作用	工程施工量大且困难，易受海潮变化的影响、条件较差的地方淤积严重	海岸陡峻，引水口处海水较深，潮位差值较小，淤积不严重的石质海岸或海岸布有港口、码头的地区
	蓄水池式取水	供水安全可靠、不受海潮威胁、蓄水池自身有一定净化作用、取水水质较好、蓄水池可兼作冷却池使用	退潮停止进水的时间较长、水池蓄水量大、占地面积较大及投资较高等	海岸较平坦、深水区较远、岸边建有调节水库的地区
	明渠蓄水池综合取水	兼具自流明渠引水及蓄水池式取水的优点	投资较高、管渠系统复杂、运行管理要求高	深水区较远、岸边建有调节水库、潮位差值较小、淤积不严重的石质海岸或港口、码头地区
	海底自流管渠引水	免受海浪冲击、取水安全、水质变化幅度小且温度低等	自流管（隧道）内易附着微生物或泥砂、淤积清理难度大、对施工要求较高且投资较大	取水量较大、海滩平坦、潮差大且低潮位离海岸远以及海湾条件恶劣（如风大、浪高、流急）的地区
	岛式泵站取水	取水量大且系统比较简单、运行管理方便、在海滩地形不利的情况下仍可保证供水	施工较困难，潮汐突变时供水安全性较差且密封设施操作不便	海滩平缓、低潮位线位于离海岸很远处、海底为石质或砂质且有天然或港湾的人工防坡堤保护及受潮水袭击可能性较小的地区

3. 取水构筑物规划

潮汐等海水运动会影响取水设施的挡水部位、开孔洞位置等的设计，因此在进行取水构筑物规划时应考虑潮汐等海水运动的影响。例如，可将取水构筑物位置选在坚硬的原土层和基岩上，增加构筑物的稳定性等。

4. 取水泵站规划

海水取水泵站的规模由海水利用规模、输水管渠漏损量及处理设施自用水量组成，与自来水取水泵站类似，本处不展开论述。泵站的用地面积应根据其规模进行计算，具体指标参见表9-10。

5. 取水工程案例

取水方式应考虑当地水文地质条件、气象条件等的影响，下面以两个案例来说明取水工程的规划方案。天津北疆电厂20万m^3/d海水淡化取水工程自2007年开工，于2009年投入运行，北疆电厂附近海岸属于淤泥质海岸，近岸海域地势低平，高潮时海水漫至堤岸，海岸坡缓水浅，泥沙极易被风浪掀起，海水含沙量大，且该海区位于风暴潮易发区域，因此不宜在海岸或堤岸建设取水构筑物[161]。为了保证取水安全，北疆电厂采用两级沉淀调节池高潮进水的取水方式，一级沉淀池由闸控进水，既能调节水质又能控制进水量，二级闸可灵活调度，二级沉淀池的设置则达到了进一步控制水质的目的。通过采用两级沉淀调节池高潮进水的取水方式，北疆电厂的取水水质和水量均达到了设计要求。

浙江省舟山群岛海岛众多，面对淡水资源缺乏、调水难度大等现状问题，舟山群岛积极发展海水淡化，海水淡化已成为岛内重要的淡水来源。嵊山岛是舟山群岛中开展海水淡化的海岛之一，嵊山岛500m^3/d反渗透海水淡化取水工程采用海滩打双柱式沉井，以多级离心潜水泵、高架管引水的设计方案。嵊山岛受海洋性气候的影响，不仅台风频发而且潮位差大，环岛海域以礁石结构为主，从投资和地质结构考虑，采用海滩打双柱式沉井取水方案，双柱式沉井牢固且抗风浪冲击，取水水质稳定，能够满足设计要求。

11.6.2 处理设施规划

海水直接利用与海水淡化利用处理工艺不同，所涉及的处理设施也不同，以下将分开论述海水直接利用处理设施和海水淡化利用处理设施的规划方法。

1. 海水直接利用处理设施

海水直接利用处理设施是指对海水进入输配水管道前所布置的一些处理设施，主要有絮凝沉淀、杀菌装置、沉砂池、过滤器等。海水直接利用处理设施的规模及设计一般依据海水利用量、经济流速等相关参数进行设计，可参照《海水循环冷却系统设计规范　第3部分　海水预处理》HY/T 240.3开展相关设计。海水直接利用处理设施通常作为电力、钢铁、化工、纺织等工业场地的附属设施，海水直接利用纳入工业利用及城市杂用范畴后，在进行新建电力、化工等场站及商住楼栋设计时同步布局海水直接利用相关设施及管网，编制海水直接利用专篇，海水直接利用相关设施在工厂及商住楼栋施工时同步修建。

2. 海水淡化利用处理设施

海水淡化利用处理设施主要为海水淡化厂站。

（1）海水淡化厂选址

海水淡化厂站的建设首先要考虑厂址选择对于沿海生态系统的影响。海水淡化厂会产生独特的环境影响问题，主要是海水的摄取对海洋生态环境产生的影响，例如对于鱼类及其他生物的夹带以及冲击影响，或者对于近岸水流的改变。其次，还需考虑海水淡化产生的盐水处理问题，海水淡化会排出大量的浓盐水，其含盐量通常高于海水1倍左右。海水淡化后浓盐水的处理及处置也是海水淡化厂建设需要考虑的重要因素。

其次需考虑处理工艺对于选址的影响[172]。例如采用反渗透法只需要电能为其提供驱动压力，无需热能，因此采用反渗透法不需要与热电厂进行配套，但若采用低温多效法，则需要热电厂与海水淡化厂联合建设，利用热电厂的低位热能为海水淡化过程提供能源动力，此时海水淡化厂的建设则需要热电厂进行配套。

海水淡化厂站的建设还要考虑经济、社会及政策等因素的影响。经济因素主要指海水淡化成本，包括对投资建设成本和生产运营费用的估算；社会因素主要指对城市居民生活影响、对周围企业影响及基础配套设施情况；政策因素主要指城市规划、环保政策等因素。海水淡化厂站的厂址选择，在空间布局上应优先选取工业园区，远离城市居民，以降低对居民日常生活带来的影响；海水淡化厂的处理工艺及浓盐水处理排放需要考虑对周边企业的影响；海水淡化厂的所在地，在城市道路、通信等公共设备方面应配套齐全，以满足淡化厂内工业生产所需的供电、供水、供热等需求。

（2）海水淡化厂用地规模

海水淡化厂设计规模及占地应依据海水处理量及处理工艺来定。国内外部分海水淡化厂规模及占地详见表 11-21。

国内外部分海水淡化厂用地规模一览表[161,173~175] **表 11-21**

工程名称	规模（万 m^3/d）	占地（hm^2）	单位用地（hm^2/万 m^3）	淡化工艺
青岛百发海水淡化有限公司	10	4.3	0.5	反渗透
以色列 ASHELON 海水淡化厂	33	18.6	0.56	反渗透
新泉海水淡化厂	13.5	6	0.44	反渗透
山东荣成海水淡化示范工程	1	0.2	0.2	反渗透
华能玉环电厂海水淡化系统	2.5	0.66	0.26	反渗透
北疆发电厂海水工程	50	10	0.2	多效蒸馏

（3）海水淡化厂工程案例[173]

反渗透海水淡化工程典型案例：青岛百发海水淡化有限公司是目前国内最大的海水淡化项目，占地面积 4.3hm^2，处理规模为 10 万 m^3/d，主要采用超滤（UF）＋反渗透（RO）双膜法海水淡化工艺，生产的脱盐水经后处理调制能够达到《生活饮用水卫生标准》GB 5749 要求，淡化出水与自来水混合后进入市政管网，淡化海水供水量为 4 万～5 万 m^3/d。

该海水淡化厂主要工艺设计包括海水取水及输水工程、海水淡化及后处理工程、淡化水入网工程及浓盐水排放工程 4 个部分。海水淡化工艺流程为：海水→取水泵站→过滤→超滤系统→超滤水池→一级反渗透系统→二级反渗透系统→清水池→清水泵房→自来水厂清水池→用户。主体构筑物主要包括过滤车间、清水池和泵房。淡化出水经二级泵站加压后进入自来水厂清水池，淡化水与自来水按照 1∶5 的比例混合后进入市政给水管网。

蒸馏法海水淡化工程典型案例：北疆电厂作为渤海沿岸的大型火力电厂，主要向京津唐地区供电。北疆电厂一期工程装机容量为 2×1000MW，配套建设日产 20 万 t 的海水淡化工程；二期海水淡化工程装机容量为 2×1000MW，配套建设日产 30 万 t 的海水淡化工程。北疆电厂淡化水主要供应周边汉沽区、塘沽区及天津市经济技术开发区三个地区的水厂。海水主要用于电厂循环冷却水及淡化制水，海水取水方式采用高潮位取水。北疆电厂建设用地面积约为 142.75hm²，一期占地面积为 50.65hm²，二期占地面积为 48.43hm²（图 11-10）。海水淡化设施占地面积为 10hm²。

图 11-10　北疆电厂海水淡化反渗透装置图

资料来源：津沽节水行：北疆电厂淡水零开采 海水变淡水 [Online Image]. [2010-11-22]. http：//news. enorth. com. cn/system/2010/11/22/005411562. shtml

北疆电厂主要由发电工程、供热工程、海水淡化工程、浓海水制盐工程及粉煤灰、脱硫石膏综合利用工程组成，海水淡化工艺流程为：海水→二沉池→取水泵站→微砂加速絮凝沉淀设备→清水池→清水泵房→低温多效蒸馏设备→淡水箱/池→用户。淡化海水主要用于厂内锅炉空调冷却补充水、热网补充水、脱硫用水、输煤喷雾压尘用水等生产用水及生活和消防用水，此外，还供给滨海新区龙达水务、泰达水业、塘沽中法供水公司。其中龙达水务的淡化海水目前直供工业用户，不进入城市供水管网；泰达水业、塘沽中法供水公司的淡化海水与生产的自来水掺混后，再进入城市供水管网。

11.6.3　配水管网规划

配水管网规划的主要内容包括确定供水方式和规划配水管网及加压泵站。

1. 供水方式确定

海水直接利用时，应新建一套管网系统进行单独供水；淡化海水的供水方式主要分为以下两种：①淡化海水在进入市政管网之前，可将淡化水输送至水厂的清水池进行掺混，再接入市政供水系统供用户使用；②淡化海水经处理达标后直接接入现状市政供水管网，与给水厂联网供水。

2. 配水管网规划

与再生水管网规划类似，海水管网规划工作需进行管网布置，确定管网供水压力、管径、管位以及管材。其中，供水压力、管径的确定以及管位分析的方法与再生水管网相同，以下针对管网布置及管材选择展开论述。

（1）管网布置

海水配水管网的布置形式与海水的利用方式有关。开展海水直接利用的住户及工业，应修建两套管网系统，即自来水管网系统及海水管网系统；淡化海水水质优良，能满足生活饮用水的标准，在供水管网方面，基于城市路由管道及管位考虑，不建议再建设一套供水管网，可与自来水供水系统共用一套管网。

（2）管材选择

淡化海水的水质较好，因此淡化海水的配水管网管材与自来水供水管网无异。对于开展直接利用的海水配水管网，由于原海水具有很强的腐蚀性且含有大量的微生物，因此进行管材选择时应考虑海水腐蚀性强、氯度高、微生物多等因素以及成垢离子如 Ca^{2+}、Mg^{2+} 等的影响，可选用的管材主要有钢骨架聚乙烯复合管、钢聚乙烯复合管等。

第12章　其他非常规水资源利用概述

12.1　矿井水

1. 矿井水利用概况

矿井水是伴随煤炭开采产生的地下涌水。我国煤炭以井工开采为主，约占整个煤炭产量的97%，由于含煤地层一般在地下含水层之下，在采煤过程中，为确保煤矿井下安全生产，必须排出大量矿井涌水，即矿井水[176,177]。

根据国家煤矿安全监察局2012年的调查统计，近年全国煤矿每年实际排水量达71.7亿m^3，全国共有61处煤矿的矿井正常涌水量超过1000m^3/h。矿井水的大量外排，不仅浪费了大量的地下水资源，而且对周边环境造成污染。因此，对矿井水进行资源化利用是缓解水资源供需矛盾，改善矿区生态环境的有效途径；特别在缺水严重的矿区，具有良好的社会、环境和经济效益。

为促进矿井水资源化利用，节约水资源，国家发展和改革委员会于2007年发布了《矿井水利用专项规划》，提出了对矿井水利用采取区域布局和重点建设的方针，不同矿区因地制宜地选择矿井水利用发展方向，以最大限度地提高矿井水利用率。为保障矿山地区水资源可持续利用，国家发展和改革委员会、国家能源局于2013年又联合印发了《矿井水利用发展规划》(发改环资〔2013〕118号)，提出到2015年，逐步建立较完善的矿井水利用法律法规体系、宏观管理体系和技术支撑体系，实现矿井水利用产业化。

2. 矿井水分类

根据所含污染物和杂质成分的不同，矿井水可分为以下几种类型[178]（表12-1）

矿井水分类[161,173~175]　　表12-1

序号	类型	特征	利用潜力
1	洁净矿井水	未被污染的地下水	基本符合饮用水标准，可开发为矿泉水
2	含悬浮物矿井水	水质呈中性，含有煤粉、岩粒等大量的悬浮物	占我国北方部分重点国有煤矿矿井涌水量的60%，回用潜力较大
3	高矿化度矿井水	含有SO_4^{2-}、Cl^-、Ca^{2+}、Na^+、HCO_3^-等离子，水质多数呈中性和偏碱性	一般不能直接用作工农业用水和生活用水
4	酸性矿井水	水质pH值小于5.5	一般经处理后达标排放或回用，一般用于对水质要求较低的工业用水
5	含特殊污染物矿井水	主要指含氟、含微量有毒有害元素矿井水、含放射性元素矿井水或油类矿井水	一般利用难度较大

3. 矿井水的处理方法

（1）洁净矿井水。此类水 pH 一般呈中性，矿化度低，不含有毒有害离子，各项理化指标符合国家饮用水卫生标准或渔业水质标准，一般无须处理，或经消毒后利用。对此类矿井水要妥善截流，单独布置排水管路，避免与其他矿井水混排。

（2）含悬浮物矿井水。目前对这类矿井水的处理已经有比较成熟的经验，一般采用常规的混凝、沉淀、过滤、消毒工艺，即可满足生活饮用水要求。

（3）高矿化度矿井水。处理时除了要进行混凝、沉淀等预处理外，还需脱盐。电渗析法和反渗透法是我国目前处理高矿化度矿井水的主要方法。

（4）酸性矿井水。这类矿井水 pH 值较低，一般在 2～5 之间，水中 Fe^{2+}、SO_4^{2-} 的浓度很高。中和法是处理酸性矿井水的主要方法，通常采用的中和剂为廉价的石灰、石灰石、电石渣等。

（5）含特殊污染物矿井水。此类矿井水根据所含污染物的不同，分别采用不同的处理方法。如含氟矿井水可采用离子交换法、吸附等方法处理；含油矿井水可采用气浮法处理。

4. 矿井水资源化利用

我国绝大多数煤矿均已建设了矿井水的处理工程，但矿井水的利用仍受诸多因素的限制。通过对国内目前矿井水利用情况的梳理，国内矿井水利用的主要方向为：一是矿区工业生产用水，用作煤炭生产、洗选加工、焦化厂、电厂、煤化工等，特别是煤炭洗选耗水量大，已经大量利用矿井水；二是矿区生态建设用水，包括矿区绿化、降尘等；三是生活用水，在缺水矿区，矿井水经净化处理后，达到生活用水标准，供矿区居民生活使用；四是其他用水[179]。

图 12-1　平煤股份十矿北翼水厂矿井水净化处理

资料来源：中国膜工业协会：陶瓷膜工艺系统净化矿井水［Online Image］.［2019-7-5］. http：//www.membranes.com.cn/xingyedongtai/gongyexinwen/2019-07-05/36854.html

不同煤矿中矿井水的水质和排放情况差异较大，回用时应根据利用方向，遵循因地制宜、经济方便的原则，适当处理后优先保证矿区内用水。一般来讲，矿井水的利用应做到先井下后井上，先矿内后矿外，先生产后生活，充分发挥矿区内现有水利设施的潜能，避免重复建设。矿井水利用原则如下：

（1）节约为主，因地制宜，提高水资源利用率。

（2）三效益统一。经济效益、环境效益以及社会效益相统一，企业在赢利的同时减少对周边环境的不利影响。

（3）就近原则。矿区生产用水对水质的要求较低，因此各矿区应首先保证内部用水，剩余部分供其他方面使用。

矿井水由于规模小且利用范围一般局限于矿区内及周边地区，因此矿井水的利用属于小区域的分散式利用，可结合矿区分布、矿区用水结构、矿井水利用对象等因素，开展矿井水利用设施的规划与设计。

12.2 苦咸水

1. 苦咸水的分类

“苦咸水”是一个由来已久的通俗称法，指口感苦涩、很难直接饮用的水，长期饮用往往导致胃肠功能紊乱，免疫力低下。我国苦咸水主要分布在北方和东部沿海地区。

苦咸水是在漫长的地质历史时期和复杂的地理环境中经多种因素综合作用下演变形成的，其中古地理环境、古气候条件、海侵活动、地质构造和水文地质条件等起了重要作用。浅层地下苦咸水，主要是在大陆盐化过程中，地下水中盐分的蒸发浓缩后形成的。人类不适当的经济活动造成沿海地区海水入侵，不合理的灌溉、排水、改良盐碱地等活动也会使地下水变咸。

含盐量为1.0～10g/L的水统称为苦咸水，其中根据含盐量的不同又可以分为低盐度苦咸水、中盐度苦咸水和高盐度苦咸水[180]（表12-2）。根据对地下水资源质量研究标准的分类，浅层地下水含盐量<1.0g/L的水通常被认为是淡水。除苦咸水外，某些地区地下水中还含有超标的氟、砷等有害元素，统称为不宜饮用水源。

苦咸水分类　　表12-2

序号	类型	含盐量
1	低盐度苦咸水	1.0～5.0g/L
2	中盐度苦咸水	5.0～10g/L
3	卤水	10g/L以上

2. 苦咸水的分布

我国微咸水和半咸水主要分布在北方地区，微咸水分布最多的4个省级行政区分别是山东省、西藏自治区、河北省和内蒙古自治区，储量分别为66.24亿m^3/a、62.56亿m^3/a、

31.98亿m^3/a和24.95亿m^3/a，约占全国微咸水天然补给资源量的67.12%。微咸水所占比例最高的4个省级行政区是宁夏回族自治区、天津市、上海市和山东省，占比分别为35.21%、34.60%、33.23%和30.61%。半咸水天然补给资源量分布最多的是江苏省，为51.92亿m^3/a，其次是西藏自治区，为25.76亿m^3/a，合计约占全国半咸水天然补给资源量的63.93%；天津市半咸水所占比例最高，为30.86%，其次为江苏省，为28.08%[181]。

各省级行政区域对有开采利用价值、尚待开发的地下水中微咸水和半咸水进行了初步计算。全国地下水中微咸水可开采资源量为14.02亿m^3/a，其中山东省最多，为56.14亿m^3/a，占全国微咸水可开采资源量的39%。全国半咸水可开采资源量约为54.46亿m^3/a[182]。因此，苦咸水的淡化利用是补充淡水资源的有效途径。

3. 苦咸水的处理工艺

目前针对苦咸水的处理，主要有以反渗透、纳滤、电渗析为核心的脱盐工艺（图12-2）。其他还有蒸馏法、膜蒸馏法等[183]。

图12-2 苦咸水反渗透处理设备

资料来源：迪奥水处理：100t反渗透设备［Online Image］. https://www.4006338018.com/a/al/

（1）反渗透。反渗透过程是一个压力驱动的过程，通过半透膜去除进料液中的溶解性成分（如盐）。作为一种广谱的膜分离技术，以及随着反渗透膜的国产化，反渗透法淡化苦咸水将逐渐被广泛接受。

（2）纳滤。纳滤膜的孔径介于超滤膜与反渗透膜之间，其特点是软化效果好、二价离子去除率高，一价离子去除率低。与反渗透相比，能在低操作压力下产生高膜通量，有效保留水中人体所需要的盐分。

（3）电渗析。电渗析脱盐的能耗与原水含盐量成正相关，在海水、高度苦咸水淡化领域不具有经济优势。电渗析广泛应用于低中盐度苦咸水的淡化。电渗析在降低盐度的过程中，还能去除水中多余的硝酸盐、氟化物等污染物，去除率取决于运行电压、流速、污染物浓度以及离子交换膜的性能。

（4）蒸馏。蒸馏法主要用于海水淡化和高盐度苦咸水淡化，且以多级闪蒸装置淡化高盐度苦咸水。多级闪蒸主要为大型及超大型淡化装置，闪蒸法的缺点是耗能高，不利于处理中低盐苦咸水。

（5）膜蒸馏。膜蒸馏法是料液中挥发性组分在膜两侧蒸汽压差下以蒸汽形式透过疏水微孔膜膜孔的分离过程。

4. 苦咸水的利用

苦咸水多数存在于地下，虽储量大，但需经过淡化处理后才能利用。目前，苦咸水的利用主要还是经过淡化处理后作为生活用水。我国北方部分地区，特别是西北缺水地区，苦咸水在可利用水资源中仍占有较大的比例。目前苦咸水的淡化利用仍受诸多因素的限制，其中淡化成本是影响苦咸水淡化利用的最关键因素。

苦咸水的利用设施一般包括取水设施、处理设施、供水设施等，其规划方法与常规地下水基本相同。

第3篇

规划实践篇

迄今，我国大部分城市由于受限于技术、经济、管理等因素，尚未开展非常规水资源利用规划的编制工作；仅北京、天津、深圳等少数城市结合自身需求，开展了系统性的规划编制工作。从城乡规划编制体系来讲，非常规水资源利用规划属于专项规划，是城市总体规划的有效支撑和补充；从规划深度来讲，包括总体规划层次和详细规划层次的非常规水资源规划；从非常规水资源类型来讲，主要包括再生水利用规划、雨水利用规划和海水利用规划三大类。本篇以深圳市已编制的非常规水资源利用规划为案例，通过对这些案例的详细剖析，探讨非常规水资源规划的编制方法。本篇内容是第2篇相关理论和方法的具体应用实例。

非常规水资源利用建设项目前期阶段（项目建议书、可行性研究报告）虽属实施层面的内容，也在此一并介绍，以期为其他城市的相关工作提供参考。

第 13 章　非常规水资源利用专项规划

从城乡规划编制体系来讲，非常规水资源利用规划属于专项规划，是城市总体规划的有效补充。总规层次的非常规水资源利用专项规划基于城市自然本底、社会经济、建设特征以及实际需求，通过对全市水资源综合配置的分析，明确各类非常规水资源的利用潜力、定位、策略、布局，并提出全市层面工作推进实施的保障建议。编制城市总体规划时，可通过专题研究或专项规划的形式开展非常规水资源利用相关规划或研究，规划成果纳入城市总体规划的文本、说明书和图集中；如以专业规划形式开展，则非常规水资源利用专项规划成果一般包含规划文本、规划研究报告和图集三部分。

本章以《深圳市非常规水资源开发利用战略研究》（2016 年）、《深圳市再生水布局规划》（2010 年）、《深圳市雨洪利用系统布局规划》（2010 年）、《深圳市海水利用研究》（2009 年）四个项目为例，阐述不同类型的、总规层次的非常规水资源利用专项规划（研究）的编制方法。

13.1　非常规水资源利用综合规划（研究）

非常规水资源利用综合规划一般是某一城市非常规水资源利用的纲领性规划，该类规划需基于城市的基础条件，研究分析常规水资源利用现状及存在问题、非常规水资源开发利用潜力和需求，从经济性、安全性、生态环境友好度等方面进行综合比较，明确各类非常规水资源的发展方式及路径，提出开发策略及实施保障政策。本节以《深圳市非常规水资源开发利用战略研究》为例，阐述非常规水资源综合利用规划（研究）的编制方法。

1. 项目概况

《深圳市非常规水资源开发利用战略研究》由深圳市节约用水办公室委托，深圳市城市规划设计研究院有限公司负责编制，于 2016 年编制完成[184]。研究范围为深圳市行政辖区范围，总面积为 1952.84km^2。

研究主要内容包括以下七个方面。

第一部分：概述

第二部分：规划基础条件分析

- 水资源需求分析
- 非常规水资源分析
- 政策导向

第三部分：非常规水资源开发战略定位

- 水质安全性
- 水源稳定性

- 环境友好度
- 经济性

第四部分：雨水资源开发策略及利用途径

- 生态区和城市建设区雨水资源开发利用策略
- 生态区和城市建设区雨水资源利用途径

第五部分：再生水资源开发策略及利用途径

第六部分：海水资源开发策略及利用途径

第七部分：结论及建议

研究的技术路线如图 13-1 所示。

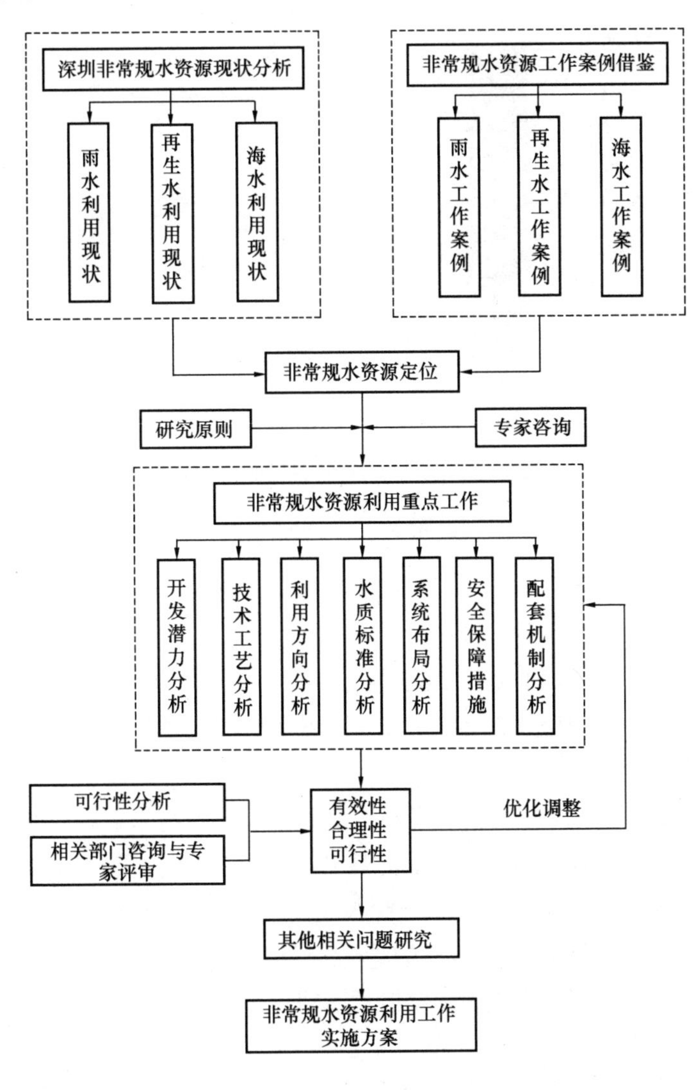

图 13-1　《深圳市非常规水资源开发利用战略研究》技术路线

2. 项目基础条件分析

一般来讲，非常规水资源利用规划（研究）的基础条件包括城市概况、自然状况、国内外案例借鉴、水资源需求分析、非常规水资源分析、相关政策导向、上层次规划解读等。本项目主要对深圳市的水资源需求、非常规水资源、政策导向等方面进行了剖析。

（1）水资源需求分析

水资源需求分析一般应对当地常规水资源开发利用的现状及需求进行剖析，分析供水能力缺口，根据当地水资源情况，研究各类水资源开发利用的潜力。本研究中深圳市水资源总量20.51亿m^3，2016年人均水资源198m^3，低于全国和广东省人均水平的十分之一，属严重资源型缺水地区，且在97%保证率下的可供水资源量仅为3.25亿m^3/a。深圳的发展已明显受到水资源的严重制约（图13-2）。

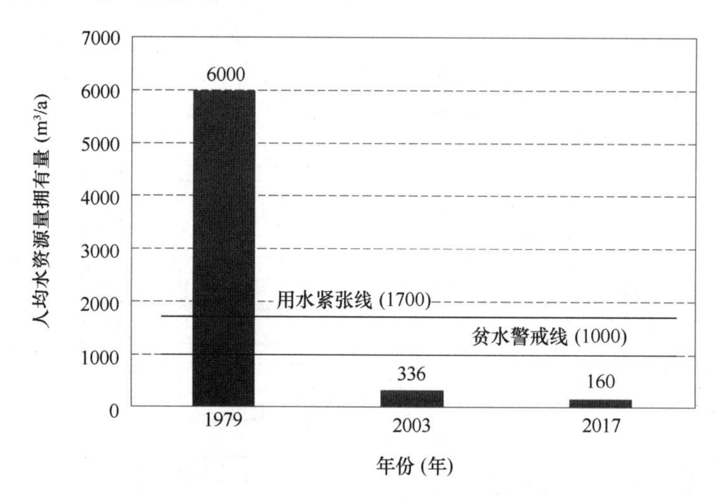

图13-2　深圳市人均水资源量变化趋势图

与此同时，深圳人口密度大、产业密集、城市化程度高、水资源需求强烈，全市80%以上的饮用水源需通过东深供水工程和东部供水工程从东江引入，深圳市未来可用水资源总量很难有重大突破。预计到2020年深圳市水资源短缺将达到2.62亿m^3，2030年在西江水资源分配8.47亿m^3的基础上缺口仍达2.03亿m^3。深圳需要在节水为先的前提下，立足自身，积极开发利用非常规水资源，提升水资源的总量和安全性。

（2）非常规水资源分析

对可利用的各类非常规水资源进行分析，有利于确定各类非常规水资源的战略定位及开发策略。深圳市可开发利用的非常规水资源主要包括再生水、雨水及海水。

深圳市雨水资源丰富，但降雨时空分配极不均匀。非汛期时的地表径流量少，水质差；汛期降雨量占全年总降雨量的85%左右，易形成洪涝灾害。

理论上，所有的污水都可再生利用，但考虑到污水处理过程中的污泥排放、蒸发、漏损等因素，一般取污水处理量的80%作为再生水可开发利用量。研究预测深圳市2020年污水可资源化量约为17.76亿m^3，再生水利用潜力巨大。

深圳市海水资源丰富，但海水直接利用工程受取水、排水等因素限制，故主要考虑布置于滨海沿岸、港口码头等区域，以提供电厂等企业冷却水为主，间接替代优质饮用水资源。此外，海水淡化利用成本较高，且长期饮用淡化水对人体健康不利。

（3）政策导向

深圳市已出台的非常规水资源相关政策文件主要有《深圳市计划用水办法》（2007）、《深圳市建设项目用水节水管理办法》（2008）、《深圳市人民政府关于加强雨水和再生水资源开发利用工作的意见》（深府〔2010〕171号）、《深圳市实行最严格水资源管理制度的意见》（深府办函〔2013〕22号）、《深圳市再生水利用管理办法》（2014）、《深圳市节约用水条例》（2005）等。这些文件均对非常规水资源的利用提出了要求。

3. 研究成果

研究成果主要包括非常规水资源开发战略定位，雨水资源、再生水资源和海水资源开发策略及利用途径等。

（1）非常规水资源开发战略定位

研究从各类非常规水资源的水质安全性、水源稳定性、环境友好度及经济性等方面综合分析各类非常规水资源利用的可行性，提出非常规水资源利用的战略定位。

1）水质安全性

雨水的水质与其下垫面有很大的关系，整体可将城市雨水分为生态区雨水利用和城市建设区雨水利用。生态区雨水水质较好，一般可达到或优于《地表水环境质量标准》GB 3838 Ⅲ类标准，可贮蓄用于城市供水，作为城市饮用水水源或直接用作城市杂用水；城市建设区雨水因受人类活动影响较大，尤其初期雨水水质较差，COD_{Cr}、TSS通常达到400～800mg/L、500～1000mg/L，因此城市建设区雨水的利用需要进行处理后利用。

再生水由于处理工艺不同，其出水水质有所差异。

海水淡化由于采用热法工艺或膜法工艺，出水水质较好，基本能满足《生活饮用水卫生标准》GB 5749。但由于出水的总硬度、氟化物等数值远高于标准值，长期饮用淡化水存在一定的健康风险，因此出水还需进一步处理才能用于饮用水供应。

2）水源稳定性

雨水资源主要受降雨的影响。深圳市降雨量时空差异性大，年际、年内分布不均，东西分布不均。从年际来看，以深圳水库为例，最大年降雨量在1994年，年降雨量高达2721.9mm，最小年降雨量在1963年，降雨量仅849.7mm，最大年降雨量是最小年降雨量的3.2倍。从年内来看，以丰水典型年1986年来看，深圳水库年降雨量为2093.6mm，雨季（4～9月）降雨量为1776.8mm，占总降雨量的84.87%。从空间分布来看，降雨分布东多西少，东部多年平均降雨量超过2000mm，西部多年平均降雨量仅1700mm左右。生态区和城市建设区雨水利用均受季节影响较大。由于生态区有一定的持水功能，水库的水量可保持一定的稳定性，而城市建设区完全受降雨影响，因此其雨水利用受到一定限制。

再生水水量主要受季节影响。由于深圳市还有部分合流制及截留式合流制的区域，雨季时，大量降雨径流通过合流制管道进入污水处理厂，污水处理厂负荷大大增加，达到甚至超过满负荷运行状态。旱季时，污水处理厂来水主要为城市生活污水及工业废水，污水产生量相对较少。

海水资源相对较为稳定，其利用主要受台风暴雨的影响。

3）环境友好度

雨水是城市生态系统的核心循环载体。雨水利用具有较好的环境和生态效益，可实现雨水的滞蓄、下渗，可保护水文生态环境，修复水文循环。雨水下渗一方面补充土壤水供植物生长，涵养水源；另一方面补充地下水，有利于缓解地下水位下降的问题。

城市污水的再生利用是开源节流、减轻水体污染、改善生态环境、解决城市缺水问题的有效途径之一，具有“资源开发”与“环境保护”的双重意义。一方面，再生水可替代部分低品质用水，从而节约大量优质水源；另一方面，污水再生利用可减少进入环境的污染物，改善城市水环境。

海水利用主要考虑温排水、浓盐水等对海洋环境的影响。海水淡化过程产生的浓盐水含有化学添加剂、重金属等污染物，会对近海海域环境和生态产生不利影响。此外，如果采取浓盐水直排模式，会导致海水浓度越来越高，对海洋生态系统造成严重影响。海水盐度的升高会改变海洋生物本身体液与其生活环境海水中渗透压的平衡，从而降低海洋生物的繁殖力（主要是幼虫和幼仔），甚至使其灭绝。

4）经济性

从经济性方面来看，生态区雨水利用的成本最低。以深圳市本地水库原水价格来看，每吨水的费用为 0.60 元；城市建设区的雨水利用成本以侨香村雨水利用为例，每吨水的成本约为 2 元，与自来水价格相比，仍有一定的优势。

集中式再生水处理成本由于工艺不同而存在一定的差异，除污水处理成本（约 0.8 元/m^3）以外，还有污水深度处理的成本，两者之和约 1.6 元/m^3。分散式再生水（建筑中水）处理成本从 0.6～4.0 元/m^3不等，主要原因是所采用处理工艺设备及用水量差异较大。

海水淡化的成本最高，国际上海水淡化的产水成本大多在每吨 1.1～2.5 美元之间，与其消费水价相当。中国的海水淡化成本已降至 5 元/m^3左右，如建造大型设施也可降至 3.7 元/m^3左右，但仍普遍高于自来水价格。

研究针对深圳市各类非常规水资源开发利用进行优劣势分析，如表 13-1 所示。

深圳市非常规水资源开发利用优劣势分析 **表 13-1**

非常规水资源种类	经济性	水质安全性	环境友好度	水量保障度
生态区雨水利用	A（0.6 元/t）	A	A	B
建设区雨水利用	B（2 元/t）	B	A	C
集中式再生水利用	B（1.6～2.0 元/t）	B	A	A
建筑中水	A～C（0.6～4 元/t）	C	A	B
海水直接利用	A	B	B	B（地域限制）
海水淡化利用	C（5～8 元/t）	B	B	A

注：A 为好、B 为中、C 为差。

5）小结

根据上述分析，研究提出深圳市非常规水资源利用策略为：优先挖潜利用雨水资源，同时逐步建立城市污水再生利用系统，结合大型能源企业开展海水直接利用，并加强海水淡化利用的技术储备。远期规划中，深圳市将构建分质供水系统，其水源及供水对象详见表 13-2。

深圳市远景水资源综合配置表　　**表 13-2**

供水系统	供水水源	供水对象
优质饮用水	境外引水、水源水库雨水资源	生活性用水（居民、行政、商业、服务业）、高品质工业用水等
低品质用水	再生水、部分小水源水库雨水资源、海水直接利用	低品质工业用水、城市杂用水等
环境用水（农业用水）	城区雨水资源、非水源水库雨水资源、河流雨水资源、再生水	河流水体、城市生态环境、农业用水等
应急备用水源系统	地下水（雨水回灌、再生水）、海水淡化	备用水源和应急水源

在分质供水系统中，低品质用水系统以城市再生水系统为主，远期可将部分小水源水库的雨水资源作为城市再生水系统的补充，实现“一套管网，多种非常规水资源共同供水”的目标，将雨水与再生水互为补充；在环境用水系统中，雨季应优先利用价廉、质优的各种雨水资源，旱季利用再生水资源，恢复自然水文循环，增强河流自净能力，全面改善城市生态；在应急备用水源系统中，主要采用雨水回灌增加地下水资源。远景沿海片区可将达到一定标准的再生水回灌地下，除丰富地下水资源外，还起到压咸的作用。海水淡化作为战略储备，近、中期以试点建设为主。

（2）雨水资源开发策略及利用途径

研究结合深圳市土地开发特点，分城市建设区和生态控制区，分别讨论雨水开发策略及利用途径。

1）生态区

生态区植被覆盖度大，受人类影响小，雨水水质优良。因此生态区的雨水利用侧重于传统的收集、跨流域蓄水等。生态区雨水资源开发策略及利用途径具体如下。

① 根据流域雨水资源开发利用潜力分析（图 13-3），开发利用山区雨水资源，通过新、扩、改建水库增加本地水资源。

② 除新开发雨水资源外，应充分利用已建小水库、非水源水库，将山区雨水资源用作城市杂用水、农业用水、河流生态景观用水等。

③ 生态控制线内的森林公园、郊野公园、农业用地，应结合水景、截洪沟、排洪设施，在不影响防洪安全的前提下，利用低洼地区、小山塘建设雨水利用设施（地表或地下蓄水池），蓄积雨水作为城市杂用水、农业用水和生态用水。深圳市可用作城市杂用、农业灌溉、生态景观用水的小水源水库共计 23 座，年可利用雨水资源 4145 万 m^3；可用作

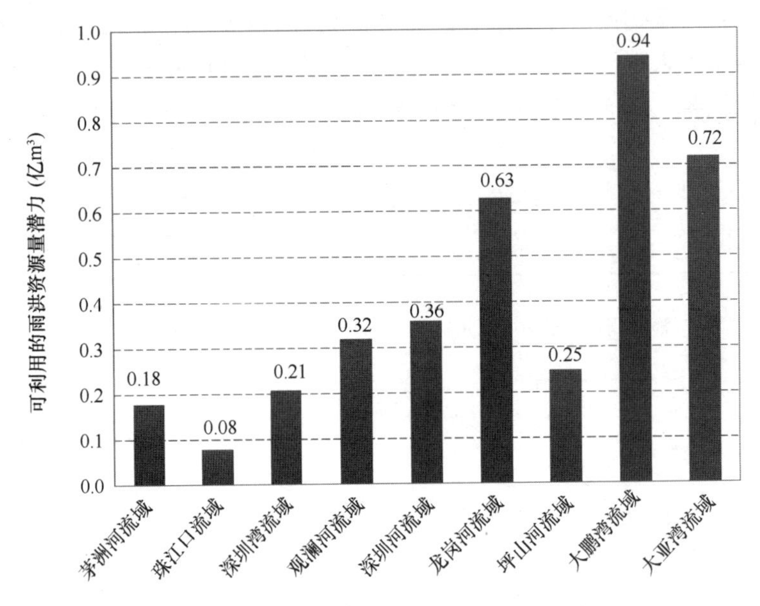

图 13-3　深圳市各流域雨水利用潜力分布图

河道生态补水的非水源水库共计 25 座，年可利用雨水资源 2150 万 m^3。

2）城市建设区

城市建设区雨水主要侧重于雨水的综合利用，结合海绵城市建设，加大城市雨水径流源头减排的刚性约束，优先利用自然排水系统，建设生态排水设施，充分发挥城市绿地、道路、水系等对雨水的吸纳、蓄渗和缓释作用，同时鼓励因地制宜适度收集回用，鼓励公园、大屋顶工业厂房、小区或商业区等建设项目结合自身特点，适度建设雨水收集回用设施，将收集的雨水用作小区景观循环用水和绿地浇灌水等。城市建设区雨水资源开发策略及利用途径具体如下。

① 继续推进海绵城市建设，将海绵城市理念全面贯穿于城市建设的方方面面。

② 以重点发展片区、成片建设区为载体，有序推进海绵城市建设，体现连片效应。

（3）再生水资源开发策略及利用途径

充分考虑本地用水规律及居民用水习惯等因素，深圳市再生水的开发利用以集中利用为主、分散利用为辅。集中式再生水利用以河道生态补水为主，部分替代工业用水、城市杂用水、绿化浇洒用水。在集中式再生水利用未覆盖的区域，实施分散式再生水利用，以小区或公共建筑为载体，对自身产生的污水进行处理，回用作绿化浇洒、空调冷却、冲厕等杂用水。再生水资源开发利用途径具体如下。

① 按照全市治水提质工作统筹安排，结合污水处理厂（水质净化厂）的提标改造工作，将污水处理厂尾水（再生水）用于河道补水。

② 积极推动工业集中片区再生水集中利用示范工程，形成局部区域的分质供水系统，将再生水用作城市杂用水、工业用水等低品质用水。

③ 结合污水处理厂布局及城市用水需求，合理规划再生水厂，远期全面形成再生水供水系统，构建“分质供水”的城市供水体系。

（4）海水资源开发策略及利用途径

深圳市虽然拥有较长的海岸线，但近海海域水体交换能力普遍不强，西部海域污染较为严重，东部海域水质良好。从目前国内外海水和微咸水利用的趋势来看，海水和微咸水淡化是极具前景的优质水源的提供方式。从深圳的产业发展来看，《深圳2030城市发展策略》（2006年）将海洋产业定位为未来深圳鼓励培育的优势产业。基于上述分析，本书确定深圳市海水利用的开发策略为：以海水直接利用为主，试点储备海水淡化技术。

1）海水直接利用

深圳市可在沿海片区推广海水直接利用，海水直接利用以海水工业冷却、港口冲洗为主要利用对象（图13-4）。海水工业冷却的对象主要为工业集中区和沿海的电厂，重点区域主要为坝光精细园区、核电片区、东部电厂片区、妈湾电厂片区、前湾电厂片区；港口冲洗的对象主要为港口岸线，重点区域主要为盐田港区、蛇口港区、妈湾港区、赤湾港区、大铲湾港区。

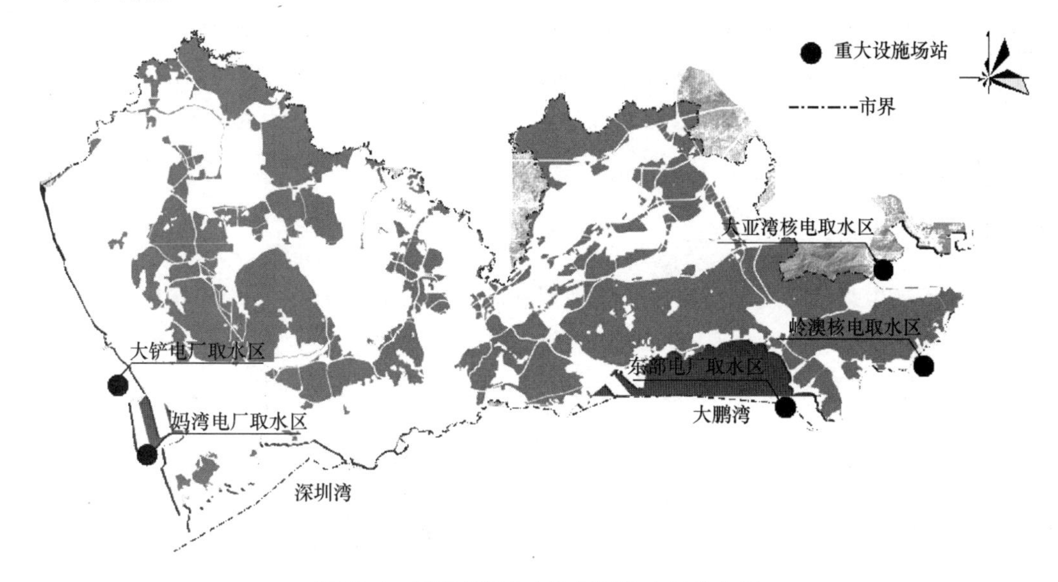

图13-4　深圳市海水直接利用取水区分布图

2）海水淡化

近期以深圳能源集团在深圳市东、西部的两个海水淡化厂为试点，不新增海水淡化工程。中期在东、西部各新增1～2个海水淡化试点项目，结合沿海重点发展片区或电力企业实施，并考虑在供水困难片区或岛屿建设海水淡化设施。远期将结合给水系统规划，在沿海片区建设海水淡化设施，并与给水厂进行联合供水。

（5）结论及建议

研究结论如下：深圳应首先挖潜雨水资源，逐步建立城市再生水系统，并开展海水利用的技术储备，增加非常规水资源储备，立足自身，破解“水危机”难题。研究从非常规水资源的投融资模式、运营机制、激励政策、管理措施等方面，提出相关建议如下，以指导下阶段相关工程的规划与实施。

1）继续推进水源水库新、改、扩建工程，并研究推进其余水源水库新、改、扩建计划。

2）结合水厂整合计划，优化转变小水源水库及非水源水库功能，使其成为城市杂用水、河道景观补水的水源。

3）继续推进南山、横岗片区的再生水管网建设，并着手开展坪山、龙华、光明片区的再生水管网建设前期研究工作，推进再生水分质供水系统的实施。

4）配合发展改革部门落实能源集团的两个海水淡化试点工程，并协调其成品水进入市政供水管网的方式。

5）加快编制出台相关政策、规范，保障非常规水资源利用工作的顺利实施。

13.2 再生水利用专项规划

总规层次的再生水利用专项规划是系统指导某一城市再生水利用的纲领性文件。再生水利用专项规划一般包括再生水水源的选择和再生水对象的确定、需水量的预测、水量平衡分析、水处理工艺选择、厂站布局、管网布置、政策保障等内容。本部分以《深圳市再生水布局规划》（2010年）为例，结合前述再生水利用规划方法，介绍再生水利用专项规划的编制方法。

13.2.1 项目概况

《深圳市再生水布局规划》由深圳市规划和国土资源委员会委托，深圳市城市规划设计研究院有限公司负责编制，于2010年编制完成并印发实施[185]。规划范围为深圳市行政辖区范围，总面积为1952.84km^2。规划水平年为2008年，规划期限为近期2010年，远期2020年。

规划主要内容包括以下十个方面。

第一部分：规划概述

第二部分：规划基础条件分析

- 自然概况
- 城市建设现状及规划
- 水环境概况
- 水资源及用水情况
- 污水处理设施
- 政策导向

第三部分：再生水潜在用户调研分析

- 工业用水
- 城市杂用水
- 环境用水
- 农林渔牧业用水

第四部分：再生水需水量预测

- 再生水需水量分项预测
- 再生水需水量预测结果

第五部分：再生水水质推荐目标及处理工艺选择（按再生水用户分类）

- 再生水水质推荐目标
- 处理工艺选择

第六部分：再生水厂站布局规划

- 再生水厂用地控制规划
- 再生水厂站布局规划

第七部分：再生水管网规划

第八部分：再生水系统投资效益与价格分析

第九部分：再生水系统安全风险防范

第十部分：规划实施策略及政策保障措施

规划图集共计43幅，名称如下。

图1　深圳市用地规划布局图

图2　深圳市河流水系与环境功能目标图

图3　深圳市分区与流域分析图

图4　深圳市污水处理厂规划布局图

图5　深圳市工业用地布局分析图

图6　深圳市再生水补水河流分析图

图7　深圳市再生水潜在用户分布综合分析图

图8　深圳市再生水厂站远期规划布局图

图9　深圳市再生水厂服务范围示意图

图10　中心城区（深圳河湾流域）再生水厂及管网规划布局图

图11　西部滨海分区（宝安沿海片区）再生水厂及管网规划布局图

图12　西部滨海分区（茅洲河流域）再生水厂及管网规划布局图

图13　中部分区（观澜河流、深圳河湾流域关外）再生水厂及管网规划布局图

图14　东部分区（龙岗河流域、坪山河流域）再生水厂及管网规划布局图

图15　东部滨海分区（大鹏湾流域、大亚湾流域）再生水厂及管网规划布局图

图16　深圳市再生水厂站近期规划布局图

图17　罗芳再生水厂用地规划图

（图18～图41均为其他再生水厂用地规划图，不一一列举）

图42　再生水水量预测分布图

图43　再生水管网远期规划图

项目技术路线如图13-5所示。

13.2.2　规划基础条件分析

一般来讲，再生水利用规划基础条件包括城市自然概况、水资源利用情况、污水收集

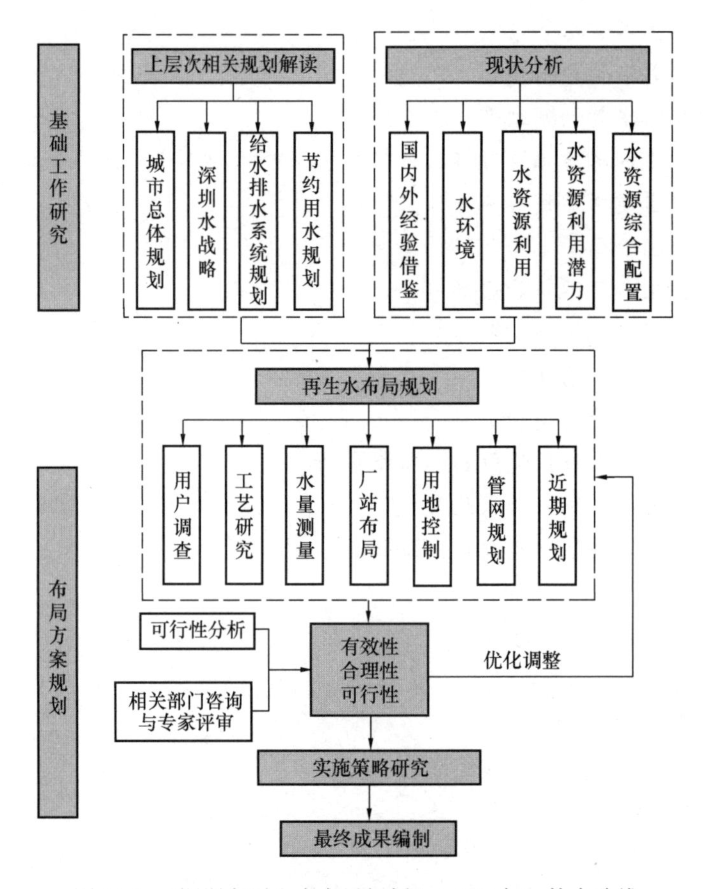

图 13-5 《深圳市再生水布局规划》(2008 年) 技术路线

及处理情况、城市用地、相关政策、上层次规划等。本规划的基础条件分析包括自然概况、城市建设现状及规划、水环境现状、水资源及用水情况、污水处理设施、政策导向等方面。

1. 自然概况

深圳市地处广东省东南沿海，北与东莞市、惠州市接壤，南与香港新界相邻，东临大鹏湾，西濒珠江口伶仃洋。全市陆地总面积 1952.84km²，海岸线长 229.96km，地形呈东西长、南北窄的狭长形。深圳市共有大小河流 310 余条，大多属于雨源型河流。雨量虽较为充沛，但由于降雨时空分布不均，年际变化较大，加之河流短小，暴雨集中，滞留时间短，境内可利用的水资源十分有限。

2. 城市建设现状及规划

分析城市建设现状及规划情况有助于剖析城市用水结构，同时也是预测再生水需求量的基础（图 13-6）。截至 2007 年底，深圳市城市建设用地面积 750.50km²，全市工业用地、道路广场用地和对外交通用地比例较高，而居住用地、商业用地、政府社团用地和绿地的比例相对偏低。

规划 2020 年深圳市工业用地比例大幅下降，政府社团、市政公用设施和综合交通设施（对外交通和道路广场）用地增幅较大，城市绿地面积大幅增加（图 13-7）。

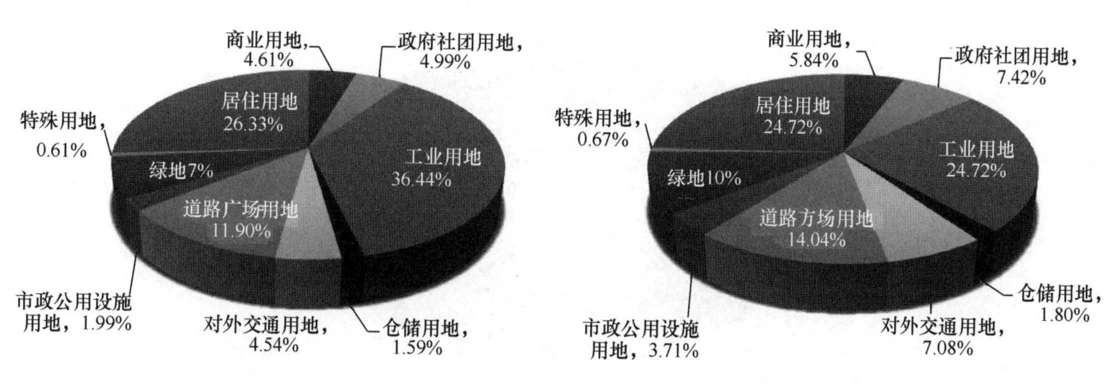

图 13-6　深圳市城市现状用地分类统计图

图 13-7　深圳市城市规划用地（2020 年）分类统计图

从上述分析可知，深圳市工业、道路广场及绿地用地比例较高，是再生水利用的重点对象。

3. 水环境

深圳市境内大部分河流受到严重污染，多数河流水质劣于《地表水环境质量标准》GB 3838 Ⅴ类标准，呈发黑发臭现象；各跨界河流水质均达不到省政府规定的交界断面水质要求。深圳河、布吉河、大沙河、茅洲河、观澜河、西乡河、龙岗河、坪山河、福田河及新洲河等主要河流均受到不同程度的污染，中下游水质劣于《地表水环境质量标准》GB 3838 Ⅴ类标准，主要污染物为氨氮、总磷和五日生化需氧量。

4. 水资源及用水情况

（1）水资源情况

通过分析当地水资源供需平衡，明确未来城市供水缺口。深圳市的供水水源比较单一，主要依赖市外东江引水，97%保证率下设计供水能力为 18.86 亿 m^3，2020 年全市水资源城市供水能力缺口将达到 7.34 亿 m^3（不含环境用水），水资源总量严重不足（表 13-3）。因此，加强再生水利用刻不容缓。

深圳市 2020 年供水能力缺口分析（亿 m^3/a）　　**表 13-3**

分类	项目	2020 年
需水量预测	城市需水量	26.2
97%保证率下设计供水能力	蓄、调水和地下水利用工程	18.86
缺口		7.34
环境用水		4.1

（2）现状用水情况

分析现状用水分类基本特征及用水趋势，针对性地确定再生水潜在用户，为合理预测再生水需求量奠定基础。深圳市现状（2008 年）用水总量约为 18.0 亿 m^3，用水主要由居民用水、公共用水、工业用水三类构成。三类用水占总用水量的 96.5%，其用水构成详见图 13-8。

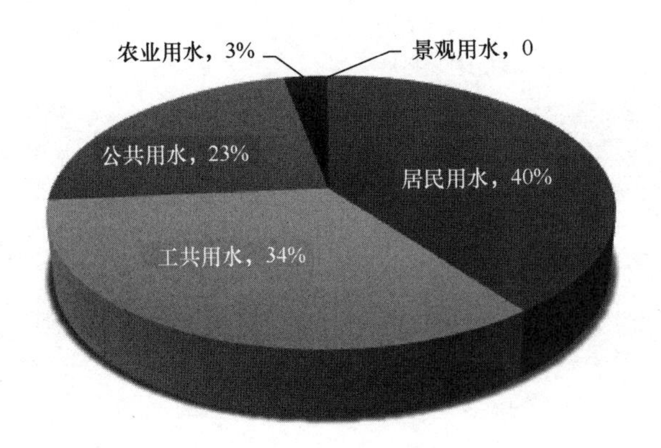

图 13-8　2008 年深圳市用水结构图

根据 2000～2007 年城市用水数据分析（图 13-9），全市三类主要的用水组成中，推动全市用水增长的主要因素是工业用水，每年增长约 0.5 亿 m^3，且增长势头不减；生活用水、公共用水增长势头放缓，尤其是公共用水在近四年用水量趋于稳定。控制深圳市用水量增长的关键在于加大工业节水的力度，同时考虑采用再生水代替工业用水。

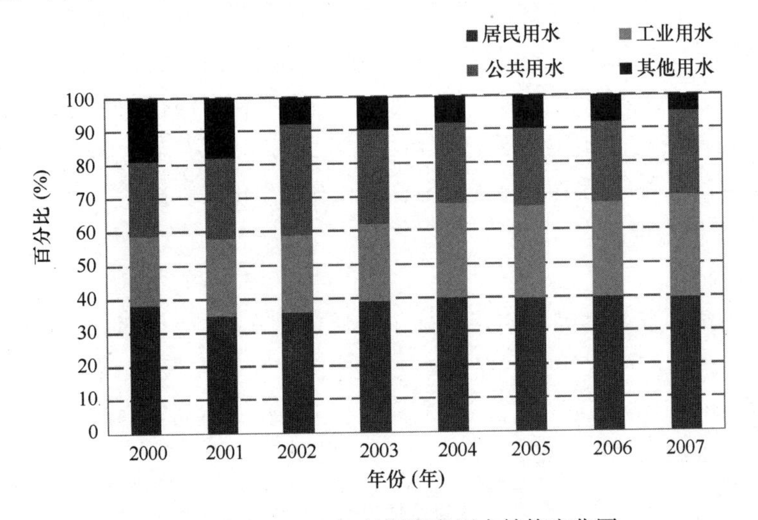

图 13-9　2000～2007 年深圳市用水结构变化图

5. 污水处理设施

通过对污水处理厂的布局、规模、服务范围、用地情况、出水水质等进行分析，初步判断现状污水处理厂是否具备建设再生水厂站的条件，以及可能的供水范围、供水规模等。截至 2008 年，深圳市已建成污水处理厂 14 座，规模共计 177.7 万 m^3/d。但现状污水管网建设滞后，大量污水直接排放入河，部分污水处理厂出水虽能达到一级 B 甚至更高标准，但仍未达到污水再生利用的水质要求，污水处理厂出水标准有待提高。

以深圳市地籍资料为基础，参照《深圳市污水系统布局规划（2002—2020）》（2005 年），并结合各污水处理厂的设计资料，规划至 2020 年污水处理厂总用地 518.76hm^2，其中已批红线用地 359.85hm^2，未批红线用地 158.91hm^2。依据集约用地的原则，本规划再生水厂处理设施将考虑与污水处理厂内已建、已设计或预留的深度处理设施用地相结合。

6. 政策导向

除相关文件要求外，“国际花园城市”“环境保护全球500佳”“国家卫生城市”“国家园林城市”“国家绿化模范城市”“国家环境保护模范城市”等对再生水利用均有明确的指标要求，深圳市先后获得了上述一系列荣誉，因此，再生水利用需满足上述相关要求（表13-4）。

各类荣誉称号对再生水利用的要求 **表13-4**

城市类型	城市污水处理率（%）	城市再生水利用率（%）
节水型城市	≥80（计划单列市）	≥20
国家生态园林城市	≥70	≥30
国家环境保护模范城市	>70	—
卫生城市	≥50	—

13.2.3 规划成果

规划成果主要包括再生水潜在用户调研分析、再生水水量预测、再生水水质推荐目标研究及处理工艺、再生水厂站布局、再生水管网规划、再生水系统投资效益与价格分析、再生水系统安全风险防范、规划实施策略及政策保障措施等。

1. 再生水潜在用户调研分析

再生水潜在用户调研旨在通过详实的调研工作，深入了解全市再生水潜在用户的水质、水量需求，从而较为准确地把握现状潜在用户、合理预测未来用户。再生水利用的潜在用户主要有工业用水，城市杂用水，环境用水，农、林、牧、渔业用水，补充水源水，饮用水等。根据深圳市现状用水结构分析，潜在用户主要包括工业用水、城市杂用水、环境用水、农林牧渔业用水四类。

（1）工业用水

本规划通过对再生水工业用水潜在用户的行业分布、用水分布、内部用水特点、用户意愿、水价意愿等方面进行调研，分析工业潜在用户的特点。

1）行业分布

随着深圳工业结构的不断调整、优化，深圳工业竞争力日益提高，逐渐成为珠三角乃至全国的重要制造业基地，建成了以高新技术产业为主导的现代工业体系。2006年深圳市工业总产值前10的工业产值占全市规模工业总产值的比例为89%，是规划重点关注的行业。

2）用水分布

对年计划用水量20万m^3/d以上的规模企业工业用水按行业进行梳理和归类，对用水量居前十的行业，其用水量占工业用水量的84%，其中通信设备、计算机及其他电子设备制造业用水占工业用水量的45%（图13-10）。

3）规模工业企业内部用水结构分析

工业企业内部用水主要包括生产用水、冷却用水、锅炉用水、生活用水四类。规划通过问卷调研和走访调研，对50余家典型企业进行了调研分析。调研结果显示，全市企业多为高新科技、先进制造、传统优势产业，冷却用水和锅炉用水所占比例低（表13-5）。

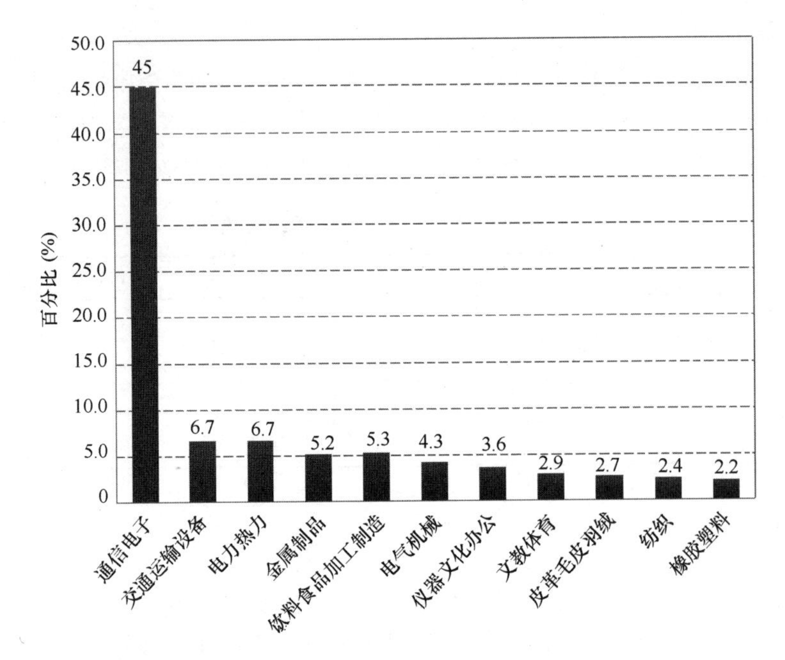

图 13-10　深圳市工业按行业分类用水量比例

各工业企业内部用水情况分析（不含电力企业）（单位：100%）　　**表 13-5**

行业	生产用水	冷却用水	锅炉用水	生活用水	行业用水比例
通信电子	0.485	0.104	0.004	0.407	0.45
交通运输设备	0.7	0	0	0.3	0.067
金属制造	0.48	0.06	0.007	0.46	0.052
饮料食品加工制造	0.9	0	0	0.1	0.045
电气机械	0.675	0.2	0	0.125	0.043
仪器文化办公	0.1	0.275	0.025	0.6	0.036
文教体育用品制造	0.15	0	0	0.85	0.029
纺织	0.83	0	0	0.17	0.024
橡胶塑料	0.3475	0.0025	0	0.65	0.022
综合合计	0.51	0.09	0.00	0.39	0.768

4）用户意愿

规划通过问卷调查和走访调查的方式，调研约 50 家工业企业用水大户，了解企业对再生水使用的意愿。其中，约 74%企业表示愿意或基本愿意使用再生水（其中表示愿意的占 40%，基本愿意占 34%），约 26%企业表示不愿意使用再生水。企业不愿意使用再生水的原因主要体现在以下三个方面：

① 生活饮用水比例高，约占 60%～90%。

② 企业对水质、水量稳定性要求高，产品用水对产品品质影响大。

③ 企业需要较高比例的高纯水。

调研结果显示，工业用水大户环保意识较高，对再生水有一定的认识和较强的使用意愿，对政府采取措施促进循环经济、节约水资源的举措十分欢迎（图 13-11）。因此，每个企业都可依据自身特点在一定程度上使用再生水，但无法实现工业企业内部用水全部使用再生水。

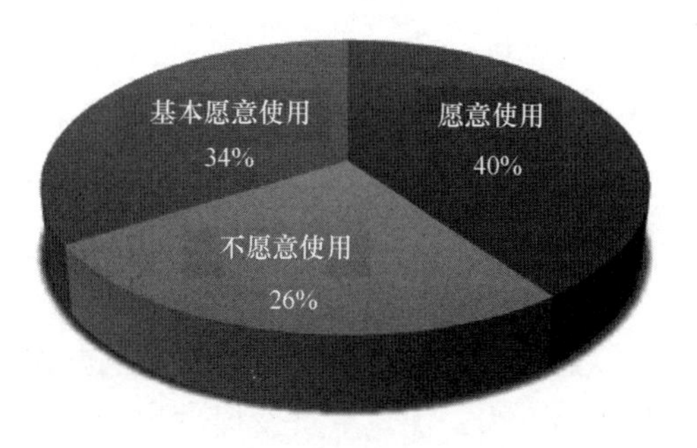

图 13-11　工业用水大户企业的再生水使用意愿图

5）水价意愿

规划对工业企业的再生水水价意愿做了调研。根据统计结果，再生水的价格与自来水价格差距越大，工业企业采用再生水的意愿就越高；当再生水水价为工业水价的 1/2 以下时，工业企业对再生水的使用意愿较为强烈；在愿意使用再生水的工业企业中，97%的企业表示可以接受此水价。经统计，工业企业的再生水水价的平均意愿价格约为 1.5 元/m^3，深圳市工业水价为 3.64 元/m^3（含 1.04 元/m^3排污费），则再生水的平均意愿价格约为自来水价格的 41%。

6）小结

各企业根据自身特点在一定程度上都可以利用再生水。经本规划分析，再生水潜在工业企业用户主要是用水量较大、对水质要求较低的企业。深圳市工业企业的行业规模化程度比较高，上规模企业的工业生产总值占全市工业生产总值的比例为 97%，因此工业用水潜在用户首先考虑规模以上企业。

因电力企业冷却用水目前多采用自来水循环冷却方式，如改用再生水，则冷却工艺和浓缩倍数需做适当调整，再生水取用量将高于自来水取用量。因此规划在考虑以电力企业为大用户时，应充分预留再生水取用量。

（2）城市杂用水

规划对全市绿化浇洒、道路浇洒、冲厕、车辆冲洗、建筑施工、消防等各类城市杂用水进行了调研和全面分析。规划提出，绿地浇洒、道路浇洒、建筑施工用水应优先或强制使用再生水。在再生水管网敷设区域内，有良好物业管理的建筑单体（如公厕、集体宿舍、政府安置小区、办公楼、大型公建、商场等）可使用再生水代替冲厕用水，洗车场可采用再生水作为洗车用水，政府可视具体情况给予一定的经济鼓励或政策优惠，以示范为主。绿地浇洒、道路浇洒用水计入城市再生水系统供需平衡，建筑施工用水、冲厕用水、洗车用水由再生水供水设施的弹性余量来确保供水安全。

（3）环境用水

规划通过对全市河流水文、水质、建设用地、污水处理厂布局情况进行综合分析，依据“重点河流优先、水质污染严重河流优先、流经繁华城市建成区的河流优先、再生水易到达的河流优先”的原则确定再生水补水的重点河流或河段。

（4）农林渔牧业用水

深圳市农业主要以蔬菜、水果种植和水产养殖为主，因此农业用水主要用于种养业方面，其中又以蔬菜种植用水为主。据调研，目前深圳市农业企业所属的蔬菜种植基地灌溉水源绝大多数是地下水和小水库、山塘水，少部分为河水。同时，深圳市农业用水量在近年呈现递减趋势，其总量约为0.6亿～1.0亿m^3/a。全市农业用地位于生态控制线内，远离城市建设区，再生水回用难度大，且基本农田多为蔬菜地，采用再生水难以保证蔬菜的卫生安全。因此，规划建议农林渔牧业用水直接利用小型水库水和地下水，不作为再生水的潜在用户。

（5）再生水潜在用户分析小结

通过再生水潜在用户调查、用户意愿调查、公众调查，规划确定深圳市再生水系统的潜在用户为：优先重点发展“工业用水、环境用水、绿化浇洒冲洗用水等城市杂用水”，审慎示范“冲厕用水、空调冷却水”，技术储备“补充水源水”（表13-6）。近期再生水主要利用于环境用水、城市杂用水，试点利用于工业用水；远期再生水利用以工业用水、环境用水、城市杂用水为主。

深圳市再生水潜在用户 **表13-6**

分项	再生水潜在用户
重点对象	工业用水、环境用水、城市杂用水（绿化浇洒、道路浇洒、冲洗、施工用水）
示范对象	城市杂用水（冲厕、空调冷却、与建筑中水联合使用等）
技术储备	补充水源水

2. 再生水需水量预测

规划结合城市总体规划及已批分区规划的分类用地指标，根据非常规水资源的替代比例，按照“以需定供，供需平衡”的原则，进行再生水系统规模预测。

（1）工业再生水需水量

工业用水再生水可替代水量可按规划区域的优势规模产业进行预测，高科技导向为主的工业园区可确定为工业水量的27%～37%；制造业导向为主的工业园区可确定为工业水量的32%～46%；传统产业为主的工业园区可确定为工业水量的30%～40%。按照《深圳市城市规划标准与准则》(2004年版)分区规划及以上层次规划的用水标准，工业用地(M)按用地计算用水量，用水指标为80～130$m^3/(hm^2 \cdot d)$。深圳市工业多为总部经济、高新科技、先进制造业、传统工业，其工业再生水预测如表13-7所示。

工业再生水用量预测指标表 **表13-7**

工业用地优势项目	用水标准[$m^3/(hm^2 \cdot d)$]	再生水可替代比例
总部经济	80	用户分散，且多为综合性办公建筑，不计入再生水水量预测
高新科技	80	27%～37%
先进制造业	100	32%～46%
传统工业	100	30%～40%

结合规划工业用地数据计算，规划远期再生水用水量约为75万～104万m^3/d。

（2）绿地、道路广场浇洒再生水需水量

根据《深圳市城市规划标准与准则》(2004年版)，绿地、道路浇洒等用水按用地面积计算水量，用水标准为25m^3/（$hm^2 \cdot d$）。规划提倡再生水结合雨水利用共同满足绿地浇洒、道路浇洒用水需求，并可参考现状用水数据适当降低，经对比分析各项用水标准，规划参考《广东省用水定额》(2007年版）取用绿地浇洒、道路浇洒用水指标，绿地、道路浇洒用水采用1.0L/（m^2·d）的用水指标进行预测。同时，规划结合再生水管网，合理设置浇洒取水栓或接自动浇洒喷水装置以利用再生水，规划远期绿地、道路浇洒再生水替代程度为70%～80%。预测远期绿地、道路浇洒再生水用水量为21万～24万m^3/d。

（3）电力企业再生水需水量

根据深圳市南山热电厂的用水情况进行估算，其冷却用水如采用再生水，日需水量约为现状自来水用量的3倍，参考该厂数据，规划预测电力企业再生水最大可能需水量约为10万m^3/d。

（4）河道再生水补水量预测

河道再生水预测方法主要有最小生态需水量法和蒙大拿法（Montana Method），规划采用最小生态需水量法为预测方法进行河流生态再生水补水量预测，同时以蒙大拿法预测的生态需水量作为校核，确保再生水补水量大于蒙大拿法预测的生态需水量。预测河流再生水补水低方案水量为103万m^3/d，以180天计，合计1.86亿m^3/a；高方案为201万m^3/d，以180天计，合计3.51亿m^3/a。

（5）再生水需水量预测结果

根据上述再生水需用水量预测结果，2020年，全市再生水需水量为307万～339万m^3/d，其中，工业、城市杂用水106万～137万m^3/d，河流生态补水量201万m^3/d。同时，根据2020年全市预测污水量，并取0.80的污水资源化系数，2020年全市可资源化污水量约为488万m^3/d，与2020年预测再生水用水量相比，不仅能满足再生水需求，还有近150万m^3/d的富余量，可使再生水系统得到充足的原水保证。

3. 再生水水质推荐目标研究及处理工艺

（1）再生水水质推荐目标

再生水水质目标应根据大多数用户的水质需求来确定。深圳市再生水利用对象主要包括工业用水、城市杂用及景观用水，规划按其水质、水量、水压、安全性的不同要求，将再生水分为两套系统进行研究，既满足大多数用户的需要，又可避免因标准过高而导致再生水处理成本的大幅度增加。

1）再生水水质推荐目标（工业、城市杂用水类）

通过对《生活饮用水卫生标准》GB 5749、《城市污水再生利用 城市杂用水水质》GB/T 18920及《城市污水再生利用 工业用水水质》GB/T 19923进行分析，得出深圳市再生水水质推荐目标（工业、城市杂用水类）：一般性水质指标定位于生活饮用水卫生标准，如和《生活饮用水卫生标准》GB 5749有相同监测项的，则以《生活饮用水卫生标准》GB 5749中的要求值作为再生水水质推荐目标；《生活饮用水卫生标准》GB 5749没有规定的监测项则执行再生水相关标准的最高限制值。

2）再生水水质推荐目标（环境用水类）

规划考虑到本地区水体自净能力弱，环境容量远超允许值，利用再生水提供河流环境用水应基本符合各个时期河道环境功能目标的要求，不对水环境达标增加新的“污染负荷”。因此，规划再生水水质推荐目标（环境用水类）的近期目标水质按照《城镇污水处理厂污染物排放标准》GB 18918一级A标准和《城市污水再生利用 景观环境用水水质》GB/T 18921观赏性景观环境用水类确定，远期执行与其受纳水体环境功能目标相适应的水质目标。

（2）推荐处理工艺

规划根据安全性、集约性、可操作性、先进性的原则，结合再生水处理工艺、技术经济指标等因素进行综合比选，推荐深圳市再生水厂核心工艺及技术经济指标如表 13-8 所示。

深圳市再生水厂核心工艺推荐表 **表 13-8**

再生水厂回用对象	推荐核心工艺	用地指标	固定投资	单位成本	适用厂站
以工业、杂用、河道补水为主	微滤或超滤或膜生物过滤（远景可视需要增设反渗透）	0.1～0.3m^2/m^3	1300～2600 元/m^3	1.5～2.0 元/m^3	南山再生水厂等 13 座
以河道补水为主，位于龙岗河、坪山河、观澜河流域	微滤或超滤或膜生物过滤（远景可视需要增设反渗透）	0.1～0.3m^2/m^3	1300～2600 元/m^3	1.5～2.0 元/m^3	横岗再生水厂等 3 座
以河道补水为主，位于深圳河湾、宝安沿海、茅洲河流域、大鹏大亚湾流域	强化过滤＋消毒或高效纤维过滤＋消毒	0.1～0.15m^2/m^3；可利用污水处理设施改造	150～300 元/m^3	0.15～0.3 元/m^3	罗芳再生水厂等 12 座

4. 再生水系统厂站布局

（1）再生水厂站用地控制规模

考虑深圳市土地开发建设情况，新增市政设施用地已较为困难，以污水资源为原水的再生水厂原则上应结合污水处理厂进行集约化建设。规划结合 28 座污水处理厂建设再生水回用设施，同时结合再生水核心推荐工艺进行厂站布局。规划深圳市再生水厂控制用地 107.9hm^2（不含坝光再生水厂），基本位于污水处理厂规划控制用地内，其中 16.03hm^2 为已建或已设计设施用地，91.87hm^2 为污水处理厂规划控制用地内预留的再生水设施用地。在再生水厂控制用地中，43.64hm^2 已取得用地红线，64.26hm^2 位于未批红线用地内，应随远期污水处理设施建设一并取得用地红线（表 13-9）。经核算，总控地规模 370 万 m^3/d，总控制用地 107.9hm^2，单位控制用地约 0.29m^2/m^3。

深圳市再生水厂用地控制表 **表 13-9**

分区	总控地规模（万 m^3/d）	污水处理厂预留深度处理设施用地（hm^2）		其中未批红线用地（hm^2）
		已建或已设计	预留用地	
中心分区	68	7.84	11.00	7.45
西部滨海分区	98	0.83	18.16	—
中部分区	71	4.57	19.42	18.95
东部分区	111	1.40	39.45	35.59
东部滨海分区	22	1.39	3.84	2.27
合计	370	16.03	91.87	64.26

（2）厂站布局

规划以 2020 年再生水需水量预测为基准，兼顾城市规划、给水系统布局规划、污水系统布局规划等已批规划成果，综合考虑已开展再生水前期建设的厂站设计，到 2020 年，深圳市将结合 28 座污水处理厂建设再生水厂。设施规划规模 337 万～347 万 m^3/d，控制用地规模为 370 万 m^3/d。如图 13-12 所示。

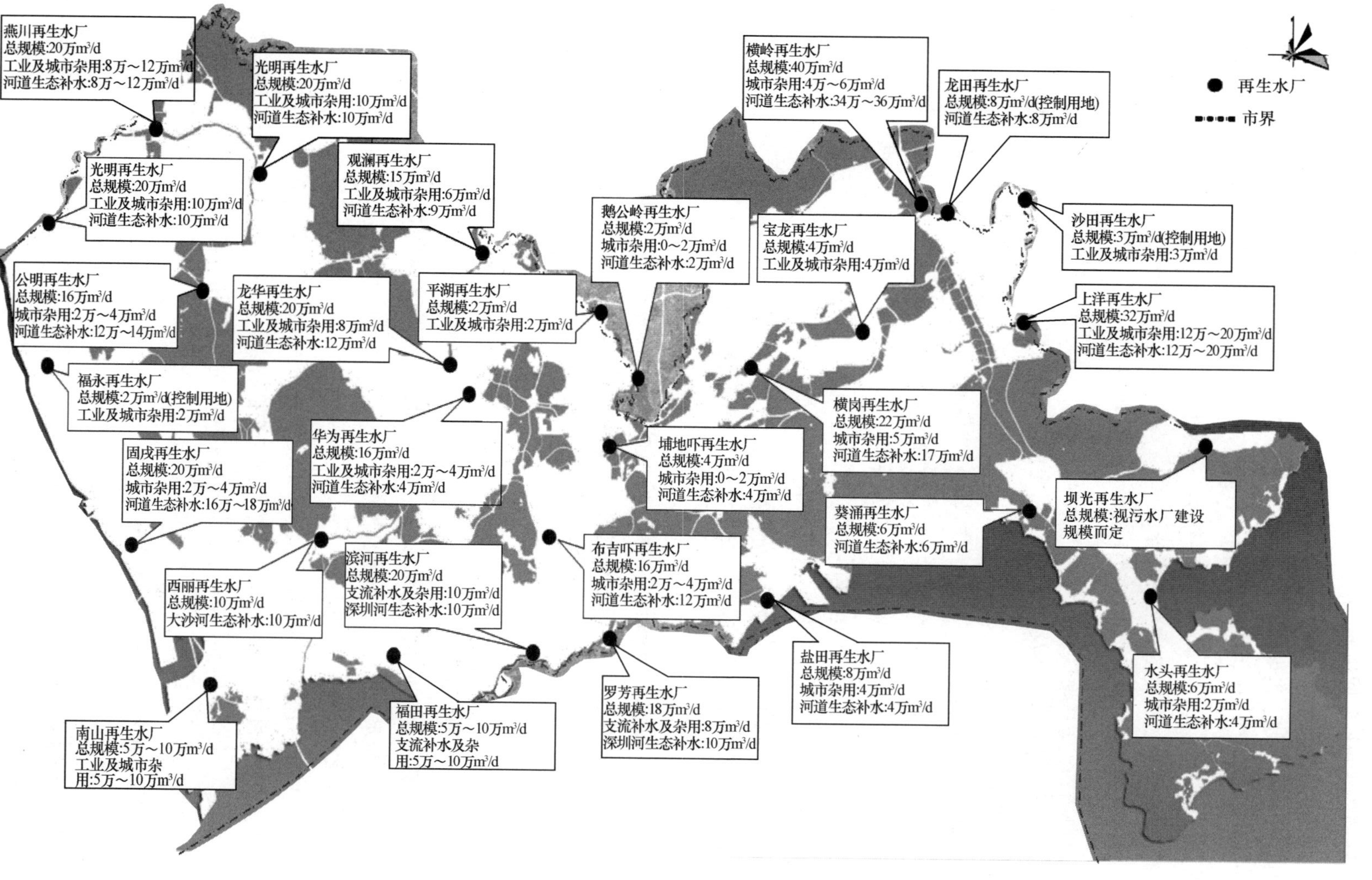

图 13-12　深圳市再生水厂远期规划布局图

5. 再生水系统管网规划

管网规划需统筹各再生水厂的配水干管，配水支管则纳入下层次详细规划。规划对28座再生水厂规划了再生水干管。规划对于提供环境用水的主干管原则上敷设在河道蓝线内，一般为枝状；对于提供工业用水、城市杂用水的主干管原则上敷设在市政道路下，并尽量形成环状。部分厂站提供环境用水、工业用水、城市杂用水的主干管可合并建设。

6. 再生水系统投资效益与价格分析

目前，国内城市的再生水投融资模式主要有BOT、TOT、PPP等。规划提出深圳市采取政府投资、企业运营的再生水系统建设模式，其中再生水设施及管网的建设费用推荐由政府投资；再生水设施及管网建议交由企业运营，近期再生水价格以维持企业运营并获得适当的利润为准。

根据《再生水价格管理办法》（建议稿）："实际的再生水费与向用户征收的再生水费用可以不同，但后者不得高于前者。用户分担再生水费的具体比例由地方政府根据当地的实际情况确定。如果向用户征收的再生水水费不是足额征收，政府应按合同约定将再生水费补足后支付给企业。"本书提出深圳市可采用以下四种再生水水费收取方式：

（1）参考国内外城市水价，面向再生水用户征收1.0～1.5元/m^3的再生水水费，政府按年供水量补偿再生水实际征收价格和再生水厂运营成本之间的差距。远期随着自来水价格的提高，再生水价格可由物价部门核算并听证后逐渐提高，但不宜超过再生水运营总成本。

（2）参考污水处理费的收取价格，面向再生水用户收取1.05元/m^3的再生水水费，政府按年供水量补偿再生水实际征收价格和再生水厂运营成本之间的差距。

（3）一定试用期内，可免收再生水水费，以充分调动企业用户积极性，发展再生水用户。

（4）可研究将再生水系统的投资运营费用计入给水或污水系统费用。

不论采取哪种模式，都应由政府实行政策引导，分阶段逐步实现再生水价格到位，确保再生水运营企业保本微利，从而提高再生水运营企业的经营积极性和再生水用户的使用积极性，使再生水系统的运营进入良性循环。

7. 再生水系统安全风险防范

为满足用户的正常使用和健康要求，再生水系统提供的再生水必须安全可靠。本书提出需要通过科学设计、合理运营、规范管理、严格监测、及时信息传递、完备应急方案等手段，在再生水系统的每一个环节采取相应的风险防范管理措施，以降低或消除风险，保护人体健康、生态环境、用户设备、用户产品的安全。

8. 规划实施策略及政策保障措施

规划提出的实施策略有：严格按规划成果控制再生水厂用地，优先推进规划确定的近期建设项目，推进全市分质供水系统的研究工作，推进下一层次管网规划及研究工作，建议相关部门尽快出台再生水价格和水质规范，加快污水管网系统的完善和水环境综合治理，加强新建项目再生水配套设施的审查工作等。

13.2.4　规划创新

（1）明确深圳市再生水利用对象，并得到市政府及相关部门的认可。规划通过详细的再生水潜在用户调查、用户意愿调查、公众调查，确定再生水的利用对象。因其对深圳的适用性和针对性，目前已得到相关部门的认可，并纳入《深圳市人民政府关于关于加强雨水和再生水资源开发利用工作的意见》（深府〔2010〕171号）。

（2）提出分质供水的再生水供水系统，节省投资和运行费用。工业用水、城市杂用水的部分水质指标参考《生活饮用水卫生标准》GB 5749确定，高标准保障用水安全，消除用户疑虑。生态环境用水的水质指标参考《城市污水再生利用 景观环境用水水质》GB/T 18921及所在流域水环境功能目标来确定，既满足环境生态需要，又节省投资和运行成本。

（3）首次确定深圳市再生水设施用地指标。规划通过资料梳理、案例调研、工艺用地分析，确定再生水设施用地标准，填补了相关标准的空白，便于规划用地的审查与控制。

（4）提出弹性控制、先易后难、示范带动、逐步实现全面回用的规划策略，应对规划的不确定性。为充分应对规划的不确定性，规划采用高低方案进行预测和规划，用地控制一步到位，设施建设先易后难、示范带动、分期分步实施，逐步实现全面回用。

（5）再生水厂按用户需求，各有侧重，合理利用污水资源。坚持具体问题具体分析，因各再生水厂回用对象各有侧重，规划提出28座再生水厂应区别对待，合理选择处理工艺，达到相应水质目标。

（6）多种方式开展公众调查与咨询工作。项目采用了网络调查与街头、居住区调查相结合的方式进行了公众调查。除摸底公众意愿外，还针对重点工业用水大户采取现场调研和问卷调查相结合的方式了解用水大户的意愿。调研覆盖面广，既具针对性又具代表性，为规划方案奠定了基础。

13.3　雨水利用专项规划

全市层面的雨水利用专项规划应根据当地水文、地质和城市建设开发特点，明确当地雨水利用总体策略，分区研究雨水利用目标和手段，制定不同分区的雨水利用方式、利用设施，规划雨水利用重点项目，并提出相关政策保障措施，进行经济、社会、环境、防洪等综合效益分析。本部分以《深圳市雨洪利用系统布局规划》（2010年）为例，结合雨水系统规划方法，介绍雨水利用专项规划的编制方法。

13.3.1　项目概况

《深圳市雨洪利用系统布局规划》由深圳市规划和国土资源委员会委托，深圳市城市规划设计研究院有限公司负责编制，于2010年编制完成并印发实施[186]。规划范围为深圳市行政辖区范围，总面积为1952.84km^2。规划水平年为2007年，规划期限为近期2010年，远期2020年。

规划主要内容包括以下八个方面。

第一部分：规划概述

第二部分：规划基础条件分析

- 自然概况
- 水资源综合分析
- 雨水资源开发利用现状
- 相关规划

第三部分：雨水利用潜力研究与分区策略

- 雨水利用潜力研究
- 分区雨水利用策略

第四部分：城市建设区雨水利用布局规划

- 城市建设区雨水利用的分类
- 分类规划指引
- 建设项目雨水利用控制指标和技术手段

第五部分：生态控制区雨水利用布局规划

- 山区雨水资源利用布局规划
- 河流雨水资源利用布局规划
- 生态控制区其他区域雨水利用布局策略

第六部分：规划实施效果评估

- 实施效果分项评估
- 效益评估

第七部分：实施策略和近期项目计划

第八部分：政策保障措施及实施建议

- 政策保障措施
- 实施建议

规划图集共计29幅，名称如下。

图1　土地利用现状图

图2　建设用地规划布局图

图3　流域分区与河流水系分析图

图4　流域分区与城市用地分析图

图5　城市建设区用地潜力分析图

图6　生态控制区集雨面积潜力分析图

图7　特殊地质与雨水利用分析图

图8　地下水与雨水利用分析图

图9　流域径流系数分析图

图10　城市建设区雨水利用技术手段布局图

图11　城市建设区重点新建用地雨水利用控制布局图

图 12 生态控制区雨水利用布局图
图 13 新建居住小区雨水利用分类规划指引及案例图
图 14 旧村雨水利用规划指引及案例图
图 15 商业区雨水利用规划指引及案例图
图 16 公共建筑（体育馆）雨水利用规划指引及案例图
图 17 学校雨水利用规划指引及案例图
图 18 工业区雨水利用规划指引及案例图
图 19 公园雨水利用重点项目规划布局图
图 20 公共建筑雨水利用重点项目规划布局图
图 21 道路雨水利用示范项目规划布局图
图 22 新扩建水库雨水利用规划布局图
图 23 小水源水库雨水利用规划布局图
图 24 小水库雨水利用（生态景观用水）规划布局图
图 25 小水库雨水利用（城市湿地）规划布局图
图 26 河流雨水利用（提引水及生态景观壅水设施）规划布局图
图 27 河流雨水利用（多功能滞留区与湿地）规划布局图
图 28 光明中心区雨水径流污染控制一市政设施布局优化图
图 29 光明区低影响开发示范区项目布局图

规划技术路线如图 13-13 所示。

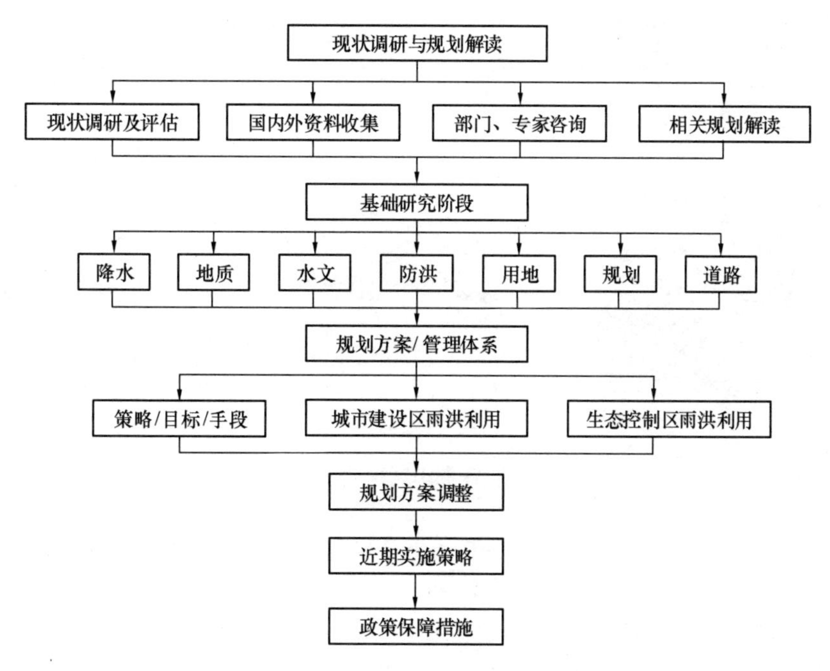

图 13-13 《深圳市雨洪利用系统布局规划》技术路线图

13.3.2 规划基础条件分析

1. 自然概况

自然概况一般包括降雨、土壤、水文等因素。通过选取典型雨量站和典型年，分析当地降雨量分布、年降雨量、月降雨量、日降雨量、场降雨量、雨型分配等，总结降雨特点，分析雨水利用方向。深圳市雨量丰沛，干、湿季节分明，多年平均降雨量为1830mm，最大日雨量为344.0mm，年降雨天数平均为144天，多年平均相对湿度为77%。降雨年际变化大，空间分布不均，各区应按本地雨量站数据进行工程设计。雨季降雨量多，降雨天数多，是雨水资源收集利用的重点时段，但用户错位削弱了收集利用的效益；日降雨量小于50mm的降雨天数多，降雨量占全年降雨量的51.97%，是雨水利用重点考虑的对象。

土壤对于雨水下渗影响较大，因此土壤分析需要侧重研究当地土壤类型、分布、渗透系数、物化性质等性状。深圳市的土壤分属6个土类、9个亚类、18个土种和40个土属（图13-14）。根据调研结果，深圳城市绿地表层土壤渗透系数$K10$℃和$K25$℃平均分别为0.48mm/min和0.70mm/min，即$K10$℃时为8×10^{-6}m/s，$K25$℃时为1.2×10^{-5}m/s，满足《建筑与小区雨水控制及利用工程技术规范》GB 50400对入渗土壤的要求。

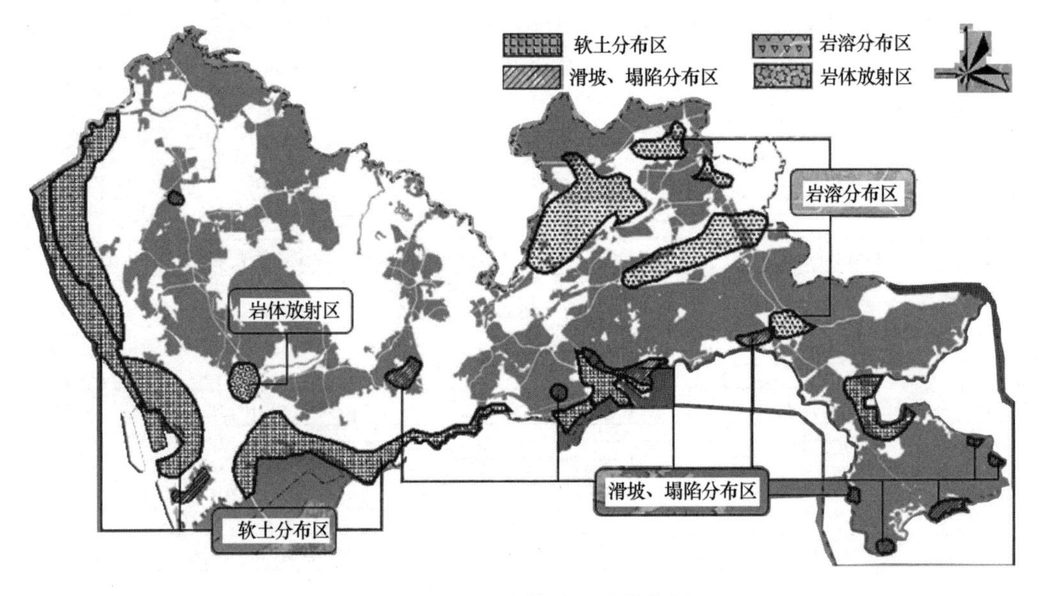

图13-14　深圳市特殊地质分布图

雨水入渗能补充地下水，有利于缓解海水入侵。因此需要对地下水和海水入侵现象进行分析。深圳市地下水储存量为10.34亿m^3，允许开采总量为1.92亿m^3，大多集中在东部龙岗、坪山、葵涌等地区。深圳地处沿海，随着城市规模的不断扩大，以及填海工程的兴建、地下水开采等人为活动的加剧，已经明显出现海水入侵加剧的迹象。

2. 水资源综合分析

水资源综合分析一般通过当地水资源开发利用现状分析、需求预测，供水能力缺口分析，根据当地水资源情况研究水资源开发利用的潜力。深圳市本地水资源主要来自水库，常规水资源总供水能力约为18.86亿m^3/a，2020年全市水资源城市供水能力缺口将达7.34亿m^3（不含环境用水），因此必须采取“开源节流”等多种水源拓展措施。深圳市多年平均径流总量为18.72亿m^3，而目前实际多年平均利用量约为5.26亿m^3，雨水资源具有较大的利用潜力。未来深圳将形成分质供水系统，雨水资源将成为优质饮用水、低品质用水、环境用水、应急备用水源系统的重要组成部分。

3. 雨水资源开发利用现状

深圳市建成区现状有少数小区和商业区进行了雨水收集回用工程的建设，利用雨水资源作为小区景观循环水和绿地浇灌水，如南山商业文化中心、兰溪谷、招商地产总部大楼等。此外，多个市级公园已初步开展雨水利用，如仙湖公园、东湖公园等。2008年深圳市建成区雨水收集利用量230万m^3，占供水总量的0.12%。

4. 相关规划解读

规划对《深圳市城市总体规划（2010—2020）》（2010年）、《深圳水战略》（2007年）、《深圳市居住小区雨水综合利用规划指引》（2008年）进行了解读。

《深圳市城市总体规划（2010—2020）》（2010年）要求合理建设初期雨水处置设施，控制初期雨水污染；开展雨水渗透、集蓄技术的研究，制定相应的管理办法，对于因城市开发建设而导致的洪水增量，应在开发建设过程中采取措施进行解决，如增大绿地面积、建设透水地面、设置洪水调蓄池等；积极推进山区和河道雨水资源利用，尽可能实现水资源的可持续利用。

《深圳水战略》（2007年）重视对非常规水资源的开发利用，提出通过污水再生利用、雨水利用、海水利用，满足全市用水需求。该战略提出，至2020年，进一步完善深圳市的水源保障体系，通过雨水利用等措施，使全市雨水收集利用率提高到35%以上；至2030年，建成结构合理、安全稳定的多渠道水源保障体系，全市雨水收集利用率提高到55%以上。

《深圳市居住小区雨水综合利用规划指引》（2008年）提出逐步实现居住小区雨水的综合利用，降低居住开发建设区域内的雨水外排流量和洪峰流量，增加可用水资源量，保障建设区域及周边地区的防洪与排水安全，减轻居住小区地面径流导致的面源污染。

13.3.3 规划成果

1. 分区利用策略研究

由于不同区域地理特征不同，不同的土地资源开发用途直接决定了雨水利用的差异性，而雨水利用策略的制定需基于当地雨水利用的潜力，因此研究雨水利用潜力是分区策略制定的重要前提。规划根据深圳的用地特点分析雨水利用潜力，结合深圳市土地开发特点，针对城市建设区和生态控制区分别制定雨水利用策略。

2. 雨水利用潜力研究

（1）结合用地特点进行雨水利用分区

规划将深圳市分为生态控制区和城市建设区。生态控制区总面积974km^2，包括禁建区和限建区；除生态控制区外的其他区域即为城市建设区，总面积 978km^2。

(2) 雨水直接利用潜力分析

生态控制区雨水水质较好，可贮蓄用于城市供水，因此生态控制区通常利用山区自然地形，调蓄山区雨水资源，其工程形式以修建水库为主，雨水产流具有一定的稳定性，目前雨水利用已具有一定规模，仍有较大潜力可挖掘。据统计，深圳市生态控制线内面积 974km^2，扣除生态控制线内的已建用地后，剩余用地面积约 887km^2，按深圳市多年平均径流深度 935mm 计算，生态控制线内的雨水资源量约 8.29 亿 m^3，其中已集蓄调控利用面积占生态控制区面积的 60%，多年平均雨水利用量约 4.97 亿 m^3；未集蓄调控利用的山地雨水资源量约 3.32 亿 m^3。因各流域的水资源开发情况不同，规划分流域核算各流域的雨水利用潜力，如图 13-15 所示。

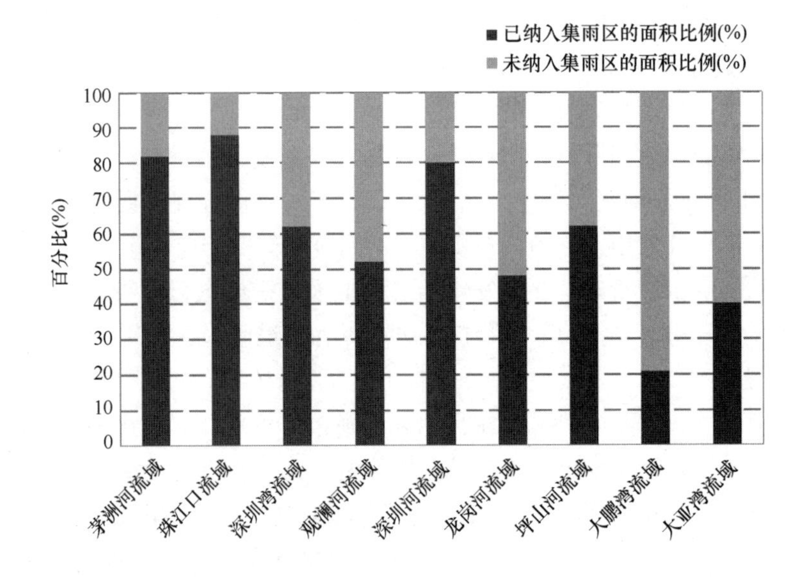

图 13-15　深圳各流域生态控制区雨水利用潜力分析图

城市建设区因受人类活动影响较大，雨水一般需经处理后才能用作城市杂用水、环境用水、低品质工业用水。由于雨水水质差、雨季绿化浇洒用户少、设施占地且旱季闲置等原因，雨水收集回用率低，很难大规模推广。规划提出，深圳生态控制区雨水收集回用率达 60%，仍有潜力，但城市建设区雨水收集率仅为 3‰。

(3) 雨水间接利用潜力分析

雨水间接利用的潜力主要指雨水下渗能力，可从土壤渗透系数、土壤种类、地下水位等方面进行分析。根据《建筑与小区雨水控制及利用工程技术规范》GB 50400，选择雨水渗透技术时，土壤渗透系数宜为 10^{-6}～10^{-3}m/s；自重湿陷性黄土、膨胀土和高含盐土等特殊土壤地址场所不得采用雨水入渗系统。相关规范还要求雨水入渗系统的渗透面距地下水水位大于 1.0m，以增长雨水停留时间，保证有足够的净化效果。规划从水文、地质、土壤等方面分析，深圳市除软土区及零星特殊用地（医院、加油站等）外均可推广各种雨水入渗设施；针对大、中、小降雨，雨水入渗减量和净化能力良好（表 13-10）。

深圳市绿地入渗能力分析（不接纳外部雨水情况下）　　表 13-10

未渗透雨量	50mm 暴雨	100mm 大暴雨	250mm 特大暴雨
3 小时雨型	5.3mm	46mm	196mm
6 小时雨型	全部入渗	21.2mm	149.25mm
24 小时雨型	全部入渗	全部入渗	68.35

3. 分区雨水利用策略

（1）城市建设区

城市建设区重点关注控制面源污染、减轻防洪压力等效益，规划以“引导建设项目开展生态雨水利用，推广低影响开发模式，下渗调蓄为主；鼓励因地制宜适度收集回用”为策略，目标是减少洪峰流量和外排水量，恢复自然水文生态循环，源头削减雨水径流污染。同时，规划提出城市建设区以“城市建设开发后流域径流系数不增加”为原则确定各流域雨水利用控制目标（图 13-16）。

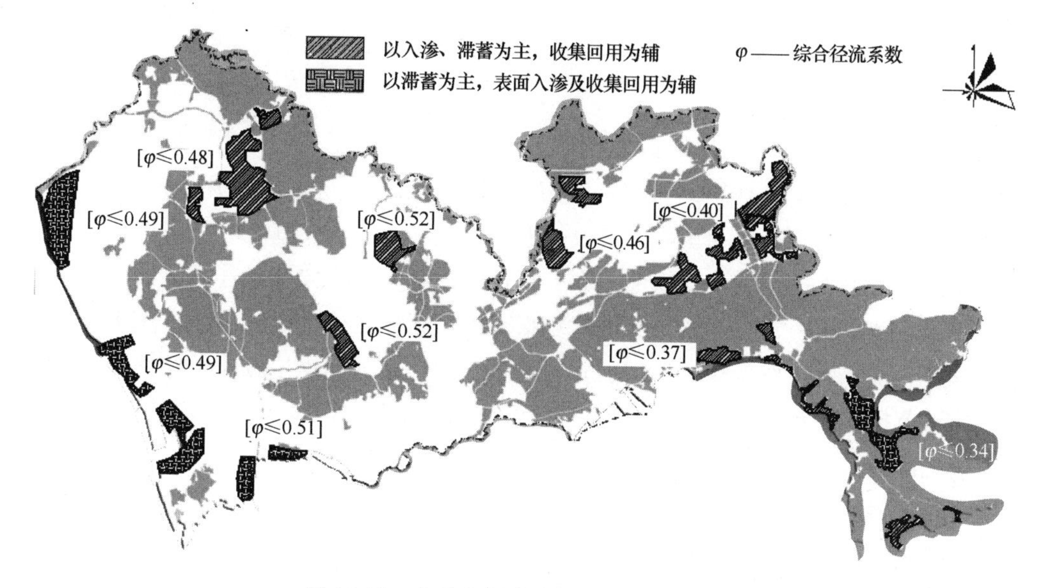

图 13-16　各重点新建区径流系数控制目标

（2）生态控制区

生态控制区重点关注增加各种水资源、减轻防洪压力的效益，针对生态控制区产水稳定且水质较好的特点，规划提出生态控制区雨水资源利用策略为：“在注重防洪安全前提下，以收集、滞留雨水资源为主，增加饮用水资源，增加城市杂用水资源，增加生态景观、农业用水资源，全面改善水生态环境。”

4. 城市建设区雨水利用布局规划

城市建设区雨水利用布局规划应将建设项目按不同特点进行分类，制定雨水利用规划指引和案例图集，规划布局雨水利用重点示范项目，逐步引导建设项目开展低影响开发雨水综合利用。

（1）城市建设区雨水利用的分类

建设项目具有复杂性，导致雨水利用具有差异性。按规划用地分类及雨水利用特点，将建设区雨水利用规划指引分为道路广场（停车场）、公园绿地、建筑与场地三大类。规划结合城市规划建设特点，分三大类八小类进行研究（表13-11）。

深圳市城市建设区建设项目分类　　表13-11

<table>
<tr><th>序号</th><th>分类</th><th>用地类型</th><th>占建设用地比例</th></tr>
<tr><td>1</td><td colspan="2">道路广场（停车场）</td><td>11%</td></tr>
<tr><td>2</td><td colspan="2">公园、绿地</td><td>7%</td></tr>
<tr><td rowspan="6">3</td><td rowspan="6">建筑与场地</td><td>新建居住小区</td><td rowspan="2">26%</td></tr>
<tr><td>城中村</td></tr>
<tr><td>商业区</td><td>5%</td></tr>
<tr><td>公共建筑</td><td rowspan="2">5%</td></tr>
<tr><td>学校</td></tr>
<tr><td>工业区</td><td>38%</td></tr>
<tr><td colspan="3">总　计</td><td>92%</td></tr>
</table>

（2）分类规划指引

1）建筑与场地雨水利用规划指引

根据建筑与场地雨水利用的特点，制定通用规划指引：应充分利用建筑绿地入渗雨水；建筑小型车路面、非机动车路面、人行道、停车场、广场、庭院应采用透水地面；非机动车路面超渗雨水可就近引入绿地入渗；建筑雨水利用工程应考虑与再生水（中水）等其他水资源联合使用。除上述建筑通用规划指引外，新建居住小区、旧村、商业区、公共建筑、学校、工业区可按分类规划指引开展雨水利用。规划还提出政府主导推进的公共建筑应率先示范推广雨水利用，结合深圳市公共服务设施建设计划，选择27个重点公建项目优先规划配建。

2）道路广场（停车场）雨水利用规划指引与布局

道路广场（停车场）雨水利用的特点为线状分布、道路初期径流污染严重、常规道路径流系数大。根据雨水利用的特点，制定道路广场（停车场）雨水利用规划指引，明确道路雨水利用应以控制路面径流污染、降低径流系数为核心目标，可利用道路绿化带和道路临近的水域、湿地、城市绿地来开展，尽量避免占用日益紧张的城市土地。道路广场（停车场）雨水利用方式与手段主要以低势绿地与路面径流排放方式来调整和增加透水面积。

对道路广场（停车场）雨水利用效果进行评估，按《国家生态园林城市标准（暂行）》（2004年）：建成区道路广场中透水面积（径流系数≤0.6）的比重应达到50%以上。新建道路如采用下凹式绿地、人行道透水铺装并改变雨水径流排放方式，保守估计道路径流系数可降低到0.4以下。

3）城市公园雨水利用规划指引与布局

分析公园雨水利用的现状和特点，制定公园雨水利用主要策略，形成公园雨水利用规划指引：充分利用公园绿地入渗雨水；公园的非机动车道路、广场、停车场等应采用透水铺装地面；充分利用公园河道、湖泊等景观水体作为雨水收集回用设施和调蓄设施；有山坡绿地、林地的公园，可考虑在适当位置建设蓄水池，合理收集利用雨水；可考虑修建人工湿地或雨水生态塘处理雨水，净化雨水水质；与再生水等其他水资源联合使用形成多水源供水等。

对已建和规划公园做详细调研，按公园雨水利用的策略和指引，进行雨水利用工程布局。对于已初步进行雨水利用仍有潜力可挖的已建公园，应充分利用已建水景和雨水利用设施，提高用水自足率；对于未进行雨水利用但园区有水景可以利用的已建公园，充分利用公园河道、湖泊等景观水体作为雨水调蓄设施；对于未进行雨水利用但有微地形可利用的已建公园，可考虑在山坡建设渗井和蓄水池，收集利用山坡绿地雨水；对于不具备水体、山地等自然条件、以雨水入渗和小范围收集回用为主的已建公园，应重点考虑合理建设入渗设施；对于新规划公园，应严格按公园雨水利用指引进行雨水利用工程设计。

（3）建设项目雨水利用控制指标和技术手段

1）建设项目雨水利用控制参数及目标建议

根据《建筑与小区雨水控制及利用工程技术规范》GB 50400 等，选择径流系数作为控制参数，其目标值可暂定为现状流域径流系数，在编制下层次雨水利用规划时，应将现状径流系数进一步分解，形成各类用地的径流系数目标。

2）常规建设模式下各类用地的径流系数

根据《建筑与小区雨水控制及利用工程技术规范》GB 50400 核算常规建设模式下各类用地的径流系数，除绿化率比较高的城市广场，其他用地径流系数均在 0.5 以上，不满足控制目标，需采取各种技术手段以降低径流系数。

3）建设项目雨水利用设施设计方法

在具体施工图设计时，应深入现场，根据项目的具体特点和总体规划布局，对各种条件及影响因素进行综合分析，合理设计雨水利用工程。首先应采用低影响开发模式，降低区域径流系数（表 13-12）；应用低影响开发技术手段后，仍不达标的可设置天然或人工调蓄设施降低区域洪峰流量和外排流量；适宜雨水收集回用的区域，可结合低影响开发技术手段建设收集回用设施降低区域洪峰流量和外排流量。

低影响开发设施径流系数值（参考国外） **表 13-12**

下垫面种类		径流系数
绿化屋面坡度小于 15°，或 25%	种植层＜100mm	0.5
	种植层≥100mm	0.3
绿化屋面	紧凑型	0.3
	粗放型	0.5
有缝隙的沥青		0.5
有缝隙的沥青铺面，碎石草地		0.3
草坪方格石		0.15
透水砖		0.3
下凹式绿地		0.0～0.2
带浅沟、洼地或渗透池（塘）的绿地		0.0～0.1
水面		1.0

5. 生态控制区雨水利用布局规划

结合已建设施，布局水库、湿地滞洪区、河道拦蓄设施、雨水塘等雨水利用设施，收集滞留雨水资源，增加饮用、杂用、农用、生态等各种水资源，进一步提高雨水收集利用率，并减轻防洪压力。规划中，生态控制区雨水利用规划分为山区、河流和生态控制区三种类型规划其雨水利用设施。

6. 山区雨水资源利用布局规划

山区雨水资源利用布局规划主要包括新扩建水库、小水源水库（杂用水水库）、非水源水库等。

在新扩建水库方面，根据相关部门确定的山区雨水资源开发的策略和导向，结合各流域的雨水利用潜力，提出合理的山区雨水资源开发策略，筛选雨水资源开发利用潜力较高的项目，通过新扩建水库、增加水库集雨面积，增加可利用的雨水资源。规划提出新扩建水库 24 座，可增加水库集雨面积 47.28km^2，增加雨水资源利用量近 4700 万 m^3/a，主要集中于深圳市东部大鹏、大亚湾、龙岗、坪山河流域（图 13-17）。

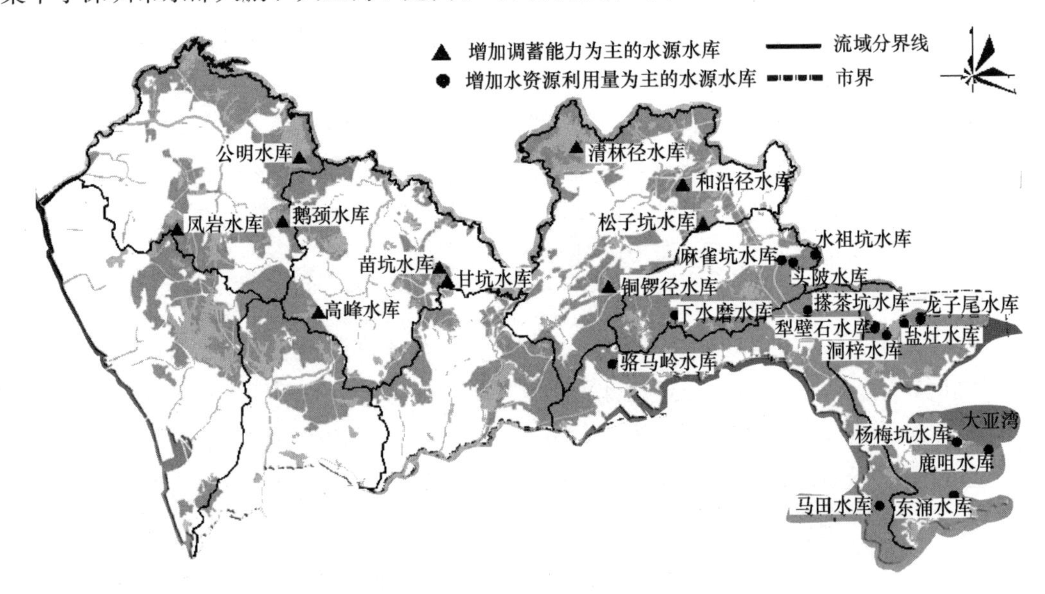

图 13-17　深圳市新扩建水库雨水利用规划布局图

在小水源水库（杂用水水库）方面，应充分利用原有的村级水厂以及逐渐退出城市供水功能的小水厂，可保留并改作杂用水厂，在城市建设区再生水系统形成前，为区域的工业、景观、浇洒设施供水；在城市建设区再生水系统形成后，可与再生水联网供水，成为再生水系统的有力补充和调节设施。本规划提出利用小水源水库 23 座，总库容 3185.3 万 m^3，其可利用雨水资源量 4145 万 m^3/a；保留改造小水厂 20 座，总规模 16.7 万 m^3/d（图13-18）。

在非水源水库方面，针对生态区河道上游水库和城市建设区非水源水库进行规划布局。对于生态区河道上游水库，应增强水库的监管和维护力度，在增强防洪功能的同时，涵养山区水资源，用作河道生态补水。规划建议利用山区河道上游 25 座水库作为河道补

图 13-18　深圳市小水源水库雨水利用规划布局图

水的调节水库，年可利用雨水量约 2150 万 m^3。对于城市建设区非水源水库，建议结合公园和城市景观设计，建设城市湿地，将其打造成为区域重要的生态景观节点、河流湿地的重要补充。规划建议利用该类水库 8 个，雨水利用量约 918 万 m^3/a。

7. 河流雨水资源利用布局规划

规划根据河流的特点，提出河流雨水利用策略如下：对于水质较好、具备条件的河段，可设置提引水工程，利用水库调蓄，作为饮用水水源或杂用水水源；对于水质一般、穿越城市建设区的河道，应结合城市景观设计，在不影响防洪安全的前提下，设置生态景观壅水工程，形成常年景观水面；对于防洪压力大、面源污染严重的河流，应结合河道综合整治工程，合理设置多功能人工湿地滞洪区。

规划对河流雨水资源利用规划布局如下：一是河流提引水工程雨水资源利用布局，建议新增提引水设施，维护现有提引水设施，待河流水质达标后，恢复现有提引水工程利用河道雨水资源；二是河流景观壅水工程雨水资源利用布局，应注重与城市防洪协调，规划利用现状水坡 20 处，新增 26 处，水面面积 537.03hm^2，平水年雨水利用量 5564.33 万 m^3，能解决 16%的河流生态补水需求；三是河流湿地雨水资源利用布局，建设滞洪区与人工湿地 39 处，面积 10.014km^2，雨水可利用量近 7000 万 m^3。

8. 生态控制区其他区域雨水利用布局规划

其他区域，如森林公园、郊野公园、山地截洪沟等微地形也可进行雨水利用。规划提出森林公园和郊野公园雨水利用策略为通过建设大量森林公园和郊野公园，保护区域绿地，塑造都市空间，可利用山泉、溪涧等自产水满足公园大多数的用水需求。此外，通过微地形进行雨水资源利用，结合截洪沟、排洪渠等设施，在不影响防洪安全的基础上，利用低洼地区、小山塘建设雨水利用工程（地表或地下蓄水池），蓄积雨水作为城市杂用水、生态用水等。

9. 实施效果和效益的分项评估

（1）实施效果分项评估

实施效果的分项评估分为城市建设区和生态控制区两部分进行。

城市建设区雨水利用规划实施效果评估：控制建设开发对自然水文的影响，全市新建改造开发后，径流系数不增加；涵养地下水源，改善城市气候，恢复城市水文生态；增加城市杂用水资源，充分挖掘雨水利用潜力；源头控制雨水径流污染，全面减轻入河污染物负荷。

生态控制区雨水利用规划实施效果评估：开发雨水资源，增加优质饮用水资源，提升水资源调蓄能力；将小水源水库的雨水资源用作城市杂用水；利用河道上游非水源小水库，补充河流生态景观用水，改善河流自净能力；利用建设区非水源小水库作为城市湿地的补充；远期恢复提引水设施，利用河流雨水资源；结合河道防洪，合理布局河道壅水设施，保持水域面积；合理规划布局湿地，提高雨水利用量。

（2）效益评估

雨水利用的效益可从节省自来水费用、节水增加国家财政收入、节省环境生态用水费用、消除污染而减少社会损失、节省排水设施运行费用、节省河道整治和拓宽费用、减轻洪涝灾害损失等七个方面进行分析。规划中深圳市雨水利用效益评估情况如表 13-13 所示。

深圳市雨水利用效益评估 **表 13-13**

效益分项	效益（亿元/a）
增加水资源，节省自来水费用	5.1
节水增加国家财政收入	12.0
节省环境生态用水费用	1.32
消除污染而减少的社会损失	0.92
节省城市排水设施运行费用	—
节省河道整治和拓宽费用	—
合计	19.34

10. 实施策略与近期项目计划

（1）城市建设区

雨水综合利用的经济效益低，但生态环境效益高，近期应以政府投资项目“示范推动，重点突破”为主，并充分总结经验教训，形成可在全市推广的模式和成果。本规划提出深圳市可结合光明区“绿色建筑示范区”建设、坪山河流域综合治理、配套有雨水利用示范工程的重点公共服务设施的建设，着力于打造雨水利用示范项目。

（2）生态控制区

新扩建水库雨水利用由于产流稳定且经济效益、环境效益明显，对供水安全有较为重要的作用；利用河流建设生态景观壅水设施和湿地滞洪区，提供河流生态用水，改善河流自然生态的效益显著；应结合河道综合治理工作，在保证城市安全的前提下，对河道防洪调度进行充分论证后建设实施。规划近期项目计划提出，深圳市应重视大鹏湾、大亚湾、坪山河流域水资源开发，新扩建14座水库；控制20座退出城市供水功能的小水厂用地，将其纳入市政备用地。

11. 政策保障措施及实施建议

（1）政策保障措施

规划提出的政策保障措施主要有出台法规政策，将城市建设区雨水利用设施建设纳入建设项目管理体系中；建立雨水利用技术设计与审查体系；运用经济杠杆，推动雨水利用工作；加强基础研究，促进雨水利用技术本地化；扶持雨水利用产业，探索雨水利用产业化之路；建设低影响开发示范区，带动全市雨水利用工作等。

（2）实施建议

规划提出应尽快编制雨水利用的技术和管理等法规政策；开展分区或分类用地雨水利用详细规划的编制工作，形成完善的雨水利用规划体系；开展示范区、示范项目的前期研究工作，为相关项目立项、资金申报创造条件等。

13.3.4　规划创新

（1）根据城市建设特点，分为城市建设区和生态控制区，分别提出不同的雨水利用策略，提高规划的针对性。城市建设区雨水利用以“引导建设项目开展生态雨水利用，推广低影响开发模式，下渗调蓄为主；鼓励因地制宜适度收集回用”为策略；生态控制区雨水利用策略为：“在注重防洪安全前提下，以收集、滞留雨水资源为主，增加饮用水资源，增加城市杂用水资源，增加生态景观、农业用水资源，全面改善水生态环境”。

（2）引入并深化低影响开发雨水综合利用理念，并将其与城市开发建设相结合，提出城市建设区低影响开发雨水综合利用规划指引。在国内较早地提出了低影响开发模式。针对城市建设区不同类型的建设项目，分别提出低影响开发雨水综合利用规划指引，指导建设项目雨水综合利用设施的设计和实施。

（3）提出构建雨水利用管理体系，将建设项目雨水利用纳入规划审批程序。在现有建设项目审批制度下，探索引导建设项目开展低影响开发雨水综合利用的制度设计和实施途径，将雨水综合利用纳入建设项目审批流程。

13.4　海水利用专项规划（研究）

全市层面的海水利用专项规划应明确当地海水利用的定位，分类研究海水利用方式及利用方向，提出海水利用规划指标，制定重点发展区域指引。本部分以《深圳市海水利用研究》（2009年）为例，探讨海水利用专项规划的编制方法。

13.4.1　项目概况

《深圳市海水利用研究》由深圳市规划和国土资源委员会委托，深圳市城市规划设计研究院有限公司负责编制，于2009年完成编制[187]。研究范围为深圳市行政辖区范围，总面积为 1952.84km²。规划水平年为 2008 年，规划期限为近期 2010 年，远期 2020 年。

规划成果主要包括以下六个方面。

第一部分：规划概述

第二部分：规划基础条件分析

- 海域概况
- 海水水质
- 近海海域环境质量状况
- 海水利用现状
- 岸线现状
- 相关规划

第三部分：海水利用定位研究

第四部分：海水直接利用布局规划

- 水质标准
- 区域水质适宜性分析和工艺选择
- 重点区域指引

第五部分：海水淡化利用布局规划

- 水质要求
- 工艺选择
- 用水规模预测与控制
- 用地指标控制
- 规划布局指引

第六部分：研究结论

研究技术路线如图 13-19 所示。

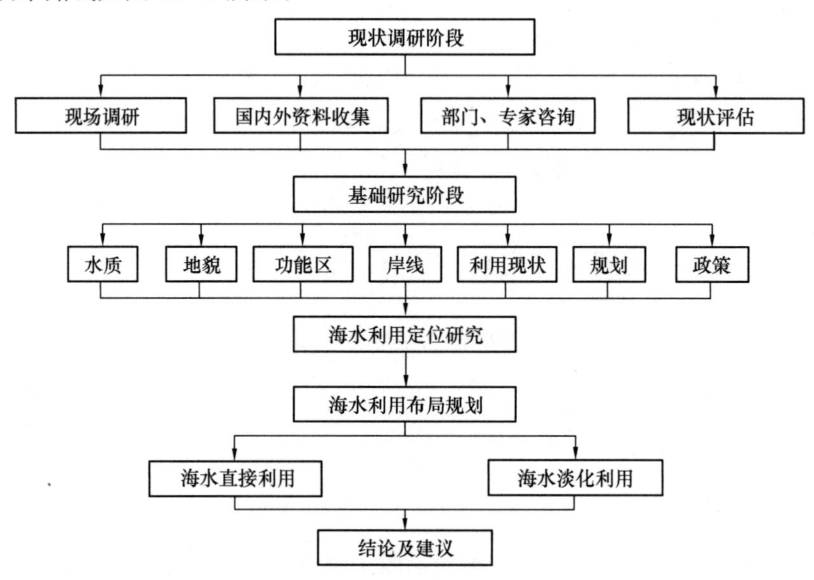

图 13-19 《深圳市海水利用研究》技术路线

13.4.2　规划基础条件分析

1. 海域概况

分析城市临近海域的地理条件、岸线、海岸地貌、水文等特征。深圳市濒临南海，拥有珠江口水域与海湾水域，近陆海域水位较深，海水资源丰富，海域面积 1145km^2，海岸线长 257.3km^2（受行政区域的影响，岸线在空间上被隔离为东、西两个不连续的部分）。海岸地貌丰富多样，自东向西分为大鹏半岛山地丘陵区、东部沿海山地区、中部台地谷地区、西南部滨海台地平原区、西部滨海平原台地区等。

2. 海水水质

海水水质情况会影响海水利用的可行性和工艺选择。深圳的大部分海域海水水质总体保持良好，深圳湾和珠江口水质污染程度比 2006 年有所改善，主要污染物为无机氮、活性磷酸盐；大鹏湾和大亚湾海水质量总体状况良好，监测指标均符合《海水水质标准》GB 3097—1997 第一类水质标准，可以满足海水利用要求。

3. 近岸海域环境质量状况

近岸海域环境功能区划是对近岸海域的环境功能按水质类别划定的分界线，明确了不同区划的使用功能和保护目标，是海洋环境保护和海水利用的主要依据。规划中，近岸海域环境功能区划将深圳市近岸海域划分为二、三、四类区（未划定一类区），其中港口海域划为四类区，工业和一般海域划为三类区，而东部保护较好的海域则划为二类区。

4. 海水利用现状

深圳市有 5 个海水资源利用功能区：大亚湾核电取水区、岭澳核电站取水区、大铲电厂取水区、妈湾电厂取水区、东部电厂取水区。海水直接利用方面，深圳市海水直接利用总量位居全国前列，2005 年已达 75 亿 m^3。海水淡化利用方面，深圳市未建成海水淡化工程，仅开展了示范性海水淡化项目的前期研究工作。

5. 岸线现状

结合产业发展、城市开发状况等条件，分析岸线开发现状（表 13-14）。深圳市的海洋岸线在空间上可分为深圳湾、大鹏湾、大亚湾和珠江口“三湾一口”四大部分。深圳市现状岸线开发已基本成型。

深圳市现状岸线利用情况　　　　**表 13-14**

利用类型		岸线长度（m）	比例（%）
港口岸线		35718	14.15
工业岸线		13954	5.53
仓储岸线		3690	1.46
渔业养殖岸线	渔港岸线	3554	1.42
	养殖岸线	23109	9.15
生活岸线		35551	14.08
自然生态岸线		86169	34.13

续表

利用类型		岸线长度（m）	比例（%）
其他岸线	市政岸线	456	0.18
	机场岸线	4049	1.6
	未利用岸线	46244	18.32
小计		252442	100

6. 相关规划

国家发展和改革委员会、国家海洋局、国家财政部联合制定的《海水利用专项规划》（2005年）对深圳市的海水利用提出了明确的要求：2010年和2020年海水直接利用规模分别为90亿m^3和140亿m^3，海水淡化水量达到1万～2万m^3/d和3万～5万m^3/d（表13-15）。

《海水利用专项规划》（深圳目标要求） 表13-15

规划年限	海水淡化量		海水直接利用量（亿m^3/a）	对解决沿海地区缺水的贡献率（%）
	（万m^3/d）	（亿m^3/a）		
2010	80～100	2.6～3.3	550	16～24
2020	250～300	8.3～9.9	1000	26～37

13.4.3 研究成果

1. 海水利用定位研究

规划在本底分析的基础上，剖析深圳市供水能力缺口和海水利用的潜力，明确深圳市海水利用定位。

根据水资源开发利用状况及水资源需求预测（表13-16），2020年全市需水量26.2亿m^3，水资源供应能力仅为18.86亿m^3，城市供水能力缺口达到7.34亿m^3（不含环境用水），因此需要采取“开源节流”等多种水源拓展措施，力求实现水资源供求的整体平衡。

深圳市远景水资源综合配置表 表13-16

供水系统	供水水源	用户
优质饮用水系统	境外引水、本地蓄水、雨水资源	生活性用水（居民、行政、商业、服务业）、高品质工业用水等
再生水系统	再生水	低品质工业用水、城市杂用水、环境用水等
应急备用水源系统	地下水、海水淡化水	备用水源和应急水源

海水直接利用潜力方面，深圳市海水资源丰富，海域水质优良。海水直接利用的单位成本为0.15～0.25元/m^3，具有工程投资小、运行费用低等优点，深圳市海水直接利用可在有条件的滨海片区推广，以海水工业冷却、港口冲洗等为推广方向。海水淡化潜力方面，目前成本较高且对人体健康有一定的不利影响，在技术成熟之前不能成为深圳市的主要水源之一，应将其作为应急备用水源。

因此，深圳市的海水利用应以“推广沿海片区海水直接利用，储备海水淡化利用技术”为主要发展方向。推广沿海片区海水直接利用，以海水工业冷却、港口冲洗等为推广方向；储备海水淡化利用技术，建设海水淡化试验基地，进行海水利用的研究和技术储备，待研究成熟后，可开展备用水源工程建设，将海水淡化作为深圳市应急备用水源之一；同时需加强试点水（核）电综合利用，鼓励企业进行水电联产。

2. 海水直接利用布局规划

（1）水质标准

当海水用作城市杂用水时，必须满足一定的水质要求，如浊度、悬浮物固体含量及溶解性有机物含量要尽可能低，微生物个数要尽可能少，溶解氧的含量要尽可能高。根据我国对城市杂用水的标准和要求，参考香港地区海水水质标准，规划推荐深圳采用表13-17中的水质标准。

深圳市海水用作城市杂用水的水质标准（建议）　　表13-17

项　　目	目　标　值	允许极限值
色度（倍）	＜10	20
浊度（NTU）	＜30	40
嗅阈值	无不快感	无不快感
氨氮（mg/L）	＜10	20
悬浮物固体（mg/L）	＜100	100
DO（mg/L）	＞2	＞2
BOD_5（mg/L）	＜10	10
合成洗涤剂（mg/L）	＜5	5
大肠杆菌（个/100mL）	＜10000	10000

当海水用作工业用水时，由于目前该类型的水质标准仍为空白，所以规划推荐深圳市工业冷却水水质标准参考再生水用作电厂冷却水的水质标准（表13-18）。

深圳市海水用作工业用水的水质标准（建议）　　表13-18

项　　目	单　　位	允许极限值
浊度	NTU	30
悬浮物	mg/L	≤30
pH值	—	6.0～9.0
BOD_5	mg/L	≤30
总硬度	以$CaCO_3$计mg/L	450
总碱度	以$CaCO_3$计mg/L	500
氯化物	mg/L	300
溶解性总固体	mg/L	1000
粪大肠菌群	个/L	≤2000

注：当直流冷却水被用作烟气脱硫系统时还要求海水的盐度＞2.3%，pH值＞7.5。

（2）区域水质适宜性分析和工艺选择

1）城市杂用水

根据《海水水质标准》GB 3097，深圳市东部海水水质符合国家海水水质一、二类标准，西部大部分海水水质符合二、三类标准。东、西部海水水质与香港地区冲厕供水水质标准、国家城市杂用水水质标准（冲厕）、深圳市海水用作城市杂用水的水质标准（建议）的对比分析如表 13-19 所示。

深圳市海水水质与各类水质标准对比表　　表 13-19

项　目	大鹏湾海水水质（东部）	深圳湾海水水质（西部）	香港地区冲厕供水水质指标	城市杂用水水质标准（冲厕）	深圳市海水用作城市杂用水的水质标准（建议）
色度（倍）	无异色	无异色	＜20	≤30	20
浊度（NTU）	—	—	＜10	≤5	40
嗅阈值	无异臭	无异臭	＜100	无不快感	无不快感
氨氮（mg/L）	0.075	0.840	＜1	≤10	20
悬浮物固体（mg/L）	3.8	6.3	＜10	≤10	10
DO（mg/L）	5.96	6.47	＞2		＞2
BOD_5（mg/L）	0.70	1.24	＜10	≤30	10
合成洗涤剂（mg/L）	—	—	＜5	≤1.0	5
大肠杆菌（个/100mL）	1100	66000	＜20000	≤3	1000
pH	8.14	7.64	—	6.0～9.0	—

由分析得到，东部海水属于未污染水质或基本未污染水质；西部海水属于基本未污染水质或轻度污染水质，主要为大肠杆菌值超标。因此，当用作城市杂用水时，东部海水只需在利用之前先经过格栅除掉较大的杂质，然后加消毒剂消毒即可使用；而西部海水在经过格栅、消毒之前，还必须有一定的预处理，如沉砂、除藻、曝气充氧等。

2）工业冷却水

当海水用作工业冷却水时，深圳市东、西部海水水质情况与我国东部海域循环冷却水水质标准、直流冷却水水质标准进行对比，见表 13-20。经分析得到，当用作直流冷却水时，东、西部海水均只需经过格栅处理后加氯消毒即可使用，但是西部海水水质相对较差，需做好管道防腐措施。

深圳东西部海水水质与工业冷却水水质标准对比表　　表 13-20

项　　目	大鹏湾海水水质（东部）	深圳湾海水水质（西部）	循环冷却水水质标准	直流冷却水水质标准
悬浮物（mg/L）	3.8	6.3	≤30	＜20
pH 值	8.14	7.64	≤6.0～9.0	7～9.2

续表

项　目	大鹏湾海水水质（东部）	深圳湾海水水质（西部）	循环冷却水水质标准	直流冷却水水质标准
BOD_5（mg/L）	0.70	1.24	≤10	≤30
COD_{Cr}（mg/L）	0.68	1.36	≤60	—
总硬度（以 $CaCO_3$ 计）	—	—	450	450
总碱度（以 $CaCO_3$ 计）	—	—	350	500
氨氮（mg/L）	0.075	0.840	≤10	—
总磷（以 P 计 mg/L）	—	—	≤1	—
溶解性固体（mg/L）	—	—	1000	1000
粪大肠菌群（个/L）	3500	66000	≤2000	≤2000

注：1. 当循环冷却系统为铜材换热器时，循环冷却水系统水中的氨氮指标应小于 1mg/L。
2. 当直流冷却水被用作烟气脱硫系统时还要求海水的盐度>2.3%，pH 值>7.5。

（3）重点区域指引

深圳市在沿海片区推广海水直接利用，以海水工业冷却、港口冲洗为推广方向。其重点区域指引如下：

1）推广海水工业冷却：工业岸线集中区和沿海的电厂，重点区域主要分布于坝光精细园区、核电片区、东部电厂片区、妈湾电厂片区、前湾电厂片区。

2）推广港口冲洗：重点区域主要分布于盐田港区、蛇口港区、妈湾港区、赤湾港区、大铲湾港区。

3. 海水淡化利用布局规划

对当地海水的水质适宜性进行分析，根据不同海水淡化工艺技术的要求，确定海水淡化利用工程的布局指引。

（1）区域水质适宜性分析和工艺选择

不同区域由于海水水质的差异，其适宜的海水淡化工艺也存在一定差异。规划深圳市东西部海域均可进行海水淡化，但必须进行有针对性的研究和中试，以确定不同区域适宜的海水淡化技术。特别是深圳西部海域属于亚海水（海水和淡水的混合区），该区域发展海水淡化技术首先要开展试验研究，在此基础上确定适合的海水淡化技术。

（2）海水淡化规模预测

海水淡化工程作为战略性的备用水源及应急水源，其规模预测只需考虑城市居民在应急状态下的需水量。规划根据人口规模、用水量标准等进行计算分析，深圳市海水淡化备用应急水源总规模宜控制在 4 万～12 万 m^3/d（表 13-21）。

深圳市海水淡化规模预测表　　**表 13-21**

项　目	2020 年
居民生活淡化海水用水标准（应急状态下的用水量）[L/(人·d)]	5～15
人口规模（万人）	1100

续表

项　　目	2020年
总需水量（万 m^3/d）	5.5～16.5
东部分区及中部片区应急及备用水源人口（万人）	300
东部滨海、中心城区、西部滨海应急及备用水源人口（万人）	800
海水淡化备用水源适宜总规模（万 m^3/d）	4～12

（3）用地指标控制

规划整理了国内外海水淡化厂的占地规模（表13-22），提出深圳市海水淡化设施用地指标为0.45～0.6hm^2/万t。

国内外海水淡化用地规模表　　表13-22

项目	规模（万t/d）	占地（hm^2）	单位用地（hm^2/万t）
新加坡的新泉海水淡化厂	13.5	6	0.44
以色列ASHELON海水淡化厂	33	18.6	0.56
青岛百发海水淡化厂及配套工程	10	5	0.5

（4）规划指引

根据不同区域海水的水质特点和发展定位，提出不同区域的海水淡化工程布局。深圳市东部海水预处理成本低，但含盐量高；西部海水预处理成本高，但含盐量低，因此，规划分别针对深圳市东、西部海域提出不同的海水淡化工程规划指引。

东部：以鼓励电力企业自建试验基地为主，利用深圳核能、电能的优势，鼓励电力企业开展水（核）电联合试验和中试，储备海水综合利用技术，海水淡化规模以满足核电自用高品质工艺用水为宜，在应急时，可作为东部的备用水源。同时，在供水困难片区或岛屿中建设小型海水淡化设施，以探索海水淡化的工程可行性，并为全市推广海水淡化工程积累经验。

西部：海水淡化工程推荐优先建在珠江口区域，同时需储备亚海水淡化技术。西部海水淡化基地用地规模控制在2万～5万m^3/d（单位用地0.45～0.6hm^2/万t），近期建设试验基地，待技术成熟后，可适时建设海水淡化应急水源工程。

4. 结论及建议

经上述分析，深圳市海水利用工作应以“推广沿海片区海水直接利用，储备海水淡化利用技术”为主要发展方向。深圳市海水直接利用主要是为沿海片区电厂及其他企业提供冷却用水，同时提供港口冲洗用水；远期可作为城市的应急备用水源。规划对海水利用工作的实施推进提出了更进一步的建议：

（1）利用深圳能源优势，支持企业开展海水综合利用试点建设，进行技术储备。

（2）尽快推进海水淡化试验基地建设的可行性研究，联合高校或科研机构，储备海水淡化技术和人才资源。

（3）结合海水淡化试验基地和综合利用示范工程，重点开发海水预处理技术，核能耦合和电水联产热法、膜法低成本淡化技术及关键材料，浓盐水综合利用技术等；开发可规模化应用的海水淡化热能设备、海水淡化装备和多联体耦合关键设备。

（4）鼓励海水淡化技术装备制造企业通过技术创新和商业创新实现规模发展，使深圳成为重要的海水淡化装备研发和制造基地。

13.4.4 研究创新

（1）突破海水利用单一途径的限制，提出海水多方位利用的路径。根据海水特点和工艺情况，对海水直接利用、淡化利用、水（核）电综合利用等制定不同发展方向和策略。规划以“推广沿海片区海水直接利用，储备海水淡化利用技术”为发展方向，海水直接利用主要提供沿海片区电厂及其他企业冷却用水、港口冲洗水等城市杂用水；海水淡化进行技术储备，远期可作为城市应急备用水源；利用深圳核能、电能优势，鼓励企业进行水电联产。

（2）分区形成海水利用指引，针对不同区域特点，海水利用的方式和发展方向呈现不同特色。根据海水利用的区域水质适宜性分区，明确海水利用方式，结合工艺技术成熟程度，筛选合适的海水利用工艺，制定不同区域海水利用的发展策略，形成海水利用的控制指标和重点工程指引，以指导区域性海水利用工作的落地实施。

（3）鼓励产学研联动发展，形成示范引导效应。联合高校或科研机构，储备海水技术和人才资源；支持企业打造海水综合利用试点，进行技术储备；技术创新与商业创新并重，鼓励海水淡化技术装备制造企业通过技术和商业创新实现规模发展，打造重要的海水淡化装备研发和制造基地。

第14章　非常规水资源利用详细规划

14.1　光明片区雨水和再生水利用详细规划

14.1.1　项目概况

《光明片区雨水和再生水利用详细规划》由深圳市节约用水办公室委托，深圳市城市规划设计研究院有限公司负责编制，于2014年编制完成[188]。规划范围为深圳市光明再生水厂的服务范围，面积为77km^2。规划水平年为2013年，规划期限为近期2015年，远期2020年。本规划中的“再生水”是指污水处理厂尾水经过再生水厂深度处理后，达到一定水质标准，满足某种使用要求，可以进行有益使用的水。本规划中“雨水”主要指非水源水库的雨水资源。

规划主要内容包括以下十个方面。

第一部分：规划概述

第二部分：规划基础条件分析

- 区位及城市建设概况
- 自然条件
- 用水结构
- 现状污水系统
- 现状再生水系统
- 政策导向

第三部分：再生水潜在用户调研及分析

- 潜在用户分析
- 大用户实地调研

第四部分：再生水需求预测与近远期供需平衡分析

- 再生水需求量预测分析
- 再生水厂站规模调校
- 场站用地分析

第五部分：再生水水质推荐目标与工艺

- 水质目标
- 处理工艺

第六部分：再生水供水管网设计与优化

- 管网规划

- 管网建设方式
- 再生水管位分析
- 用户接管分析

第七部分：非水源水库利用方式

- 小水库补充城市供水规划方案
- 小水库补充城市湿地及河道补水规划方案

第八部分：投资匡算

- 近期建设
- 远期建设

第九部分：再生水系统建设运营管理模式

- 再生水投融资方式
- 再生水价格机制

第十部分：规划实施策略及保障措施

- 规划实施策略
- 政策保障策略

规划图集共计 14 幅，名称如下。

图 1　给水管网规划图

图 2　污水管网规划图

图 3　再生水现状管网图

图 4　光明区非水源水库分布图

图 5　光明污水处理厂及再生水厂用地图

图 6　规划用地布局分析图

图 7　再生水潜在用户分布图

图 8　再生水水量预测分布图

图 9　再生水管网远期规划图

图 10　光明片区再生水管网平差计算图

图 11　门户片区再生水管网平差计算图

图 12　再生水管网近期规划图

图 13～图 14　道路横断面管线布置图

规划技术路线如图 14-1 所示。

14.1.2　规划基础条件分析

一般来讲，非常规水资源利用详细规划的基础条件包括区域城市建设概况、水库、污水处理厂现状、现状用水结构、城市用地、相关政策、上层次规划等。本规划的基础条件分析包括区位及城市建设概况、自然条件、现状用水结构、现状污水系统、现状再生水系统、政策导向等方面。

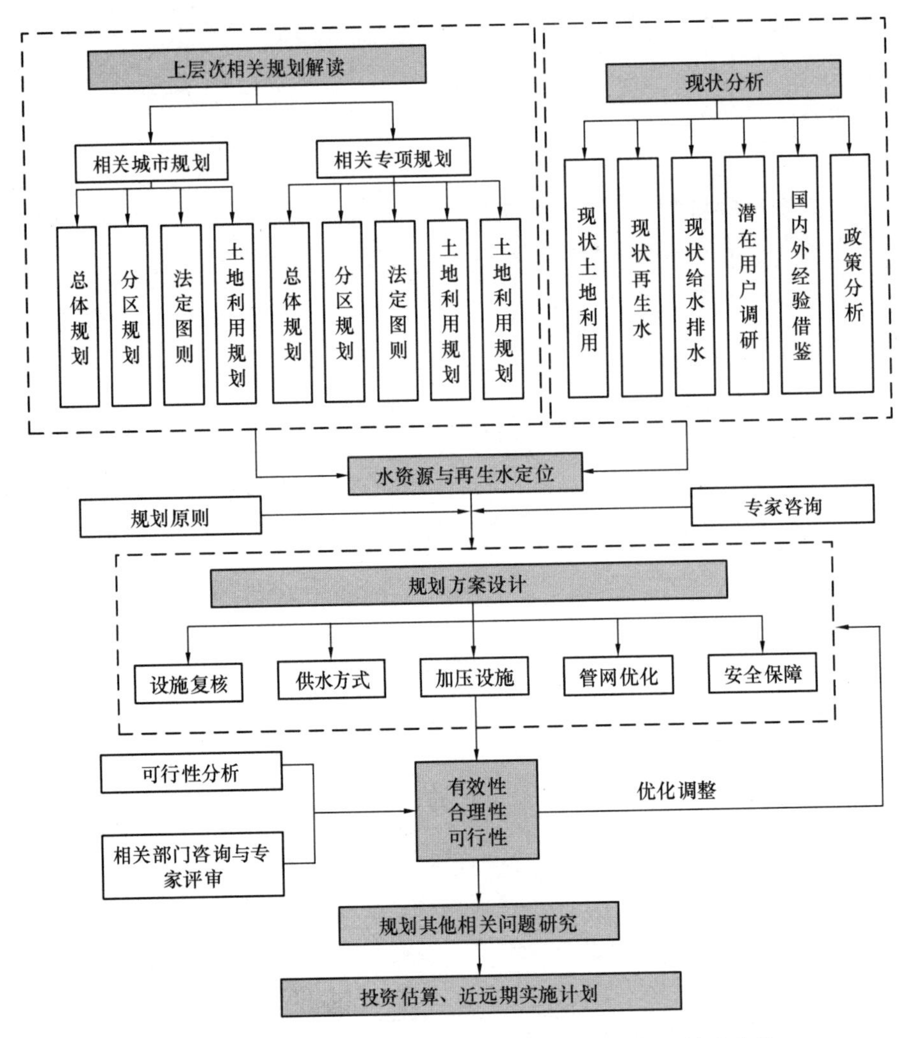

图 14-1 《光明片区雨水和再生水利用详细规划》技术路线

1. 区位及城市建设概况

规划区所属的光明区位于深圳西部地区，东至观澜街道，西接松岗街道，南抵石岩街道，北临东莞市黄江镇（图 14-2）。光明区是我国首个，也是唯一一个国家低影响开发雨水综合利用示范区，先后启动了 26 个示范项目，基本覆盖了城市建设开发过程中常见的公共建筑、市政道路、公园绿地、水系湿地、居住小区、工业园区等项目类型，总占地面积约 155 万 m^2，涉及道路总长约 30km。光明区现状城市建设用地面积 4903.68hm^2，工业用地所占比例最大，达到 56.78%。规划 2020 年工业用地比例下降到 24.63%，道路广场用地、城市绿地面积大幅增加。区域的工业、绿地及道路广场用地比例较大，是再生水利用的重点对象。

2. 自然条件

光明区位于北回归线以南，属南亚热带海洋性季风气候，全年气温高，湿度大，多年平均年降水量为 1600mm，且年内分配不均，其中 4～10 月降水量占全年降水量的

87.6%。光明区现状有22座水库，总集雨面积39.47km^2，总库容2866.72万m^3。其中18座位于生态控制区内，4座位于建设区内，现状12宗小水库（非水源水库）已退出城市供水功能，其中小（一）型3宗，小（二）型9宗，总库容881.17万m^3，约占光明区水库集雨面积的35%（图14-3）。

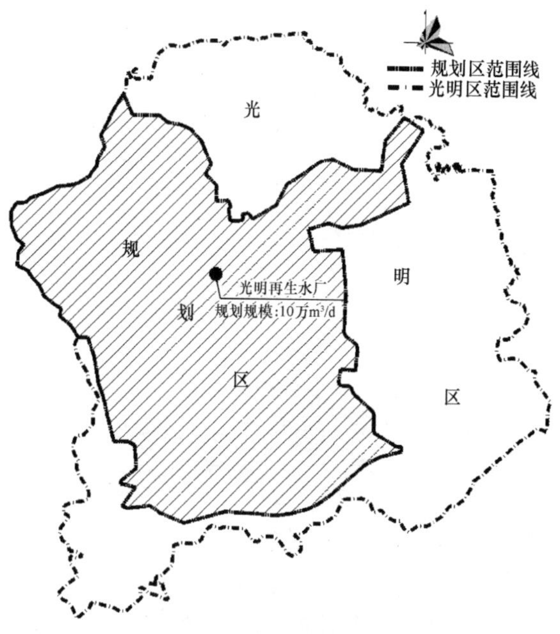

图14-2　规划范围图

3. 现状用水结构

一般来讲，城市用水主要包括居民生活用水、商业服务用水、工业用水、行政事业用水、建筑用水、特种用水和其他用水。规划通过对2011～2012年光明区的供水结构进行分析，得知区域内工业用水比例较高，是再生水的潜在用水大户（表14-1、图14-4）。

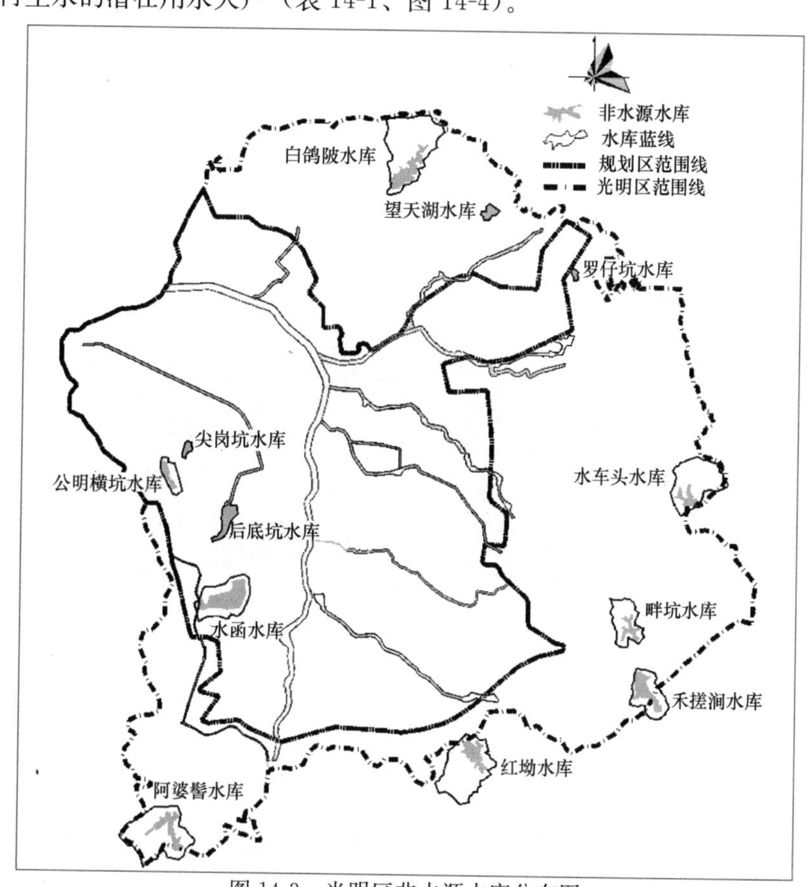

图14-3　光明区非水源水库分布图

光明区 2011～2012 年用水结构统计 表 14-1

类　别	居民	商业	工业	建筑	特种	行政	其他	合计
2011 年（万 m^3/a）	2361	522	3901	451	4	324	21	7562
2012 年（万 m^3/a）	2370	551	4083	380	4	294	84	7744
平均值	2366	537	3992	416	4	309	53	7653
所占比例	30.9%	7.0%	52.2%	5.4%	0.1%	4.0%	0.7%	30.9%

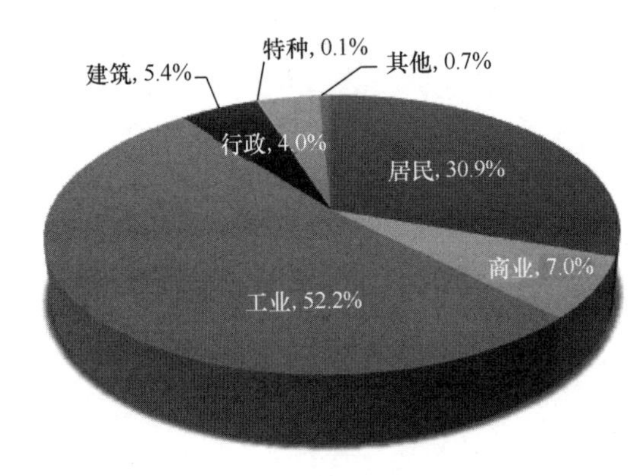

图 14-4　光明区 2011～2012 年平均用水结构图

4. 现状污水系统

规划区属于光明污水处理厂服务范围，光明污水处理厂已建规模 15 万 m^3/d，2030 年规划规模 36 万 m^3/d，现状占地面积 8.10hm^2。光明污水处理厂采用强化脱氮改良 A^2/O 工艺，排放标准执行国家《城镇污水处理厂污染物排放标准》GB 18918 一级 A 标准，出水排入木墩河。

5. 现状再生水系统

光明区于 2008 年编制完成了《光明区再生水及雨洪利用详细规划》。截至 2013 年，光明区已建、在建及改建的部分市政道路均已按该规划的成果设计了再生水管网（图 14-5）。已开展再生水管设计的市政道路共有 31 条，约 107km（按已批道路施工图为基础的统计数据）。

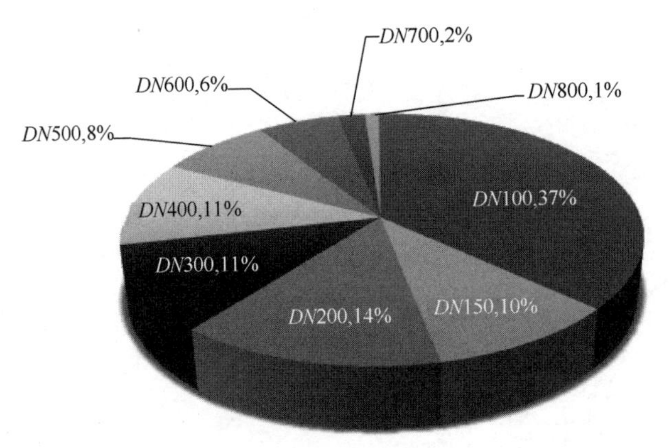

图 14-5　光明区已建或在建再生水管径分布图（截至 2013 年）

6. 政策导向

2010 年，深圳市与住房城乡建设部签署了共建国家低碳生态示范市合作框架协议，协议明确要求以深圳光明区等地区为试点，积极建设绿色交通、绿色市政、绿色建筑、低影响开发、可再生能源等各类示范项目。为达到上述要求，光明区需全面提升资源利用水平，积极推进再生水、雨水等非传统水资源的开发利用。

14.1.3　规划成果

规划成果主要包括再生水潜在用户调研及分析、再生水水量预测、再生水水质推荐目标及处理工艺、再生水供水管网设计及优化、非水源水库利用策略、投资匡算、再生水系统建设运营管理模式、规划实施策略及政策保障措施等。

1. 再生水潜在用户调研及分析

上位规划《深圳市再生水布局规划》（2010年）确定的深圳市再生水潜在用户为：优先重点发展“工业用水、环境用水、绿地浇洒冲洗等城市杂用水”，审慎示范“冲厕用水、空调冷却水”。结合光明片区的实际用水结构及项目特点（不考虑环境用水），下文将着重对工业及城市杂用用户进行分析。

（1）用水大户分析

规划结合光明区2013年的计划用水量，统计出用水量大于5.0万m^3/a的大用户共有199家，占总用水量的58.7%；其中用水量大于50万m^3/a的用户仅有13家，但所占用水量比例最大；年用水量在10万～50万m^3的用户有67家，用水量占总用水量的17%（表14-2）。由以上分析可知，规划区大用户数量少，但用水量相对集中，且多为工业用水大户，是本规划重点考虑的潜在用户。因此，规划将重点对年用水量大于10万m^3的80家用户进行详细分析。

光明区用水大户统计分析表　　表14-2

分类（万m^3/a）	用户数（户）	用水量合计（万m^3/a）	占总用水量比例
>50	13	2366.6	30.9%
10～50	67	1294.7	17.0%
5～10	119	830.3	10.8%
合计	199	4491.6	58.7%

（2）工业用水大户实地调研

依据2012年用水大户资料，结合2013年光明区各用户计划用水量，筛选规划区内工业企业用水大户，筛选过程如图14-6所示。

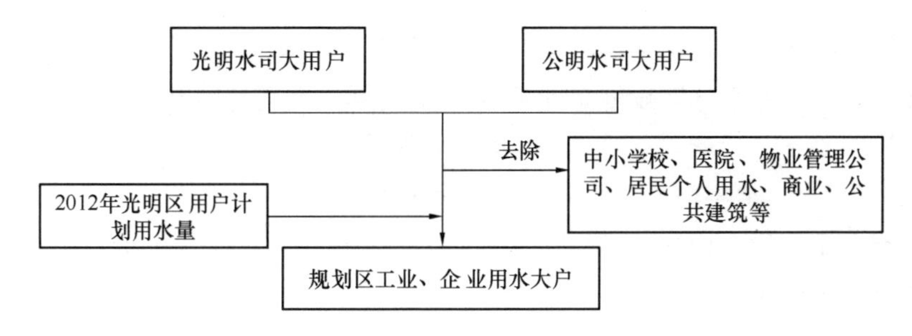

图14-6　光明区工业企业用水大户筛选过程

按以上筛选过程，共筛选出年用水量超过10万m^3的用水大户约49家。项目组针对49家大用户进行问卷调查、实地走访与电话调研，得知其中愿意使用再生水的有10家，

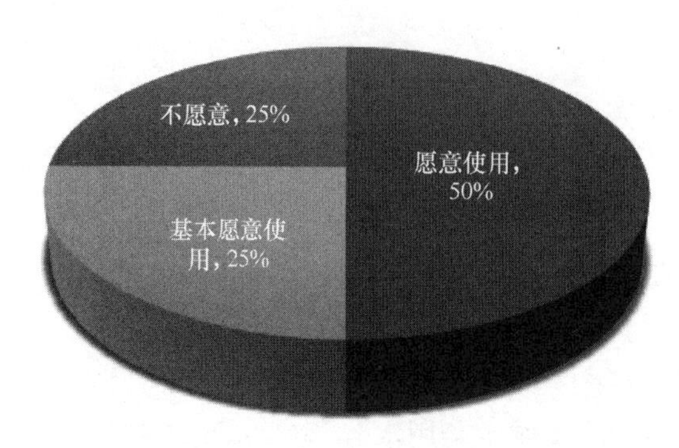

图 14-7 光明区用水大户再生水使用意愿统计图

基本愿意使用再生水的有 5 家，不愿意使用再生水的有 5 家，未回复的有 29 家（图 14-7）。调研发现工业企业用水大户节水意识较强，对再生水接受程度较高。再生水主要可替代工业冷却、生产用水及工厂内部的浇洒用水等低品质用水，不可替代生活用水等高品质用水。

（3）城市杂用水大户实地调研

1）绿化用水

光明区绿地浇洒用水的水源主要分为两部分，首选低洼处的水塘、水沟取水，水量不足时采用市政自来水，自来水的年用水量约 8.64 万 m^3。

2）环卫用水

光明区环卫用水主要用于道路清洗，水源主要分为两部分，首选晨光乳业产生的废水，年用水量约 7.2 万～10.8 万 m^3，水量不足时采用市政自来水，自来水的年用水量为 8.4 万 m^3。

2. 再生水需求预测与近远期供需平衡分析

规划按照“弹性预留、近远期结合”的原则，结合现状用户及所在区域法定图则规划用地布局，依据深圳市的相关标准与规范，分类计算再生水需求量。

（1）再生水需求量预测分析

根据再生水潜在用户的调研结果，规划提出近期以满足工业用水大户为主，兼顾城市杂用；远期逐步形成分质供水系统，并能提供充足的工业和城市杂用水。

1）工业再生水预测

① 近期工业再生水预测

规划根据现状工业、企业实际用水的可替代再生水比例核算近期工业再生水利用量，可替代比例按 10%～30%计。经计算，近期工业最高日再生水用量约为 1.72 万 m^3/d。

② 远期工业再生水预测

根据《深圳市城市规划标准与准则》(2014 年版）中用水量标准，工业用水指标采用 $100m^3/(hm^2 \cdot d)$，基于分区规划工业用地面积核算远期再生水用量，同时按 20%的再生水替代率进行预测，远期工业最高日再生水用量为 4.37 万 m^3/d。

2）城市杂用水（道路浇洒、绿化用水）再生水预测

根据城市杂用水潜在用户分析可知，规划区内城市杂用再生水供水对象主要为市政绿地浇洒用水和道路广场清洗用水。

① 绿地浇洒用水

根据《深圳市城市规划标准与准则》（2014 年版），绿地浇洒用水指标采用 $20m^3/(hm^2 \cdot d)$，年浇洒天数取 180 天。鉴于绿地浇洒用水强制使用再生水，而随着再生水管道的逐步敷设，再生水推广率将逐渐提高，同时考虑仍有部分浇洒用水采用其他水源，故

再生水替代率取80%。据预测，近期实施片区绿地浇洒最高日再生水用量为0.87万m^3/d，远期为1.61万m^3/d。

② 道路广场清洗用水

根据《深圳市城市规划标准与准则》（2014年版），道路广场清洗用水指标为$20m^3/(hm^2 \cdot d)$，道路清洗每日2次，每年清洗天数为180天。考虑到还有其他水源用于道路清洗，故再生水替代率取80%。据预测，近期实施片区道路广场清洗最高日再生水用量为1.74万m^3/d，远期为4.44万m^3/d（表14-3）。

近、远期再生水各类用水量统计表　　表14-3

用水类型		最高日再生水用量（万m^3/d）	
		近期	远期
工业用水		1.72	4.37
城市杂用水	绿地浇洒用水	0.87	1.61
	道路广场清洗用水	1.74	4.44
合　计		4.33	10.42

（2）再生水厂站规模调校

根据上层次规划，区域再生水等低品质用水主要由光明再生水厂和白花杂用水厂联网供水。按照以需定供的原则，分别对上层次规划的两座厂站的供水规模进行调校。同时根据《深圳市城市规划标准与准则》（2014年版）中的深度处理用地标准$0.1 \sim 0.3hm^2/(万m^3 \cdot d)$，本规划取$0.2hm^2/(万m^3 \cdot d)$，复核并预留再生水厂的控制用地规模约为$2.04hm^2$。

根据再生水需求量的预测结果，同时对比《深圳市再生水布局规划》中确定的再生水厂建设规模及建设时序，规划提出近期光明再生水厂规划规模为4万m^3/d，远期规模为10万m^3/d；白花杂用水厂远期规模为0.6万m^3/d。

光明再生水厂及白花杂用水厂规模调校　　表14-4

厂站名称	用水类型	最高日再生水用量（万m^3/d）	
		近期	远期
光明再生水厂	《深圳市再生水布局规划》规划规模	3	10
	规划预测最高日用水量	4.33	10.43
	光明再生水厂规划规模	4	10
白花杂用水厂	白花杂用水厂规模	—	0.6

（3）场站用地分析

1）光明再生水厂

对比《深圳市再生水布局规划》及《深圳市污水系统布局规划修编（2011—2020）》（2012年）等上层次规划预留的再生水设施用地，同时结合现状光明污水处理厂建设情况及未来的用地分析，规划提出保留光明污水处理厂红线内的西南侧未建用地，作为未来再生水厂的预留用地，用地控制规模约 2.24hm^2（图 14-8）。

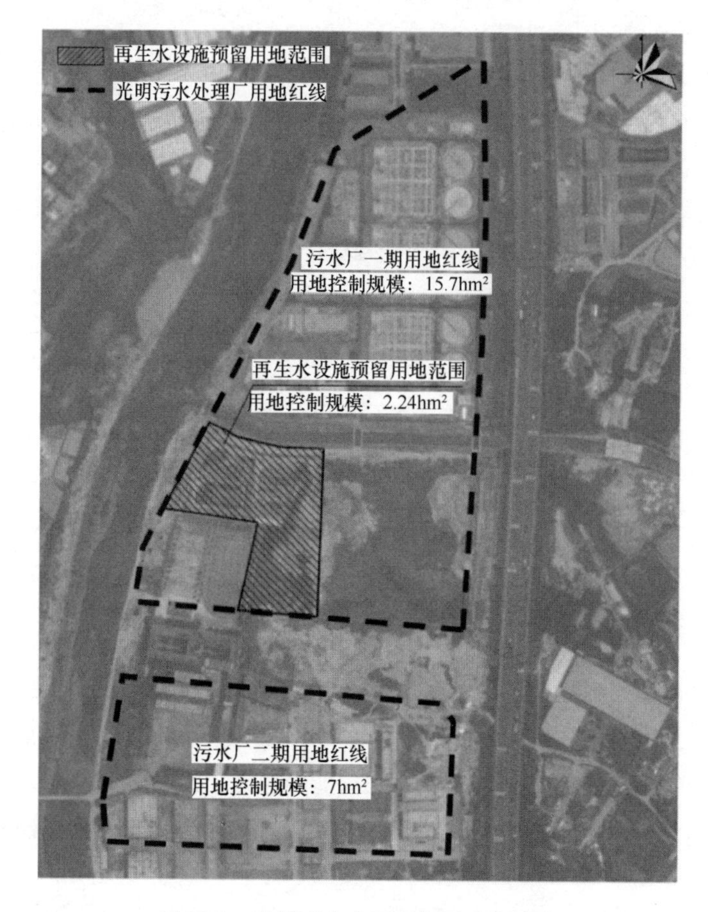

图 14-8　光明再生水厂预留用地范围图

2）白花杂用水厂

白花杂用水厂现状用地已保留，经复核已保留的用地规模可满足再生水设施建设需求，因此规划提出白花杂用水厂不新增设施用地。

3. 再生水水质推荐目标与工艺

（1）水质目标

项目组调研发现，规划区内除一些食品企业因食品安全的原因不愿意使用再生水外，大部分企业都表示愿意使用再生水，但对水质、水价及鼓励政策均提出了不同的要求，尤其关注再生水水质安全。同时提出再生水水质如满足深圳市已出台的《再生水、雨水利用水质规范》SZJG 32，则可满足企业的水质要求。因此，规划推荐再生水水质目标严格执行深圳市地方标准《再生水、雨水利用水质规范》SZJG 32。

（2）处理工艺

光明污水处理厂现状出水执行《城镇污水处理厂污染物排放标准》GB 18918 一级 A 标准。经对比，现状一级 A 标准尚不能达到《再生水、雨水利用水质规范》SZJG 32。因此，污水处理厂出水需经深度处理后方可达标。如表 14-5 所示。

现状污水处理厂出水与再生水水质目标对比分析（相同项）　　表 14-5

序号	项目名称	COD_{Cr}	BOD_5	NH_3-N	TN	TP
1	光明污水处理厂出水	≤50	≤3	≤0.73	≤12.02	≤0.38
2	《再生水、雨水利用水质规范》SZJG 32	≤30	≤5	≤1	≤15	≤0.5

综合考虑用地、经济、水质等影响因素，遵循安全性、集约性、可操作性、先进性、经济性原则，结合上述指标对比分析结果，规划推荐光明再生水厂采用以微滤技术为核心的处理工艺。

4. 再生水供水管网设计与优化

（1）管网规划

1）管网设计

规划再生水管网应近远期结合，供应潜在大用户、城市杂用水的再生水干管一次性建成，支管分期建设。同时，综合考虑再生水用户分布、输配水距离、地形地势等因素，再生水配水系统应形成独立的供水管网系统，并遵循以下要点。

① 再生水管网的走向和位置应符合城市绿地、工业用地的规划要求，尽可能沿改造道路或规划道路敷设，尽量做到线路短、弯曲起伏小和土方工程量小，节省工程造价和减少日常输水能耗，并考虑近远期结合和分期实施的可能性。

② 提供城市用水的主干管原则上仅敷设在市政道路下，主要敷设在潜在大用户、工业用地、公共设施、公共绿地的周围。

③ 工业、城市杂用再生水的配水管以环状、枝状管网结合为佳；为防止再生水在管内停滞导致水质恶化，在不具备设置环状管网的地区，枝状管道末端需设置排水设施。

④ 再生水输配水管上应设有取水口，以便城市绿化和道路清扫等用水取水。取水口应设置计量装置，便于再生水的计量和收费。取水口的间距应根据周围交通状况和用户需求确定，一般为500～800m。

结合光明片区现状再生水管道，本规划构建了以光明再生水厂为供水核心、白花杂用水厂作为局部供水水源的两个相对独立的区域供水系统，两个系统通过阀门连接成一个整体，适时调节区域间水源的供给情况。

2）管网平差

一般来讲，详细规划深度的再生水管网需进行平差优化。结合工业用地与再生水潜在大用户的布局，以长度比流量法进行节点流量分配。综合考虑工业用水和城市杂用水的用户分布情况，双侧有工业用户的按1.0折算为计算管长，单侧有工业用户的按0.5折算为计算管长。考虑适用性和安全性，管网平差节点流量取弹性系数1.2（即管网平差节点流量＝最高日流量×1.2）。

管网平差按海曾－威廉公式计算：

$$h=\frac{10.67\,q^{1.852}l}{C^{1.852}\,D^{4.87}} \tag{14-1}$$

式中　l——管段长度（m）；

D——管径（m）；

q——流量（m^3/s）；

C——系数，经与给水排水设计手册核算，C 值取 110。

工业用水和城市杂用水应采用压力流供水。应根据建筑层数来确定设计水头（自由水头）：一层为 10m，二层为 12m，二层以上每增高一层增加 4m。设计水压以及控制点的选择以总体适用和经济为原则，避免因个别地形高区的水压要求，提高整个管网的供水压力。

输水管和管网的局部水头损失不作详细计算，一般按沿程损失的 5%～10%计算，本次规划取 10%。考虑到工业用户需水量大且集中的特点，城市干路、次干路敷设再生水管道最小管径为 $DN100$。工业区内接户管预留管径宜取 $DN100$。

经反复设计调整，在节点流量（最高日流量）状态下（图 14-9），平差工况见表14-6。平差结果表明，再生水管网敷设区域大部分节点服务水头大于 28m，管网末端局部地势高区出现小范围节点服务水头小于 20m，服务水头在 12～20m 之间。

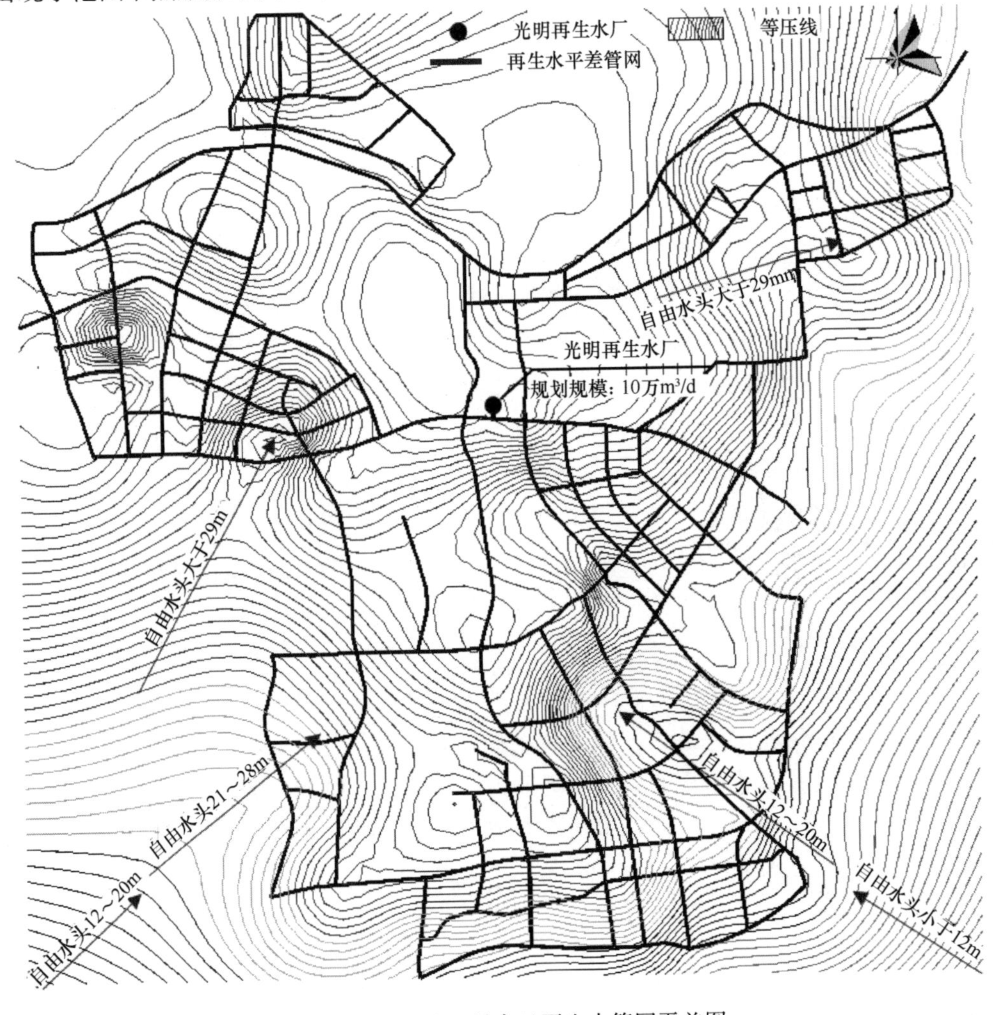

图 14-9　光明片区最高日再生水管网平差图

再生水管网系统平差工况　　表 14-6

节点流量	水厂名称	水厂规模（万 m^3/d）	出厂绝对水压（m）	最大日时流量（m^3/h）
计算流量	光明再生水厂	10.0	64.2（地面 11.0）	5000
	白花杂用水厂	0.6	88.0（地面 88.0）	300

规划以光明再生水厂管网南向供水 $DN600$ 主干管发生事故断水考虑，以 70%的最大时流量校核。事故时管网平差结果见图 14-10。

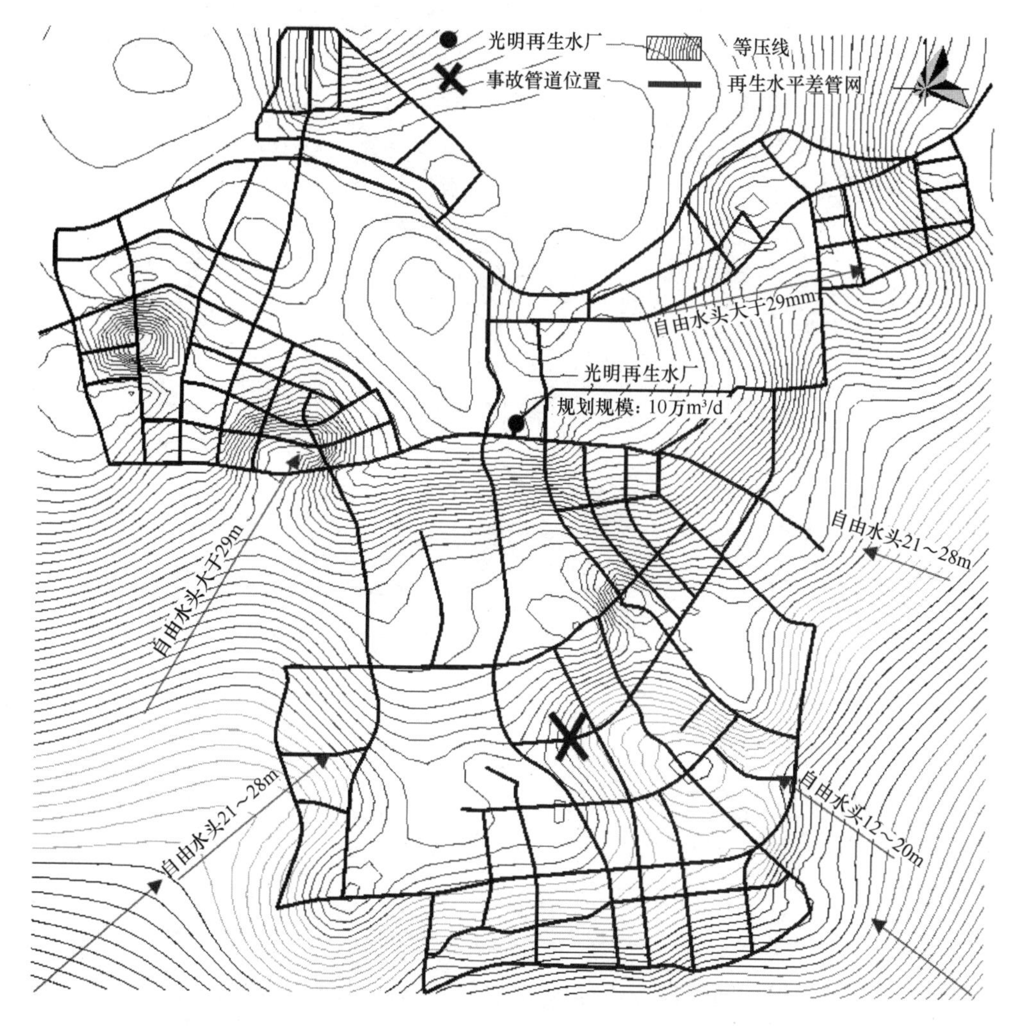

图 14-10　光明片区事故时再生水管网平差图

事故平差结果表明，因管网设计较为合理，事故流量减小后，再生水管网东北片区节点服务水头高于最高日平差的服务水头，大部分区域服务水头仍高于 28m。

结合管网平差优化结果，规划布局再生水管网 87km。其中光明再生水厂沿双明大道向东和西两个方向引出两根 $DN700$ 再生水供水主干管；沿双明大道、南环大道、东长路、松白路、北环大道、创业路、光辉大道、华夏二路、光侨路形成 $DN400$～$DN800$ 支状主干管供水系统；在光侨路设置阀门与门户片区的再生水管网衔接。此外，光明门户片区从白花杂用水厂沿观光路敷设 $DN200$～$DN300$ 主干管，其他再生水支管管径主要为 $DN200$（图 14-11）。

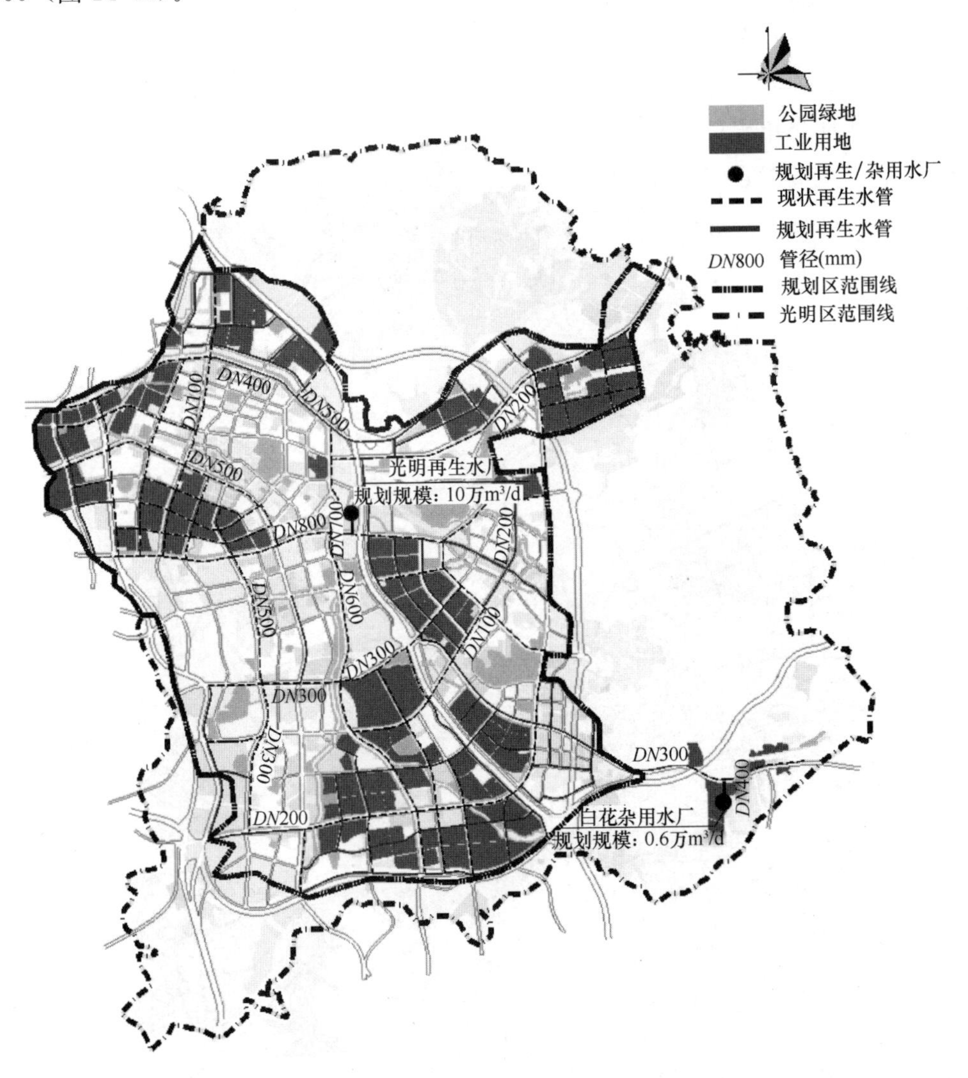

图 14-11　光明片区再生水管网规划图

（2）管网建设方式

一般来讲，再生水管网建设方式有直埋和综合管廊两种敷设形式。采用直埋敷设的再生水管道应尽量敷设在道路的西侧或北侧的人行道或绿化带下，过桥需单独设置管桥通过；采用综合管廊敷设的再生水管道，需结合绿地浇洒与道路清洗需求在道路两侧增设配水管道，布置在绿化带下，同时需间隔一定距离设置绿化浇洒自动喷头或快速取水口，以便于绿地浇洒与道路清洗使用。

（3）再生水管位分析

再生水管道一般采用单侧布置，再生水输水管的水平与垂直间距需符合《城市工程管线综合规划规范》GB 50289 的要求。当采用综合管廊敷设时，再生水干管需敷设于综合管廊内，同时按需求在道路两侧绿化带下增设配水管道。如图 14-12、图 14-13 所示。

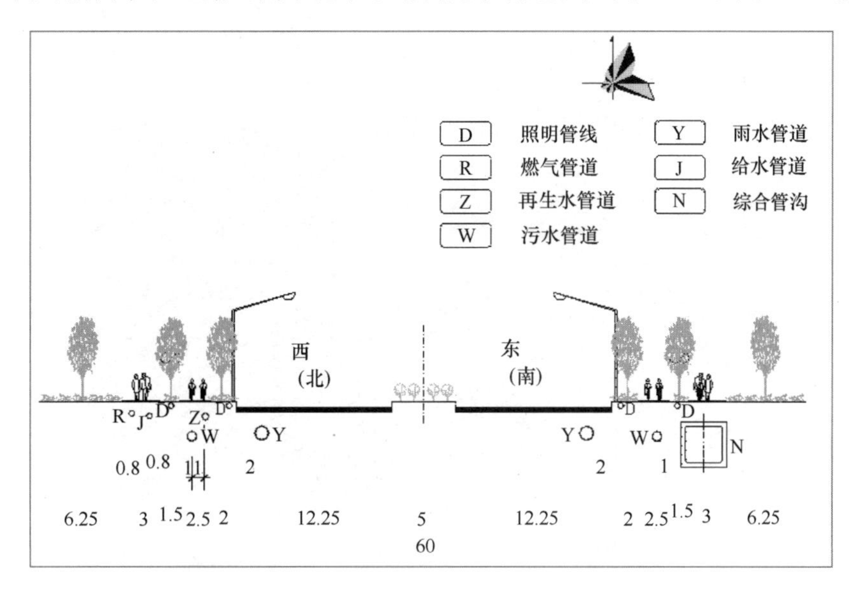

图 14-12 典型道路横断面再生水管位图

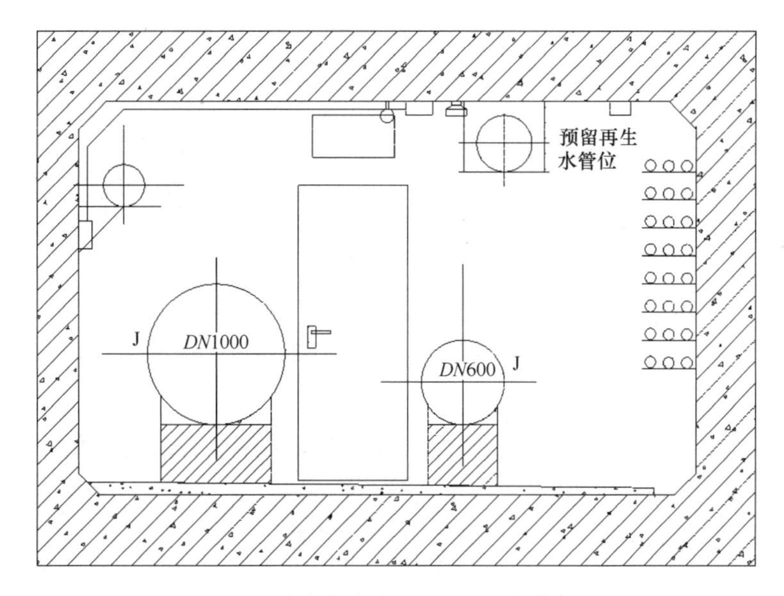

图 14-13 综合管廊中再生水预留管位示意图

(4) 用户接管分析

再生水用户接管设计需满足以下要求：

1) 再生水配水管道上预留接口；

2) 建设支管，将再生水管道引至已明确的现状潜在用户门口，方便用户使用；

3) 沿主要道路布置市政杂用的取水栓。

以观光路潜在大用户接户管为例，观光路 $DN200$ 再生水管沿市政道路敷设至用户门口，如图 14-14 所示。

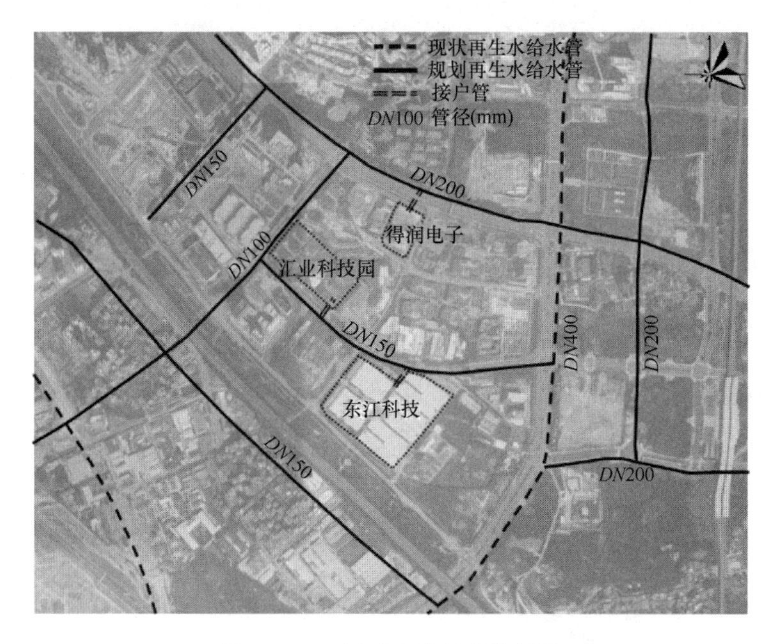

图 14-14　再生水用户接管分析图

5. 非水源水库利用方式

一般来讲，非水源水库的利用方式主要有生态补水、与再生水联合供水、雨水单独供水三种。本规划经综合比较，针对 12 座已退出城市供水功能的小水库，提出了 4 种不同的利用方案：

1）对于有条件的小水库，将小水库和供水水源水库进行联通，使小水库成为城市供水的有力补充；

2）对于有雨水利用需求且周边有规划淘汰小水厂的地区，可利用现有小水库原水管道及远期淘汰的小水厂，收集雨水资源，经小水厂处理后，进入杂用水管道，成为城市再生水系统的补充；

3）对于偏远山区，对河道上游的水库进行除险加固和适当改造，在满足原有农业用水的基础上，使其成为河道生态景观用水的补充；

4）对于建成区内的水库，对水库进行改造，增加人工曝气等设施，建成人工湿地或公园水景，改善水体水质。

（1）小水库补充城市供水规划方案

对地形和原水系统进行分析，白鸽陂水库水质良好，现状坝址高 36.6m，因行政划分的原因未纳入公明上村水厂的水源。因此，规划提出白鸽陂水库近期仅为水库下游农业和畜牧养殖供水；远期在保证农业和畜牧养殖的基础上，建设引水管或利用溢洪道将水库水引入莲塘水库，作为上村水厂水源的补充。

白花水厂及其现状禾搓涧水库、畔坑水库将退出城市供水体系。规划充分利用已建水库原水系统及供水设施，将水厂原址改造成为杂用水厂，利用现状原水水库或其他水库收集的雨水资源，生产杂用水补充到再生水管网，成为城市再生水系统的补充。

红坳水库、阿婆髻水库、水车头水库位于较为偏远的生态控制区，对其进行除险加固，在满足下游农业用水情况下，对下游河道进行补水。

（2）小水库补充城市湿地及河道补水规划方案

大凼水库、后底坑水库位于光明区未来重要的居住区内。大凼水库可结合明湖公园建成人工湿地和景观水体；后底坑水库可结合将石公园建成人工湿地和景观水体。

综上，规划对10座小水库的利用方式总结如表14-7所示。

光明区小水库雨水利用总结　　表14-7

水库名称	集雨面积（km^2）	总库容（万 m^3）	水库目前功能	水质	所在区域	规划用途
白鸽陂水库	1.31	104	供水灌溉防洪	良好	生态保护线内	补充城市供水（上村水厂）
禾搓涧水库	2.0	140	供水灌溉防洪	良好	生态保护线内	再生水系统补充（白花杂用水厂）
畔坑水库	0.5	40	供水灌溉防洪	良好	生态保护线内	再生水系统补充（白花杂用水厂）
水车头水库	0.8	72	供水灌溉防洪	良好	生态保护线内	河道补水（白花支流）
阿婆髻水库	1.17	64.4	灌溉防洪	良好	生态保护线内	河道补水（玉田河）
红坳水库	0.96	91.5	供水防洪	良好	生态保护线内	河道补水（鹅颈支流）
大凼水库	2.35	192.8	供水防洪	一般	建设用地内	城市湿地（大凼公园）
后底坑水库	1.12	53	养殖防洪	较差	建设用地内	城市湿地（将石公园）
横坑水库	0.3	30	养殖灌溉防洪	较差	建设用地内	城市湿地
尖岗坑水库	0.4	32.7	养殖防洪	较差	建设用地内	城市湿地

6. 投资匡算

（1）近期投资

近期建设内容主要包括再生水厂及再生水管网。其中光明再生水厂一期工程规模4.0万 m^3/d，投资6000万元；再生水管网36km，均随道路建设，不单独计费。因此，近期仅计算再生水厂站投资，约6000万元（表14-8）。

近期再生水设施建设投资表　　表 14-8

序号	分项项目	单位	单价	数量	总价（万元）
1	光明再生水厂	万 m^3/d	—	4.0	6000

（2）远期投资

远期建设内容包括再生水厂站及再生水管网。其中光明再生水厂二期工程规模 6 万 m^3/d，投资 7200 万元；白花杂用水厂改造规模 0.6 万 m^3/d，投资 120 万元；远期再生水管网 49km，管径为 $DN200 \sim DN500$，均随道路建设。远期集中投资约 7320 万元（表 14-9）。

远期再生水设施建设投资表　　表 14-9

序号	分项项目	单位	数量	总价（万元）
1	光明再生水厂	万 m^3/d	6.0	7200
2	白花杂用水厂改造	万 m^3/d	0.6	120
3	合计			7320

7. 再生水系统建设运营管理模式

（1）再生水投融资方式

结合国内项目投融资案例及相关规定，深圳市针对新建再生水项目，除 BOT、TOT 等投融资模式外，还可采用 BT 等其他融资模式。再生水管网建设现阶段以政府投资为主，对已规划再生水管道的新建片区、新建道路，应同步建设。在形成一定的再生水主干管网后，可逐步由运营企业、用户建设再生水支管，从而形成完善的再生水供水管网系统。

（2）再生水价格机制

规划提出根据不同的用途分类制定再生水价格，主要分为一般用途和市政用途。

一般用途的再生水价格由经营者与用户协商确定，由成本、费用、税金和合理利润构成，需充分调动经营者、用户的积极性，以实现再生水的市场化价格调节。再生水潜在用户调研的结果显示，用户考虑到再生水的安全保障度、水质等指标与自来水的差距，当再生水价格低于自来水价格的 60%时才具有用水意愿，且价格越低使用意愿越高。鉴于深圳市同期工业自来水价格（含污水处理费）为 4.4 元/m^3，当再生水价格低于 2.64 元/m^3 时，用户才具有较高的再生水使用积极性。

市政用途再生水的价格按保本微利的原则，根据投融资方式、水质目标的不同，结合已建再生水厂及管网的财务测算确定。

规划根据远期规划的投资匡算（其中厂站投资 1.332 亿元，政府投资不计回收，企业投资计回收；配套管网均随道路建设，不计折旧回收，但计管网维护维修费用），采用总成本费用估算法，按保本微利的原则，对表 14-10 中两种情况分别提出了推荐的再生水政府指导价。其中项目建设期取 2 年，项目投产期取 3 年，项目正常生产期按 20 年计，项目计算期共计 25 年。

不同建设运营模式下的再生水推荐销售价格　　表 14-10

建设经营模式	单位总成本	单位运营成本	再生水销售价格（预计）	投资利润率（%）	再生水销售价格（政府指导价）
厂站管网政府投资，委托企业运营	0.86 万元	0.83 万元	0.72 元	6.67	1.05 元
厂站企业投资，管网政府投资，委托企业运营	0.86 万元	0.83 万元	1.08 元	6.30	1.32 元

注：同期工业水价为 4.4 元/m^3（含 1.05 元污水处理费）。以上运营成本为厂站及管网运营成本。

8. 规划实施策略及保障措施

分别从规划实施策略、政策保障策略等着手，提出建立完善的保障体系建议，确保区域再生水建设落地实施。

为推动规划尽快落地实施，形成相关实施策略：一是落实规划，并将再生水建设纳入相关实施性规划；二是尽快立项，推动近期设施的建设；三是严格管理，坚持同步建设；四是示范先行，突出综合效益。为保障规划顺利实施，建立相关政策措施：一是政策引导，经济推动；二是高标准建设，安全供水；三是实施优惠政策，吸引社会资本参与再生水系统运营；四是加强协作，切实履行责任。

14.1.4　规划创新

以《光明片区雨水和再生水利用详细规划》项目为例介绍再生水和雨水利用详细规划的编制方法，通过潜在用户精准调研，进行再生水需求量预测和近远期供需平衡分析，提出再生水水质目标和工艺，进行供水管网设计与优化。光明片区的突出特点是工业区集中，数量少但用水量集中的工业企业是再生水潜在用水大户，再生水供需平衡分析和管网布设均重点考虑工业用水，同时兼顾城市杂用水，突出集中工业区再生水回用的特点。规划联合再生水利用和退出城市供水功能的非水源水库的雨水利用，将雨水利用作为城市供水和再生水系统的有力补充，体现非常规水资源利用多样化的特色，提高非常规水资源供水的可靠性。

14.2　前海片区再生水利用详细规划

14.2.1　项目概况

《前海片区再生水利用详细规划》是《前海合作区市政工程详细规划》中的再生水专题，由深圳市规划和国土资源委员会委托，深圳市城市规划设计研究院有限公司负责编制，于 2014 年编制完成[189]。规划范围为前海合作区，总面积为 14.92km^2。规划水平年为 2011 年，规划期限为近期 2020 年，远期 2030 年。

规划主要内容包括以下六个方面。

第一部分：规划概述
第二部分：规划基础条件分析
- 区位及城市建设概况
- 自然条件
- 污水及再生水工程现状

第三部分：再生水潜在用户分析
第四部分：再生水需求量预测及供需平衡分析
- 再生水需求量预测分析
- 再生水供需平衡分析

第五部分：再生水水质推荐目标与工艺
第六部分：再生水供水管网设计与优化

14.2.2 规划基础条件分析

1. 区位及城市建设概况

前海合作区位于珠江口东岸，深圳市南山半岛西侧，用地范围沿前海湾呈扇形分布，由双界河、月亮湾大道、妈湾大道和前海湾海堤岸线合围而成（图 14-15）。前海合作区是新建填海片区，开发强度大，用地布局以办公、商业、公寓及相应配套设施为主，其次为文化休闲用地及其他用地。

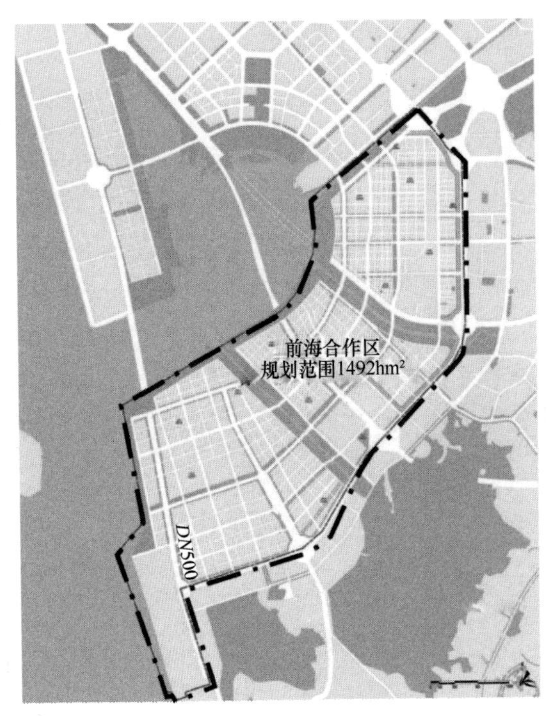

图 14-15 规划范围图

2. 自然条件

前海位于河渠末端，比邻海滨，又受海水顶托，常年保持充盈的淡水亲水环境难度十分大，淡水资源严重不足。前海合作区内有五条河渠，上游均为城市建设的密集区，也是旧城区，未实现雨污分流，河渠内水质污染十分严重，属于劣Ⅴ类水体。由于海水顶托的影响，旧城区雨污分流管网建设难度大，工程建设时间漫长且受多种因素影响，大大增加了治污难度。同时，受大铲港人工造港的影响，前海湾的水体交换时间延长至 12～15d，淤积严重，而且汇入海湾的五条河渠污染严重，导致海水水质日趋恶化。

3. 污水及再生水工程现状

前海合作区内污水处理设施主要为南山污水处理厂。南山再生水厂与南山污水处理厂合建，位于南山污水处理厂的用地红线内。

（1）南山污水处理厂

南山污水处理厂，用地面积42.55hm²，现状处理规模56万m³/d，现状出水水质为《城镇污水处理厂污染物排放标准》GB 18918一级B标准。

（2）南山再生水厂

南山再生水厂位于南山污水处理厂西厂区的西侧，用地面积1.06hm²，一期工程规模为5万m³/d。再生水处理采用“微絮凝＋V形滤池＋ClO_2消毒”工艺，南山再生水厂出水水质执行《城镇污水处理厂污染物排放标准》GB 18918一级A标准，并综合考虑了《工业循环冷却水设计规范》GB/T 50050、《城市污水再生利用 城市杂用水水质》GB/T 18920等相关标准，主要水质指标如表14-11所示。

南山再生水厂设计出水水质指标表　　表14-11

控制项目	pH	BOD_5 (mg/L)	COD_{Cr} (mg/L)	SS (mg/L)	TN (mg/L)	TP (mg/L)	NH_3-N (mg/L)	浊度 (NTU)	总大肠菌群 (个/L)
标准值	7.0～8.5	10	50	10	15	0.5	5	5	3
控制项目	LAS (mg/L)	氯离子 (mg/L)	总硬度 (mg/L)	总碱度 (mg/L)	铁 (mg/L)	锰 (mg/L)	色度 (度)	余氯 (mg/L)	溶解性总固体 (mg/L)
标准值	0.5	250	250	200	0.3	0.1	30	1～0.2	1000

由于厂外暂无配套市政再生水管道，目前该再生水厂出水仅用作厂内设备冲洗、药剂稀释、绿化浇洒、道路冲洗等杂用水。

14.2.3　规划成果

1. 再生水潜在用户分析

规划区是集中办公及商业区，区内无农、林、牧、渔及工业用水。经规划分析，前海合作区内城市再生水潜在对象主要为绿地浇洒用水、道路广场清洗用水、车辆冲洗用水、公共建筑的冲厕用水与空调循环冷却水的补水、港口码头等仓储堆场的冲洗用水、电力企业的冷却用水、污水处理厂内的冲洗用水等七种类型。

2. 再生水需求量预测及供需平衡分析

（1）再生水需求量预测分析

1）绿地浇洒、道路广场清洗用水

根据《深圳市城市规划标准与准则》（2014年版），扣除阴雨天数等因素影响，再生水利用系数取0.8，按照绿化及道路广场规划用地面积，预测绿地浇洒、道路广场清洗最高日再生水用量为7322.1m³/d。

2）车辆冲洗用水

根据《前海合作区综合规划》（2012年），规划区内停车位总数约为13.19万个，由此估算片区内的车辆数量约为13.19万辆，按每辆车每周清洗一次，采用节水型洗车技术，每辆车清洗一次的需水量按20L计算，再生水替代率取100%，则预测车辆清洗最高日再生水用量为376.9m³/d。

3）公共建筑冲厕用水

根据《建筑中水设计标准》GB 50336、《前海合作区水系统专项规划》（2012年）、《深圳市城市规划标准与准则》（2014年版）等进行分析计算，基于各类公共建筑面积，按照再生水替代率10%计，则预测公共建筑冲厕最高日再生水用量为1.78万m^3/d。

4）公共建筑中央空调冷却用水

高层建筑空调冷却水补充水量，通常按下式估算：

$$W=\frac{Q}{c(t_{w1}-t_{w2})} \tag{14-2}$$

式中：W——冷却水量（kg/s）；

Q——冷却塔排走热量（kW）（压缩式制冷机，取制冷机负荷1.3倍左右；吸收式制冷机，取制冷机负荷的2.5左右）；

c——水的比热[kJ/(kg・℃)]，常温时$c=4.1868$kJ/(kg・℃)；

$t_{w1}-t_{w2}$——冷却塔的进出水温差（℃）（压缩式制冷机，取4～5℃；吸收式制冷机，取6～9℃）；

根据前海合作区规划建筑面积，预测公共建筑空调冷却补充再生水量为3.37万m^3/d。

5）港口物流用水量

在前海港口用地中，再生水可替代港口冲洗用水、生产用水等低品质用水。物流仓储用水指标为50$m^3/(hm^2 \cdot d)$，再生水替代率取60%，则预测最高日再生水用量为3047m^3/d。

6）大用户再生水用量

经调研，南山污水处理厂与南山热电厂有再生水使用需求，两个大用户最高日再生水需求量为8260m^3/d。

综上，前海片区再生水需求总量约为7.05万m^3/d，各类用水量参见图14-16。

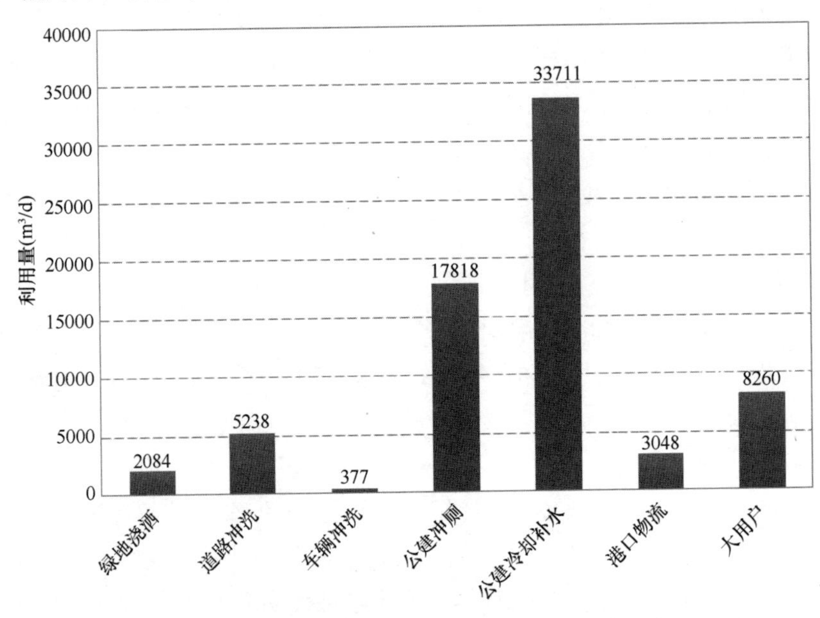

图14-16 前海片区各类市政杂用再生水预测量示意图

（2）再生水供需平衡分析

1）再生水需求规模预测

前海处于南山再生水厂和蛇口再生水厂的供水范围。《深圳市再生水布局规划》确定南山再生水厂近期规模为5万m^3/d，远期规模为10万m^3/d。《蛇口工业区再生水系统规划研究》（2010年）规划蛇口再生水厂近期规模为0.5万m^3/d，远期规模为1.0万m^3/d。根据前文预测，前海片区再生水远期需求量为7.05万m^3/d，南山再生水厂可以满足前海片区的再生水需求，剩余水量将联合蛇口再生水厂供给南山中心区用作市政杂用水。

2）场站复核

规划结合现状预留用地，复核上层次规划预留控制用地。经分析，南山再生水厂西南侧备用地可作为再生水厂远景扩建备用地。本次规划中厂站规模、用地与《深圳市再生水布局规划》《蛇口工业区再生水系统规划研究》（2010年）等上层次规划保持一致。

3. 再生水水质推荐目标与工艺

规划提出南山再生水厂严格执行深圳市《再生水、雨水利用水质规范》SZJG 32。南山再生水厂现状采用“微絮凝＋V形滤池＋ClO_2消毒”处理工艺，出水水质尚不能满足《再生水、雨水利用水质规范》SZJG 32。规划建议结合南山污水处理厂升级改造与再生水厂扩建工程，增加膜处理工艺，提高出水水质，达到《再生水、雨水利用水质规范》SZJG 32的水质标准。

4. 再生水供水管网设计与优化

再生水供水管网的设计应考虑与厂站设施规模相匹配，一次设计到位，避免出现厂网不配套现象。在增强管网预留能力的同时，以再生水厂为核心向周边潜在用户集中区域敷设，尽量多方向敷设干管，减少干管管径，便于管网结合道路分批建设。鉴于前海片区功能定位高，再生水回用于公共建筑冲厕和空调冷却补水时对水质、水压要求高，供水安全性要求高，不可间断供水，故采用环状管网布置。同时为了避免反复建设，综合考虑管网未来的适用性，再生水干管管径按远期最高日最大时水量及预留1.2弹性系数进行设计。规划结合前海片区干管系统布局，对再生水管网进行平差，优化和细化片区再生水供水系统，敷设共计39.9km的再生水管网，如图14-17所示。

14.2.4　规划创新

《前海片区再生水利用详细规划》针对办公和商业集中的新建片区，再生水主要回用于公共建筑冲厕、空调冷却补水，对其水质、水压要求高，供水可靠性要求较高。规划探讨了公共建筑（办公楼、商业服务楼、大型公共设施、大型交通设施等）的冲厕用水与空调循环冷却水等的再生水需求量预测方法，进行供需平衡分析，推荐适宜的水质目标和工艺，提出再生水管网应采用环状管网布置，优化供水管网设计。规划为办公、商业集中区的再生水利用规划提供了参考。

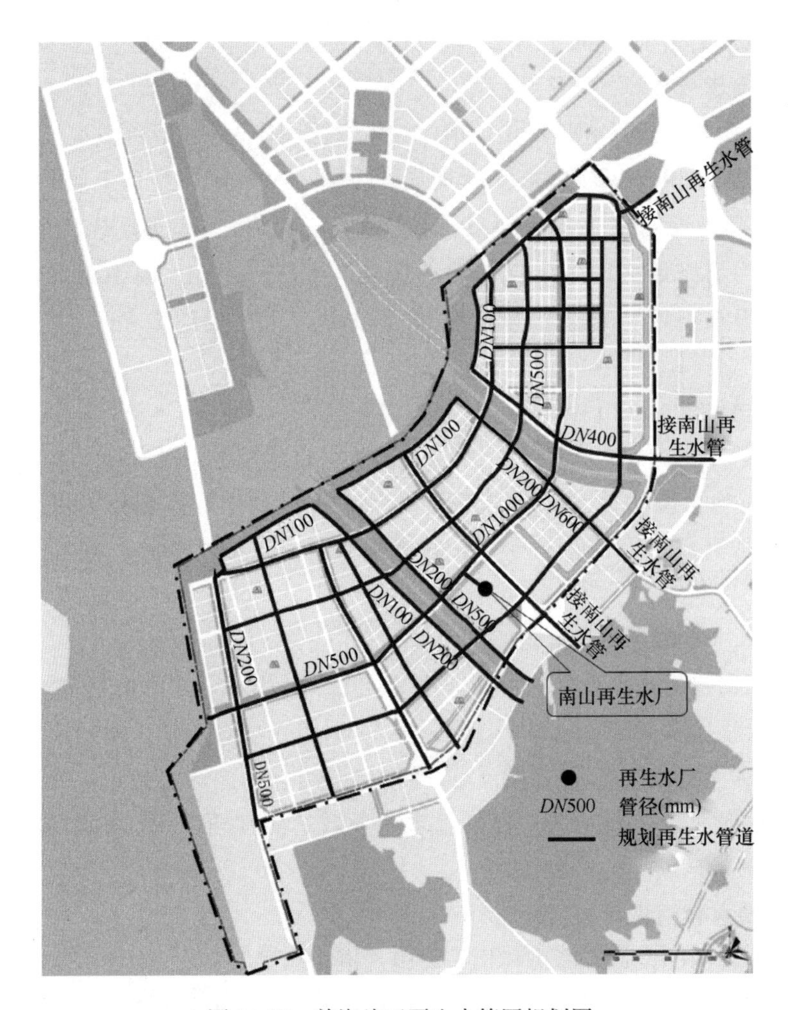

图 14-17　前海片区再生水管网规划图

14.3　宝安区再生水系统管网详细规划

14.3.1　项目概况

《宝安区再生水系统管网详细规划》由深圳市规划和国土资源委员会宝安管理局委托，深圳市城市规划设计研究院有限公司负责编制，于2011年编制完成[190]。规划范围为原宝安区范围，总面积为577km²。规划基准年为2009年，规划远期期限为2020年。

规划主要内容包括以下五个方面：

第一部分：规划概述

第二部分：规划基础条件分析

- 区位及城市建设概况
- 自然条件
- 水资源及用水情况

- 现状污水系统
- 现状再生水系统

第三部分：再生水需求预测与供需平衡分析

- 再生水需求量预测分析
- 再生水厂站规模调校

第四部分：再生水供水模式分析论证

- 再生水管网供水可行模式分析
- 供水模式论证
- 再生水水质推荐目标
- 再生水厂推荐处理工艺
- 再生水厂投资指标

第五部分：再生水供水管网设计与优化

- 管网设计的基本参数
- 管网设计的基本原则
- 市政再生水管网设计
- 河道补水再生水管网设计

规划图集共计31幅，名称如下。

图1 现状污水处理设施布局图

图2 现状污水再生回用设施及管网布局图

图3 工业用水大户现状分布图

图4 规划工业用地布局分析图

图5 再生水水量预测分布图

图6 再生水设施规划布局图

图7 燕川、沙井再生水系统管网详细规划图

图8 燕川再生水厂管网平差计算图

图9 沙井再生水厂管网平差计算图

（图10～图17均为其他片区再生水系统管网详细规划图和再生水厂管网平差计算图，不一一列举）

图18 生态补水管网布局图

图19 道路断面示意图

图20 典型道路再生水管位分析图一

图21 典型道路再生水管位分析图二

图22 福永再生水系统管网管位分析图

（图23～图29均为其他再生水系统管网管位分析图，不一一列举）

图30 市政再生水系统建设示范区规划图

图31 法定图则再生水管网规划样图

14.3.2 规划基础条件分析

1. 区位及城市建设概况

深圳市宝安区北连东莞市，东濒大鹏湾，临望香港新界、元朗，全区面积 577km²，海岸线长 30.62km，是深圳的工业基地和西部中心，工业用地比例占城市建成区的 42%(图 14-18)。

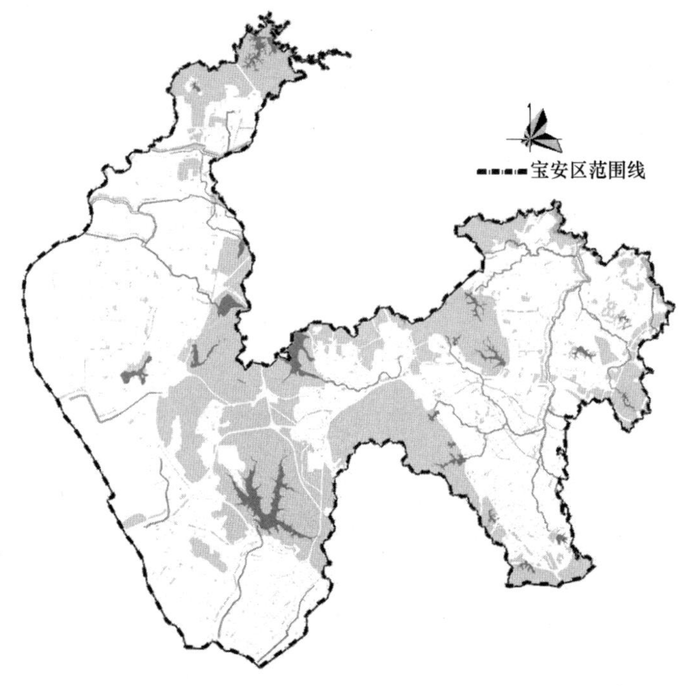

图 14-18 规划范围图

2. 自然条件

宝安区属亚热带海洋性气候，平均气温 22℃，雨量充沛，年降水量 1926mm。规划区内共有大小河流 99 条，均为雨源型河流，水质整体较差，属于劣Ⅴ类水体。

3. 水资源及用水情况

(1) 水资源情况

宝安区对外部原水的依赖程度逐年提高，是深圳本地水资源最为匮乏的区域。根据《深圳市宝安区给水专项规划》(2006 年) 的预测成果，2020 年水资源存在 3.74 亿 m³ 的缺口 (表 14-12)。

宝安区 2020 年常规水资源供需平衡表 **表 14-12**

项目		原水量 (亿 m³/a)
总需水量		10.15
总供水量	本地蓄、提水量	1.55
	地下水	0.20
	现状及已批境外引水量	4.66
余缺水量		−3.74

（2）用水情况

宝安区的用水类型主要包括居民用水、行政用水、工业（建筑）用水、商业用水、特种用水和综合用水。通过对2009年各类用水的用水量分析可知，宝安区工业用水量占比41.36%，用水比例较高，工业用水是本规划再生水利用的重点关注对象（表14-13、图14-19）。

宝安区2009年用水类型及规模　　表14-13

类别	居民	行政	建筑	商业	特种	综合
水量（万 m^3）	12019.3	1526.9	16225.1	3971.5	115.3	5368.4
比例（%）	30.64	3.89	41.36	10.12	0.29	13.69

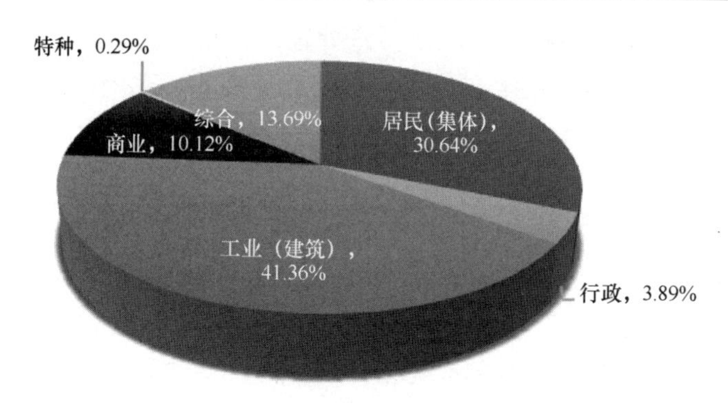

图14-19　规划区用水结构分析图

4. 现状污水系统

截至2010年底，规划区内已建污水处理厂四座，总规模为60万 m^3/d（表14-14）。在建污水处理厂有福永污水处理厂、燕川污水处理厂、龙华污水处理厂二期，在建总规模为52.5万 m^3/d（表14-15）。2009年规划区污水实际处理量48.82万 m^3/d，负荷率81%，约占实际污水量的40%。宝安区各污水处理厂均预留了充足的深度处理用地，为再生水设施建设提供了用地保障。

宝安区污水处理厂设计运行一览表（2009年）　　表14-14

污水处理厂名称	设计规模（万 m^3/d）	实际日均处理量（万 m^3/d）	负荷率（%）	处理工艺	出水水质
固戍污水处理厂	24	20.02	83	改良 A^2/O	一级B
沙井污水处理厂	15	12.10	81	改良 A^2/O	一级B
龙华污水处理厂	15	10.66	71	A^2/O+Aqua-ABF滤池+辅助化学除磷	一级A
观澜污水处理厂	6	6.04	101	CASS	一级B
合计	60	48.82	81	—	

宝安区在建污水处理厂汇总表（截至2010年底） 表14-15

流域名称	污水处理厂名称	设计规模（万m^3/d）	处理工艺	出水标准
珠江口流域	福永污水处理厂	12.5	多模式A^2/O	一级A
茅洲河流域	燕川污水处理厂	15	改良A^2/O	一级A
茅洲河流域	龙华污水处理厂二期	15	改良A^2/O	一级A

5. 现状再生水系统

宝安区已建固戍再生水厂、龙华污水处理厂再生水设施和观澜污水处理厂深度处理设施。固戍再生水厂一期工程设计规模24万m^3/d，出水用于西乡河、新圳河的生态补水，管线长19.75km，管径$DN600 \sim DN1600$。龙华污水处理厂一期和二期工程总污水处理能力达到40万m^3/d，出水水质执行《城镇污水处理厂污染物排放标准》GB 18918—2002一级A标准，出水用于观澜河的生态补水，管线长3.7km。观澜污水处理厂深度处理工程，总规模2万m^3/d，分两期实施，观澜污水处理厂一期工程的尾水采用人工快渗工艺进行深度处理。

为改善河流水体水质，特别是支流水体水质，规划区建有观澜河水质净化工程（规模40万m^3/d）和多座人工湿地（总规模8.4万m^3/d）。各人工湿地出水的COD_{Cr}指标均能达标，悬浮物去除效果也较好，但与《城市污水再生利用 景观环境用水水质》GB/T 18921相比，部分人工湿地出水总磷和氨氮指标超标。

14.3.3 规划成果

规划成果主要包括再生水潜在用户分析、再生水水量预测及供需平衡分析、再生水供水模式分析论证、再生水供水管网设计与优化等。

1. 再生水潜在用户分析

根据再生水潜在用户的调研，规划区再生水主要用作生态用水、工业低品质用水、城市杂用水等。近期以满足生态用水需求为主，兼顾部分片区工业用水和城市杂用水需求。远期逐步形成分质供水系统，以提供充足的工业用水和城市杂用水。

2. 再生水需求量预测及供需平衡分析

规划按照“弹性预留”的原则设计高、低方案，进行再生水需求量预测，低方案满足现状需求，高方案体现规划需求，以此作为设施复核和管网设计的基础数据。

（1）再生水需水量预测分析

1）工业用水再生水预测分析

规划区工业企业多为总部经济、高新科技、先进制造业和传统工业，冷却用水少。通过对再生水潜在用户调研分析，再生水可替代比例较低，约为20%～30%。因此，工业再生水需求量低方案按现状工业用水量的20%计算，高方案按规划工业用地用水量的30%计算。

对于低方案需求预测，分片区预测工业再生水最高日需求量约14.04万m^3/d（表14-16）。

工业再生水潜在用水量低方案预测表　　表 14-16

区域	现状工业用水量（万 m^3/a）	再生水替代比例	再生水预测量（万 m^3/d）
宝城	2492.31	20%	1.78
石岩	1546.96	20%	1.10
龙华	3349.01	20%	2.39
观澜	2099.87	20%	1.50
福永	3318.95	20%	2.36
沙井	3296.64	20%	2.35
松岗	3604.74	20%	2.57
合计	19708.48	20%	14.04

对于高方案需求预测，根据《深圳市城市规划标准与准则》（2004 年版）分区规划用水标准，取工业用地用水指标为 $80m^3/(hm^2 \cdot d)$，结合各组团工业用地规模，按再生水替代比例 30%进行预测，最高日需水量约 29.55 万 m^3/d（表 14-17）。

工业再生水潜在用水量高方案预测表　　表 14-17

区域	工业用地规模（hm^2）	用水指标［$m^3/(hm^2 \cdot d)$］	再生水替代比例	再生水预测量（万 m^3/d）
宝安中心组团	847.55	80	30%	3.04
西部工业组团	3831.38	80	30%	13.74
中部综合组团	2665.41	80	30%	9.57
石岩	890.37	80	30%	3.20
合计				22.73

2）电力企业再生水预测分析

结合深圳市电力设施相关规划，参考南山热电再生水相关研究成果，预测规划区电力企业再生水最高日需水量约 0.7 万 m^3/d。

3）城市杂用水再生水预测分析

城市杂用水再生水潜在用户主要为城市绿地浇洒和道路清洗用水。本规划参考《广东省用水定额》（2007 年版），采用 $1.0L/(m^2 \cdot d)$ 的用水指标预测城市杂用水用量。规划城市杂用水再生水替代比例低方案取 40%，高方案取 80%，浇洒天数按 180 天计（表 14-18）。结合组团分区规划的绿地、道路用地布局进行再生水需求预测，最高日再生水需水量低方案为 4.44 万 m^3/d，高方案为 8.89 万 m^3/d。

城市杂用水再生水用水量预测统计表　　表 14-18

区域	绿地规模（hm^2）	道路规模（hm^2）	用水指标[$m^3/(hm^2 \cdot d)$]	最高日再生水需水量（万 m^3/d）			
				再生水替代比例	低方案需水量	再生水替代比例	高方案需水量
宝安中心组团	1009.37	1530.25	10	40%	1.17	80%	2.34
西部工业组团	1077.69	1756.62	10	40%	1.30	80%	2.61
中部综合组团	2054.46	1509.91	10	40%	1.64	80%	3.28
石岩	组团比例平均值×石岩面积			40%	0.33	80%	0.66
合计				—	4.44	—	8.89

4）河道补水再生水预测分析

一般来讲，河道生态需水量预测的常用方法有最小生态需水量法和蒙大拿法。规划采用最小生态需水量法进行预测，采用多年平均流量的 10%作为旱季生态补水量低方案，多年平均流量的 20%作为旱季生态补水量高方案。在有条件的情况下，按高方案提供河道生态用水。综合考虑城市规划、季节、输送距离、地形高差等影响因素，预测规划区河流生态补水量低方案约为 24.15 万 m^3/d，高方案约为 48.28 万 m^3/d。

5）小结

综合工业用水、城市杂用水、河道补水需求量预测结果，宝安区最高日再生水需求量低方案为 42.63 万 m^3/d，高方案为 87.39 万 m^3/d（表 14-19）。

宝安区再生水需水量预测统计表　　表 14-19

再生水回用对象	低方案再生水需水量（万 m^3/d）	高方案再生水需水量（万 m^3/d）
工业用水	14.04	30.22
城市杂用水	4.44	8.89
城市景观环境用水	24.15	48.28
合计	42.63	87.39

（2）再生水厂站规模调校

规划提出再生水厂站建设按高方案预留用地，近期按低方案实施，分期建设，逐步到位。原则上再生水厂与污水处理厂合建，利用污水处理厂深度处理设施预留用地进行建设（表 14-20）。规划近期以各再生水厂为核心，逐步建设再生水管网。规划区形成相对独立的 7 个再生水供水系统，分区实现“供需平衡”。近期各分区内厂站可实现主干管连通。

宝安区再生水厂站规模调校　　表 14-20

区域	厂名	总规模（万 m^3/d）	供水规模（万 m^3/d）		需求（万 m^3/d）	
			工业、城市杂用水	河道补水	工业、城市杂用水	河道补水
宝安中心组团	固戍再生水厂	20	4	16	5.38	17.78
	福永再生水厂	4	2	2		
西部工业组团	沙井再生水厂	20	12	8	16.35	10.20（不含茅洲河干流）
	燕川再生水厂	20	8	12		
中部综合组团	龙华再生水厂	20	8	12	13.52	20.30
	观澜再生水厂	15	6	9		
合计		99	40	59	39.11	48.28

从调校结果来看，规划厂站总规模与《深圳市再生水布局规划》《深圳市宝安区再生水利用工程规划》保持一致，只在分项目供水规模上依据需求量预测分布略有调整。

3. 再生水供水模式分析论证

规划再生水潜在用户可分为两类：一类为工业用水、城市杂用水用户，水质水压要求高；另一类为河道补水用户，水质水压要求相对较低。再生水供水模式不仅决定再生水系统的投资，还直接影响长期运营成本，因此必须依据“经济合理、适用可操作”的原则针对再生水供水特点进行分析论证。

（1）再生水管网供水可行模式分析

根据用户水量、水压、水质要求，借鉴国内外经验，再生水供水管网分两种模式：一是统一供水（不分质分压）模式；二是分质分压供水模式。

统一供水模式由统一处理工艺、统一加压泵组、统一输配水管网组成（图 14-20）。污水处理厂尾水经过深度处理，其水质达到《深圳市再生水、雨水利用水质规范》SZJG 32 的要求，经加压设施和输配水管网输送至各用户（表 14-21）。

统一供水模式系统参数表　　表 14-21

模式	总规模	处理工艺	出厂水压	出水管网
统一供水模式	99 万 m^3/d	膜工艺或膜生物工艺，处理达到《深圳市雨水、再生水水质规范》SZJG 32	满足最不利的工业用户需求，至少为 0.40MPa	环状、枝状管网结合，管径偏大

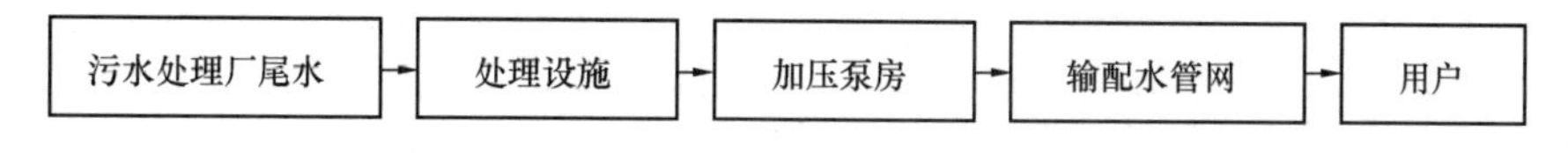

图 14-20　再生水统一供水模式流程图

分质分压供水模式是由组合处理工艺、不同加压泵组、不同输配水管网组成（图 14-21）。部分污水处理厂尾水经处理达到《深圳市再生水、雨水利用水质规范》SZJG 32 的要求，经一组加压设施和输配水管网送至工业用水、城市杂用水的用户；部分尾水经处理达到《城市污水再生利用　景观环境用水水质》GB/T 18921 的要求，经另一组加压设施和输配水管网送至河流补水点。如表 14-22 所示。

分质分压供水模式系统参数表 **表 14-22**

模式		总规模	处理工艺	出厂水压	出水管网
分质供水模式	工业及城市杂用水	40 万 m^3/d	膜工艺或膜生物工艺，处理达到《深圳市再生水、雨水利用水质规范》SZJG 32	满足最不利的工业用户需求，至少为 0.40MPa	环状、枝状管网结合，管径小
	河道生态用水	59 万 m^3/d	高效滤池，处理达到《城市污水再生利用 景观环境用水水质》GB/T 18921	满足河道补水点的要求，为 0.15MPa	枝状管网结合，管径偏大，沿河道蓝线敷设

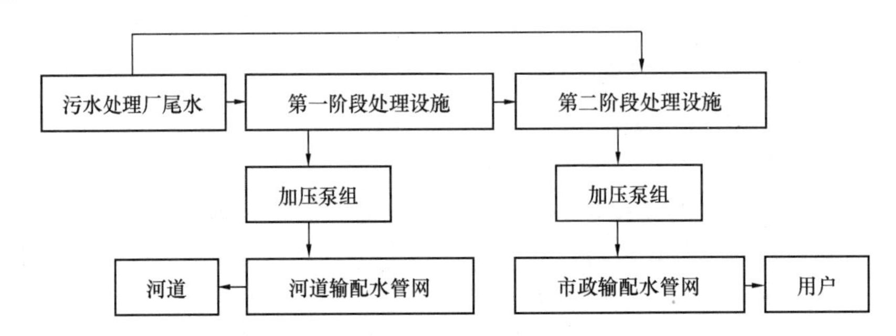

图 14-21 再生水分质分压供水模式流程图

(2) 供水模式论证

规划根据再生水的水量、水质、水压要求，采用定量和定性结合的方法，从固定投资、运营成本、运行能耗、建设管位、运行管理等方面进行供水模式的论证比较。

1) 固定投资分析。根据供水规模和厂站建设单位投资成本，计算两种供水模式的固定投资成本。规划中统一供水模式的厂站投资约 14.85 亿元，分质供水模式的厂站投资约 8.95 亿元，采取分质供水模式可节省 40.0%的投资（表 14-23）。

再生水厂站投资估算表 **表 14-23**

模式		规模（万 m^3/d）	厂站投资	
			单位投资（元/m^3）	预测（亿元）
统一供水模式		99	1500	14.85
分质供水模式	工业用水、城市杂用水	40	1500	6.0
	河道补水	59	500	2.95
	合计	99	—	8.95

2) 运营成本分析。根据供水规模和厂站单位运营成本，计算两种供水模式的运营成本。规划中，统一供水模式厂站运营成本约 123.75 万元/d，分质供水模式厂站营运成本约 79.5 万元/d，采取分质分压供水模式可节省运营成本约 36.8%（表 14-24）。

运营成本估算表　　表 14-24

模式		规模（万 m^3/d）	厂站运营成本	
			单位运营成本（元/m^3）	预测（万/d）
统一供水模式		99	1.25	123.75
分质供水模式	工业用水、城市杂用水	40	1.25	50.0
	河道补水	59	0.5	29.5
	合计	99	—	79.5

3）运行能耗分析。再生水系统为压力输水系统，输配水过程中需要消耗大量的能源，在保障再生水供应安全的前提下应尽可能降低系统能耗，因此根据供水规模和出厂扬程预测两种供水模式的运行能耗。本规划中，分质供水模式的能耗约为统一供水模式的63%。

4）建设管位分析。统一供水模式和分质分压供水模式在管位建设方面存在差异（表14-25）。统一供水模式中，全部供水均需进入市政道路下敷设的再生水管道，管径大，占用较大的地下管位空间。分质分压供水模式中，河道生态补水管道将利用河道蓝线内用地进行建设。在城市道路下仅敷设工业用水、城市杂用水供水管道，供水管径相对较小，更有利于地下空间集约利用。

再生水管网管位分析表　　表 14-25

模式		规模（万 m^3/d）	再生水管网分析
统一供水模式		99	一套管网，大部分均建设于市政道路下
分质供水模式	工业城市杂用水	40	管径较小，建设于市政道路下
	生态景观用水	59	管径较大，大部分建设于河道蓝线内

5）运行管理分析。统一供水模式采用统一水质、水压供水，运行方便，易于管理。分质分压供水模式运行调度复杂，管理难度较大。

综上，统一供水系统方案、分质分压供水方案在技术水平、工程建设层面均可实施。根据“经济合理、适用可操作”原则，规划提出规划区内再生水输配水系统宜采用分质分压供水模式（表14-26）。

供水模式比选一览表　　表 14-26

影响因素	统一供水模式	分质分压供水模式
固定投资	—	★节省投资40.0%
运营成本	—	★节省运营成本36.8%
运行能耗	—	★节能37%
建设管位	—	★节省市政道路管位空间
运行管理	★运行方便，易于管理	—

（3）再生水水质目标

规划再生水水质目标拟按不同的用水对象，分为两类：

1）工业用水、城市杂用水执行《深圳市再生水、雨水利用水质规范》SZJG 32的水质标准。

2）河道补水现阶段执行《城市污水再生利用　景观环境用水水质》GB/T 18921水质标准；远期结合河道水环境功能区划，进一步提高补水水质，如交接断面水质要求高的观澜河流域，远期补水力争达到《深圳市再生水、雨水利用水质规范》SZJG 32或《地表水环境质量标准》GB 3838Ⅳ类标准。

龙华污水处理厂出水符合《城市污水再生利用　景观环境用水水质》GB/T 18921景观环境用水的再生水水质指标要求；其他污水处理厂出水尚不符合，但超标项目少、超标量较小。结合宝安区各污水处理厂的现行工艺，建议在二沉池后增设高效滤池、曝气生物滤池或其他深度处理设施，以保证污水处理厂尾水水质达到补水的水质标准。

（4）再生水厂投资指标

借鉴国内外工程建设经验及再生水推荐工艺，规划提出再生水厂的固定投资和用地指标控制如表14-27所示。

宝安区再生水厂投资和用地指标　　表14-27

推荐核心工艺	用地指标	固定投资
高效滤池、曝气生物滤池或其他	利用污水深度处理设施用地建设，建议与污水处理厂同步建设	300～800元/m^3
微滤或超滤或膜生物过滤（远景视需要增建反渗透设施）	0.1～0.3m^2/m^3	1200～2400元/m^3

4. 再生水供水管网设计与优化

（1）管网设计参数

综合考虑近远期管网的适用性，市政道路下供工业用水、城市杂用水的再生水干管采用多路干管进行设计，管网总输水能力与远期再生水设施规模相匹配。工业用水、城市杂用水供水管网总输水能力应按最高日平均时水量设计；考虑管网使用的长期性，预留1.5的弹性系数，提高承载能力。规划区内西乡、新圳、观澜河现状已设计补水管道，其他河道补水管道以最高日河道补水量进行设计，不再计算日变化系数及弹性系数（表14-28）。

河道再生水管网承载能力设计表　　表14-28

分区	生态补水水量（万m^3/d）	管网设计情况
固戍再生水厂	16	已设计
福永再生水厂	2	未设计
燕川再生水厂	12	全市再生水系统布局规划已设计
沙井再生水厂	8	未设计
龙华再生水厂	12	观澜河干流已建成，支流未设计
观澜再生水厂	9	未设计

（2）管网设计的基本原则

1）综合考虑输配水距离、地形地势等因素，以再生水厂为中心，形成较为独立的再生水供水管网系统。

2）对于工业用水、城市杂用再生水的管网，配水管以环状干管、局部枝状管网为佳，以防止再生水在管内停滞导致水质恶化。在不具备设置环状管网的地区，枝状管道末端需设置排水设施。主干管原则上敷设在市政道路下，并考虑近远期结合和分期实施，布置两路或两路以上的再生水供水干管。

3）对于河道补水的管网，主干管尽量枝状敷设在河道蓝线内，无法沿河道蓝线敷设的管道尽量敷设在断面较宽、地下管位充分的城市主次干道，以最短距离为河道提供生态补水。

（3）市政再生水管网设计

市政再生水系统以再生水厂为核心，形成相对独立的七个区域供水系统。规划再生水管网，管径以 $DN200$～$DN500$ 为主，总设计长度 265.40km。以燕川市政再生水管网设计为例，经平差优化调整，燕川市政再生水管网管径 $DN200$～$DN800$，总长度 34.2km，以工业用地周边布置为主，管网布置如图 14-22 所示。

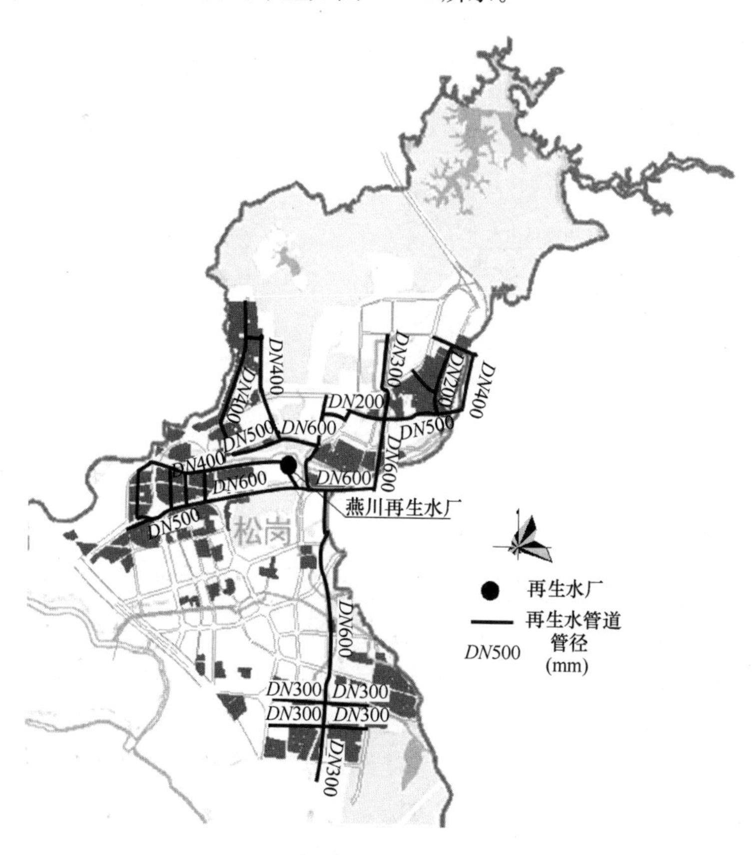

图 14-22　燕川再生水管网规划布局图

（4）河道补水再生水管网设计

拟补水河道筛选原则为：重点河流优先，水质污染严重河流优先，流经繁华城市建成区的河流优先，再生水易到达的河流优先。再生水补水点位置选择应综合考虑输送距离、高差、景观营造等因素，避免造成大规模的能源浪费（图 14-23）。故规划补水点与再生水厂的高程差应尽量控制在 10m 以内，以减少长期运营能耗。同时，河流补水应考虑与河流水环境综合整治工程结合，部分偏远支流可利用人工湿地进一步提高河道补水水质。再生水补水主要在旱季（10 月～次年 3 月）进行，雨季主要利用雨水资源进行补水。

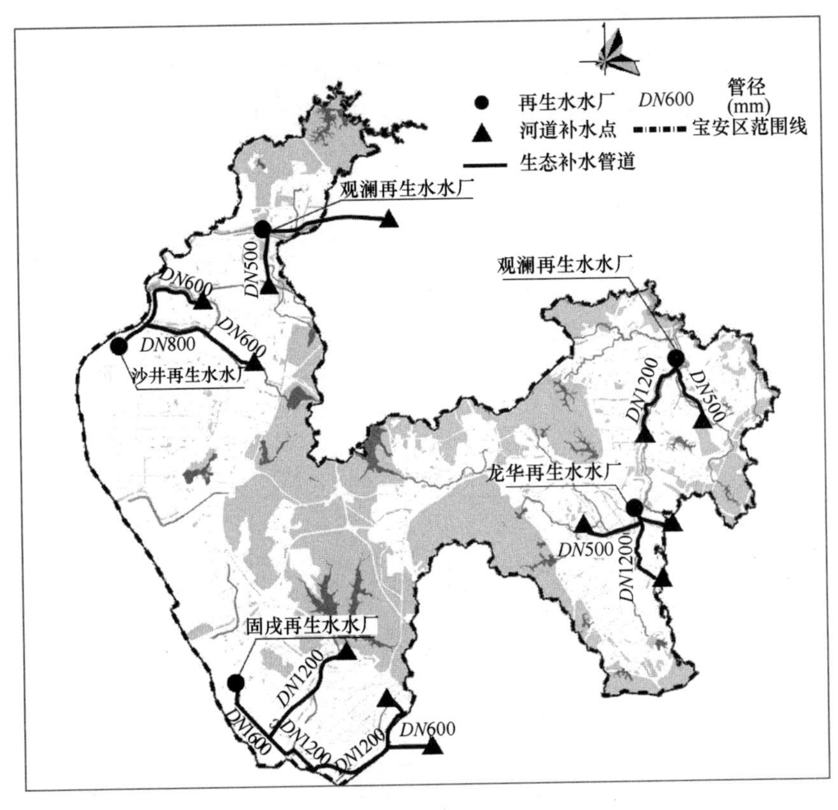

图 14-23 宝安区生态补水管网规划布局图

14.3.4 规划创新

《宝安区再生水系统管网详细规划》的再生水利用对象主要为工业用水、城市杂用水和河道补水，其中对再生水用于河道补水的工艺选择、管网布设、河流河段筛选、影响因素等多方面进行详细介绍，体现了在详细规划层面中再生水用于环境生态用水的规划编制方法，为其他城市实施再生水回用于河流生态补水提供经验。同时，规划还提出了再生水供水模式分析论证方法，借鉴了国内外工程建设经验，对统一供水模式和分质分压供水模式进行论证比较，通过定量和定性结合的方法，从固定投资、运营成本、运行能耗、建设管位、运行管理多角度进行比选，筛选合理的供水模式，提高规划的可实施性。

第15章　非常规水资源利用建设项目前期阶段

非常规水资源利用建设项目前期阶段包括项目建议书和工程可行性研究两个阶段。其中，项目建议书阶段主要是以国家、省、市非常规水资源利用的相关政策为背景，以及项目所在区域的规划建设情况，充分论证项目实施的必要性，并以上层次规划确定的工程布局为依据，制定工程建设方案，确定工程规模和投资估算。工程可行性研究阶段重点论证项目实施的技术可行性、经济可行性和环境保护可行性，以批准的立项批复为依据，进一步明确非常规水资源用户的分布和预测用水量，结合工程测量和地质勘探资料，进一步优化工程建设方案，明确投资估算，并开展财务测算和经济评价，论证可采用的建设模式（包括EPC、BOT、TOT、PPP等）。本部分以深圳市《南山及前海片区再生水利用示范工程项目建议书》（2013年）为例，阐述非常规水资源利用建设项目前期阶段的工作内容。

1. 项目概况

《南山及前海片区再生水利用示范工程项目建议书》由深圳市节约用水办公室委托，深圳市城市规划设计研究院有限公司负责编制[191]。项目建议书于2013年编制完成，同时该示范工程通过深圳市发展和改革委员会批准立项。项目成果内容主要包括以下十一个部分。

第一部分：总论

第二部分：项目建设背景和必要性

- 项目建设背景
- 项目建设必要性

第三部分：基础资料与规划解读

- 现状概况
- 上位规划解读

第四部分：工程建设方案

- 管网工程设计方案
- 施工方案
- 风险防范措施

第五部分：劳动安全卫生与消防

- 安全措施
- 卫生措施
- 消防措施

第六部分：环境影响评价和保护措施

- 编制依据和执行标准
- 施工期环境污染控制措施
- 运营期环境污染控制措施

第七部分：节能减排

第八部分：项目进度安排和人员编制

- 项目招标安排
- 工程建设进度安排
- 管理机构和人员编制

第九部分：投资估算及资金筹措

- 投资估算
- 资金筹措

第十部分：工程效益及风险分析

- 环境效益
- 经济效益
- 社会效益
- 工程风险分析

第十一部分：结论及建议

- 结论
- 建议

项目图纸共计 3 幅，名称如下：

图 1 再生水管网规划图

图 2 再生水潜在用户分布图

图 3 再生水管网建设总平面图

项目技术路线如图 15-1 所示。

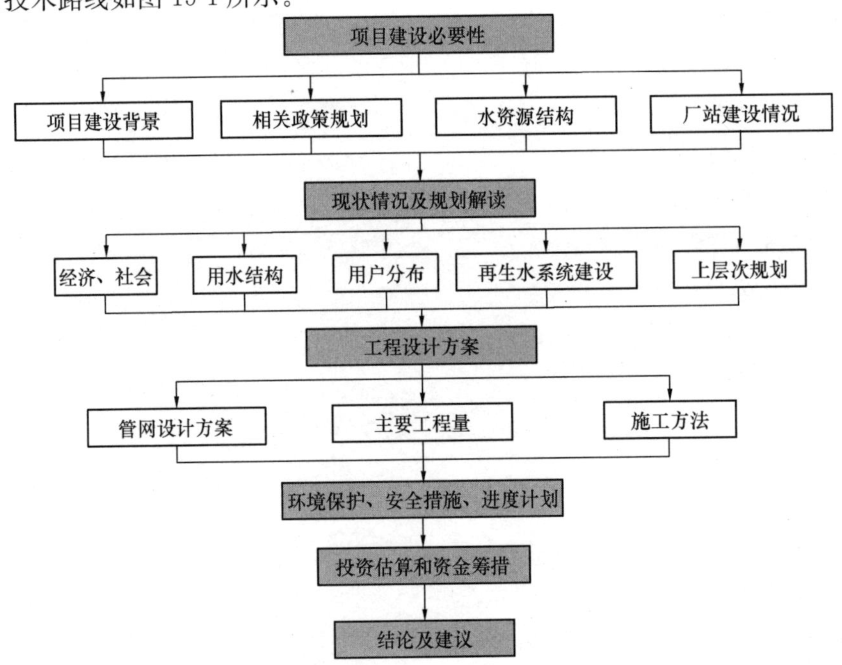

图 15-1 《南山及前海片区再生水利用示范工程项目建议书》（2013 年）技术路线

2. 项目建设必要性分析

项目建设必要性分析是项目建议书的核心内容，主要是从项目所在区域的相关政策、水资源结构、规划建设情况等方面进行论证和分析。本项目建设必要性主要包括以下四个方面。

（1）响应市政府工作要求，示范带动全市再生水资源的利用

深圳市政府文件《深圳市人民政府关于加强雨水和再生水资源开发利用工作的意见》（深府〔2010〕171号）要求到2020年，深圳市污水再生利用率至少达到80%，其中可替代城市自来水供水的水量达到20%，基本建成布局合理、系统科学的再生水供水系统，形成"分质供水"的城市供水体系。然而，截至2013年，深圳市再生水利用率仅为35%，且再生水主要用于环境用水，基本没有替代城市自来水。因此，项目的建设是响应市政府工作要求，率先在全市范围内开展区域性再生水管网建设，将再生水输送至用户，实现再生水替代优质饮用水的目标，在全市具有示范带动意义。

（2）缓解水资源短缺，构建分质供水系统，开辟第二水资源

建设再生水供水管网，合理利用南山再生水厂出水，可以实现水资源的"优质优用、低质低用"的目标。另外，再生水利用还具有一定的经济优势。再生水系统既不需要远距离输水的巨额工程投资，也无须支付水资源费，减轻用户的水费负担，同时再生水所得收入可补贴污水处理的部分费用。因此，再生水的利用在解决水资源短缺的同时，也可使有限的资金得到更高效的利用。

（3）实现区域性再生水利用，巩固节水型城市和资源节约型社会工作成果

深圳市先后编制了《深圳市节水型社会建设规划》《深圳市节约用水条例》（2005年）、《深圳市创建节水型城市和社会行动方案》《深圳经济特区再生水设施建设管理暂行办法》《深圳市建设项目用水节水管理办法》（2008年）、《深圳市节约用水规划》等文件和规划，这些法律、法规、政策都明确提出要大力推进再生水、雨水等非传统水资源的开发利用；国家节水型城市考核要求城市再生水利用率≥20%。南山及前海片区再生水的有效利用，可以减少景观环境用水、园林绿化用水、道路冲洗用水、冲厕用水等低品质用水对城市供水的依赖，将率先在全市形成区域性的再生水利用系统，既符合循环经济发展理念，同时也为深圳市创建节水型城市和资源节约型社会做出贡献。

（4）解决南山再生水厂出水无处可用的困境，促进厂站步入良性运行

截至2013年，规模为5万m^3/d的南山再生水厂一期工程已建成调试，二期工程规划再生水生产规模为5万m^3/d。然而，由于缺少厂外配套管网，再生水仅作为厂内设备冲洗、药剂稀释、绿化道路浇洒等杂用水。因此，为实现南山再生水厂的可持续运行，应结合远期规划，尽快建设片区再生水配套管网，将再生水输送至用户。

综上，南山再生水厂配套管网的建设，可将再生水输送至低品质需水用户，缓解水资源供需矛盾，促进节水工作纵深开展。

3. 项目基础条件分析

基础条件分析主要是对项目实施区域的经济社会情况、用水结构和再生水利用设施的建设和运营情况进行剖析，并对区域地质、气象、地形地貌等工程建设条件进行分析。本

项目基础条件的分析主要包括区域概况、水资源利用情况、自然条件三个方面。

(1) 区域概况

本项目建设区域为北环大道以南，科苑大道一沙河西路以西，涉及深圳市南山区和前海合作区的部分区域。

(2) 水资源利用情况分析

根据2007～2011年片区用水量数据分析，区域内近五年用水总量较稳定，年平均用水量约为15797万m^3。城市居民生活用水占总用水量的42%，行政事业用水占6%，工业用水占22%，商业服务业用水占28%，环卫绿化用水占1%。总体来看，区域服务业发达，居民生活用水与商业服务业用水占比高，工业用水量小（图15-2）。

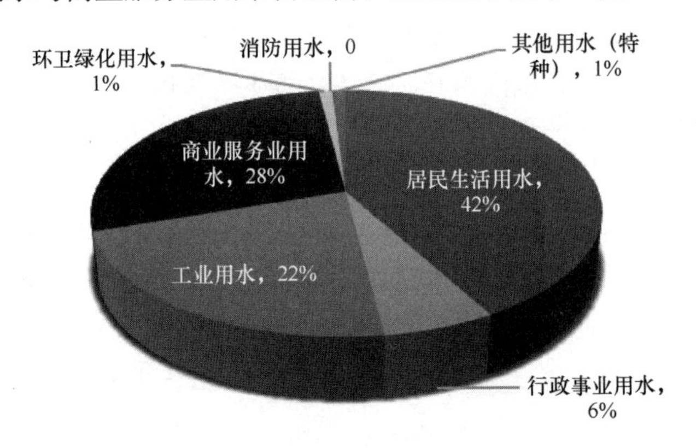

图15-2 项目区域用水结构分析图

根据用水情况分析，用水量大于50万m^3/a的用户所占的用水量比例最大，但用户数量最少，仅26户；年用水量大于10万m^3/a的用户所占用水量为52.7%，即261家用户的用水量占了全区总用水量的一半以上。由此可知，区域内大用户数量少，但用水量相当集中。因此，大用户是本项目重点考虑的再生水回用对象。

(3) 再生水水源概况

区域内已建成并投入运营的再生水设施包括南山污水处理厂配套再生水设施以及分散式再生水利用设施。南山再生水厂位于南山污水处理厂西厂区的西侧。工程分为两期，一期规模为5万m^3/d，处理工艺采用“微絮凝+V形滤池+ClO_2消毒”。

(4) 自然条件分析

自然条件一般包括地形地貌、气象条件、地质、地下水等。项目区域属于海岸地貌带，包括堆积阶地平原、海城堆积、阶地滩地。项目区域大部分由原始海滩填海而成。项目区域土壤地质自上而下分别为人工填土层、第四系全新统海积层（Q_{4m}）、第四系全新统冲洪积层（Q_{4al}+pl）、第四系上更新统冲洪积层（Q_{3al}+pl）、第四系中更新统残积层（Q_{2el}）、燕山期侵入岩（γ53）。根据地质资料分析，岩土无湿陷性、腐蚀性、冻胀性，无断裂带通过。地下水主要存在形式为地表潜水和基岩裂隙水，其中潜水主要赋存于第四系砂层内，基岩裂隙水具有承压性，主要存在于花岗岩全、强、中风化层。

4. 项目工程设计方案

项目工程设计方案主要基于用户分布和上位规划情况进行细化和优化。项目工程设计方案主要包括用户分布调查及用水量预测、再生水管网设计以及施工方法。

（1）用户分布调查及用水量预测

1）工程服务范围

本项目工程服务范围为向北供至深南大道、向东供至沙河西路，向西供至前海合作区，向南供至港区，如下图所示。

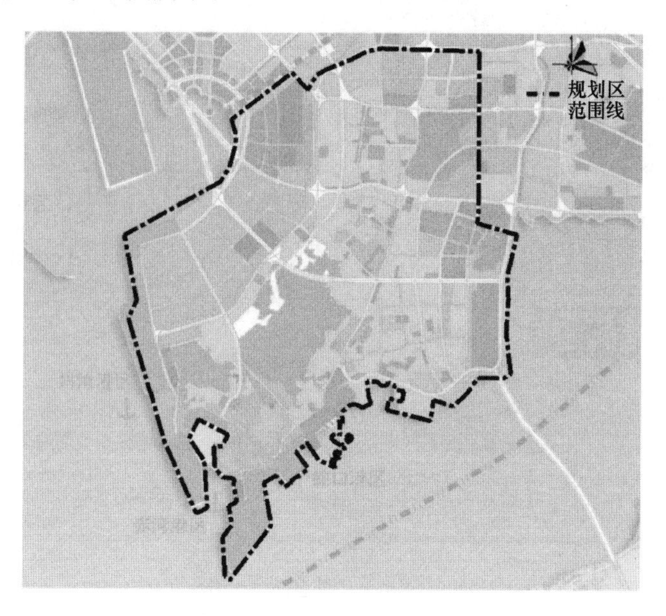

图 15-3　项目工程服务范围

2）用户分布调查

经调查，项目工程服务范围内的再生水用户主要包括工业用户和城市杂用（绿地浇洒、道路广场清洗、港口码头冲洗等）两类。

开展用户调查，以确定再生水用户的准确位置。经调查，再生水用户主要集中分布在妈湾大道、月亮湾大道、赤湾大道、东滨路、南油工业区与高新工业园区等区域，如图15-4所示。以集中分布的工业区域为再生水管网主要供水区域，选择再生水管网路由，敷设再生水管道。

3）用水量预测

分类计算再生水各类用户的用水量。

工业用水：根据调研结果及大用户自身用水结构，取某一比例（依据工业类型取值）作为工业企业再生水替代比例。

绿地浇洒用水：根据《深圳市城市规划标准与准则》(2004年版)，绿地浇洒用水量取 $20\ m^3/(hm^2 \cdot d)$，再生水替代率取80%。

道路冲洗用水：根据《深圳市城市规划标准与准则》(2004年版)，道路冲洗用水量取 $20\ m^3/(hm^2 \cdot d)$，再生水替代率取80%。

港口码头冲洗用水：根据《深圳市城市规划标准与准则》(2004年版)，物流仓储用地用水量指标为 $30 \sim 60m^3/(hm^2 \cdot d)$，取 $50m^3/(hm^2 \cdot d)$ 进行计算，再生水替代率取60%。

图 15-4　再生水用户分布图

公共建筑冲厕用水取综合生活用水量的 10%计算，公共建筑空调冷却水的补充水量按冷却水量的 1%计算。经预测，工程服务范围内再生水用量约为 5.08m³/d，如表 15-1 所示。

再生水用水量预测表　　　　**表 15-1**

区域	用水类型	最高日再生水用量（万 m³/d）
南山	绿地浇洒	0.50
	道路冲洗	0.69
	仓储物流	0.26
前海	绿地浇洒	0.07
	道路冲洗	0.16
	公建冲厕	0.74
	中央空调冷却	1.36
小计（市政杂用）		3.77
南山	工业大用户	1.31
小计（工业大用户）		1.31
合计		5.08

（2）再生水管网设计

1）设计方案

再生水管网设计方案的制定主要依据用户的分布、上层次规划确定的路由，并与区域相关建设工程和投融资情况进行衔接。项目涉及南山、蛇口和前海三个片区，其中，前海片区为新建区域，再生水管道随道路同步建设，不纳入工程范围；蛇口片区存在投融资模式的不确定性，故不纳入工程范围。因此，项目工程在南山区现状道路上规划新建的再生水管道，管径为 $DN200\sim DN600$，管道总长度为 25.1km，管道布置方案如图 15-5 所示。

图 15-5　项目再生水管网工程布局图

2）预埋管及附属设施

预埋管主要分为两类：大用户接管和规划管网连通的预埋管。为方便用户使用再生水，减少用户连接再生水管网时再破路敷设再生水管网，在敷设再生水管网时，应预留用户接管，尽量将再生水接户管敷设至大用户门口。

附属设施主要有检修阀门及阀门井、排气阀、泄水阀、测压点、水质监测点和取水口。其中，排气阀、泄水阀、测压点、水质取样点在项目前期阶段暂不设计。

3）管材选择

综合分析各类管材的特点和工程应用情况，项目再生水管推荐管材如下：

① 管径 $\leqslant DN300$，采用高密度聚乙烯管（HDPE），电热熔接口；

② 管径≥$DN400$，采用球墨铸铁，橡胶圈承插接口；

③ 拖管施工的管道，采用 HDPE 管。

4）管位分析

由于本项目再生水管道均在现状道路下敷设，项目结合现状道路下各类市政管线的敷设情况选择敷设方式，确保现状道路下再生水管道有空间建设。对于管位空间充足的道路，建议敷设在绿化带和人行道下，减少对交通的影响；对于管位空间紧张的道路，建议明敷或敷设在车行道下。

项目结合深圳市地下管线 GIS 数据库及关键节点管线物探结果，落实了再生水管位，管位分析如表 15-2 所示。

再生水管位分析表 **表 15-2**

编号	涉及道路名称	状态	管径（mm）	描述	管位空间	敷设位置
1	妈湾大道	现状道路	$DN400$	临海路-前海路	紧张	辅道
				前海路-右炮台路	充足	人行道和绿化带
2	右炮台路	现状道路	$DN200$	整段道路	紧张	车行道
3	赤湾二路	现状道路	$DN200$	整段道路	充足	人行道
4	东滨路	现状道路	$DN500$	前海大道-南海大道	充足	人行道
			$DN600$	月亮湾大道-前海路	充足	人行道
			$DN400$	南海大道-后海大道	充足	绿化带
			$DN300$	后海大道-科苑大道	充足	绿化带
5	南海大道	现状道路	$DN400$	滨海大道-龙岗路	紧张	辅道
				龙岗路-东滨路	充足	绿化带
6	南山大道	现状道路	$DN400$	东滨路-创业路	紧张	人行道
			$DN300$	滨海大道-创业路	紧张	人行道
7	创业路	现状道路	$DN400$	南海大道-南山大道	充足	人行道
8	前海路	现状道路	$DN600$	东滨路-创业路	充足	绿化带
			$DN500$	滨海大道-创业路	充足	绿化带
9	滨海大道	现状道路	$DN300$	南山大道-南海大道	充足	绿化带
10	桂庙路	现状道路	$DN400$	前海路-南山大道	充足	绿化带
			$DN300$	前海路-南山大道	充足	绿化带
			$DN400$	月亮湾大道-前海路	充足	绿化带
11	科苑大道	现状道路	$DN200$	滨海大道-白石路	充足	绿化带与人行道
12	滨海大道	现状道路	$DN300$	南海大道-后海大道	充足	绿化带
			$DN200$	后海大道-科苑大道	充足	绿化带
13	白石路	现状道路	$DN300$	滨海大道-学府路	充足	绿化带
			$DN200$	学府路-科苑大道	充足	绿化带
14	学府路	现状道路	$DN200$	白石路-科苑大道	充足	人行道

5）主要工程量

本项目再生水管网设施及工程量统计如表 15-3 所示。

项目主要工程量统计表　　**表 15-3**

材料名称	规格	单位	数量
PE	DN150	m	1454
PE	DN200	m	10125
PE	DN300	m	5365
球墨铸铁	DN400	m	8525
球墨铸铁	DN500	m	2315
球墨铸铁	DN600	m	1084
立式闸阀	DN150	个	31
立式闸阀	DN200	个	119
立式闸阀	DN300	个	23
立式闸阀	DN400	个	27
立式蝶阀	DN500	个	9
立式蝶阀	DN600	个	5
砖砌圆形立式蝶阀井 ϕ1800（兼做取样井）	ϕ1800	座	14
砖砌圆形立式闸阀井 ϕ1600（兼做取样井）	ϕ1600	座	27
砖砌圆形立式闸阀井 ϕ1400（兼做取样井）	ϕ1400	座	23
砖砌圆形立式闸阀井 ϕ1200	ϕ1200	座	152
取水栓	—	座	65

（3）施工方法

再生水管道施工方法主要分为开挖施工和非开挖施工。本项目再生水管道主要敷设在人行道或绿化带下，仅坳背路由于管位紧张，拟敷设在车行道下。为减少投资，拟大部分采用开挖工法。本项目沟槽开挖采用机械、人工结合的开挖方式，当设计管道距离现状构筑物、山坡基础以及道路基床较近时，需要进行支护加固，采用支护开挖，以免对现有构筑物基础产生影响。当再生水管道通过路口或重要路段时，为减少工程建设对城市建筑物的破坏、道路交通的堵塞等影响，本项目对穿越城市道路及重要地段内的管线施工拟采用非开挖管道施工技术，进行拖管施工，管材选用高密度聚乙烯管。

经综合分析，本项目再生水管道开挖施工约 22km，拖管施工约 3km。

（4）项目投资估算

按照工程项目投资估算通用计算方法，经估算，项目总投资为 8398.86 万元，由政府投资。其中，第一部分工程费用为 6838.61 万元，第二部分其他费用为 938.11 万元，预备费为622.14万元，如表15-4所示。

南山再生水厂配套管网一期工程投资估算表　　表15-4

名称	金额（万元）
第一部分　工程费用	6838.61
1. 建筑安装工程费	6838.61
2. 设备工具器具购置费	0.00
第二部分　工程建设其他费用	938.11
第一、二部分费用合计	7776.72
预备费用	622.14
1. 工程涨价预留费	0.00
2. 基本预备费	622.14
建设期贷款利息	0.00
估算总金额	8398.86

附　录

附录1　术语及概念

1.1　术语

1.1.1　一般术语

（1）水资源　water resources

地表和地下可供人类利用又可更新的水。

（2）非常规水资源　unconventional water resources

区别于常规水资源，经处理后可加以利用或在一定条件下可直接利用的再生水、雨水、海水、矿井水、苦咸水等。

（3）非常规水资源规划　unconventional water resources planning

根据特定目标要求，对非常规水资源的开发、利用、配置、管理等各个方面或某个、某些方面所作的比较全面、长远的谋划或筹划。

（4）供水保证率　reliability of water supply

供水量能够满足规划需水要求的概率。

（5）规划水平年　target year of planning

预期实现特定规划目标的年份。

（6）地表水　surface water

存在于地壳表面的河流、湖泊、水库、水塘、沼泽、冰川、积雪等水体中的水。

（7）地下水　groundwater

狭义指埋藏于地面以下岩土孔隙、裂隙、溶隙中的重力水。广义指地面以下各种形态的水。

（8）水体　water body

水的聚积体，如溪、河、渠、湖泊、水库、水塘、海洋、沼泽、冰川、积雪等地面水体以及含水层中的地下水体。

（9）水系　river system

河流的干流和各级支流，流域内的湖泊、沼泽以及地下暗河相互连接组成的系统。

（10）水环境容量　carrying capacity of water environment

在人类生产、生活和自然生态不致受害的前提下，水体所能容纳污染物的最大负荷量。

（11）供水量　amount of water supply

各种水源工程为用户提供的包括输水、配水损失在内的水量。

（12）供水能力　water supply capacity

利用供水工程设施，对水量进行存储、调节、处理、传输，可以向用水户分配的具有一定保证程度的最大水量。

（13）用水量　amount of water use

人类社会中各类用水户取用水量的总称。

（14）需水预测　water demand forecast

对某个需水对象在规划水平年的水量需求的预先测定。

（15）用水定额　water use norm

单位时间内，单位产品或价值量、单位面积、人均等用水量的规定限额。

（16）水费　charge for water

供水企业向用水户出售商品水所收取的费用。

1.1.2　再生水

（1）再生水　reclaimed water

污水经过适当处理后，达到一定的水质指标，满足某种使用要求，可以进行有益使用的水。

（2）城市污水　municipal wastewater

排入国家按行政建制设立的市、镇污水收集系统的污水统称。它由综合生活污水、工业废水和地下渗入水三部分组成，在合流制排水系统中，还包括截流的雨水。

（3）城镇污水处理厂　municipal wastewater treatment plant

对进入城镇污水收集系统的污水进行净化处理的污水处理厂，部分地方将出水达到准Ⅳ类地表水的污水处理厂命名为水质净化厂。

（4）污水再生利用　wastewater reclamation and reuse

以污水为再生水源，经再生工艺净化处理后，达到可用的水质标准，通过管道输送或现场使用方式予以利用的全过程。

（5）常规处理　conventional treatment

包括一级处理、二级处理和二级强化处理，主要功能为去除SS、溶解性有机物和营养盐（氮、磷）。

（6）深度处理　advanced treatment

包括混凝沉淀、介质过滤（含生物过滤）、膜处理、氧化等单元处理技术及其组合技术，主要功能为进一步去除二级（强化）处理未能完全去除的水中有机污染物、SS、色度、嗅味和矿化物等。

1.1.3　雨水

（1）雨水利用　rainwater utilization

通过修建集雨场地和微型蓄水工程（水窖、水柜）对天然降水进行收集、存储并加以利用。

（2）雨水直接利用　direct utilization of rainwater

将城市雨水进行收集，根据用途和需求，经多种处理工艺进行处理，将雨水转化为产品水以代替自来水或用于景观用水。

（3）雨水间接利用　indirect utilization of rainwater

通过各种措施强化雨水就地入渗，补充、涵养地下水，使雨水最大可能地实现源头减排。

（4）雨水调蓄　stormwater detention and retention

雨水调节和储蓄的统称。雨水调节是指降雨期间暂时储存一定量的雨水，削减向下游排放的雨水峰值流量，延长排放时间，实现削减峰值流量的目的。雨水储蓄是指对径流雨水进行储存、滞留、沉淀、蓄渗或过滤以控制径流总量和峰值，实现径流污染控制和回收利用的目的。

（5）雨水调蓄工程　stormwater detention and retention engineering

具有雨水调蓄功能的工程的总称，可分为水体调蓄工程、绿地广场调蓄工程、调蓄池和隧道调蓄工程等。

（6）年径流总量控制率　volume capture ratio of annual rainfall

根据多年日降雨量统计分析计算，场地内累计全年得到控制的雨量占全年总降雨量的百分比。

（7）雨量径流系数　pluviometric runoff coefficient

设定时间内降雨产生的径流总量与总雨量之比。

（8）下垫面　underlying surface

降雨受水面的总称，包括屋面、地面、水面等。

（9）土壤渗透系数　permeability coefficient of soil

单位水力坡度下水的稳定渗透速度。

（10）初期雨水径流　initial runoff

一场降雨初期产生一定厚度的降雨径流。

（11）渗透设施　infiltration equipment

储存雨水径流量并进行渗透的设施，包括渗透沟渠、入渗井、透水铺装等。

（12）雨水储存设施　rainwater storage equipment

储存未经处理的雨水的设施。

（13）调蓄排放设施　detention and controlled drainage equipment

储存一定时间的雨水，削减向下游排放的雨水洪峰径流量、延长排放时间的设施。

（14）调蓄池　storage tank

用于储存雨水的蓄水池，根据是否有沉淀净化功能分为接收池、通过池和联合池。

1.1.4　海水

（1）海水利用　utilization of seawater

利用海水为人类的生产、生活服务。

（2）海水直接利用　direct utilization of seawater

将未经处理或经简易处理的海水作为原水，直接替代淡水用于部分对水质要求不高的工业用水、城市杂用水、环境用水、农业用水等用途。

（3）海水淡化　seawater desalination

通过特定的技术和方法将海水中多余的盐分和其他有害物质分离，使其达到一定的水质标准，用于工业产品用水以及生活饮用水等。

（4）淡化海水　desalinated seawater

通过海水淡化处理获得的淡水。

1.1.5　其他非常规水资源

（1）微咸水　brackish water

矿化度为1～3g/L的水。

（2）苦咸水　brackish water

矿化度大于3g/L、味苦咸，含有以硫酸镁、氯化钠为主的多种化学成分的水。

（3）矿井（坑）水　mine water

在矿井建设和矿产开采过程中，由地下涌水、地表渗透水、井下生产排水（防尘、灌浆、设备冷却水等外排水）汇集所产生的废水。

1.1.6　利用方式

（1）取水　water abstraction

利用取水工程或设施直接从江河、湖泊或者含水层取用水资源。

（2）取水工程　water abstraction project

从水库、河流、湖泊、地下水等水源取水的水工建筑物。

（3）加压泵站　booster pumping station

提高配水系统中局部地区水压的构筑物，又称加压站。加压泵站在广义上也包括输水系统中多级提水成各个中转输水的泵站。

（4）分质供水　separate water supplies by water quality

根据各用水户对水质的不同要求，以不同水质标准向用水户供水的分系统给水方式。

（5）工业用水　industrial water

在工业生产过程（或期间）中，制造、加工、冷却、空调、洗涤、锅炉等处使用的水及厂内职工生活用水的总称。

（6）生态补水　ecologic water use

补水以保证河流生态基流，维持河流基本形态和基本生态功能，保证水生态系统基本功能正常运转。

（7）环境补水　environmental water use

短期内集中对下游河道进行补水，将污染物迅速稀释，直至河流水质恢复至污染前的状况。此种情况主要针对雨季期间频繁降雨后污染严重的河流。

（8）景观环境用水　scenic environment use

指满足景观需要的环境用水，即用于营造城市景观水体和各种水景构筑物的水的总称。

（9）观赏性景观环境用水　aesthetic environment use

指人体非直接接触的景观环境用水，包括不设娱乐设施的景观河道、景观湖泊及其他观赏性景观用水。它们由再生水组成，或部分由再生水组成（另一部分由天然水或自来水组成）。

（10）娱乐性景观环境用水　recreational environment use

指人体非全身性接触的景观环境用水，包括设有娱乐设施的景观河道、景观湖泊及其他娱乐性景观用水。它们由再生水组成，或部分由再生水组成（另一部分由天然水或自来水组成）。

（11）城市杂用水　water for urban miscellaneous uses

用于冲厕、道路清扫、消防、城市绿化、车辆冲洗、建筑施工的非饮用水。

（12）冲厕用水　flushing water

公共及住宅卫生间便器冲洗的用水。

（13）道路冲洗用水　water for road flushing

道路灰尘抑制、道路扫除的用水。

（14）消防用水　water for fire demand

市政及小区消火栓系统的用水。

（15）绿地浇洒用水　water for lawn irrigation

除特种树木及特种花卉以外的公园、道边树及道路隔离绿化带、运动场、草坪，以及相似地区的用水。

（16）建筑施工用水　water for construction

建筑施工现场的土壤压实、灰尘抑制、混凝土冲洗、混凝土拌和的用水。

（17）车辆冲洗用水　water for vehicles cleaning

冲洗车辆过程中的用水。

（18）农、林、牧、渔业用水　water for agriculture，forestry，animal husbandry and fishery

在农林牧渔业生产中，保证作物、畜禽、养殖对象等正常生长所需的用水。

（19）农田灌溉　farmland irrigation

按照作物生长的需要，利用工程设施，将水送到田间，满足作物用水需求。

（20）地下水回灌　groundwater recharge

指一种有计划地将地表水、城市污水再生水在内的任何水源，通过井孔、沟、渠、塘等水工构筑物从地面渗入或注入地下补给地下水，增加地下水资源的技术措施。

（21）地表回灌　surface recharge

指在透水性较好的土层上修建沟、渠、塘等蓄水构筑物，利用这些设施，使水通过包气带渗入含水层，利用水的自重进行回灌，一般包括田间入渗回灌、沟渠河网入渗回灌以及坑塘入渗回灌等。

（22）井灌　well irrigation

指通过回灌井将水注入地下含水层的回灌方式。

（23）补充水源水　water for replenishment of source water

补充水源水包括两类，一类是补充地表水源，另一类是补充地下水源。

1.2 概念

1.2.1 非常规水资源

非常规水资源相关表述包括“非常规水资源”“非常规水源”和“非传统水源”，其中，水利部门通常采用“非常规水资源”“非常规水源”进行表述，住房城乡建设部门则采用“非传统水源”。相关概念的内涵如附表1-1所示。

非常规水资源相关概念　附表1-1

术语	概念和内涵	资料来源	备注
非常规水资源	经处理后可加以利用或在一定条件下可直接利用的海水、废污水、微咸水或咸水、矿井水等，有时也包括原本难以利用的雨洪水等	《水资源术语》GB/T 30943	水利部
非常规水源	不同于常规地表水和地下水供水的水源，包括再生水、雨水、海水等	《水资源术语》GB/T 30943	
非传统水源	不同于传统地表水供水和地下水供水的水源，包括再生水、雨水、海水等	《绿色建筑评价标准》GB/T 50378	住房城乡建设部
	不同于传统地表水供水和地下水供水的水源，包括再生水、雨水、海水等	《民用建筑节水设计标准》GB 50555	

从内涵上看，上述3个术语并无本质区别。从水资源利用和供水的角度分析，非常规水源属于供水水源的一种；从区域水资源配置的角度切入，表述为“非常规水资源”更为恰当。本书主要考虑水资源的配置和利用，所述非常规水资源包括再生水、雨水、海水、微咸水、矿井水等，因此表述为“非常规水资源”，与《水资源术语》GB/T 30943定义一致。

1.2.2 再生水相关概念和内涵

再生水相关概念方面，主要包括“再生水”“中水”“城市再生水”“污水再生”“污水处理再生利用量”等，如附表1-2所示。

再生水相关概念　附表1-2

术语	概念和内涵	资料来源	备注
再生水	污水经过适当处理后，达到一定的水质指标，满足某种使用要求，可以再次利用的水	《水资源术语》GB/T 30943	水利部

续表

术语	概念和内涵	资料来源	备注
再生水	污水经处理后，达到规定水质标准、满足一定使用要求的非饮用水	《绿色建筑评价标准》GB/T 50378	住房城乡建设部
	城市污水经适当再生工艺处理后，达到一定水质要求，满足某种使用功能要求，可以进行有益使用的水	城市污水再生利用系列标准	住房城乡建设部
	经过或未经过污水处理厂处理的集纳雨水、工业排水、生活排水进行适当处理，达到规定水质标准，在一定范围内再次被利用的水	《再生水水质标准》SL 368	水利部
	污水经适当处理后，达到规定的水质标准，满足某种使用要求的水	《室外排水设计规范》GB 50014	住房城乡建设部
城市再生水	城市污水经再生工艺处理后达到使用再生水功能的水	《城市污水再生回灌农田安全技术规范》GB/T 22103	农业农村部
污水再生	对污水采用物理、化学、生物等方法进行净化，使水质达到利用要求的过程	《城镇污水再生利用工程设计规范》GB 50335	住房城乡建设部
中水	各种排水经适当处理达到规定的水质标准，可在生活、市政、环境等范围内利用的非饮用水	《建筑中水设计标准》GB 50336	住房城乡建设部
中水	各种排水经适当处理达到规定的水质标准后回用的水	《建筑给水排水设计标准》GB 50015	住房城乡建设部
污水处理再生利用量	指经过污水处理厂集中处理后的回用水量，不包括企业内部废污水处理的重复利用量	《全国及各省区非常规水源开发利用情况报告汇编》(2018)	—

对于“再生水”而言，不同定义之间大同小异。不同之处主要在于各类标准规范对应的再生水水源类型存在差异，其中《再生水水质标准》将“雨水”纳入了再生水的范畴，而其他术语的再生水水源则主要针对污水。

本书中涉及的再生水系统规划是指城市污水再生利用方面的规划，因此书中所述的“再生水”采用城市污水再生利用系列标准中的定义，即：城市污水经适当再生工艺处理后，达到一定水质要求，满足某种使用功能要求，可以进行有益使用的水。

“中水”一词来源于日本，通常特指建筑物或者建筑小区中的排水经集中处理后，可在一定范围内重复使用的非饮用水，因其水质及相关设施介于上水道和下水道之间，故称“中水”。而再生水水源涵盖范围更为广泛，既包括建筑小区污水，又包括市政污水。

1.2.3 雨水相关概念和内涵

雨水相关概念方面，目前相关标准规范中仅见“雨水利用”术语，见附表 1-3。

雨水相关概念　附表 1-3

<table>
<tr><th>术语</th><th>概念和内涵</th><th>资料来源</th><th>备注</th></tr>
<tr><td>雨水利用</td><td>采用人工措施直接对天然降水进行收集、存储并加以利用</td><td>《水资源术语》GB/T 30943</td><td rowspan="2">水利部</td></tr>
<tr><td>雨水利用</td><td>通过修建集雨场地和微型蓄水工程（水窖、水柜）对天然降水进行收集、存储并加以利用</td><td>《水资源公报编制规程》GB/T 23598</td></tr>
<tr><td>雨水利用</td><td>雨水入渗、收集回用、调蓄排放等的总称</td><td>《建筑与小区雨水控制及利用工程技术规范》GB 50400</td><td>住房城乡建设部</td></tr>
</table>

“雨水”通常指大气降水、天然降水；《水资源术语》和《水资源公报编制规程》中的“雨水利用”突出直接或通过修建集雨场地和微型蓄水工程（水窖、水柜）对天然降水进行收集、存储并加以利用，突出“未进入河道”，区别于河道内洪水或径流。本书中所述雨水利用方式包括生态区（山区）雨水利用和城市建设区雨水利用，与《水资源术语》和《水资源公报编制规程》一样，亦是突出“未进入河道”。

1.2.4　海水淡化水

“海水淡化水”是指经过淡化处理后的海水。相关术语方面，还有“海水淡化”的表述，具体表述见附表 1-4。

海水淡化的概念　附表 1-4

术语	概念和内涵	资料来源	备注
海水淡化	除去海水中的盐分以得淡水的过程	《水资源术语》GB/T 30943	水利部
海水淡化	脱除海水中的盐分，生产淡水的过程	《全国海水利用报告》《海岛反渗透海水淡化装置》HY/T 246、《海水淡化产品水水质要求》HY/T 247	原国家海洋局

从上表可见“海水淡化”的概念内涵比较明确。据此，可将“海水淡化水”的概念界定为：海水淡化水即通过海水淡化处理获得的淡水。

1.2.5　苦咸水

在术语方面，有“苦咸水”“微咸水”等定义。通常将矿化度（也称总含盐量）作为区分微咸水和苦咸水的主要依据，具体表述见附表 1-5。

苦咸水相关概念　附表 1-5

<table>
<tr><th>术语</th><th>概念和内涵</th><th>资料来源</th><th>备注</th></tr>
<tr><td>微咸水</td><td>矿化度为 1～3g/L 的水</td><td>《水资源术语》GB/T 30943</td><td rowspan="2">水利部</td></tr>
<tr><td>微咸水</td><td>矿化度介于 2～5g/L 的地下水</td><td>《水资源公报编制规程》GB/T 23598</td></tr>
</table>

续表

术语	概念和内涵	资料来源	备注
苦咸水	矿化度大于 3g/L 味苦咸。含有以硫酸镁、氯化钠为主的多种化学成分的水	《水资源术语》GB/T 30943	水利部
苦咸水	总含盐量大于 1g/L 的水	《海水利用术语第 2 部分：海水淡技术》HYT 203.2	原国家海洋局

然而，因研究目的和研究侧重点不同，目前不同领域对微咸水、苦咸水的界定标准存在差异。《水资源术语》将矿化度 1～3g/L 的水界定为微咸水，《水资源公报编制规程》将矿化度介于 2～5g/L 的水界定为微咸水。目前，自然资源部门在地质调查中只对矿化度＜5g/L 的地下水进行统计，因为这一类盐分含量的地下水较具有开发利用价值。由于国内现在并无统一的界定标准，本书中统一使用“苦咸水”术语进行表述，指盐度较高、口感苦涩、很难直接饮用的水。

1.2.6 矿井水

目前有“矿坑水”“露天矿坑水”“矿井水”等表述，见附表 1-6。

矿井（坑）水的相关概念 **附表 1-6**

术语	概念和内涵	资料来源
矿坑水	指凡流入露天矿坑和井下巷道中的各种水统称为矿坑水	《安全工程大辞典》(1995)
露天矿坑水	从各种来源流入露天矿坑的水	全国科学技术名词审定委员会
矿井水	在矿井建设和矿产开采过程中，由地下涌水、地表渗透水、井下生产排水（防尘、灌浆、设备冷却水等外排水）汇集所产生的废水	—

矿坑水的来源既包括地表水，也包括地下水，其中地表水来源主要包括天然降水。矿井水主要来源于两个方面：一是地下涌水和地表渗透水等自然产生的水，二是生产过程中的排水。通过对比发现，矿井水主要来源于地下水，矿坑水特别是露天矿坑水，其来源通常也包括天然降水。而天然降水的利用属于“雨水利用”的范畴，因此本书中采用“矿井水”的表述，主要是指矿产开采过程产生的地下涌水。

附录 2　非常规水资源利用相关政策文件

国家层面关于非常规水资源利用的重要政策文件（部分）　　附表 2-1

文件类型	颁布日期	颁布机构	名称
法律文件	1988 年通过，2016 年第二次修正	全国人民代表大会常务委员会	《中华人民共和国水法》（2016 修正）
	2009	全国人民代表大会常务委员会	《中华人民共和国循环经济促进法》
法规文件	2000	国务院	《国务院关于加强城市供水节水和水污染防治工作的通知》（国发〔2000〕36 号）
	2012	国务院办公厅	《国务院办公厅关于加快发展海水淡化产业的意见》（国办发〔2012〕13 号）
	2012	国务院	《国务院关于实行最严格水资源管理制度的意见》（国发〔2012〕3 号）
	2015	国务院	《水污染防治行动计划》（国发〔2015〕17 号）
规划	2016	国家发展改革委、住房城乡建设部	《“十三五”全国城镇污水处理及再生利用设施建设规划》（发改环资〔2016〕2849 号）
	2017	国家发展改革委、水利部、住房城乡建设部	《节水型社会建设“十三五”规划》（发改环资〔2017〕128 号）

北京市非常规水资源利用相关政策法规与管理办法（部分）　　附表 2-2

文件类型	颁布年份	颁布机构	名称
法规文件	1987	北京市人民政府	《北京市中水设施建设管理试行办法》
	2000	北京市人民政府	《北京市节约用水若干规定》
	2001	北京市市政管理委员会、北京市规划委员会、北京市建设委员会	《关于加强中水设施建设管理的通告》
	2003	北京市规划委员会、北京市水利局	《关于加强建设工程用地内雨水资源利用的暂行规定》
	2004	北京市人大常委	《北京市实施〈中华人民共和国水法〉办法》
	2006	北京市水务局、北京市发展和改革委员会、北京市规划委员会	《关于加强建设项目雨水利用工作的通知》
	2009	北京市人民政府	《北京市排水和再生水管理办法》
	2012	北京市人民政府	《北京市节约用水办法》
规划	2016	北京市人民政府	《北京市十三五时期水务发展规划》

天津市关于非常规水资源利用的政策法规与规划　　附表 2-3

文件类型	颁布年份	颁布机构	名称
法规文件	2003	天津市住房和城乡建设委员会	《天津市住宅建设中水供水系统技术规定》
	2003	天津市人民政府	《天津市城市排水和再生水利用管理条例》
	2004	天津市人民政府	《天津市中心城区再生水资源利用规划》
	2007	天津市住房和城乡建设委员会	《天津市住宅及公建再生水供水系统建设管理规定》
	2015	天津市海洋局	《天津市海水资源综合利用循环经济发展专项规划（2015—2020 年）》

深圳市非常规水资源使用的政策法规与管理办法　　附表 2-4

文件类型	颁布年份	颁布机构	名称
法规文件	2005 年批准实施，2017 年修正	深圳市人民政府	《深圳市节约用水条例》
	2007	深圳市人民政府	《深圳市计划用水办法》
	2008	深圳市人民政府	《深圳市建设项目用水节水管理办法》
	2010	深圳市人民政府办公厅	《深圳市人民政府关于加强雨水和再生水资源开发利用工作的意见》
	2013	深圳市人民政府办公厅	《深圳市实行最严格水资源管理制度的意见》
	2014	深圳市政府办公厅	《深圳市再生水利用管理办法》

昆明市非常规水资源使用的政策法规与管理办法　　附表 2-5

文件类型	颁布年份	颁布机构	名称
法规文件	1997	昆明市人民政府	《昆明市城市节约用水管理条例》
	2009	昆明市人民政府	《昆明市城市雨水收集利用的规定》
	2010	昆明市人民政府	《昆明市再生水管理办法》
规划	2008	昆明市人民政府	《昆明市创建国家节水型城市实施方案》
	2010	昆明市人民政府	《昆明主城市节水规划》
	2012	昆明市人民政府办公厅	《昆明城市（主城）再生水利用工程专项规划》

西安市非常规水资源使用的政策法规与管理办法　　附表 2-6

文件类型	颁布年份	颁布机构	名称
法规文件	2006	西安市人民政府	《西安市城市节约用水条例》
	2012	西安市人大常委会	《西安市城市污水处理和再生水利用条例》

附录3 非常规水资源利用相关标准规范

国家层面再生水相关标准规范 附表3-1

标准/规范类别	名称	发布部门
水质标准	《再生水水质标准》SL 368	国家水利部
	《城市污水再生利用分类》GB/T 18919	国家质量监督检验检疫总局
	《城市污水再生利用　城市杂用水水质》GB/T 18920	国家质量监督检验检疫总局
	《城市污水再生利用　景观环境用水水质》GB/T 18921	国家质量监督检验检疫总局
	《城市污水再生利用　工业用水水质》GB/T 19923	国家质量监督检验检疫总局、国家标准化管理委员会
	《城市污水再生利用　地下水回灌水质》GB/T 19772	国家质量监督检验检疫总局、国家标准化管理委员会
	《城市污水再生利用　农田灌溉水质标准》GB 20922	国家质量监督检验检疫总局、国家标准化管理委员会
	《城市污水再生利用　绿地灌溉水质》GB/T 25499	国家质量监督检验检疫总局、国家标准化管理委员会
设计规范	《城镇污水再生利用工程设计规范》GB 50335	住房和城乡建设部、国家质量监督检验检疫总局

国家层面的雨水利用相关规范 附表3-2

标准/规范类别	项目名称	发布部门
技术规范	《雨水集蓄利用工程技术规范》GB/T 50596	住房城乡建设部、国家质量监督检验检疫总局
	《建筑与小区雨水控制及利用工程技术规范》GB 50400	住房城乡建设部、国家质量监督检验检疫总局
	《城镇雨水调蓄工程技术规范》GB 51174	住房城乡建设部、国家质量监督检验检疫总局

国家层面的海水水质相关规范 附表3-3

标准/规范类别	项目名称	发布部门
水质标准	《海水水质标准》GB 3097	国家海洋局

地方层面关于非常规水资源利用的相关标准规范（部分） 附表 3-4

城市	标准号	标准名称
北京	DB11/685	《雨水控制与利用工程设计规范》
	DB11/T 740	《再生水农业灌溉技术导则》
	DB11/T 672	《再生水灌溉绿地技术规范》
天津	DB 29—167	《天津市再生水设计规范》
深圳	SZJG 32	《再生水、雨水利用水质规范》
	SZDB/Z 49	《雨水利用工程技术规范》
	SZDB/Z 145	《低影响开发雨水综合利用技术规范》
辽宁	DB21/T 2241	《城市雨水利用系统技术规程》
	DB21/T 2977	《低影响开发城镇雨水收集利用工程　技术规程》
	DB21/T 1914	《建筑中水回用技术规程》
河南	DB41/T 818	《城镇雨水利用工程技术规范》
河北	DB13/T 2691	《再生水灌溉工程技术规范》
内蒙古	DB15/T 1092	《再生水灌溉工程技术规范》
甘肃	DB62/T 2573	《再生水灌溉绿地技术规范》

附录 4　说明书目录要求参考

4.1　再生水利用规划

4.1.1　再生水利用专项（总体）规划

第一章　规划概述

说明规划背景、规划范围、规划期限、规划目标、规划原则、规划主要内容及规划依据等内容。

第二章　规划基础条件分析

分析规划范围内自然概况、城市建设现状及规划，阐明水环境、水资源情况、污水处理设施现状，并对区域相关政策、规范标准及相关规划资料进行解读分析，同时对国内外经验进行借鉴。

第三章　供水及用水结构分析

阐述现状及规划供水情况，分析居民用水、公共用水、工业用水、农业用水、景观用水等五类用水的用水量及用水结构，判断再生水利用的重点方向。

第四章　再生水利用对象分析

主要分析现状潜在用户并合理预测未来用户，确定各类用户的水质水量要求。再生水利用的潜在用户主要有：工业用水，城市杂用水，环境用水，农、林、牧、渔业用水，补充水源水，饮用水等。

第五章　再生水需水量预测

按照“以需定供，供需平衡”的原则，分别针对各类再生水用户进行近、远期再生水用水规模预测。

第六章　再生水推荐水质目标及处理工艺选择

依据大多数用户的水质需求及区域情况，确定不同再生水用户的再生水水质目标。并按安全性、集约性、可操作性、先进性原则，结合各污水处理厂处理工艺、出水标准，经技术经济指标对比分析，对再生水工艺进行综合比选，推荐各个再生水厂的处理工艺。

第七章　再生水厂站布局规划

根据污水处理厂规划情况确定再生水厂站布局，在用地许可的情况下，再生水厂站一般与污水处理厂合建。首先，综合考虑区域地形、再生水用户分布、各用户水量需求、各污水处理厂再生水开发利用潜力等多个因素划分再生水厂站供水范围；其次，根据再生水需求量确定各再生水厂的规模；最后，根据再生水厂规模、处理工艺、污水处理厂布局等明确各个再生水厂站供水规模及用地控制规模。

第八章　再生水管渠系统规划

统筹规划各再生水厂的配水主干管，同时依据各个再生水厂的各类潜在用户进行再生水管网规划，并筛选推荐再生水管材。

第九章　投资匡算及效益分析

确定近、远期工程量及工程投资匡算，并实施效益分析。

第十章　安全风险防范

提出在再生水利用设施建设相关环节中应采取的风险防范措施，以降低或消除风险，保护人体健康、生态环境、用户设备和用户产品的安全。

第十一章　实施策略及保障措施

提出实施策略及保障措施建议，保障规划能切实落在实处。

4.1.2　再生水利用详细规划

第一章　规划概述

说明规划背景、规划范围、规划期限、规划目标、规划原则、规划主要内容及规划依据等内容。

第二章　规划基础条件分析

分析规划范围内自然概况、城市建设现状及规划，阐明水环境、水资源情况，说明污水处理设施现状，并对政策导向、相关规范及相关上层次规划进行解读分析。

第三章　供水及用水结构分析

阐述现状及规划供水情况，分析居民用水、公共用水、工业用水、农业用水、景观用水等五类用水的用水量及用水结构，判断再生水利用的重点方向。

第四章　再生水潜在用户分析

分析再生水潜在用户的行业分布、用水分布、内部用水特点、用户意愿、水价意愿，确定现状潜在用户及其水质、水量需求，合理预测未来用户。在选择再生水利用对象时，应结合现状用水结构、用水大户布局与意愿、污水处理厂布局、片区发展定位、土地利用现状、土地利用规划、产业规划等因素综合考虑。一般再生水利用的潜在用户主要有：工业用水，城市杂用水，环境用水，农、林、牧、渔业用水，补充水源水，饮用水等。

第五章　再生水需水量预测

按照“以需定供，供需平衡”的原则，分别针对各类再生水用户进行近、远期再生水用水规模预测。

第六章　再生水厂站复核及工艺选择

一般来讲，再生水详细规划是基于某一个或多个再生水厂站，需对上层次规划的再生水厂站用地控制规模进行复核，最终确定近、远期再生水厂和加压泵站的规模及用地。同时，依据上层次专项规划确定的再生水水质目标及推荐工艺，按安全性、集约性、可操作性、先进性原则，细化确定再生水厂的处理工艺。

第七章　再生水管网规划

一般详细规划层面，再生水管网系统规划内容主要包括管网规划、加压泵站规划和取水口规划。再生水管网规划需要根据再生水潜在用户进行布置，可通过平差确定管网供水压力、管径，并明确管位以及管材。同时，详细规划层面需确定每一根管网的路由，以为后续工程设计提供指导，可根据《城市工程管线综合规划规范》GB 50289—2016 和敷设再生水管的道路或绿地下管线情况进行再生水管管位分析。

第八章　再生水工程近期建设规划

结合近期实施片区，本着近远期结合的原则，规划近期再生水管网。

第九章　投资匡算与效益分析

确定近、远期工程量及工程投资匡算，进行规划实施后的效益分析。

第十章　再生水系统安全风险防范

提出在再生水利用设施建设相关环节中应采取的风险防范措施，以降低或消除风险，保护人体健康、生态环境、用户设备和用户产品的安全。

第十一章　实施策略及保障措施

提出实施策略及保障措施建议，保障规划能切实落在实处。

4.2　雨水利用规划

第一章　规划概述

说明规划背景、规划范围、规划期限、规划目标、规划原则、规划主要内容及规划依据等内容。

第二章　规划基础条件分析

阐明规划范围内自然概况，对水资源情况进行综合分析，说明雨水资源开发利用现状，并对区域内政策导向、相关规范标准及相关规划资料进行解读分析，同时对国内外经验进行借鉴。

第三章　雨水利用潜力分析

进行雨水利用潜力分析。根据当地降雨情况、地形地貌和土地利用条件，分析不同区域内雨水直接与间接利用潜力。

第四章　雨水利用布局规划

根据当地城市建设特征进行分区，并制定分区雨水利用策略。根据各分区特点，对分区内雨水利用布局进行规划。如可以分为城市建设区和生态区。城市建设区主要进行雨水分散式利用，主要利用形式包括雨水的直接利用和间接利用，其中直接利用多指雨水的收集、存储、净化后回用于市政杂用水和生活杂用水；间接利用一般结合海绵城市规划建设，采用多种措施或组合措施，实现雨水的综合利用；生态区（山区）雨水利用一般属于集中式雨水利用，利用方式主要有非水源水库用于河道补水（可分为生态补水、景观补水和环境补水三种方式）和用于附近低品质工业用水。

第五章　雨水利用设施规划

雨水利用设施一般包括蓄水设施、处理设施和供水设施，主要根据雨水利用分区情况及特点，进行雨水利用设施规划。

第六章　近期建设规划

针对近期需求及近期重点建设区域的规划，确定近期建设内容。

第七章　投资匡算与效益分析

确定近、远期工程量及工程投资匡算，进行规划实施后的效益分析。

第八章　保障措施及实施建议

提出规划建设管理的保障措施建议，提出实施推广的保障措施建议。

4.3　海水利用规划

第一章　规划概述

说明规划背景、规划范围、规划期限、规划目标、规划原则、规划主要内容及规划依据等内容。

第二章　基础条件分析

阐明规划范围内海域概况，说明海水水质、近海海域环境质量状况、海水利用现状及海岸线现状，并对区域内政策导向、相关规范标准及相关规划资料进行解读分析，同时对国内外经验进行借鉴。

第三章　海水利用对象分析

主要分析海水潜在用户分布及预测海水未来用户，确定各类用户的水质水量要求。海水利用对象主要包括工业用水、城市杂用水、景观环境用水、农田灌溉和饮用水等。

第四章　海水处理工艺选择

通过水资源预测及缺口分析，结合海水利用潜力，确定片区各类用户的水质目标及水量需求。结合各用户的水质需求、区域内海水现状及技术经济指标对比分析，对海水处理工艺进行综合比选，确定各海水用户的处理工艺。

第五章　海水利用设施规划

海水利用设施规划主要包括取水设施规划、处理设施规划及配水管网规划。

第六章　近期建设规划

针对分区的不同特点，分别制定实施策略，并合理安排近期项目计划。

第七章　投资匡算与效益分析

确定近、远期工程量及工程投资匡算，进行规划实施后的效益分析。

第八章　保障措施及实施建议

提出规划实施策略及保障措施建议，保障规划能切实落在实处。

附录 5　图集目录要求参考

5.1　再生水利用规划

再生水利用专项（总体）规划图纸包含但不限于以下内容（附表 5-1）。

再生水利用专项（总体）规划主要图纸清单　　**附表 5-1**

序号	图纸名称	备注
1	土地利用现状图	
2	河流水系现状图	
3	土地利用规划图	
4	道路系统规划局	
5	再生水现状及潜在用户分布图	
6	再生水补水河流分析图	再生水用于河道补水时必作
7	污水处理厂布局规划图	
8	再生水厂站布局规划图	
9	再生水厂站服务范围图	
10	再生水干管规划布局图	
11	再生水厂站用地规划图	
12	再生水厂站近期建设规划图	
13	再生水管网近期建设规划图	

再生水利用详细规划图纸包含但不限于以下内容（附表 5-2）。

再生水利用详细规划主要图纸清单　　**附表 5-2**

序号	图纸名称	备注
1	土地利用现状图	
2	河流水系现状图	
3	再生水设施及管网现状图	如有
4	土地利用规划图	
5	道路系统规划图	
6	再生水现状及潜在用户分布图	
7	再生水水量预测分布图	
8	污水处理厂及再生水厂用地布局图	
9	再生水管网平差计算图	
10	再生水管网规划图	
11	再生水管网近期建设规划图	
12	典型道路再生水管位分析图	

5.2 雨水利用规划

雨水利用规划图纸包含但不限于以下内容（附表 5-3）。

雨水利用规划主要图纸清单 **附表 5-3**

序号	图纸名称
1	土地利用现状图
2	河流水系现状图
3	现状地下水分布图
4	现状地质条件分析图
5	雨水利用现状图
6	土地利用规划图
7	分类雨水利用规划图
8	雨水利用设施规划图
9	雨水利用重点项目分布图
10	近期建设规划图

5.3 海水利用规划

海水利用规划图纸包含但不限于以下内容（附表 5-4）。

海水利用规划主要图纸清单 **附表 5-4**

序号	图纸名称
1	现状海域及岸线分布图
2	海水利用分区指引图
3	海水利用设施布局图
4	海水处理工艺图
5	近期建设规划图

附录6　图 例 要 求 参 考

规划图纸可分为现状图、规划图两类。现状图是记录规划工作起始的城市状态的图纸，包括城市用地现状图及各类现状图。规划图是反映规划意图和城市规划各阶段规划状态的图纸。现状和规划图纸均应绘制图例，图例可参考本书，若有其他专业标准规定图例或自行增加的图例，则应注意在同一项目中保持统一[192]。

6.1　再生水利用规划图例

如附表 6-1 所示。

再生水利用规划图例　　附表 6-1

彩色/图例	实体类型	图例说明	所在层名	颜色	线宽	总/图线型(比例)	分/图线型(比例)	备注	
	PLINE	现状再生水管	再生水-现状管	5	0.0005/图纸比例	ACAD_ IS006W100 0.0001/图纸比例	ACAD_ IS006W100 0.0001/图纸比例		
	PLINE	拟拆除现状再生水管	再生水-拟拆除现状管	5	0.0005/图纸比例	ACAD_ IS006W100 0.0001/图纸比例	ACAD_ IS006W100 0.0001/图纸比例		
	PLINE	规划改扩建再生水管	再生水-改扩建管	1	0.001/图纸比例	ACAD_ IS006W100 0.0001/图纸比例	ACAD_ IS006W100 0.0001/图纸比例		
	PLINE	规划再生水管	再生水-规划管	1	0.001/图纸比例	center 0.001/图纸比例	center 0.002/图纸比例		1. 应注明各设施的占地面积 2. 各设施说明字体颜色宜与各/图例一致，字体宜为宋体，字高：0.002/图纸比例 3. 半径（再生水厂）：0.004/图纸比例 4. 半径（再生水泵站）：0.003/图纸比例
DN400(100)-L87	TEXT	再生水管径(原管径)(mm)-管长(m)	再生水-管线标注	宜随管线颜色				标注字高：0.002/图纸比例 字宽：0.8 或自定	
	BLOCK	现状再生水泵站	再生水-现状泵站	5				填充阴影：ANS131 SCALE：0.0001/图纸比例	
	BLOCK	规划再生水泵站	再生水-规划泵站	1				填充阴影：SOLID	
	BLOCK	规划改扩建再生水泵站	再生水-规划改扩建泵站	6				填充阴影：ANS131 SCALE：0.0001/图纸比例	
	BLOCK	规划取消现状再生水泵站	再生水-规划取消现状泵站	8				填充阴影：ANS131 SCALE：0.0001/图纸比例	
	BLOCK	现状再生水厂	再生水-现状水厂	5		continous			
	BLOCK	规划取消现状再生水厂	再生水-规划取消现状水厂	5		continous			

续表

彩色/图例	实体类型	图例说明	所在层名	颜色	线宽	总/图线型(比例)	分/图线型(比例)	备注	
	BLOCK	规划再生水厂	再生水-规划水厂	1		continous		填充：SOLID	圆半径:0.003/图纸比例
	BLOCK	规划扩建再生水厂	再生水-规划扩建水厂	6		continous		填充：SOLID	
	BLOCK	现状再生水取水口	再生水-现状取水口	5					圆半径:0.0015/图纸比例
	BLOCK	规划再生水取水口	再生水-规划取水口	1				填充：SOLID	
	PLINE	再生水水厂或泵站的供水范围	再生水-供水范围	73 41				填充阴影：ANS133 SCALE：0.0002/图纸比例	置于底层，填充颜色仅为参考

6.2 雨水利用规划图例

如附表 6-2 所示。

雨水利用规划图例　　　　附表 6-2

彩色/图例	实体类型	图例说明	所在层名	颜色	线宽	总/图线型(比例)	分/图线型(比例)	备注
	PLINE	现状雨水管(暗渠)及检查井	雨水-现状管	5	0.0005＊/图纸比例	dashed 0.0001/图纸比例	dashed 0.0025/图纸比例	检查井半径：1.5倍于管道线宽
	PLINE	拟拆除现状雨水管(渠)及检查井	雨水-拟拆除现状管	5		dashed 0.00005/图纸比例	dashed 0.0025/图纸比例	
	PLINE	规划雨水管(暗渠)及检查井	雨水-规划管	1	0.001＊/图纸比例	continous	continous	
	PLINE	规划改扩建雨水管(暗渠)及检查井	雨水-规划管	6		continous	continous	
	PLINE	现状雨水压力管	雨水-现状压力管	5	0.0005＊/图纸比例	center 0.001/图纸比例	center 0.002/图纸比例	
	PLINE	规划雨水压力管	雨水-规划压力管	1	0.001＊/图纸比例	center 0.001/图纸比例	center 0.002/图纸比例	
d400–i6.0	TEXT	现状管径(mm)-i 坡度(‰)	雨水-管线标注					标注字高：0.002/图纸比例 字宽：0.8或自定
d600(300)–i5.0–L230	TEXT	规划管径(原管径)(mm)i 坡度(‰)-L 管长(m)	雨水-管线标注	宜随管线颜色				
11.40 8.68	TEXT	地面标高(m) 管内底标高(m)	雨水-标高标注	宜随管线颜色				

续表

彩色/图例	实体类型	图例说明	所在层名	颜色	线宽	总/图线型(比例)	分/图线型(比例)	备注
	BLOCK	雨水流向	雨水-流向	宜随管线颜色				
	PLINE	水体	水体	141				填充阴影：SDLID
	PLINE	水库	水库	141				填充阴影：SOLID
	BLOCK	现状水闸	雨水-现状闸	5				
	BLOCK	规划水闸	雨水-规划闸	1				
	BLOCK	现状雨水泵站	雨水-现状泵站	5				1. 应注明各设施的名称占地面积 2. 各设施说明字体颜色宜与各/图例一致字体宜为宋体字高：0.002/图纸比例 3. 圆形半径：0.003/图纸比例 4. 方形：0.005/图纸比例 5. 等边三角形：边长为0.005/图纸比例 6. 直角等腰三角形：边长为0.008/图纸比例
	BLOCK	规划雨水泵站	雨水-规划泵站	1				
	BLOCK	规划扩建雨水泵站	雨水规划扩建泵站	6				
	BLOCK	现状初雨处理设施	雨水-现状初雨设施	1				
	BLOCK	规划初雨处理设施	雨水-规划初雨设施	1				
	BLOCK	现状雨水处理站	雨水-现状处理站	5		continous		
	BLOCK	规划雨水处理站	雨水-现状处理站	1		continous		
	BLOCK	现状调蓄池	雨水-现状调蓄池	5				
	BLOCK	规划调蓄池	雨水-规划调蓄池	1				
	BLOCK	现状雨水调蓄空间	雨水-现状调蓄空间	5				
	BLOCK	规划雨水调蓄空间	雨水-规划调蓄空间	1				
	BLOCK	现状调蓄水体	雨水-现状调蓄水体	5				
	BLOCK	规划调蓄水体	雨水-规划调蓄水体	1				

6.3 海水利用规划图例

如附表 6-3 所示。

海水利用规划图例 **附表 6-3**

<table>
<tr><th>彩色/图例</th><th>实体类型</th><th>图例说明</th><th>所在层名</th><th>颜色</th><th>线宽</th><th>总/图线型(比例)</th><th>分/图线型(比例)</th><th colspan="2">备注</th></tr>
<tr><td></td><td>PLINE</td><td>水体</td><td>水体</td><td>141</td><td></td><td></td><td></td><td colspan="2">填充阴影：SOLID</td></tr>
<tr><td></td><td>PLINE</td><td>海洋</td><td>海洋</td><td>160</td><td></td><td></td><td></td><td colspan="2">填充阴影：SOLID</td></tr>
<tr><td></td><td>BLOCX</td><td>现状海水处理设施</td><td>海水-现状海水设施</td><td>1</td><td></td><td></td><td></td><td colspan="2" rowspan="2">1. 应注明各设施的名称占地面积
2. 各设施说明字体颜色宜与各/图例一致字体宜为宋体 0.005/图纸比例
3. 等边三角形：边长为字高：0.002/图纸比例</td></tr>
<tr><td></td><td>BLOCK</td><td>规划海水处理设施</td><td>海水-规划海水设施</td><td>1</td><td></td><td></td><td></td></tr>
<tr><td></td><td>BLOCK</td><td>现状海水取水口</td><td>海水-现状取水口</td><td>5</td><td></td><td></td><td></td><td></td><td rowspan="2">圆半径：0.0015/图纸比例</td></tr>
<tr><td></td><td>BLOCK</td><td>规划海水取水口</td><td>海水-规划取水口</td><td>1</td><td></td><td></td><td></td><td>填充：SOLID</td></tr>
</table>

附录 7　非常规水资源规划编制费用计算标准参考

7.1　专项（总体、分区）规划编制费用计算标准参考

1. 计费依据

《城市规划设计计费指导意见》（以下简称《指导意见》）由中国城市规划协会于 2004 年 6 月发布，并于 2016 年底启动修编工作，最终成果目前暂未发布。摘录其与非常规水资源利用规划相关的计费标准如[193]附表 7-1 所示。

市政专项总体（分区）规划计费标准　　附表 7-1

序号	规模（km^2）	计费单价（万元/km^2）
1	20 以下	2
2	20～50	1.6
3	50～100	1.2
4	100 以上	0.8

笔者自制，资料来源：《城市规划设计计费指导意见》2004。

注：1. 市政设施规划为国家相关专业规划编制办法所规定的深度。

2. 根据本计费标准，结合各专业的具体情况乘以如下专业系数：电力为 1.3、配电网为 1.8、燃气为 0.9、给水为 1.0、污水为 1.2、雨水为 1.0、再生水为 0.6、饮用水源及保护为 0.6、通信（不含基站）为 0.9，有线电视为 0.6、供热为 1.3、环境卫生工程为 1.1、河流水系为 0.9、照明为 0.8、市政工程设施规划综合为 1.0，未列入以上专项的规划可按照 0.8～1.2 的系数计费。

3. 计费基价为 30 万元。

4. 开展相关专题研究，计费不少于 20 万元/个。

5. 能源（设施）规划和综合管廊规划计费，根据涉及多个单项规划的内容、深度情况累计计取。

6. 本计费标准不含法定规划修改费用，如需修改费用另计。

7. 若市政设施或管线仅开展总体层面规划，则按该规划计费 50%计取。

2. 费用计算

（1）单项专项（总体、分区）规划编制费用计算

根据附表 7-1 中第 2 条，再生水利用专项规划可在计费标准基础上取 0.6 的专业系数，雨水利用专项规划和海水利用专项规划可在计费标准基础上取 0.8～1.2 的专业系数，具体非常规水资源规划计费可根据所包含的内容按照上述标准计算。

（2）非常规水资源利用专项规划费用计算

根据工作内容，非常规水资源利用专项规划的工作内容与给水专项规划相同，因此建议非常规水资源专项规划计费标准参照附表 7-1 中给水专项规划计费标准，在计费标准基础上取 1.0 的专业系数。以深圳市为例，深圳市建成区面积为 978km^2，编制费用可为

978×0.8×1.0=782.4 万元。各地区可根据实际情况及工作内容，取一定的经验系数和折减系数。

7.2 详细规划编制费用计算标准参考

非常规水资源利用详细规划编制费用计算标准可考虑采用工作深度系数法。

《指导意见》中控制性详细规划计费单价是分区规划计费单价的 8.33 倍（新区）和 10 倍（旧城区），非常规水资源利用详细规划工作深度至少要达到控制性详细规划深度，结合市场价格情况，可考虑在非常规水资源总体（分区）规划计费基础上，采用工作深度系数 2.0～4.0 计算。

7.3 实例参考

参见附表 7-2～附表 7-5。

再生水利用专项（总体）规划编制费用参考 附表 7-2

序号	项目名称	地区	时间	规划范围（km^2）	金额（万元）	计费单价（万元/km^2）
1	深圳市再生水布局规划	广东深圳	2008 年	978	240	0.25
2	洛阳市中心城区再生水利用专项规划	河南洛阳	2016 年	265	131.04	0.49
3	丰台河西地区再生水利用专项规划	北京	2018 年	126	91.16	0.72
4	北辰区再生水利用规划（2016～2030 年）	河北天津	2018 年	478	125	0.26
5	大连市城镇再生水利用总体规划	辽宁大连	2019 年	—	100	—

再生水利用详细规划编制费用参考 附表 7-3

序号	项目名称	地区	时间	规划范围（km^2）	金额（万元）	计费单价（万元/km^2）
1	深圳市南山及前海片区再生水供水管网详细规划	广东深圳	2011 年	196.40	150	0.76
2	深圳市横岗片区再生水供水管网详细规划	广东深圳	2011 年	68	58	0.85
3	深圳市龙华片区雨水和再生水利用详细规划	广东深圳	2012 年	175.60	143.20	0.82
4	深圳市光明片区雨水和再生水利用详细规划	广东深圳	2012 年	156.10	124	0.79
5	深圳市坪山片区雨水和再生水利用详细规划	广东深圳	2013 年	168	135	0.80

雨水利用规划编制费用参考 附表 7-4

序号	项目名称	地区	时间	规划范围（km^2）	金额（万元）	计费单价（万元/km^2）
1	深圳市雨洪利用系统布局规划	广东深圳	2007 年	1952.84	440	0.23
2	钦州市雨水收集利用专项规划	广东钦州	2016 年	276.13	76.15	0.28
3	西咸新区丝路经济带能源金融贸易区雨水工程专项规划	陕西西安	2018 年	27	28	1.03

海水利用规划编制费用参考　　**附表 7-5**

序号	项目名称	地区	时间	规划范围（km^2）	金额（万元）	计费单价（万元/km^2）
1	青岛西海岸新区海水淡化产业发展规划	山东青岛	2016 年	陆域 2127 海域 5000	20	—
2	威海市海水淡化专项规划	山东威海	2018 年	—	202	—

参 考 文 献

[1] 郑文利，叶伊兵，李贵宝．地表水资源管理的技术标准剖析[J]．工程建设标准化，2008(4)：17-20.

[2] 崔建国，张峰，陈启斌．城市水资源高效利用技术[M]．北京：化学工业出版社，2015.

[3] 许力以，周谊．百科知识数据辞典[M]．青岛：青岛出版社，2008.

[4] 桂劲松，银英姿．水文学(第二版)[M]．武汉：华中科技大学出版社，2014.

[5] Stephen Merrett. Introduction the economics of water re-sources[M]. University College London Press，1997.

[6] 王浩，龙爱华，于福亮等．社会水循环理论基础探析Ⅰ：定义内涵与动力机制[J]．水利学报，2011，42(4)：379-387.

[7] 张玉先．给水工程[M]．北京：中国建筑工业出版社，2018.

[8] 张智．排水工程[M]．北京：中国建筑工业出版社，2015.

[9] 王效琴．城市水资源可持续开发利用研究[D]．南开大学，2007.

[10] 国家统计局．中国统计年鉴[M]．北京：中国统计出版社，2018.

[11] 张秀智．京津冀等七大城市群节约用水和再生水利用状况比较分析[J]．给水排水，2017，53(7)：39-48.

[12] 钱易，刘昌明．中国城市水资源可持续开发利用研究综合报告[M]．北京：中国水利水电出版社，2002.

[13] 李敏，肖羽堂，宗刚．城市污水处理与回用技术[M]．北京：中国水利水电出版社，2012.

[14] 王中华．城市污水再生回用优化研究[D]．合肥工业大学，2012.

[15] 胡爱兵，李子富，张书函等．城市道路雨水水质研究进展[J]．给水排水，2010，46(3)：123-127.

[16] 胡爱兵，李子富，张书函等．模拟生物滞留池净化城市机动车道路雨水径流[J]．中国给水排水，2012，28(13)：75-79.

[17] Ding Nian，Li Zifu，Zhou Xiaoqin. Feasibility assessment of LID concept for stormwater management in China through SWOT analysis[J]. Journal of Southeast University，2014.

[18] 熊赟，李子富，胡爱兵等．某低影响开发公共建筑雨洪效应的SWMM模拟与评估[J]．给水排水，2015，51(S1)：282-285.

[19] 建设部标准定额研究所，上海沪标工程建设咨询公司，哈尔滨工业大学等．城市污水再生利用分类[S]. 2002.

[20] 搜狐网站．非常规水资源利用：水资源短缺现状下的必然之举[EB/OL]．https：//www. sohu. com/a/137858845 _ 284580.

[21] 王军，王淑燕．水资源开发利用及管理对策分析——以新加坡为例[J]．中国发展，2010，10(3)：19-23.

[22] 马东春，范秀娟，冯雁等．新加坡水管理战略对策与经验借鉴[J]．北京水务，2018(1)：57-62.

[23] 屈强，张雨山，王静等．新加坡水资源开发与海水利用技术[J]．海洋开发与管理，2008(8)：41-45.

[24] Agriculture and Resource Management Council of Australia and New Zealand Australian and New

Zealand Environment and Conservation Council. Australian and new zealand guidelines for fresh and marine water quality[S]. 2000.

[25] National Health and Medical Research Council. National water quality management strategy australian drinking water guidelines[S]. 2004.

[26] 刘迎宾，周彦吕．新加坡水敏性城市设计的发展历程和实施研究[A]. 2016 中国城市规划年会[C]，2016：12.

[27] 李宝鑫，刘小芳，李旭东等．绿色建筑与绿色生态城区评价标准中雨洪管理对比分析[J]. 动感(生态城市与绿色建筑)，2012(4)：36-39.

[28] 董欣．新加坡雨水资源的利用与管理[J]. 给水排水动态，2009(4)：33-34.

[29] Public Utility Board. Innovation in water Singapore[R]. 2018：7.

[30] 何义亮，陈奕涵，彭颖红．新加坡的水资源开发与保护对上海的启示[J]. 净水技术，2018，37(4)：1-7.

[31] 邢淑颖，刘淑静，李磊等．典型国家海水淡化水定价机制及对我国的启示[J]. 水利经济，2014，32(3)：31-34.

[32] 王腾．对美国污水回用的借鉴[J]. 水利科技与经济，2006(3)：138-139.

[33] 杜寅．美国再生水管理立法及其镜鉴[J]. 生态经济，2016，32(1)：176-180.

[34] 李宝娟．再生水安全利用监管体系研究[D]. 北京工业大学，2007.

[35] 董紫君，刘宇，孙飞云等．城市再生水利用与再生水设施的建设管理[M]. 哈尔滨工业大学出版社，2016.

[36] 水利部综合事业局，非常规水源工程技术研究中心．再生水利用安全性、经济性、适应性分析[M]. 北京：科学出版社，2017.

[37] 吴佳驹，王霄．浅谈美国水资源状况及对应措施[J]. 科技经济市场，2013(3)：47-49.

[38] 李春光．美国污水再生利用的借鉴[J]. 城市公用事业，2009，23(2)：25-28+55.

[39] 胡爱兵，张书函，陈建刚．生物滞留池改善城市雨水径流水质的研究进展[J]. 环境污染与防治，2011，33(1)：74-77+82.

[40] 汪诚文，郭天鹏．雨水污染控制在美国的发展、实践及对中国的启示[J]. 环境污染与防治，2011，33(10)：86-89+105.

[41] 朱乃轩，车伍，张伟等．美国城市建成区雨水系统改造经验分析[J]. 中国给水排水，2017，33(20)：5-10.

[42] 张铭，刘伟，陈芃等．美国海水淡化环境管理政策初探[J]. 生态经济，2014，30(8)：181-184.

[43] Water Reuse Desalination Committee. Seawater concentrate management：white paper[R]. 2011.

[44] 姜亦华．日本的水资源管理及启示[J]. 经济研究导刊，2008，18(37)：180-183.

[45] 姜亦华．可借鉴的日本水资源管理[J]. 江南论坛，2010(5)：30-32.

[46] 张昱，刘超，杨敏．日本城市污水再生利用方面的经验分析[J]. 环境工程学报，2011，5(6)：1221-1226.

[47] 山崎凉子，杜纲．日本非传统水源的开发利用[J]. 中国给水排水，2009，25(8)：101-103.

[48] 赵乐军．城市污水再生利用规划设计[M]. 北京：中国建筑工业出版社，2011.

[49] 张晓明．城市污水资源化及回用技术研究[D]. 太原理工大学，2008.

[50] 曾祥，何淑芳，刘铭环．从日本综合治水对策看武汉市海绵城市建设[A]. 2016 第八届全国河湖治理与水生态文明发展论坛[C]. 2016：5.

[51] 王鹏，林华东，王玲霄．雨水处理与利用技术在国外的应用[J]．黑龙江水专学报，2006，33(4)：90-92.
[52] 任心欣，俞露．海绵城市建设规划与管理[M]．北京：中国建筑工业出版社，2016.
[53] 张相忠，刘建华，邱淑霞．城市雨水利用规划研究[J]．规划师，2006(22)：31-33.
[54] 郭永清．日本海水淡化产业政策对中国的启示[J]．海洋经济，2013，3(3)：59-64.
[55] 王参民．以色列水资源问题研究[D]．河南大学，2016.
[56] 马乃毅，徐敏．以色列水资源管理实践经验及对中国西北干旱区的启示[J]．管理现代化，2013(2)：117-119.
[57] 张永晖．以色列的污水处理与回收产业及合作建议[J]．中国水利，2013(1)：63-64.
[58] 刘开坤，韩立岩．我国污水灌溉的发展现状及对策[J]．现代农业科技，2007(22)：213-215.
[59] 周刚炎．以色列水资源管理实践及启示[J]．水利水电快报，2007(5)：9-14.
[60] 王洪臣，甘一萍，周军等．城市污水再生利用现状分析[A]．全国城市污水再生利用经验交流和技术研讨会[C]．2003.
[61] 陈竹君，周建斌．污水灌溉在以色列农业中的应用[J]．农业环境保护，2001，20(6)：462-464.
[62] 苗展堂．微循环理念下的城市雨水生态系统规划方法研究[D]．天津大学，2013.
[63] 王维汉，毛前．以色列农业水资源的可持续利用[J]．浙江水利水电学院学报，2014，26(1)：43-45.
[64] 阮国岭，冯厚军．国内外海水淡化技术的进展[J]．中国给水排水，2008，24(20)：86-90.
[65] 科克·沃尔夫岗，王海燕，王清军等．德国城镇水事管理法律的发展——供水保障和污水处理[J]．环境工程技术学报，2017，7(4)：405-417.
[66] 郝仲勇，张文理．德国污水治理与污水资源化利用[J]．北京水利，2001(4)：16-18.
[67] 李亮．德国建筑中雨水收集利用[J]．世界建筑，2002(12)：56-58.
[68] 曹淑敏，陈莹．我国非常规水源开发利用现状及存在问题[J]．水利经济，2015，33(4)：47-49+61+79.
[69] 张绍洁．北京市洗车行业再生水利用的探讨[J]．城镇供水，2017(1)：67-72.
[70] 康晓鹍，翟立晓，刘强等．北京市雨水利用示范工程实例分析[J]．给水排水，2014，50(9)：81-86.
[71] 王洪娟，唐宗，杨静．天津市再生水开发利用发展前景分析[J]．资源节约与环保，2014(5)：8-10.
[72] 张永昊，谢坤，夏珺等．天津市雨水资源化利用对策探讨[J]．海河水利，2016(2)：17-19.
[73] 马燕燕．推进天津市海水淡化产业发展的管理对策研究[D]．天津财经大学，2017.
[74] 高培然．天津滨海新区海水利用管理研究[D]．天津大学，2009.
[75] 李磊，刘淑静．天津滨海新区海水淡化发展潜力与模式分析[J]．水利经济，2015，33(1)：48-50.
[76] 宋桂龙，谭一凡，谢良生等．深圳特区再生水现状分析及利用对策探讨[J]．节水灌溉，2009(9)：33-37.
[77] 丁年，胡爱兵，任心欣．深圳市光明新区低冲击开发规划设计导则的编制[J]．中国给水排水，2014，30(16)：31-34.
[78] 丁年，李子富，胡爱兵等．深圳前海合作区低影响开发目标及实现途径[J]．中国给水排水，2013，29(22)：7-10.
[79] 丁年，胡爱兵，任心欣．深圳市低冲击开发模式应用现状及展望[J]．给水排水，2012，48(11)：141-144.
[80] 胡爱兵，任心欣，丁年等．基于 SWMM 的深圳市某区域 LID 设施布局与优化[J]．中国给水排水，

2015，31(21)：96-100.

[81] 胡爱兵，任心欣，俞绍武等．深圳市创建低影响开发雨水综合利用示范区[J]．中国给水排水，2010，26(20)：69-72.

[82] 胡爱兵，任心欣，裴古中．采用SWMM模拟LID市政道路的雨洪控制效果[J]．中国给水排水，2015，31(23)：130-133.

[83] 胡爱兵．深圳市光明新区海绵城市实践[J]．现代物业(中旬刊)，2015(9)：14-17.

[84] 昆明：制度创新 提高用水效率[J]．城乡建设，2018(9)：25-27.

[85] 杨成．昆明海绵城市建设探索实践与工程实例[A]．云南省水利学会2018年度学术交流会[C]．2018：9.

[86] 贾雪梅，邓文英，胡林潮等．浅谈中国再生水回用[J]．广东化工，2013，40(19)：115-116.

[87] 梁文逵．城市雨水收集利用研究现状与进展[J]．工业用水与废水，2014，45(3)：6-9.

[88] 董蕾，车伍，李海燕等．我国部分城市的雨水利用规划现状及存在问题[J]．中国给水排水，2007(22)：1-5.

[89] 冯厚军，谢春刚．中国海水淡化技术研究现状与展望[J]．化学工业与工程，2010，27(2)：103-109.

[90] 鲁春霞，冯跃，孙艳芝等．北京城市扩张过程中的供水格局演变[J]．资源科学，2015，37(6)：1115-1123.

[91] 谭纵波．城市规划(修订版)[M]．北京：清华大学出版社，2016.

[92] 戴慎志．城市规划与管理[M]．北京：中国建筑工业出版社，2011.

[93] 刘杰，郭晶晶，马云霞．天津市非常规水资源利用现状分析[J]．海河水利，2011(1)：11-14.

[94] 刘容子，刘家沂，龙卫球等．我国海水资源开发、利用和保护的法律制度研究[M]．北京：海洋出版社，2013.

[95] 丁年，胡爱兵，任心欣等．深圳市再生水利用规划若干问题的探讨[J]．中国给水排水，2014，30(12)：30-33.

[96] 俞露，曾小瑱．低碳生态市政基础设施规划与管理[M]．北京：中国建筑工业出版社，2018.

[97] 吴海春，胡爱兵，任心欣．基于SWMM模型的LID措施年SS总量去除率计算[J]．水资源保护，2018，34(5)：9-12+49.

[98] 史正涛，刘新有，明庆忠等．论我国城市雨水利用路径的选择[J]．云南师范大学学报(哲学社会科学版)，2009，41(5)：44-49.

[99] 屈强，刘淑静．海水利用技术发展现状与趋势[J]．海洋开发与管理，2010，27(7)：20-22.

[100] 中华人民共和国住房和城乡建设部，中华人民共和国国家质量监督检验检疫总局．建筑中水设计标准[S]. 2018.

[101] 王雁林，王文科，杨泽元．陕西省渭河流域生态环境需水量探讨[J]．自然资源学报，2004(1)：69-78.

[102] 吕明强，都金康．城市水文与水资源导论[M]．北京：自然科学出版社，1993.

[103] 甘华阳，卓慕宁，李定强等．广州城市道路雨水径流的水质特征[J]．生态环境，2006，15(5)：969-973.

[104] 蒋德明，蒋玮．国内外城市雨水径流水质的研究[J]．物探与化探，2008(4)：417-420.

[105] 杨晨，高湘，杨守刚．海水利用的影响分析[J]．山西建筑，2010，36(20)：157-159.

[106] 潘志辉，王莉芸，李沛等．深圳某大型公共建筑高效雨水利用设计案例分析[J]．给水排水，

2014，50(4)：79-82.

[107] 邓风，陈卫．南京住宅小区雨水回用方案技术经济分析[J]．城市环境与城市生态，2003(6)：104-106.

[108] 舒畅．成都市再生水利用实施方案探讨[J]．中国水利，2017(9)：19-20.

[109] 彭世瑾，刘雄伟．深圳建科大楼建筑物中水系统运营后评估[J]．给水排水，2013，49(6)：74-77.

[110] 李东，张洪生，付波等．5 年 A~2/O-MBR 中水回用系统经济调查分析——以西安思源学院为例[J]．给水排水，2017，53(S1)：163-166.

[111] 网易新闻中心．青岛将用海水冲厕　成本每吨只要 5 角钱左右[EB/OL]．(2004-02-13)[2019-04-09]．http：//news.163.com/2004w02/12461/2004w02_1076639120978.html.

[112] 武周虎，张国辉，武桂芝．香港利用海水冲厕的实践[J]．中国给水排水，2000，16(11)：49-50.

[113] Advision website. The cost of desalination[EB/OL]．(2018-02-15)[2019-04-09]．https：//www.advisian.com/en-us/global-perspectives/the-cost-of-desalination.

[114] 国家海洋局．2016 年全国海水利用报告[R]．2017：7.

[115] 程宏伟，林里，刘德明．香港应用海水冲厕工程综述[J]．福建建筑，2010(8)：1-3.

[116] 中国政府网．国家旅游局肯定深圳市欢乐海岸保护原生态做法[EB/OL]．(2011-11-16)[2019-04-09]．http：//www.gov.cn/gzdt/2011-11/16/content_1994742.htm.

[117] 张海春，王波．海水淡化技术在舟山的应用现状分析[J]．盐科学与化工，2017，46(5)：38-40.

[118] 千龙网．北京节水经验（第 8 期）[EB/OL]．(2018-06-15)[2019-04-11]．http：//beijing.qianlong.com/2018/0615/2625122.shtml.

[119] 林广杰，韦玲，田浩春．通州区新河灌区再生水利用成效与建设管理经验[J]．北京水务，2012(3)：48-51.

[120] 中国农业网．山东：盐碱地上海水灌溉农业初露尖尖角[EB/OL]．(2015-09-06)[2019-04-09]．http：//www.zgny.com.cn/ifm/consultation/2015-09-06/290424.shtml.

[121] 张振，韩立民，王金环．山东省海水灌溉农业的战略定位及其发展措施[J]．山东农业大学学报(社会科学版)，2015，17(3)：38-44.

[122] 北京技术经济开发区官网．北京亦庄绿色新城成长记[EB/OL]．(2019-03-29)[2019-04-09]．http：//kfqgw.beijing.gov.cn/zwgk/xwzx/tpxw/201903/t20190329_24355.html.

[123] 中国膜工业协会官网．天津滨海新区海水淡化"吃干榨净"实现产业链全循环[EB/OL]．(2016-05-05)[2019-04-09]．http：//www.membranes.com.cn/xingyedongtai/xiehuidongtai/2016-05-05/25312.html.

[124] 中国新闻网．深圳市民热盼"中水回用"进家庭[EB/OL]．(2011-07-26)[2019-04-09]．http：//www.chinanews.com/ny/2011/07-26/3210784.shtml.

[125] 曹淑敏，陈莹．我国非常规水源开发利用现状及存在问题[J]．水利经济，2015，33(4)：47-49，61.

[126] 郑兴灿．城镇污水处理技术升级的挑战与机遇[J]．给水排水，2015，51(7)：1-7.

[127] 杨叶青．城镇污水处理厂提标改造技术[J]．工程技术研究，2018(13)：223-224.

[128] 阳佳中，张明杰，李亮．罗芳污水处理厂深度处理及回用工程方案比选[J]．给水排水，2008(6)：43-46.

[129] 刘杰，徐桂淋，阙添进等．罗芳污水处理厂 MBR 生化段提标改造方案分析[J]．中国给水排水，2018，34(10)：22-25.

[130] 马小杰，段国华，王建军．执行 GB 18978 准Ⅳ类地表水的污水处理工艺[J]．水处理技术，2017，43(12)：131-134.
[131] 司文曦，张建锋．建筑小区中水回用及供水安全[J]．山西建筑，2012，38(20)：120-121.
[132] 顾朝光．公用事业项目融资模式及政府监管研究[D]．浙江大学，2015.
[133] 高旭阔，刘晓君．再生水回用项目融资模式分析比较[J]．中国市场，2007(40)：108-109.
[134] 尹玉美．BOT 融资模式在国有铁路项目应用浅析[J]．中国集体经济，2017(27)：68-69.
[135] 韩卓，吴瑞麟，张良陈．关于 BRT 建设融资实行 TBT 模式的探讨[J]．城市道桥与防洪，2010(3)：110-113.
[136] 陈华．PPP 模式的财务管理问题研究[J]．时代金融，2018(27)：162，164.
[137] 黄勇．我国基础设施建设 PFI 模式风险及控制研究[J]．商业经济，2016(3)：84-86.
[138] 李永忠，戴斌，陶敏祥．规范 BT 模式融资建设[J]．浙江经济，2012(22)：55.
[139] 吴建霞．ABS 模式在我国公共基础设施项目中应用前景分析[J]．现代物业(中旬刊)，2013，12(7)：16-17.
[140] 污水处理工程网．北京中心城区污水处理开放特许经营[EB/OL]．(2015-10-20)[2019-04-04]．http：//www.dowater.com/news/2015-10-20/386726.html.
[141] 陶望雄．雨水利用理论与技术方案研究[D]．长安大学，2016.
[142] 车伍，唐宁远，张炜等．我国城市降雨特点与雨水利用[J]．给水排水，2007(6)：45-48.
[143] 王谦，王秋茹，王秀蘅等．城市雨源型河流生态补水治理案例研究[J]．给水排水，2017，53(10)：47-53.
[144] 王倩，张广录，王晓磊等．中国北方城市雨水资源利用探讨[J]．水资源保护，2009，25(4)：86-90.
[145] 化全利．浅谈屋面雨水利用工程的初步设计[J]．科技创业月刊，2007(6)：171-172.
[146] 马学尼，黄廷林．水文学[M]．北京：中国建筑工业出版社，1998.
[147] 程群．城市区域雨水和中水的联合利用研究[D]．浙江大学，2007.
[148] 韩杨．我国发展海水利用产业的背景与布局条件研究[D]．辽宁师范大学，2007.
[149] 韩增林．北方沿海城市工业直接利用海水问题探讨[J]．海洋与海岸带开发，1993(1)：43-45，65.
[150] 屈强，张雨山，王静等．香港特别行政区的海水利用技术[J]．海洋开发与管理，2008(12)：17-21.
[151] 苗英霞．某海水冲厕工程可行性研究[D]．天津大学，2011.
[152] 兰正贵，刘小辉，黄贤滨等．海水作为沿海石化企业消防用水可行性探讨[J]．石油化工安全环保技术，2010，26(4)：57-59，64，70.
[153] 索安宁，赵冬至，葛剑平．景观生态学在近海资源环境中的应用——论海洋景观生态学的发展[J]．生态学报，2009，29(9)：5098-5105.
[154] 张振，韩立民，王金环．山东省海水灌溉农业的战略定位及其发展措施[J]．山东农业大学学报(社会科学版)，2015，17(3)：38-44，122.
[155] 陈爱慧，刘淑静，邹川玲等．我国海水淡化产业区域发展特点及建议[J]．水利经济，2015，33(6)：61-64，82.
[156] 国家环境保护局，国家海洋局．海水水质标准[S]．1997.
[157] 中华人民共和国国家质量监督检验检疫总局，中国国家标准化管理委员会．海水冷却水质要求

及分析检测方法[S]. 2017.

[158] 罗鹏安．关于全膜法工艺应用于纺织印染废水回用的探讨[A]. 凤凰全国印染行业环保工作年会[C]. 2006：9.

[159] 中华人民共和国建设部．生活杂用水水质标准[S]. 1989.

[160] 葛云红，刘艳辉，赵河立等．海水淡化水进入市政管网需考虑和解决的问题[J]. 中国给水排水，2009，25(8)：84-87.

[161] 伍丽娜．海水淡化技术[M]. 北京：化学工业出版社，2015.

[162] 高从堦，阮国岭．海水淡化技术与工程[M]. 北京：化学工业出版社，2015.

[163] 杜攀．影响海水淡化产业发展的两个重要因素[D]. 中国海洋大学，2013.

[164] 邱明英．浅析我国海水淡化技术[J]. 中国环保产业，2018(3)：58-60.

[165] 侯纯扬．海水冷却技术[J]. 海洋技术，2002(4)：33-40.

[166] 国家海洋局．海水循环冷却系统设计规范　第 3 部分：海水预处理[S]. 2018.

[167] 尹建华，李亚红．我国海水冷却技术应用研究[J]. 海洋开发与管理，2017，34(12)：72-76.

[168] 杨丽丽，张鸿斌．天津滨海旅游区海水冲厕探讨[J]. 城市道桥与防洪，2011(12)：61-62.

[169] 张晓青，邱金泉，王文华等．几种除藻方法对景观海水的处理效果研究[J]. 盐业与化工，2015，44(11)：21-24.

[170] 姚猛．天津海水淡化现状与发展对策研究[D]. 天津大学，2015.

[171] 张东铭，史晓东，王东等．海水淡化厂取排水方式选择及设计要点研究[J]. 现代工业经济和信息化，2017，7(24)：31-33.

[172] 胡海燕．潍坊市海水淡化厂选址研究[D]. 山东大学，2011.

[173] 刘利，张玉政，于凤等．青岛某膜法海水淡化厂工艺设计[J]. 给水排水，2017，53(8)：14-16.

[174] 王洁如．华能玉环电厂海水淡化工程介绍[J]. 电力建设，2008(2)：51-54，57.

[175] 谭永文，张希建，陈文松等．荣成万吨级反渗透海水淡化示范工程[J]. 水处理技术，2004(3)：157-161.

[176] 刘一凡．矿井水灾的成因分析与防治探讨[J]. 科技情报开发与经济，2011，21(4)：180-181，186.

[177] 袁航，石辉．矿井水资源利用的研究进展与展望[J]. 水资源与水工程学报，2008，19(5)：50-57.

[178] 张先．矿井水利用规划与资源化技术研究[M]. 中国矿业大学(北京)图书馆，2007.

[179] 倪深海，彭岳津，张楠等．煤矿矿井水资源综合利用潜力研究[J]. 煤炭加工与综合利用，2018(11)：78-81.

[180] 吕建国．苦咸水淡化技术研究进展[A]. 全国苦咸水淡化技术研讨会[C]. 2013：5.

[181] 张学发，杨昆，马骏．我国西北地区苦咸水淡化利用现状分析和发展建议[A]. 全国苦咸水淡化技术研讨会[C]. 2013：5.

[182] 戴向前，刘昌明，李丽娟．我国农村饮水安全问题探讨与对策[J]. 地理学报，2007(9)：907-916.

[183] 麦正军，赵志伟，彭伟等．苦咸水淡化工艺的应用研究进展[J]. 兵器装备工程学报，2017，38(1)：174-177.

[184] 深圳市节约用水办公室，深圳市城市规划设计研究院有限公司．深圳市非常规水资源开发利用战略研究[R]. 2016.

[185] 深圳市规划和国土资源委员会，深圳市城市规划设计研究院有限公司．深圳市再生水布局规划[R]. 2008.

[186] 深圳市规划和国土资源委员会，深圳市城市规划设计研究院有限公司．深圳市雨洪利用系统布局规划[R]. 2010.

[187] 深圳市规划和国土资源委员会，深圳市城市规划设计研究院有限公司．深圳市海水利用研究[R]. 2009.

[188] 深圳市节约用水办公室，深圳市城市规划设计研究院有限公司．光明片区雨水和再生水利用详细规划[R]. 2014.

[189] 深圳市规划和国土资源委员会，深圳市城市规划设计研究院有限公司．前海片区再生水利用详细规划[R]. 2014.

[190] 深圳市规划和国土资源委员会宝安管理局，深圳市城市规划设计研究院有限公司．宝安区再生水系统管网详细规划[R]. 2011.

[191] 深圳市节约用水办公室，深圳市城市规划设计研究院有限公司．南山及前海片区再生水利用示范工程项目建议书[R]. 2013.

[192] 刘应明，朱安邦．市政工程详细规划方法创新与实践[M]. 北京：中国建筑工业出版社，2019.

[193] 中国城市规划协会．城市规划设计计费指导意见[R]. 2004.